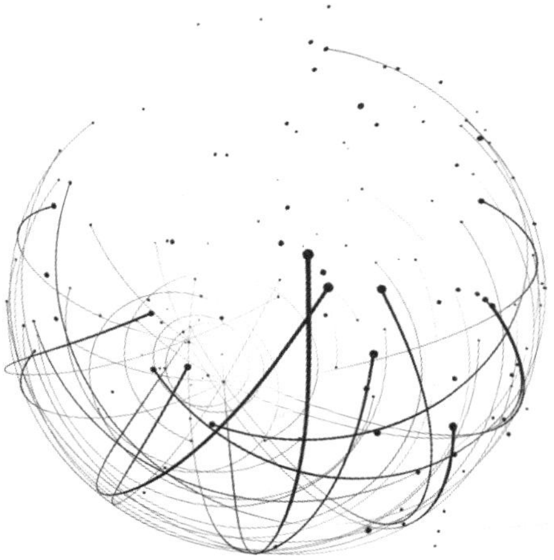

中学物理教师进修用书

力学问题讨论

Discussion on Mechanics

缪钟英　罗启蕙　著

中国科学技术大学出版社

内 容 简 介

本书初版于1989年，作为教学参考书，供中学物理教师提高业务水平之用. 2000年，经教育部师范教育司组织评审，本书被选为全国中小学教师继续教育教材. 现在本书面向广大中学生和中学物理教师再次出版.

本书根据中学物理教师在驾驭教材时所应具有的知识和能力，针对教学需要，选择了85个专题详加分析论述，使读者能从较高的水平和较广泛的领域把握经典力学基础知识，这对于改革和丰富教学内容很有助益. 本书对概念的阐述层次高，而又易懂，对问题分析深入，思路清楚鲜明，有助于提高读者分析问题的能力.

本书主要供高中生、非物理专业本科生学习使用，也可供高中物理教师和教学研究人员参考.

图书在版编目(CIP)数据

力学问题讨论/缪钟英，罗启蕙著. —合肥：中国科学技术大学出版社，2018.8(2023.5重印)

ISBN 978-7-312-04419-9

Ⅰ. 力… Ⅱ. ①缪… ②罗… Ⅲ. 力学—研究 Ⅳ. O3

中国版本图书馆CIP数据核字(2018)第043626号

出版 中国科学技术大学出版社
安徽省合肥市金寨路96号，230026
http://press.ustc.edu.cn
https://zgkxjsdxcbs.tmall.com

印刷 合肥市宏基印刷有限公司

发行 中国科学技术大学出版社

开本 787 mm×1092 mm 1/16

印张 19.75

字数 410千

版次 2018年8月第1版

印次 2023年5月第3次印刷

印数 8001—12000册

定价 58.00元

前　言

本书初版于 1989 年. 2000 年，经教育部师范教育司组织评审，本书同我组织编写的《电磁学问题讨论》一并被选为全国中小学教师继续教育教材，于 2003 年 6 月由人民教育出版社再次出版. 2017 年初，中国科学技术大学出版社编辑与我约谈，表示愿重新出版本书和《电磁学问题讨论》，并于 2017 年 7 月达成出版两书的共识. 作为作者，我为这两本书至今仍有再版的价值而感到欣慰. 同时，也真诚地感谢所有读者朋友；感谢人民教育出版社老一代的资深编审雷树仁先生和张同恂先生，以及人民教育出版社物理编辑室；感谢中国科学技术大学出版社为本书的再版而操劳的朋友们.

本书是一本系统阐述与专题讨论相结合的教学参考书，初衷是为中学物理教师教学业务的提高服务. 各章由"基本内容概述"和"问题讨论"两部分组成. 前者概述大学普通物理力学部分的基本内容，便于读者在阅读"问题讨论"部分时温习和查阅. "问题讨论"是本书的重点，其选题主要是根据作者的教学经验和对于驾驭中学物理教材所应当具有的知识和能力的理解而拟定的，讨论了 85 个问题. 这些问题概括为以下三类：

(1) 深入探讨主要的力学概念和规律，以及在应用这些规律时应注意的问题，尽可能配以典型的例题. 这类问题通常是中学力学教学和大学普通物理力学教学中需要着重分析讨论的问题.

(2) 阐述重要的力学概念和定律在历史上是怎样萌芽和最终被确定的，尽可能阐明物理思想的产生和发展过程.

(3) 阐述力学概念和原理的近代发展，以及一些基本原理的实际应用.这些问题似乎与当前力学教学的具体内容有一定距离,但是对于开拓知识领域、从较高的水平去把握经典力学的基础,改革和丰富教学内容、把教学工作搞活是有益的.

在编写风格上,我们力求简明扼要,深入浅出,使有大专水平的中学教师能够读而不觉其难;同时也希望能使有相当教学经验的教师在阅读本书对具体力学问题的深入细致的分析讨论时感到有新意而有所收益.

本书由四川大学物理系教授缪钟英和四川教育学院副教授罗启蕙著.在本书的编写过程中,高等教育出版社邹延肃同志仔细阅读了有关物理学史的内容,并提出了宝贵意见;北京大学物理系蔡伯濂同志对本书的编写给予了指教;四川省教育科研所贺德昌同志,四川师范大学何泽民同志,成都市中小学教育专家、成都市第十二中学特级教师郭鸣中同志阅读了编写提纲和部分书稿,并提出了宝贵意见;四川大学物理系和四川教育学院科研处、物理系以及其他关心本书的不少朋友对作者给予了支持和关心;四川大学池含芬女士为本书绘制了插图.作者谨对上述各位表示衷心感谢.

编写这种知识性的教学参考书是一种新的尝试,不论是问题的选取,还是内容的讨论,作者都以极大兴趣期待着读者的反映和意见,批评和建议,希望能为编写此类书籍积累一些有益的经验.

缪钟英

2018 年 6 月

目　录

第 2 章　质点运动学

基本内容概述

问题讨论

第 3 章　牛顿运动定律及其应用

基本内容概述

问题讨论

第4章 功 和 能

第5章　动量和角动量

基本内容概述

问题讨论

第6章　万有引力及在引力作用下的运动

基本内容概述

问题讨论

第7章　刚体的平衡和运动

基本内容概述

问题讨论

第8章　振　　动

基本内容概述

问题讨论

第1章　力　共点力系及其平衡

基本内容概述

1.1　力和力系的概念

力是物体对物体的作用,这种作用使物体的运动状态或形状发生改变.有时,将使物体运动状态发生改变的作用称为力的外效应;将使物体形状发生改变的作用称为力的内效应.若我们不计物体的形状大小或不计物体形状大小的变化,把物体理想化为质点或刚体,也就意味着不计力的内效应.这时力的效应就只指外效应.

力是矢量,大小、方向、作用点是力的三要素.

作用在物体上的若干力组成**力系**.如果物体平衡,则作用于物体的力系平衡,并称这个力系为**平衡力系**.平衡力系中各力对物体的外效应相互抵消.因此,平衡力系是对物体的外效应等于零的力系.

当一个力系对物体的外效应与一个力等效时,这个力就称为该力系的合力.力系中的各个力则称作这个合力的分力.寻求已知力系的合力的过程称为力的合成.反之,把一个力化为与之等效的力系的过程称为力的分解.

1.2　力学中常见的几种力

1.2.1　万有引力　重力

两个质点之间的引力沿着两个质点的连线,大小与两个质点质量 m_1 和 m_2 的乘积成正比,与它们之间的距离 r 的平方成反比.万有引力的数学表达式为

$$F = -G\frac{m_1 m_2}{r^2}, \tag{1.1}$$

式中的负号表示引力，G 为引力常数，由实验测定，通常取

$$G = 6.67 \times 10^{-11}\ \mathrm{N \cdot m^2/kg^2}.$$

地面附近物体的重力是指地球对物体的引力. 重力的方向竖直向下，作用点为物体的重心，大小等于质量与重力加速度之乘积，表为

$$W = mg, \tag{1.2}$$

其中

$$g = GM/R_e^2 \approx 9.80\ \mathrm{m/s^2}, \tag{1.3}$$

式中，M 为地球质量，R_e 为地球平均半径，g 被称为标准重力加速度.

1.2.2 弹力

发生变形的弹性体力图恢复原来形状而施加在和它接触的物体上的力，称为弹力. 绳对所系物体的拉力，相互挤压的物体通过接触面作用的压力，支承面的支持力，变形的弹簧作用于物体的力，都属于弹力.

弹力的大小与弹性体的变形有关. 在比例限度内，弹力与形变成正比(胡克定律). 如弹簧在比例限度内产生的弹力可表为

$$F = -kx, \tag{1.4}$$

式中 k 为弹簧的劲度系数，x 表示弹簧的伸长量，负号表示弹力的方向与形变 x 的方向相反.

在力学中，把变化规律遵从(1.4)式的弹力称为**弹性力**，或**线性回复力**.

1.2.3 摩擦力

当互相接触的物体发生相对滑动时，在接触面上产生阻碍相对滑动的滑动摩擦力. 滑动摩擦力与物体相对于接触面滑动的方向相反，大小与物体通过接触面作用的正压力 N 成正比，即

$$f = \mu N, \tag{1.5}$$

其中 μ 为滑动摩擦系数.

当互相接触的物体在外力驱动下，具有相对滑动趋势，但尚未发生滑动时，在接触面上产生阻碍发生相对滑动的静摩擦力. 作用在物体上的静摩擦力沿接触面，方向与该物体相对滑动趋势方向相反，大小 f_s 随驱动外力大小而变. 但不能超过一最大限度，即静摩擦力满足不等式：

$$0 \leqslant f_s \leqslant f_m, \tag{1.6}$$

其中 f_m 为最大静摩擦力. 实验表明，f_m 与正压力 N 成正比，表为

$$f_m = \mu_s N, \tag{1.7}$$

其中 μ_s 为静摩擦系数.

1.2.4　介质阻力

当物体在气体或液体介质中相对运动时,要受到介质阻力.阻力的方向与物体相对于介质运动速度的方向相反;阻力的大小与物体的形状大小有关,与介质的密度和黏滞性有关,还与物体相对于介质的运动速度有关.

当运动速度较小时,阻力主要是由介质的黏滞性所引起的,称为**黏滞阻力**.黏滞阻力大小与速度的大小成正比,表为

$$f = -\gamma v, \tag{1.8}$$

式中负号表示阻力的方向与速度方向相反,比例系数 γ 称作阻力系数,与物体的形状大小和介质的黏滞系数 η 有关.对于半径为 R 的球形物体,$\gamma = 6\pi\eta R$,黏滞阻力

$$f = -6\pi\eta R v, \tag{1.9}$$

这个式子称作**斯托克斯公式**.

当物体相对于介质运动的速度较大时,阻力除由介质黏滞性引起的黏滞阻力外,还有由于物体后面的介质发生紊乱的流动,使物体前后产生压强差所引起的**压差阻力**.这时,阻力的大小近似地与速度的二次方成正比:

$$f = -kv^2, \tag{1.10}$$

比例系数 k 与物体形状、大小以及介质的性质都有关,是一个由实验测定的常数.

1.3　静力学的基本公理

1.3.1　二力平衡公理

作用于刚体的两个力使刚体平衡的充要条件是:这两个力等大、反向、共作用线.

1.3.2　加减平衡力系公理

对作用于刚体的任何一个力系,加上或减去一个平衡力系,不改变原力系对刚体的作用.

推论:**力的可传性**　作用于刚体的力,可以沿着作用线滑移,改变该力在刚体上

的作用点，而不改变对刚体的作用.根据力的可传性，对于刚体，力的三要素为：大小、方向和作用线.也就是说，对刚体而言，力不再是作用点不可改变的固定矢量，而是可以沿作用线改变作用点的滑移矢量.

1.3.3 力平行四边形公理

作用在物体上的共作用点的两个力可合成一个力，合力 $\boldsymbol{F}$ 等于原两个力 $\boldsymbol{F}_1$ 和 $\boldsymbol{F}_2$ 的矢量和，遵守平行四边形法则，如图 1.1(a)所示.

$$\boldsymbol{F} = \boldsymbol{F}_1 + \boldsymbol{F}_2.$$

取平行四边形的一半即为力的三角形法则，如图 1.1(b)所示.

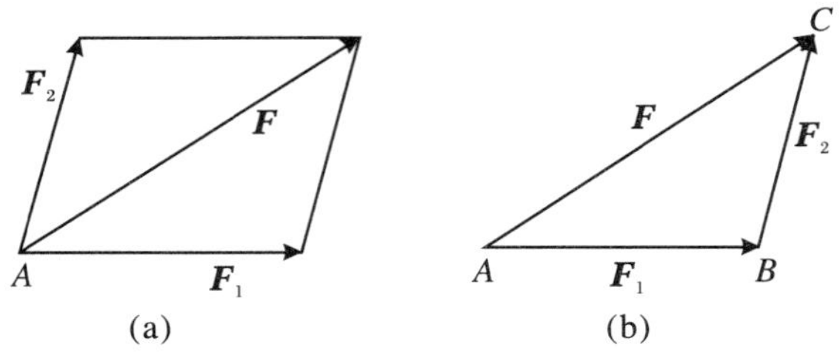

图 1.1

1.3.4 作用反作用公理(牛顿第三定律)

任何两个物体之间的相互作用力(作用力和反作用力)总是大小相等，方向相反，沿同一直线.

1.3.5 刚化公理

当物体在已知力系作用下变形并平衡时，如果把变形后的物体换成刚体(刚化)，则平衡状态保持不变.根据这个公理，可以把任何处于平衡状态的变形体看成刚体，应用刚体的平衡方程来解决静力学问题.

1.4 约束 约束反力

可以自由运动、位移不受任何限制的物体称为自由体.如抛出的石块、飞行的小鸟就是自由体.位移受到某些限制的物体称为非自由体或受约束的物体.如单摆的摆球沿摆线伸长方向的位移受到摆线的限制，摆球就是非自由体；沿光滑斜面滑动的物体在垂直于斜面方向的位移受到斜面的限制而不能发生，这个物体就是非自由体．我们把加在非自由体上使位移受到限制的外部条件称为**约束**．约束是由与非自由体接触的其他物体构成的．通常把构成约束的其他物体也称为约束．如摆线是对摆球的约束，斜面是对在其上滑动的物体的约束．在一般力学问题中，常把约束视为刚性的，也就是说，把构成约束的物体视为不变形的．如不可伸长的绳的约束、不变形的斜面的约束等．

由于约束与物体接触并限制物体在某些方向的位移，因此在一般情况下，物体与约束之间存在着相互作用．把约束施加在受约束物体上的力称为**约束反力**或**约束力**，这是一种接触力．约束反力的方向总是与约束所阻挡（或限制）的位移方向相反．如摆球受摆线的约束反力（即张力）沿绳方向背离物体；光滑斜面对物体施加的约束反力（即支持力）垂直斜面指向物体．

约束反力一般是未知的，它与作用在物体上的其他力以及物体的运动状态有关．而且，单靠约束反力不能引起物体的任何运动，所以约束反力常称为**被动力**．与此相比较，有自身确定规律的力称为**主动力**．重力（$W=mg$）、弹簧的弹性力（$F=-kx$）以及作用于物体的已知力（如负荷）等属于主动力．

常见的约束有以下几种．

（1）**不可伸长的绳（或链）的约束**．约束反力即为绳的拉力，方向沿绳背离受约束的物体．

（2）**光滑面约束**．约束反力与接触面垂直，指向被约束的物体．

（3）**粗糙面约束**．约束反力 $\boldsymbol{R}$ 与接触面法线成一角度 φ，如图 1.2 所示．约束反力 $\boldsymbol{R}$ 沿法线的分量 $\boldsymbol{N}$ 称为法向约束反力，通常称为正压力；约束反力沿接触面切线的分量 $\boldsymbol{f}$ 称为切向约束反力，即支承面加于物体的摩擦力．

（4）**光滑圆柱铰链的约束**．两个物体（零件）被钻上同样大小的孔，然后，用圆柱形销钉连接起来，这种约束称为圆柱铰链约束，如图 1.3 所示．如果不计孔和销钉的摩擦，则为光滑圆柱铰链约束．如果由销钉连接的一个物体 A 固定，则这个物体称为固定铰链支座．另一物体 B 可以绕销钉（图 1.3 中的圆圈表示）的轴线转动，而不能在

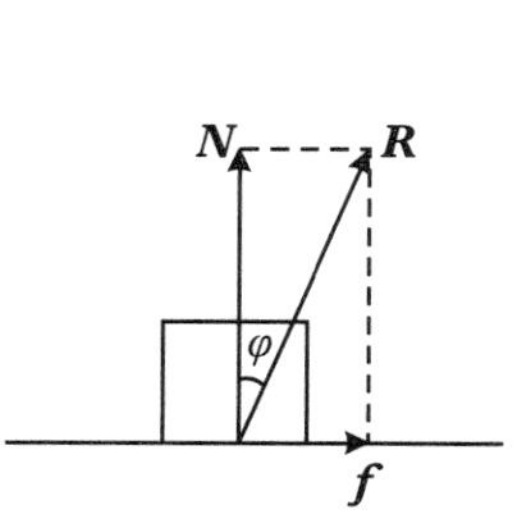

图 1.2

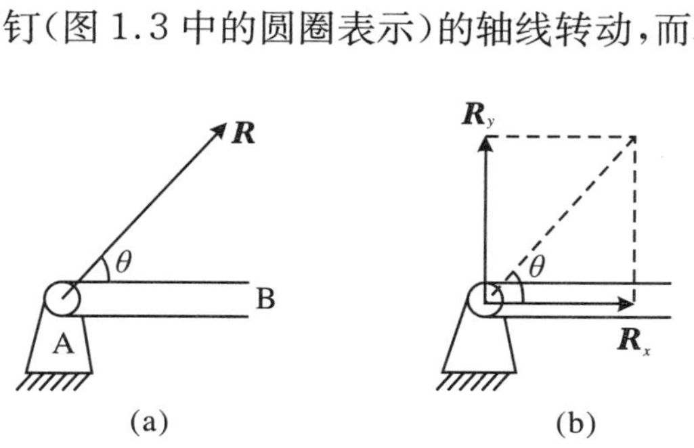

图 1.3

垂直于销钉轴线的方向发生位移.在光滑铰链约束情况下,固定铰链支座A通过销钉作用于B的约束力总是沿着销钉与B物上圆孔的接触点的法线.但由于不能预先知道钉与孔在何点接触,也就不能预先确定约束力的方向.所以固定铰链支座的约束力$\boldsymbol{R}$的大小和方向(用角θ表示)都是未知的.通常由它沿两个已知方向的两个正交分量$\boldsymbol{R}_x$和$\boldsymbol{R}_y$来表示.

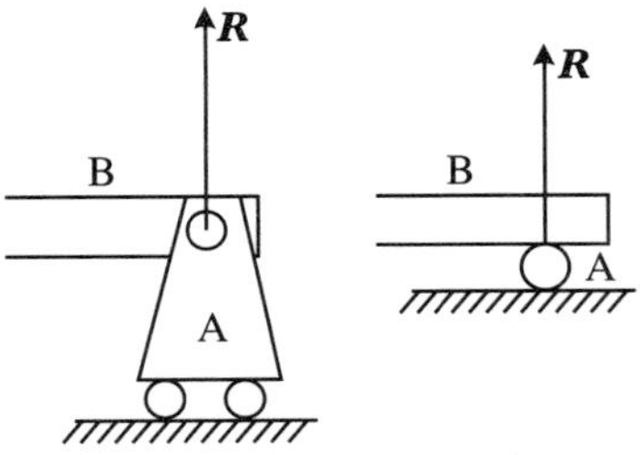

图1.4

如果支座A可以在光滑支承面上滑动(或滚动),称为活动铰链支座,如图1.4所示.在这种情况下,由于支承面对支座A的约束力与支承面垂直,根据A的平衡条件知,B施于A的力亦与支承面垂直,所以活动支座A通过销钉反作用于物体B上的约束力$\boldsymbol{R}$应与支承面垂直.

1.5　平面共点力系　合成和分解

作用于物体上的各力的作用线如果共面,则组成平面力系.如果这些力的作用线又汇交于一点,则这个力系称为**平面共点力系**或**平面汇交力系**.

1.5.1　平面共点力系的合成

合力$\boldsymbol{R}$等于力系中各力的矢量和,其作用线通过各力的汇交点,合力的大小和方向由力系中各力矢量依次首尾连接而组成的力的多边形的封闭边表示,写成矢量式为

$$\boldsymbol{R} = \boldsymbol{F}_1 + \boldsymbol{F}_1 + \cdots + \boldsymbol{F}_n = \sum_{i=1}^{n} \boldsymbol{F}_i. \tag{1.11}$$

图1.5表示由四个力组成的平面共点力系及其合成.合力$\boldsymbol{R}$由多边形$OABCD$的封闭边$\overrightarrow{OD}$表示.

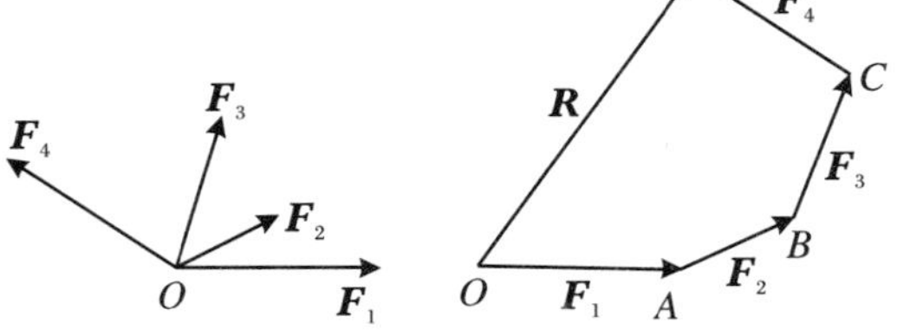

图1.5

1.5.2　力的分解　正交分解

在平面问题中，常常是将给定力分解为两个共点的分力．显然力的分解与力的合成是互逆的，所遵循的方法仍然是平行四边形法则或三角形法则．由于以给定有向线段（力矢量）为对角线可以任意作出无限多个平行四边形（或从一条已知边上可以作无数个三角形），因而把一个力分解为两个共点力可以有无穷多的解答．要得到确定解，必须附加一些条件（见问题讨论）．通常是将已知力往两个已知的方向分解，寻求沿两个已知方向的分力．

将力往两个互相正交的方向分解，称为正交分解，如图1.6．将力矢量 $\boldsymbol{F}$ 往相互正交的 Ox 轴和 Oy 轴方向分解，得相互正交的分力 $\boldsymbol{F}_x$ 和 $\boldsymbol{F}_y$．用式子表示为

$$\boldsymbol{F} = \boldsymbol{F}_x + \boldsymbol{F}_y.$$

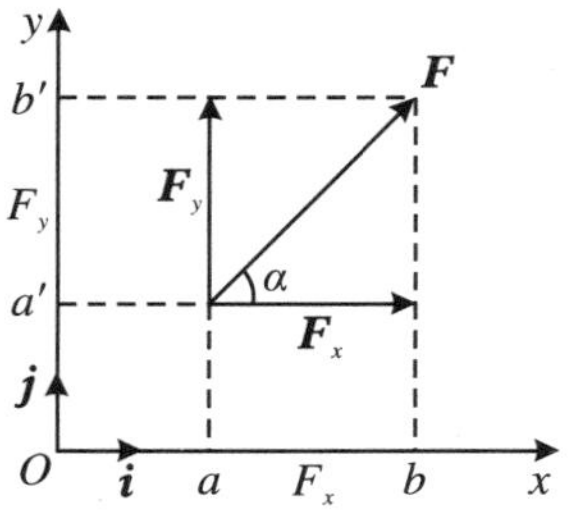

图1.6

1.5.3　解析法

研究平面问题时，使用平面直角坐标 Oxy．方向分别沿 Ox 轴和 Oy 轴正向，模等于1的矢量 $\boldsymbol{i}$ 和 $\boldsymbol{j}$ 称为沿 x 轴和 y 轴的**单位矢量**．力矢量 $\boldsymbol{F}$ 沿 Ox 轴和 Oy 轴方向的分力 $\boldsymbol{F}_x$ 和 $\boldsymbol{F}_y$ 可以表示为

$$\boldsymbol{F}_x = F_x\boldsymbol{i},\quad \boldsymbol{F}_y = F_y\boldsymbol{j},$$

$$\boldsymbol{F} = F_x\boldsymbol{i} + F_y\boldsymbol{j}.$$

其中 F_x 和 F_y 分别为力矢量在 Ox 轴和 Oy 轴上的投影，又称为力 $\boldsymbol{F}$ 沿相应坐标轴的分量，F_x 和 F_y 为代数值．

力 $\boldsymbol{F}$ 的大小 F 和与 x 轴之间的夹角 α 与力沿坐标轴的分量 F_x，F_y 之间的关系为

$$F_x = F\cos\alpha,\quad F_y = F\sin\alpha, \tag{1.12}$$

$$F = \sqrt{F_x^2 + F_y^2}, \tag{1.13a}$$

$$\alpha = \arctan\frac{F_y}{F_x}. \tag{1.13b}$$

将平面共点力系中每一个力用它的分量 F_{ix} 和 F_{iy} 表示，则合力 $\boldsymbol{R}$ 沿坐标轴的分量 R_x 和 R_y 等于各个力沿相应坐标轴的分量的代数和，即

$$R_x = \sum_i F_{ix},\quad R_y = \sum_i F_{iy}. \tag{1.14}$$

求出合力的分量 R_x 和 R_y 后，由(1.13)式就可以确定合力的大小和方向．

可见，采用解析法可将矢量合成的几何方法简化为代数运算．

1.6 平面共点力系的平衡条件

1.6.1 平衡条件和平衡方程

平面共点力系平衡的充要条件是：该力系的合力等于零，即

$$\boldsymbol{R} = \sum_i \boldsymbol{F}_i = \boldsymbol{0}. \tag{1.15}$$

建立平面直角坐标系，可得上式的解析式为

$$\sum_i F_{ix} = 0, \quad \sum_i F_{iy} = 0. \tag{1.16}$$

这一组方程叫作平面共点力系的平衡方程.

1.6.2 共面而不平行的三力平衡汇交定理(三力汇交定理)

共面而不平行的三力如果平衡，则必汇交于一点.

在分析平衡物体受力时，如果物体受不平行的三个力，且其中两个力的方向已知，应用三力汇交定理就可以判断第三个力的方向.

问题讨论

1. 基本相互作用和力学中常见力的分类

(1) 四种相互作用

牛顿在他的不朽著作《自然哲学的数学原理》前言中写道：“我奉献这一作品，作为哲学的数学原理，因为哲学的全部责任似乎在于从运动的现象去研究自然界中的力，然后从这些力去说明其他的现象.”牛顿本人正是实践这个责任的光辉典范.他在发表作为经典力学基础的三大定律的同时，发表了万有引力定律.引力成为人们最先认识的一种相互作用.牛顿以后的三百年来，一代又一代的物理学家们从自然界的各种现象，包括从宏观到微观各个层次的物质运动中，寻找支配这些运动现象的力.到今天为止，物理学界公认支配物质世界各种运动现象的力可归结为四种基本相互作

用，即**引力相互作用、电磁相互作用、弱相互作用和强相互作用**，并且相信这四种基本相互作用最终将统一为一个普遍的作用.但任何人也不认为这个划时代的进展就在眼前.

引力是所有物质客体之间都存在的一种相互作用，称之为**万有引力**.由于引力常量 G 很小，因而对于通常大小的物体，它们之间的引力是非常弱的.例如：测定引力常量 G 的卡文迪许实验装置中，中心相距 5 cm 的质量各为 15 g 和 1.5 kg 的两个铅球之间的引力仅约 6×10^{-10} N.人的一根头发的重量是此力的一万倍！所以在一般物体之间、原子及粒子间存在的万有引力常被忽略不计.但是当相互作用的一个物体具有天体的质量时，引力就成为决定天体之间以及天体与物体之间运动的主要作用.例如地球的质量为 5.98×10^{24} kg，它对地球表面(半径为 $R_e=6\ 370$ km)上质量为 1 kg 的物体的引力为 9.8 N.这个力决定了物体的自由下落或抛体运动规律.对于天体、人造卫星或关闭动力后的宇宙飞船的运动，引力起着主宰作用.引力作用与距离的二次方成反比，当距离增大时，引力减小不太快，在很远距离仍发生作用，所以引力属于长程力.

电磁相互作用包括静止电荷之间以及运动电荷之间的相互作用.两个点电荷间的静电作用规律是 19 世纪法国物理学家库仑发现的，称为库仑相互作用.运动着的带电粒子之间除库仑静电作用外，还有称为磁力(洛伦兹力)的相互作用.它与带电粒子的运动速度有关，方向与运动方向垂直.根据麦克斯韦电磁理论和狭义相对论，电和磁是密切联系的、是统一的.在一个参照系中观察到的磁力可以同在另一个参照系中观察到的库仑力联系起来，因此电力、磁力统一为电磁相互作用.

电磁相互作用也属于长程力，但与引力相比，它要强得多.在前面提到过的卡文迪许实验装置中的铅球，如果铅球中的电子减少 $\frac{1}{10^{18}}$(即 10^{18} 个电子中去掉一个)，而使铅球带正电，那么两个铅球之间的电力就可以同它们之间的引力相比了.如果把两个铅球中每个原子中的核外电子全部剥掉，那么它们之间的静电斥力将约比引力大 10^{36} 倍，即约为 10^{26} N！比一个具有地球那样大质量的、密度极高的物体在地面上受到的重力还要大.

宏观物体之间的相互作用，除引力外，所有接触力都是大量原子、分子之间的电磁相互作用的宏观表现.

弱相互作用和强相互作用是短程力，也就是说，这两种力与距离的高次方成反比，当距离增大时，迅速减小.这两种相互作用的有效距离在 10^{-15} m 以内.因此这两种相互作用只有在原子核尺度内，在核子和一些粒子的特定反应过程中才表明它们存在，而在宏观物体之间不存在这两种相互作用.弱相互作用是在原子核的 β 衰变中发现的.核子(质子、中子)、电子和中微子等参与弱相互作用.

强相互作用是介子和重子(包括质子、中子)之间的相互作用，因为这种作用把核子束缚在一起，核物理学家们把它称为核相互作用.近年来发展起来一种描述强相互作用的动力学理论叫作量子色动力学，认为强子是由夸克（或称层子）和胶子组成的．强子之间的强相互作用是通过交换胶子来实现的．这个理论虽有不少成就，但还不是成熟的理论，至今还未在实验中观察到自由的夸克和胶子．

以上四种相互作用按强度排列的顺序是：强作用、电磁作用、弱作用和引力作用．考虑两个相距 10^{-15} m 的质子，它们之间四种相互作用都存在，按其大小比例约为

$$强：电：弱：引力=1：3.5\times10^{-2}：2\times10^{-6}：3\times10^{-38}.$$

四种作用中，引力和电磁作用最先为人们所认识，并且比较充分．由近代物理揭示的弱作用和强作用规律还有待于进一步完善．同时，物理学家们努力寻求力的统一，爱因斯坦的后半生就致力于引力和电磁力的统一，但没有成功．20 世纪 60 年代，美国物理学家格拉肖、温伯格和巴基斯坦物理学家萨拉姆都致力于弱电统一研究工作，并取得了一定的成功．这个理论除可以解释已知的弱作用和电磁作用的基本规律外，还预言当时未发现的一种中性流弱作用的存在．这个预言在 1973 年至 1978 年间为若干实验证实．特别是在 1982 年和 1983 年实验发现了传递弱作用的 W 粒子和 Z^0 粒子，这对进一步验证弱电统一模型有重要意义．弱电统一的成就促进了将强、电、弱三种作用统一起来的大统一的研究，进而促进探索把四种相互作用都统一起来的超统一理论（或广义大统一、超对称大统一）．寻求大统一和超统一理论的研究虽然尚未取得有实际意义的结果，但是人们追求自然界相互作用统一的理想和为此而做出的努力将把物理学不断向前推进．

（2）力学中是怎样对力进行分类的？

既然自然界只存在四种相互作用，在从宏观物体到原子分子这一层次又只存在引力和电磁相互作用，那么是否可以把宏观力学现象中一切现实的力都分别称为引力和电磁相互作用呢？显然这样笼统的概括，说到底虽然正确，但无济于对千差万别的宏观力学现象的认识．诚然，力学中常见的力除重力属于引力相互作用外，其他的力如弹力、摩擦力等都是大量原子分子相互作用的宏观表现，因而都属于电磁相互作用．但力学不能满足于承认许多力的电磁相互作用来源，而是要探索具体的某一作用的宏观规律并研究由它引起的运动变化．所以，人们有必要在经典力学这一范围以及宏观物体这一层次内对各种具体的力进行分类．

通常在力学中按力的性质将常见的力分为重力、弹力和摩擦力．这是以力的宏观性质和规律作为基础来分类的，因而是与研究宏观物体运动的力学的任务完全协调的．

力学中还常常根据具体力的作用效果，将一些力分别冠以压力、拉力、支持力、牵引力、平衡力、向心力等名称．这些力可以是具体某一个力或几个力的合力．

另外，力学中讨论受约束物体运动时，还常根据力在具体问题中的地位，根据其变化规律是主动的或自身确定的，还是由约束提供的、被动的，将其区分为主动力和约束反力．

从不同角度对力的以上几种分类是互有交叉的.在力学中最重要的是依据具体情况,认清具体力的宏观性质和特点,以求能够正确地分析和解决力学问题.

2. 重力和重量

关于重力和重量存在几种不同的看法或定义,下面分别介绍并加以评述.

(1) 什么是重力?

看法一:重力是指地球对物体施加的引力,其方向恒指向地心(或竖直向下),大小等于物体的质量与重力加速度之积(见基本内容概述).

看法二:以转动的地球为参照系(非惯性系),因而对地面上的物体引入惯性离心力,其大小为 $f_{cf}=mR\omega_0^2\cos\varphi$,方向与地轴垂直向外,如图 1.7 所示,其中 R 为地球半径,φ 为物体所在处的纬度,ω_0 为地球自转的角速度.因此,对地面上静止物体施加的支持力(或绳的拉力)与引力 W 和惯性离心力 f_{cf} 的合力相平衡;使物体产生相对于地面的自由下落加速度(又称表观重力加速度)的力,是引力与惯性离心力的合力.于是,定义地球对物体的引力 $\boldsymbol{W}$ 与惯性离心力 $\boldsymbol{f}_{cf}$ 的合力为地面上物体的重力,记为

$$\boldsymbol{W}'=\boldsymbol{W}+\boldsymbol{f}_{cf}.$$

看法三:从原点在地心,坐标轴指向恒星的惯性系出发,地面上所有物体都随地球自转而绕地轴做圆周运动,其向心力是地球引力 $\boldsymbol{W}$ 的一个分力,大小为 $f_n=mR\omega_0^2\cos\varphi$,方向指向地轴,如图 1.8 所示.引力的另一分力 $\boldsymbol{W}'$ 则是使物体产生相对于地面的自由下落加速度的力,于是定义:地球对物体的引力的分力 $\boldsymbol{W}'$ 为重力.

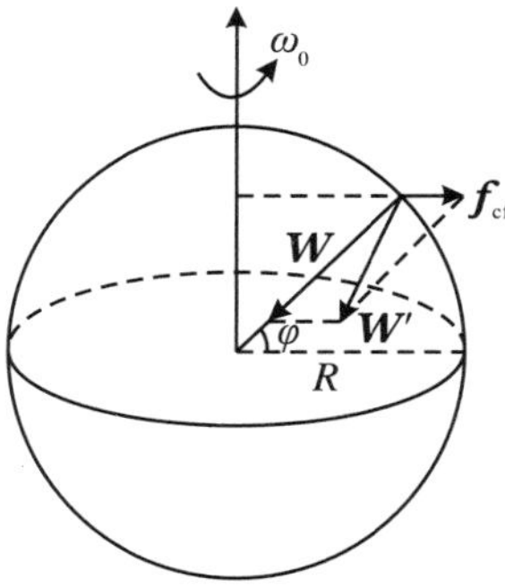

图 1.7

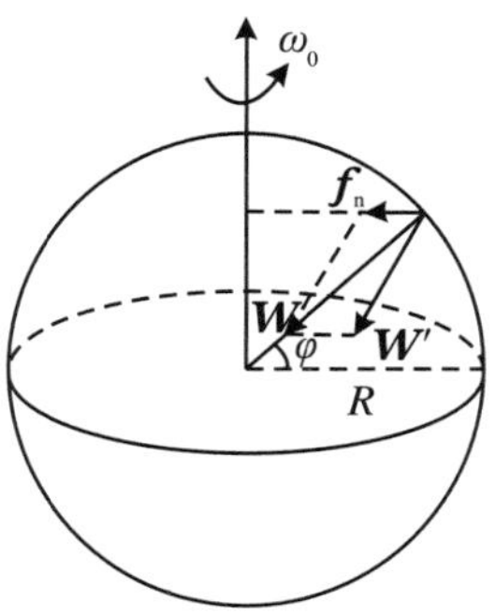

图 1.8

后两种关于重力的定义都考虑了地球的自转,只不过采用不同的参照系来分析罢了.与第一种定义相比,$\boldsymbol{W}'$ 与 $\boldsymbol{W}$ 的大小、方向略有差异,它们大小之差在0.35%以内,但从概念上说,则是大为不同的.为了避免这两类不同定义的分歧,有的初级教材中把重力定义为由地球的吸引而使物体受到的力.

重力是力学中最常见的一个力．按看法一，把重力定义为地球的引力，使重力成为独立于测量所在的非惯性参照系的、有自身规律的力．这样定义的重力遵从牛顿第三定律．按看法二、三，把重力定义为引力与惯性离心力的合力，或引力的一个分力，使重力与在地面上用平衡称量法直接测得的结果相一致．但是，由于惯性力和引力的一个分力不存在反作用力，这就使得重力 $\boldsymbol{W}'$ 成为不满足牛顿第三定律的力．牛顿第三定律一开始便遇到困难，这未免是一种缺陷．所以，从经典力学理论系统的完备性来看，采用第一种看法是妥当的．我国于 1984 年 2 月 27 日发布的《中华人民共和国法定计量单位》中关于重力的定义就采用了看法一．

由于地球自转，采用平衡称量法所测得的 W' 可以称为视重或表观重力，对它进行适当的修正就可以得到物体真实的重力 W．真实的重力与视重的关系近似为

$$W = W' + mR\omega_0^2\cos^2\varphi.$$

（2）什么是重量？

在工程技术和日常生活中，经常使用重量这个词．鉴于在实用中“重量”一词有时用作“质量”的意义，有时又用作“机械力”的意义的含混状况，1901 年第三届国际计量大会讨论了这个问题．大会声明：“重量”一词表示的量与“力”的性质相同；物体的重量是该物体的质量与重力加速度的乘积；特别是，一个物体的标准重量是该物体的质量与标准重力加速度（$g_0 = 9.806\ 65\ \mathrm{m/s^2}$）之乘积．

《中华人民共和国法定计量单位》的说明中指出：在日常生活中，“重量”实际上是物体质量的同义语．如购买重量为 1 千克的糖果，就是指买质量为1 千克的糖果．

以上就是关于“重量”的有依据的定义．第三届国际计量大会的规定实际上把重量定义为重力的量值，这适用于工程技术等领域．我国法定计量单位中的规定是在日常生活中重量与质量同义．在科学技术中，质量有明确定义，不采用日常生活中的名称．因此关于重量的定义仍按第三届国际计量大会的规定比较妥当．

3．分子力

分子是组成具有一定物理、化学性质的物体的最小单元，而宏观物体之间的相互作用除引力外，其他接触相互作用如弹力、摩擦力等都可以归结到分子这一层次．

两个分子之间的相互作用力的规律是比较复杂的，它是一种力程很短的力．当两个分子靠得比较近时，它们之间存在着引力；而当它们靠得非常近时，它们之间又互相排斥．分子力常用如下的半经验公式来描述：

$$f = \frac{\lambda}{r^s} - \frac{\mu}{r^t} \quad (s > t), \tag{1.17}$$

式中 λ, μ, s, t 都是正数，其数值要根据具体实验数据来确定．式中第一项$\frac{\lambda}{r^s}$为正，表

示斥力；第二项 $-\frac{\mu}{r^t}$ 为负，表示引力. 由于 s 和 t 的数值较大(如在一些情形下 $s=13$，$t=7$)，分子力随距离的增大而迅速减小，当距离超过一定限度后，实际上就表现不出分子力了. 又由于 $s>t$，所以斥力 $\frac{\lambda}{r^s}$ 随距离的变化比引力更快，因此当两个分子距离靠得不太近时，$\frac{\mu}{r^t}>\frac{\lambda}{r^s}$，分子力表现为引力；当距离靠得非常近时(如小于 10^{-10} m)，$\frac{\mu}{r^t}<\frac{\lambda}{r^s}$，分子力表现为斥力. 图 1.9 表示分子力随 r 而变化的图线. 图中可见，当 $r=r_0$ 时，$f=0$，这便是分子的平衡位置. 当 $r>r_0$ 时，分子力 $f<0$ 为引力. 当 $r<r_0$ 时，分子力 $f>0$ 为斥力. 对于不同的分子和固体结构，r_0 的数值不同，其数量级约为 10^{-10} m.

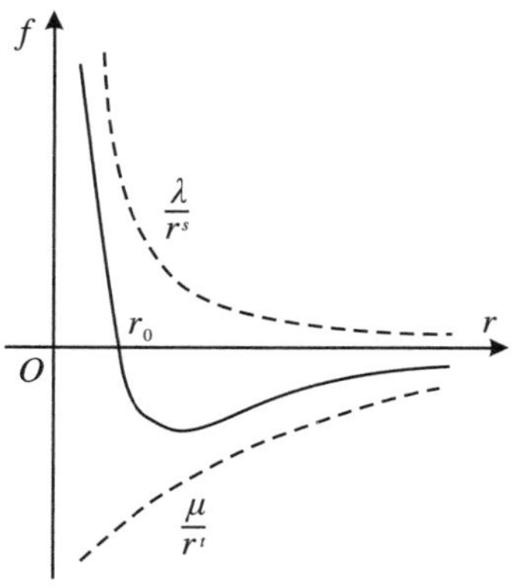

图 1.9

固体内晶格粒子之间，不论化学键是什么种类，其结合力的规律大体上与分子力相似，只是常数 λ,μ,s,t 对于不同的晶体有不同的数值而已.

分子力和晶体粒子之间的结合力的本质是什么？现代物理学已回答了这个问题，分子力或结合力都属于电磁相互作用. 如果问，电磁相互作用是长程力，如静电库仑力是与距离平方成反比的，为什么属于电磁力的分子力又是短程的、与距离的高次方成反比的呢？要清楚地回答这个问题不是那么简单的. 大体上可以这样理解，在分子、原子尺度内的电磁相互作用，除正负电荷之间(如离子之间)的相互作用外，还包括：① 感生偶极子-偶极子之间的相互作用(称范德瓦耳斯作用，它与距离的 7 次方成反比)；② 共价键中，两个原子中具有的两个自旋反平行的电子引起的吸引的交换相互作用；③ 当两个原子十分靠近时，发生电荷分布交叠而引起的排斥的交换相互作用. 后面两种电磁相互作用要用量子力学理论才能解释. 所以我们可以说，在分子、原子这样的微观尺度内，具有量子效应的荷电粒子之间的电磁相互作用，使分子力的机制变得相当复杂.

4. 弹性体的长变　胡克定律及其成立条件

(1) 固体的弹性和塑性　弹力

在外力作用下，固体将发生形变，这是固体的基本性质. 从物质构成的角度看，形变是组成固体的晶格粒子间的相对位置发生变化. 另一方面，由于组成固体的原子、分子之间的分子力或晶格粒子之间的结合力的作用，发生相对位移的晶格粒子力图回到原来的平衡位置，因而，固体又具有抵抗形变的能力. 在外力撤销后，由外力引起的形变有可能消除，从而使各组成粒子回到原来的平衡位置. 固体的这种对于形变的抵抗性质叫作**弹性**. 在撤除外力后能够完全消失的形变称为**弹性形变**. 当外力超过一定限度而引起固体较大的形变时，在大形变状态下大量粒子的相互作用的结果可能改变固体内各晶格粒子的平衡位置，从而使一部分形变在外力撤除以后仍保留下来. 这种保留下来的剩余形变称为**塑性形变**. 物体在一定情况下具有产生较大的剩余形变的性质，称为**塑性**. 弹性和塑性是固体的两个相互对立的性质，它们分别在一定条件下起主导作用. 如在同样受力情况下，金属在常温下可以是弹性的，而在高温下就是塑性的了. 在高温下锻钢件，就是利用钢在高温下具有的塑性. 在相同温度下，当外力小时，可能是弹性形变；在外力较大时，可能是塑性形变.

形变的物体因具弹性，力图恢复原状而施加于与之接触并妨碍其恢复原状的其他物体上的力，称为**弹力**. 弹力的大小与形变程度有关. 变形体之所以能对其他物体施加弹力，是由于变形体内各组成粒子间因距离变化而引起的净相互作用（属于物体的内力），而弹力的大小与接触处变形体的内力强度有关.

如何量度变形体的内力强度呢？在力学中，把物体当作连续的介质而不考虑物质的原子-分子结构，因而不用粒子间的结合力来量度内力强度. 物体的变形以及内力强度是用应变和应力来量度的. 下面做具体讨论.

(2) 长应变和正应力　伸长直杆的弹力

假定直杆受到轴向外力而伸长 x，我们怎样描写其内部各点处的变形程度和内力的强度呢？

为了描写各点的变形程度，我们把物体分成许多小立方体，并使每个立方体的四根棱边与杆的轴向一致. 我们着眼于每个立方体的形变. 显然，沿轴向排列的一串立方体中，每个与轴向平行的边的伸长量 Δx_i 的总和就等于杆的伸长量，即 $x = \sum_i \Delta x_i$. 对于第 i 个立方体，设在无形变时边长为 Δl_i，由于发生形变，沿轴向的边长变化为 Δx_i. 如图 1.10(b)，我们用 Δx_i 与 Δl_i 之比值，即相对伸长

$$\bar{\varepsilon} = \frac{\Delta x_i}{\Delta l_i} \tag{1.18}$$

表示该小立方体的变形程度，称为平均长应变. 当 Δl_i 趋于零，即每一个立方体的边长

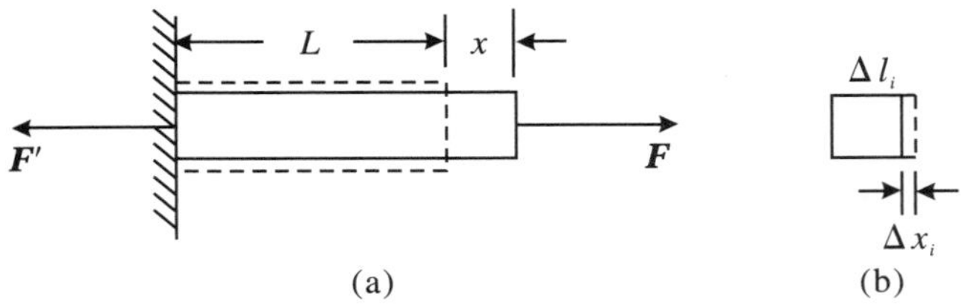

图 1.10

趋于零时，比值$\frac{\Delta x_i}{\Delta l_i}$的极限就表示相应确定位置的变形程度，称为**长应变**，用 ε 表示：

$$\varepsilon = \lim_{\Delta l_i \to 0} \frac{\Delta x_i}{\Delta l_i} = \frac{dx}{dl}. \tag{1.19}$$

对于伸长，Δx_i 为正，应变 ε 取正值；对于缩短，Δx_i 为负，应变 ε 取负值.

在一般情况下，长应变是位置的函数，杆的总伸长量应由积分式表示为

$$x = \int dx = \int_0^L \varepsilon dl. \tag{1.20}$$

对于均质的截面积相同的柱形直杆，当只在两端受外力而不计重力时（图1.10(a)），形变可看作均匀的，杆中各点（各个截面处）的长应变 ε 相同. 于是有

$$x = \varepsilon L \quad 或 \quad \varepsilon = \frac{x}{L}, \tag{1.21}$$

即直杆在均匀形变的情况下，应变等于杆的绝对伸长量 x 与杆原长的比值.

又如何表示长变杆内的内力强度呢？为此我们用一个与杆轴向垂直的假想平面 MN 将杆截为 A，B 两部分，考察 B 部分的平衡情况（图 1.11(a)(b)）. A 通过截口作用于 B 的力 P（属于杆的内力）成为 B 部分受的外力. 它与截面正交，即沿 B 部分截口的正法线方向. 根据二力平衡公理，有

$$P = F.$$

我们用与截面正交的杆的内力 P 与截口面积 S 的比值$\frac{P}{S}$表示在该截面处杆的内力的平均强度，称为**平均正应力**，记为

$$\bar{\sigma} = \frac{P}{S}.$$

要注意的是 A 对 B 的作用是分布在整个截口面上的，是面力，如图 1.11(c)所示. 为了描述截口上某一点的内力强度，我们取一个包括该点的小面积 ΔS，作用于其上的、与面正交的内力为 ΔP，则当 ΔS 趋于零时，比值$\frac{\Delta P}{\Delta S}$的极限

$$\sigma = \lim_{\Delta S \to 0} \frac{\Delta P}{\Delta S} = \frac{dP}{dS}, \tag{1.22}$$

σ 就描述了该点的内力强度，称为在该点处的**正应力**.

在图 1.11 所示的均匀直杆的情况下，可认为在各截面上的正应力是一恒量. 因此，作用于任一截面的轴向内力等于正应力与杆的横截面面积之乘积，即

$$P = \sigma S. \tag{1.23}$$

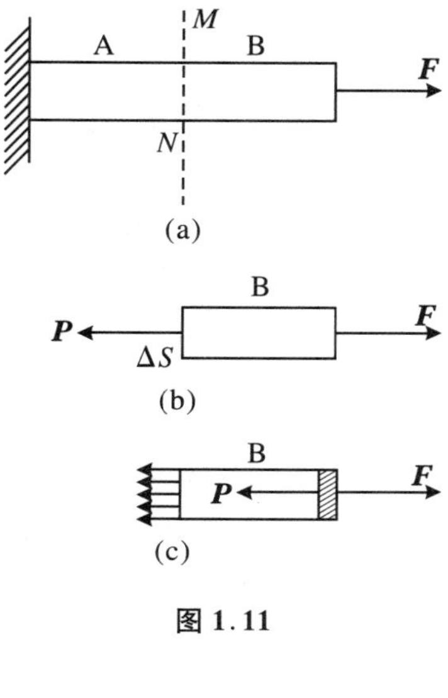

图 1.11

考察与外物接触处的极小段杆的平衡，如图 1.11(c)中的阴影部分，可知：伸长杆对与之接触的物体作用的弹力的大小等于与外物接触处截面上的轴向内力的大小．在均匀杆的均匀应变的情形下，这一轴向内力就由(1.23)式表示．所以，伸长直杆对外的弹力等于杆横截面上的正应力与截面积之积：

$$F_{弹} = \sigma S. \tag{1.24}$$

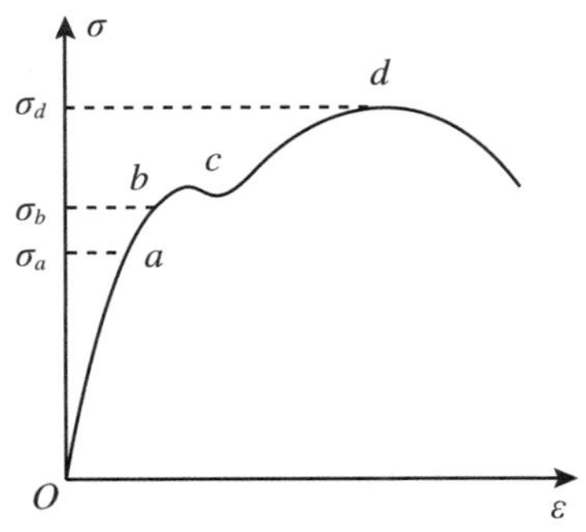

图 1.12

(3) 应力与应变的关系

应力与应变之间有什么关系？只能根据实验来回答．均匀圆柱形杆在受拉时，可以实现均匀应力状态(即各点的应力相同)．对低碳钢圆柱杆的拉伸试验，给出了低碳钢的(拉)应力-(长)应变的曲线，如图 1.12 所示．

从图上可见：

① Oa 段是一直线．a 点相应的应力为 σ_a．所以，在应力小于 σ_a 时，应力与应变成正比例．与 a 点相应的应力 σ_a 称为**比例极限**，对于低碳钢，σ_a 约为 20 000 N/cm^2．

② 过 a 点后，曲线微弯，直到 b 点，相应的应力为 σ_b．在此以前(即应力小于 σ_b)，当撤除外力后，形变可完全消失．而且当减小应力时，应力-应变曲线可沿原路径回到 O 点．称 σ_b 为**弹性极限**．低碳钢的弹性极限与比例极限十分接近．

③ 当达到相应于 c 点的应力时，应变增加得很快，而应力在一定范围内波动．这时，光滑的试件表面上出现了许多倾斜(与轴成 45°)的皱痕，这种现象叫作**流动**(或**滑移**、**屈服**)．这时的应力 σ_c 称为**流动极限**(或**屈服极限**)．

④ 在应力 σ_c 以后，应力增加，应变增大，但不成线性关系，直到最高点 d 对应的应力 σ_d 称为**强度极限**．这以后，材料的某一部分开始形成颈缩，即截面积显著变小，直到最后断裂．

低碳钢的 $\varepsilon - \sigma$ 曲线是比较典型的，其中的比例极限、弹性极限、屈服极限和强度极限对于其他材料大体上也是存在的(只不过有些材料的流动现象不显著)．

(4) 胡克定律及其成立的条件

由拉伸试验的正应力-长应变曲线($\sigma - \varepsilon$ 图)可见，在比例极限以内，应力与应变成正比．这就是**胡克定律**．在 $\sigma - \varepsilon$ 图中，Oa 段的斜率对于一定的固体材料取一定值，称之为该固体材料的**杨氏弹性模量**，用 Y 表示，它等于应力与应变之比值，即

$$Y = \frac{\sigma}{\varepsilon},$$

其单位为 N/m^2，低碳钢的杨氏模量约为 2×10^{11} N/m^2．

胡克定律的表示式为

$$\sigma = Y\varepsilon. \tag{1.25}$$

应用胡克定律和(1.21)、(1.24)式可知:对于均匀直杆,当伸长量为 x 时,作用于与之接触物体上的弹力的大小为

$$F_{弹} = \frac{YS}{L}x = kx, \tag{1.26}$$

其中

$$k = Y\frac{S}{L},$$

称为杆的**劲度系数**,由杆的材料性质(Y)和几何参量(长 L 和截面积S)决定.

(1.26)式表示在比例极限以内,直杆的弹力与形变成正比,在高中教材中正是以"弹力与形变成正比"这种形式来表述胡克定律的.

为了同时反映弹力的大小和方向,规定当伸长时 x 取正值,缩短时 x 取负值,并规定作用于其他物体上的弹力沿轴向指向伸长方向时取正值,指向缩短方向时取负值,则弹力随伸长而变化的规律可表示为

$$F_{弹} = -kx, \tag{1.27}$$

式中的负号表明弹力的方向与形变方向相反.我们把具有这种变化规律的弹力称为**弹性力**.

从上面讨论可见,胡克定律是描述变形体在一定限度内应力和应变成正比或弹力与形变成正比的物理规律.所谓"一定限度"严格地讲应是"比例极限以内".也就是说,只有当应力不超过比例极限 σ_a 时,胡克定律才成立.当应力大于 σ_a 但小于弹性极限 σ_b 时,变形仍是弹性的,但在 $\sigma_a<\sigma<\sigma_b$ 范围内,应力与应变(或弹力与伸长量 x)已不成正比了.通常说的"在弹性限度内胡克定律成立"是一种粗略的讲法.由于许多材料的比例极限和弹性极限相差不大,且在 $\sigma_a<\sigma<\sigma_b$ 范围内,$\sigma-\varepsilon$ 曲线与直线的偏离也不甚显著,因此,讲"弹性限度内"这样的条件也是可以的.

5. 切变 扭转 弹簧的劲度系数

(1) 切变 切应力和切应变

固体形变的基本形式除线元(如前面讲的小立方体的棱边长)的长度变化外,还有一种是线元的方位的改变,或者说原来成直角的两线元之间的夹角变成了锐角或钝角,这种基本形变称为**切变**.如图 1.13(a)所示的正方体在通过上、下表面的一对平行切向外力 $\boldsymbol{F}$ 和 $\boldsymbol{F}'$ 作用下,变形为斜方体.原来与上、下底正交的线段转过了 γ 角,因而与上、下底面成锐角.图 1.13(b)表示剪切平板(但尚未断裂)时,在剪切处的工件发生了可见的切变.

切变的程度由角 γ 来描述,称为**切应变**.

在发生切变的固体内,内力的强度由**切应力**来量度.我们用一假想的截面 MN

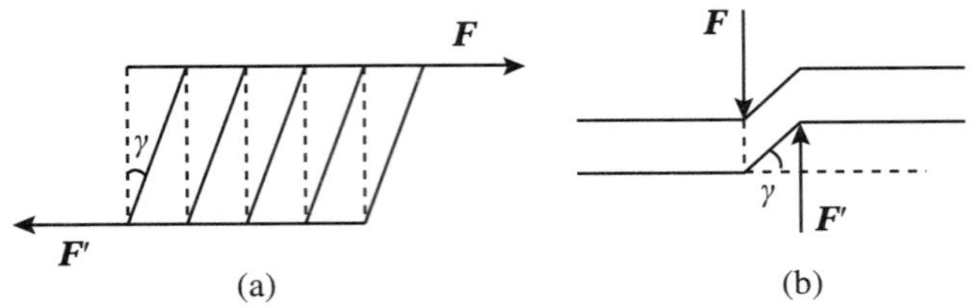

图 1.13

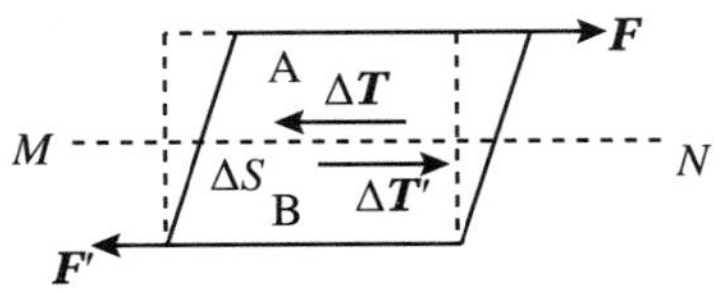

图 1.14

通过某一点将物体分为 A,B 两部分,两部分通过面积为 ΔS 的截面,沿截口的切线方向相互作用的力的大小为 ΔT,如图 1.14 所示,比值$\dfrac{\Delta T}{\Delta S}$称为在截面 ΔS 上的平均切应力.如令 ΔS 趋于零,则$\dfrac{\Delta T}{\Delta S}$的极限表示该点在假想截面 MN 方位的**切应力**,用 τ 表示,即

$$\tau = \lim_{\Delta S \to 0} \frac{\Delta T}{\Delta S} = \frac{\mathrm{d}T}{\mathrm{d}S}. \tag{1.28}$$

图 1.14 表示一个发生均匀切应变的正方体,上部通过截面 MN 作用于下部的切力为 T(其大小等于外力 F).设截面积为 S,则该均匀正方体在与上、下底平行的截面上的切应力为

$$\tau = \frac{T}{S} = \frac{F}{S}.$$

根据实验可知,在比例限度内,切应力与切应变成正比,表为

$$\tau = G\gamma, \tag{1.29}$$

其中 G 称为**切变弹性模量**,也是由材料性质确定的常数,其单位为 $\mathrm{N/m^2}$(工程中用千克力/厘米^2),(1.29)式即为在切变情形下的胡克定律表达式.

(2) 扭转

一根圆柱形杆,在两端分别作用方向相反的力偶时,杆发生扭转.在弹性限度内发生扭转形变的杆要回复原来形状,因而对与之接触的物体施以一力矩,称为**回复力矩**.如图 1.15 所示,长为 L、半径为 R 的金属杆上端固定,下端连接一圆盘.当圆盘相对于平衡位置转过 θ 角时,杆发生扭转,其下端面相对于固定端面的转角亦为 θ 角,这时杆由于具有弹性作用于圆盘以力矩 M,即为回复力矩.实验表明,在比例极限内,回复力矩与扭转角 θ 成比例,即

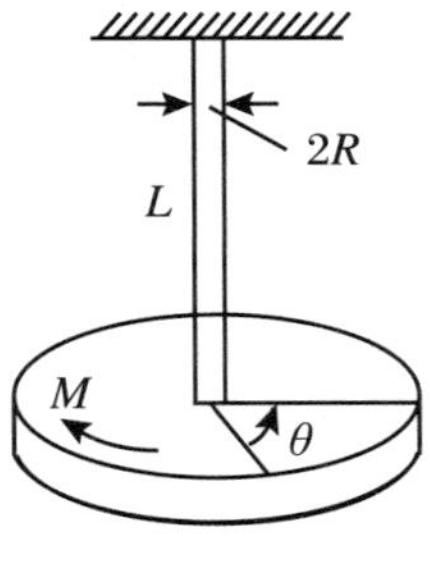

图 1.15

$$M = -D\theta, \tag{1.30}$$

其中 D 为**回复系数**，与杆的材料性质和几何参数（L 和 R）有关，负号表示回转力矩 M 的方向与扭转角位移 θ 的方向相反.

在发生扭转形变时，杆内的基本形变是切变. 图 1.16(a) 为没有扭转形变的圆柱体，圆柱面上面有许多沿母线的刻痕和圆周线刻痕，组成矩形格子. 图 1.16(b) 为发生了扭转时的情形，原来沿母线的刻痕倾斜了同一角度 γ. 圆柱表面上的矩形格子都歪斜成相似的平行四边形. 这种现象表明圆柱体表面的薄圆筒发生了切变，切应变等于母线的倾角 γ. 实际上，如果把柱体看成由许多个不同半径的薄圆筒套合而成，那么在扭转时，每一个薄圆筒都发生了切变，只是愈靠中心轴的薄圆筒，其母线的倾斜角愈小，也就是切应变愈小. 从图 1.17 不难知道，当长为 L 的圆柱体因扭转变形，下端面相对于上端面转动角 θ 时，半径为 r 的薄圆筒的切应变（即母线的倾角）为

$$\gamma = \frac{r}{L}\theta. \tag{1.31}$$

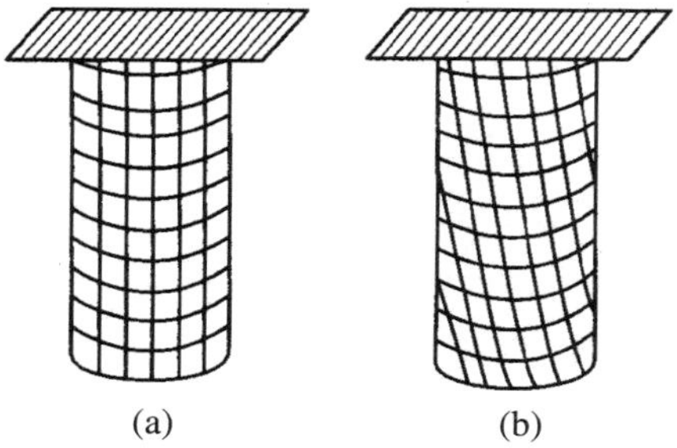

图 1.16

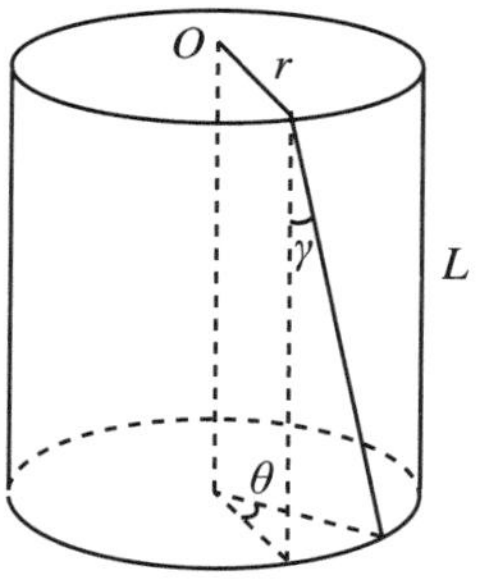

图 1.17

由此可见圆柱体的扭转形变由按圆柱面分层的切应变组成. 应变是轴对称的，其切应变的大小与到轴的距离成正比. 根据胡克定律，切应力分布也是轴对称的，其大小也与半径成正比，即

$$\tau = G\gamma = \frac{G\theta}{L}r. \tag{1.32}$$

如图 1.18 所示，在圆柱表面层上有最大切应力：

$$\tau_{\max} = \frac{G\theta}{L}R,$$

其中 R 为圆柱体的半径.

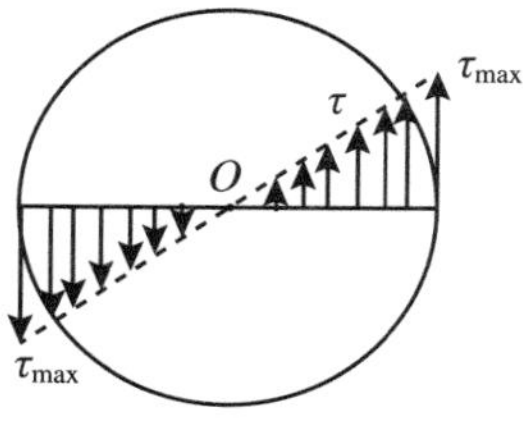

图 1.18

应用(1.32)式做进一步的计算，可以求出当扭转角为 θ 时，长为 L 的圆柱杆产生的回复力矩的大小为

$$M = \frac{\pi G R^4}{2L}\theta. \tag{1.33}$$

与(1.30)式比较，得扭转的圆柱体的回复系数 D 为

$$D = \frac{\pi G R^4}{2L}. \tag{1.34}$$

可见,扭转回复系数与杆材料的切变模量 G、杆的粗细 R 和杆长 L 有关.

(3) 弹簧的劲度系数

在比例极限内,弹簧的弹性力与伸长 x 成正比(对于缩短,x 为负值),考虑到弹性力的方向,表为

$$F_{弹} = -kx,$$

其中 k 为弹簧的劲度系数.

劲度系数与哪些因素有关呢? 要回答这个问题,应当了解弹簧形变的机制.

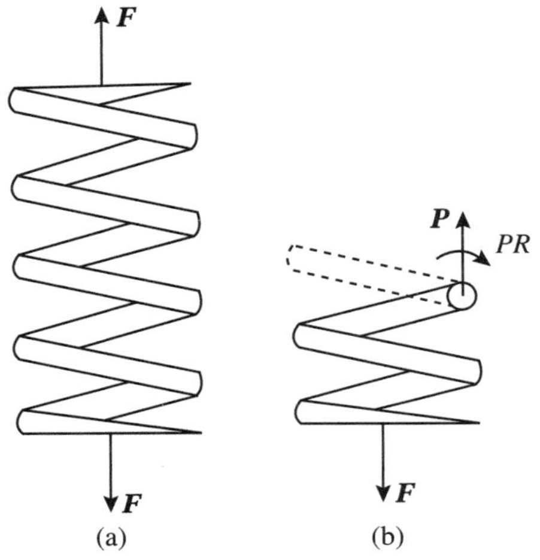

图 1.19

我们仍用截面法来了解变形弹簧的内力.设弹簧受到轴向拉力 F 而发生变形.我们用一假想的与簧丝正交的截面将弹簧截为两部分,如图 1.19 所示.我们研究下面部分弹簧的平衡.这时上面部分通过截面对下面弹簧的作用是分布在该截面上的面力(属于整个弹簧的内力),并可简化为作用于截面中心处、与截面相切的力 P 和一个力偶,如图 1.19(b)所示(见第 7 章 7.3 节).由于下部弹簧平衡,故力 P 与外力 F 的数值相等,且力偶矩等于 PR.在截面上作用的切力将引起切变;力偶将使簧丝发生扭转,而扭转实际上也是簧丝分层的切变.所以,当弹簧在外力 F 作用下发生轴向长变时,弹簧丝的形变从根本上说是切变(主要是簧丝的扭转形变).由此可知弹簧的力学性质与材料的切变模量 G 有关.

对于密圈螺旋弹簧,设簧丝的直径为 d,弹簧圈的平均半径为 $R(R \gg d)$,弹簧的圈数为 n,材料的切变模量为 G,理论计算可以求得其劲度系数为

$$k = \frac{G d^4}{64 n R^3}. \tag{1.35}$$

(见杜庆华著《材料力学》)可见,弹簧的劲度系数与材料的力学性质(G)、簧丝的粗细、簧圈的大小以及圈数有关.由于在推导这个公式时做了一些简化假定,实际弹簧的劲度系数比根据(1.35)式计算的理论值略小.

6. 张紧的绳内的张力

在张紧的绳中任取一点,用一假想的、与绳长垂直的截面将绳分为两段,这两段

通过截口沿绳长方向相互施加的力称为张力.张紧的绳中每一点都存在着张力.

(1) 张紧的绳中各点的张力大小相等吗?

为了确切地回答这个问题,先做如下的讨论.

设张紧的绳 MN 取竖直方位,并有一竖直向上的加速度 a,在绳中任取两点 A 和 B,并设 AB 段绳的质量为 Δm,T_A 和 T_B 为 AB 段绳的两端以外的绳作用于 AB 段的张力,如图 1.20 所示.根据牛顿第二定律,有

$$T_A - T_B - \Delta mg = \Delta ma,$$

于是

$$T_A - T_B = \Delta m(g + a).$$

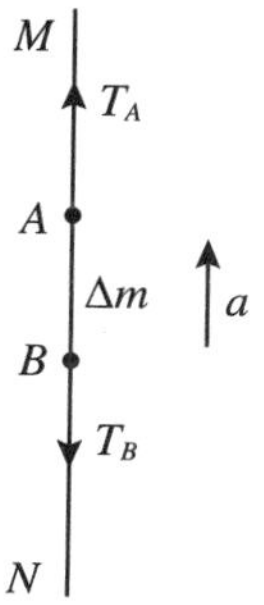

图 1.20

由此可得以下结论:

① 如果 $\Delta m = 0$,即绳子很轻,可以不计绳本身的质量,则有 $T_A = T_B$.由于 A,B 为绳中任取的两点,所以不计质量的轻绳内各点的张力相等.又由于绳对所系物体的拉力就等于与物体接触处绳的张力,故一段轻绳对两端所系物体的拉力的大小也是相等的.

② 如果 $\Delta m \neq 0$,即绳的质量不能忽略的情况下,一般有 $T_A \neq T_B$.所以,要计质量的重绳内各点的张力一般不相等.

以上讨论虽假定绳处于竖直方位,但上述结论不失一般性.

(2) 一根绕过滑轮的张紧的轻绳,在滑轮两边的绳的张力大小相等吗?

分析如图 1.21(a)所示的例子,绕过定滑轮的轻绳两端悬挂重物,两个物体的加速度 $\boldsymbol{a}$ 如图示.考察与滑轮接触的一段绳 AB.令它的质量为 Δm,在 A,B 点受的张力分别为 T_A 和 T_B,轮边缘作用在绳 AB 上各小段的摩擦力沿该点的切线.如果把 AB 绳拉直,则它的受力如图 1.21(b)所示,其中 f 表示轮对绳作用的摩擦力.应用牛顿定律有

$$T_A - T_B - f = \Delta ma, \tag{1.36}$$

由于绳是不计质量的,$\Delta m = 0$,故有

$$T_A = T_B + f. \tag{1.37}$$

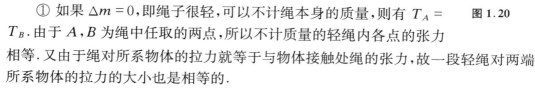

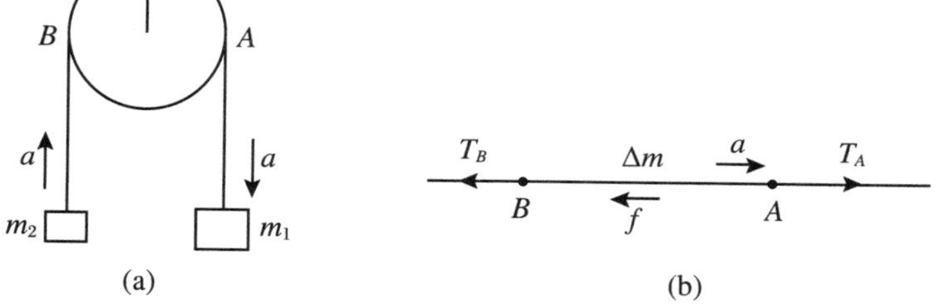

图 1.21

由此可得出如下结论：如果不计质量的轻绳与轮之间无摩擦，$f=0$，则 $T_A=T_B$. 即绕过一个光滑的轮的轻绳两边的张力大小相等.

如果绳子与轮之间有摩擦，f 不一定等于零，则 T_A 亦不一定等于 T_B. 这就是说，绕过一个不光滑的滑轮的绳子两端的张力不一定相等. 传动装置的皮带轮两边的皮带的张力就不相等. 紧边的张力与松边的张力之差等于作用于皮带的摩擦力（见问题 11）.

7. 在处理平衡问题时，怎样分析直杆的受力？

直杆不仅能承受纵向的作用力（拉力和压力），还能承受横向的力. 因此与绳相比，分析杆的受力（或杆加于接触物上的作用力）要复杂一些. 静力学中常常遇到由若干根直杆构成的支架，分析和计算当支架负荷（受力）时其中每一根杆所受的力. 这里分两种情况来讨论.

（1）多力杆

在杆上的三点或更多点受到外力作用的杆，称为三力杆或多力杆. 如图 1.22 中的重杆 AB 就是一根三力杆. 因为这根杆在不同的三点受到三个力作用，这就是：绳施于 B 点的拉力 $\boldsymbol{T}$，铰链 A 作用于 A 点的支持力 $\boldsymbol{N}$①，以及作用于重心 C 点的重力 $\boldsymbol{W}$. 所以，AB 杆又叫作三力杆. 凡在两端受支撑的重杆，或在两端受支撑而在中间某点负重的轻杆（杆本身的质量可不计），都是三力杆.

在平衡时，三力杆受的力一般不一定沿杆的纵向（如图 1.22 所示）. 根据三力平衡原理，作用于杆的三个力如不平行，则必共点. 这是分析三力杆受力情况的重要依据. 如图 1.22 的例中，作用于杆的重力 $\boldsymbol{W}$ 和绳的拉力 $\boldsymbol{T}$ 的方向已知. 然而由于铰链与杆接触的情况是不清楚的，不可能预先确定压力 $\boldsymbol{N}$ 的方向. 但是根据三力平衡原理，只要我们确定了力 $\boldsymbol{W}$ 和 $\boldsymbol{T}$ 的作用线交点 O，就可以断定铰链作用于 A 端的压力 $\boldsymbol{N}$ 必定沿 AO 方向. 正确地作出三力杆的受力图以后，应用共点力的平衡条件列出平衡方程，根据杆的重量（主动力）和角 θ，即可求解约束反力——拉力 T 和铰链压力 N 的大小.

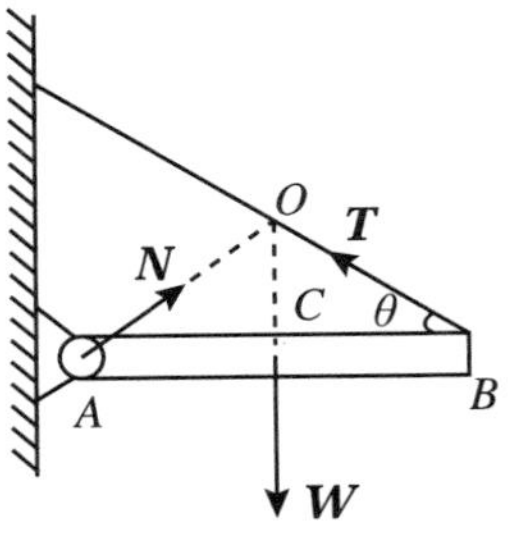

图 1.22

以图 1.22 为例，设均匀重杆的重量为 W，绳与杆夹角 $\theta=30^\circ$. 由于重心 C 在杆的中点，不难看出 AOB 为等腰三角形，$\angle OAB=\theta=30^\circ$. 杆的平衡方程沿水平和竖直方向的分

① 如果不说明杆的 A 端与墙壁是铰链连接，而是直接接触，并在图上将杆的 A 端直接与墙壁接触，那么，杆的 A 端受墙壁的约束反力 $\boldsymbol{N}$ 沿墙壁的分量为静摩擦力. 在这种情况下杆的平衡要在最大静摩擦力这个限度内才能保持. 所以，在题目中应该明确连接的方式.

量式为

$$N\cos\angle OAB = T\cos\theta,$$
$$N\sin\angle OAB + T\sin\theta = W.$$

由此解得

$$T = N = \frac{W}{2\sin 30^\circ} = W.$$

(2) 二力杆

只在两点受力的杆称为二力杆.如果只有二力作用于杆上的两点,这杆自然是二力杆;如果作用于杆的力有许多个,但只要这些力集中作用在杆上的两点,那么,可以把在每一点作用的诸力简化为一个力,于是仍可归结为两个外力分别作用于杆上的两点,故这杆仍为二力杆.

根据二力平衡原理,在平衡时,作用于二力杆上两点的外力必等大反向,沿同一直线,所以在平衡时二力杆受的力必沿杆的纵向.与此相应,平衡时二力杆作用于外界的力也必沿杆的纵向.这是二力杆的基本性质.

图1.23所示的简单支架由两根不计重量的轻杆 AB 和 CB 构成,在结点 B 悬挂重量为 W 的物体,分析两杆的受力情况如下:

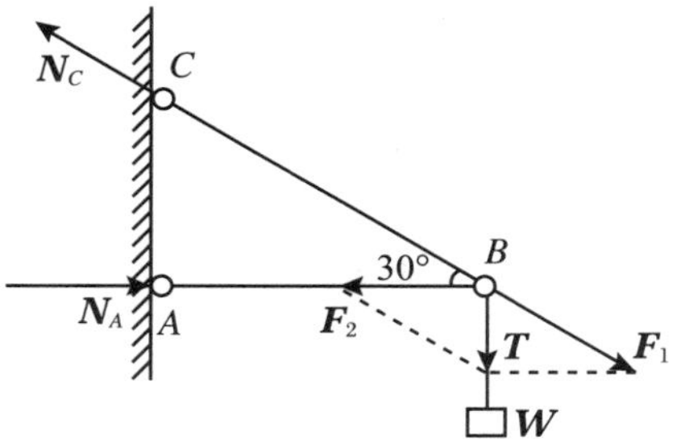

图1.23

由于 AB,BC 两杆不计重量,又分别在端点受力,故两杆都是二力杆.根据二力杆受力必沿杆的道理,将绳作用于 B 点的拉力 $\boldsymbol{T}$(大小等于物重 W)沿 CB 和 BA 方向分解得两个分力 $\boldsymbol{F}_1$ 和 $\boldsymbol{F}_2$.$\boldsymbol{F}_1$ 和 $\boldsymbol{F}_2$ 便是两杆在 B 点受的力.于是可求出:

$$F_2 = T/\tan 30^\circ = \sqrt{3}W,$$
$$F_1 = T/\sin 30^\circ = 2W.$$

再根据二力平衡原理,分别考察 AB,BC 两个杆的平衡,可以求出墙壁在 A 和 C 分别作用于两杆的力 $\boldsymbol{N}_A$ 和 $\boldsymbol{N}_C$ 的方向如图示.大小为

$$N_A = F_2 = \sqrt{3}W,$$
$$N_C = F_1 = 2W.$$

8. 接触面越光滑摩擦力就越小吗?

对于固体接触面之间的摩擦的实验研究,早在15世纪,欧洲文艺复兴时代就已开始,其代表人物是意大利的达·芬奇.直到18世纪末,法国物理学家库仑通过大量实验建立了摩擦定律(即 $f=\mu N$).而在此之前一个世纪,不少人从纯机械论的角度解

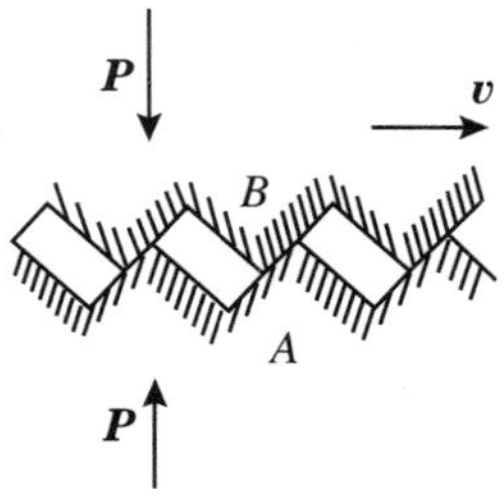

图 1.24

释摩擦，提出了“凹凸说”，库仑本人也大体上赞同这种学说.这种学说认为由于固体表面总是存在着凹凸，两个表面上的凹凸部分主要以互相啮合的状态相接触，如图 1.24 所示.当两表面相对滑动时，必须顺着其凸部反复抬起来，或者把凸部破坏掉，于是便产生了摩擦.依照这种解释，似乎表面越光滑，凹凸越稀疏，峰部越低，则摩擦就应越小.

但是凹凸说从一开始便遇到了挑战.英国物理学家德萨古利埃(1683～1744)置凹凸说的潮流于不顾，提出了分子说，这种学说认为产生摩擦的真正原因在于摩擦面的分子力的作用.按照这种观点，表面越光滑，表面更紧密接近，分子力的影响就越大，因而摩擦力也就越大.德萨古利埃预言：“只要把平面无止境地研磨得很光滑，摩擦迟早是会增大的.”可惜当时的技术不能提供研磨得那样光滑的平面，因而未得到证明.

经过一百多年，到 20 世纪，随着表面加工和洁净技术的进步，英国科学家哈迪用实验证明了德萨古利埃的预言，从而使摩擦的分子说获得了生命力，并在此基础上形成了关于摩擦机理的“现代黏合说”.

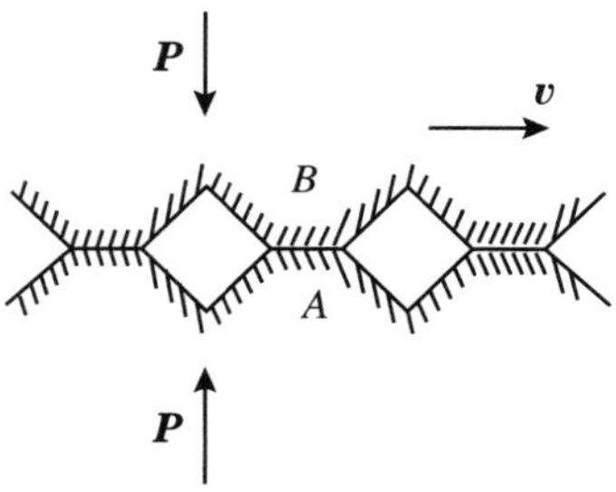

图 1.25

黏合说认为两个接触面的凹凸部分主要是彼此在凸部上以互压在一起的状态相接触，如图 1.25 所示.两个物体实际接触部分只为外观面积的几百分之一到几万分之一.因此即使表观的压力不大，如为 1 N/cm^2 时，在两个接触的凸部却可达数百至数万 N/cm^2 的极高压力.这样的高压会使凸部发生塑性形变.表面上存在的极薄的污染膜(脏物和氧化膜等)将被破坏、被剥离，从而发生两个固体基质本身的黏合.这种黏合是分子-原子力的表现.在这种情况下，当两个面相对滑动时，黏合面被剪切而断裂，剪切力就是宏观表现的摩擦力.

证明黏合说是摩擦的合理机制的实验在 20 世纪才由哈迪等人进行.哈迪用经过充分研磨和洗净的玻璃表面做的摩擦实验表明，充分研磨了的表面摩擦力大，而且，摩擦的痕迹也扩大.这不仅否定了凹凸说，而且证明了摩擦的能量损失不仅是由于分子力的不连续交叠，而且还由于分子力导致表面的破坏.

表面污染对摩擦的影响也是证明黏合说的有力证据.未经严格处理的固体表面实际上覆盖着多层污染膜，从里向外有氧化膜、吸附分子膜和普通脏污的膜，它们的厚度不过几百 Å(1 Å$=10^{-8}$ cm)，而固体表面的凹凸，即使以目前的技术加工来说，表面凹凸的高差也平均在 10^{-5} mm，因此，这些污染膜对凹凸是没有什么影响的，犹如绵延山脉上的树林不改变山脉的形状一样.根据凹凸说，表面污染膜不能影响摩擦；而基于分子的黏合说，污染膜将阻隔固体分子间的作用，减小摩擦.因此，如何得到干净的无污染的固体表面，就是用实验决定两个学说胜负的关键.在20世纪内此关键实验得以解决.结果证明了污染膜要减小摩擦，干净的固体表面之间摩擦系数增大.于是现在人们对摩擦的机理普遍地采纳基于分子间作用力的“黏合说”.

尽管这样，在现代关于摩擦的理论中，凹凸说并没有被废弃.它在黏合说中有了新的意义.这就是因黏合而导致的摩擦现象的解释中，表面的塑性变形有很大的作用，而这塑性变形又直接依赖于凹凸的大小.

除现代黏合说外，在极光滑表面的摩擦机理中，还加进了静电作用，这就是光滑表面摩擦过程中可能带上异号电荷，它们之间的静电作用也是摩擦力的一个原因.

综上所述，摩擦现象的机理是复杂的，是必须在分子尺度内才能加以说明的.由于分子力的电磁本性，摩擦力说到底也是由电磁相互作用引起的.

根据上述机理和实验，已经否定了“表面越光滑，摩擦力越小”这样的论断.那么我们应怎样对待通常在教材和习题中出现的“光滑表面”呢? 常用的“粗糙表面”和“光滑表面”是历史的产物，意思是:“粗糙”指有摩擦、“光滑”指无摩擦或摩擦系数等于零的表面，是一种理想模型.因而应该把常用的“光滑表面”作为“不计摩擦的表面”的同义语，而不是指完全无凹凸的、像连续的几何面一样的固体表面.

9. 怎样分析和处理静摩擦力?

相互接触的两个物体在驱动外力作用下有相对滑动趋势而又保持相对静止时，在接触面上相互作用以静摩擦力(不能把静摩擦力说成是物体静止时的摩擦力).静摩擦力的作用是阻止两个物体之间的相对滑动.作用于物体的静摩擦力 f_s 的方向与该物体对所接触的另一物体的相对滑动趋势方向相反，大小随驱动外力而定，但不能超过一最大限度.这个最大限度的静摩擦力 f_m 称为最大静摩擦力.也就是说，静摩擦力的大小由不等式

$$0 \leqslant |f_s| \leqslant f_m$$

限定.根据实验，最大静摩擦力

$$f_m = \mu_s N,$$

其中 μ_s 为静摩擦系数，N 为相互接触的物体通过接触面的正压力.只有在特殊情况下摩擦力为最大静摩擦力 f_m，这时，称物体处于临界平衡状态或极限摩擦状态.

由此可见，如果把与物体相接触的另一物(如支承物)看作对物体运动的限制物，那么，限制物作用在所考察物体上的静摩擦力是一个存在最大限度的约束力.它的方向和大小都与该物体受到的一切其他力的合力在接触面上的分量(即前面所称的驱动力)的方向和大小有关.要正确地分析和处理静摩擦力必须掌握住这个特点.实际上，也正是由于静摩擦力作为未知的被动力的这个特点，初学者在分析和处理静摩擦力时感到困难.

下面分两方面进行讨论.

(1) 如何分析和处理静摩擦力的方向

静摩擦力的方向与物体相对滑动趋势的方向相反."相对滑动趋势"是由作用于物体的所有其他力的合力沿接触面方向的分力(驱动力)产生的.如果接触面光滑,驱动力将使物体沿力的方向产生加速度,从而发生相对滑动.正是由于接触面处有摩擦(静摩擦力)才阻止了这种相对滑动.由此可见,所谓"相对滑动的趋势的方向"就是假定接触面光滑(解除摩擦)时,物体将会发生相对滑动的方向.因此,在物体所受到的驱动力方向十分明确的情形下,物体相对滑动的趋势的方向是容易判断的.下面讨论另外两种情况.

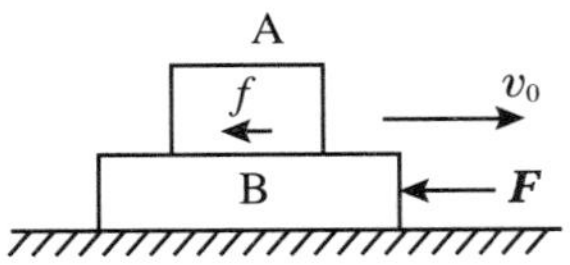

图 1.26

1) 我们所要考察的物体看起来并未受到驱动外力,却在沿接触面方向受到静摩擦力作用.以图 1.26 所示为例.A 叠放在 B 上,最初它们一起以速度 v_0 向右运动.现在由于 B 受到向左的阻力 $\boldsymbol{F}$ 而减速,如果 A,B 仍保持相对静止,如何判断 B 作用于 A 的静摩擦力的方向?

在这个例子中,A 在水平方向未受到驱动外力.A 对于 B 的相对滑动趋势是怎样产生的呢? 对此,应考察与 A 接触的物体 B.由于 B 受到向左的力 $\boldsymbol{F}$,这力使 B 产生向左方的加速度,因而 B 相对于 A 具有向左滑动的趋势,所以 A 相对于 B 具有向右滑动的趋势.这显然是由于 A 自身的惯性所致.于是做出判断:B 作用于 A 的静摩擦力的方向沿水平向左.

由此可见,当与被考察的物体接触的其他物体受到外力而做变速运动,但两物仍保持相对静止时,被考察物体的惯性是它对于接触物具有相对滑动趋势的原因(在引入惯性力以后,可以认为产生相对滑动趋势的驱动力是惯性力).在这种情形下,假定接触面光滑(解除摩擦)时,由于物体的惯性,将发生的相对滑动的方向,就是物体实际上对于接触物具有相对滑动趋势的方向.

2) 难于对滑动趋势预先做出判断的情形.如果作用于物体上的力不止一个,而且或因情况复杂,或者其中还有些力是未知的,以致不明确所有这些力的合力方向,也就不能够对"滑动趋势的方向"做出预先的判断.在这种情况下,常采用的方法是:在静摩擦力的两个可能的方向中,假定静摩擦力沿其中的一个方向,数值为 f.这时,f 为一代数值,表示静摩擦力在这个方向的投影.然后根据其他作用力,应用物体的平衡条件,求解 f.如果解出 f 为正值,则表示原假定的方向就是静摩擦力的方向;如果 f 为负值,则表示静摩擦与原假定方向相反.

这就是说,对于复杂的问题,我们干脆把静摩擦力的指向和大小都作为未知待求的量,静摩擦力以代数值 f_s(即静摩擦力沿选定方向的分量)的形式出现在平衡方程或动力学方程中.根据最后解出 f_s 的符号来最后确定其指向.

例 1 如图 1.27 所示,设 m_1 静止于斜面上,求斜面对 m_1 的静摩擦力.

解　由于 m_1，m_2 和斜面倾角 α 并未具体给出数据，因此物体 m_1 相对于斜面的滑动趋势是不能确定的，m_1 所受的静摩擦力的方向可能沿斜面向下、也可能沿斜面向上．于是，可先假设为其中的某一方向，如假定沿斜面向下，如图中所示．物体 m_1 受四力：重力 m_1g、支持力 N、绳的拉力 T（根据 m_2 的平衡可知 $T=m_2g$）和静摩擦力 f_s．根据物体 m_1 的平衡方程在斜面方向的分量式，可得

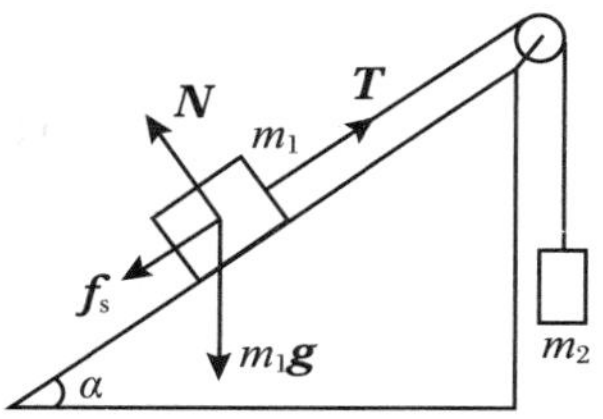

图 1.27

$$m_1g\sin\alpha + f_s - T = 0,$$

由此求出：

$$f_s = T - m_1g\sin\alpha = (m_2 - m_1\sin\alpha)g.$$

根据此式，f_s 的正负有以下几种可能：

当 $m_2>m_1\sin\alpha$ 时，$f_s>0$，表示 f_s 的方向与假设方向相同．

如果 $m_2<m_1\sin\alpha$，则 $f_s<0$，表示 f_s 的方向与假设的方向相反，即沿斜面向上．

如果 $m_2=m_1\sin\alpha$，则 $f_s=0$，这时，斜面对 m_2 无静摩擦力作用．m_1 相对于斜面无相对滑动趋势．

（2）如何应用等式 $f_m=\mu_sN$ 和不等式 $|f_s|\leqslant f_m$

一般情况下静摩擦力的大小由驱动外力的大小决定，但以不超过 f_m 为限．只有在特殊情况，即极限摩擦（或临界平衡）状态下，才使用 $f_s=f_m=\mu N$．应用 f_m 的情况大体有以下两种．

1）凡题中明确要求“在……情况下，物体恰好能与接触物保持相对静止”或“……物体刚好不在支承面上滑动”，这时，应就临界平衡状态建立物体的平衡方程（或动力学方程）．在这个前提下，应认为静摩擦力 f_s 的数值等于 f_m．也就是应用等式 $f_s=\mu N$ 于力学方程中，求解待求的其他量．这种方法称为**临界平衡分析**．

2）求“在什么条件下，物体才能保持相对静止？”或“在什么条件下物体将相对于支承面滑动？”．对于这种问题，有两种办法．一种是临界平衡分析，即应用等式 $f_s=\mu N$，代入力学方程，求出刚好能相对静止的条件，然后经过分析再回答物体“保持相对静止”或“将滑动”的条件．另一种办法是：仍用未知量 f_s 代入力学方程，解出 f_s 和正压力 N 与所有其他因素的关系．显然这是当物体保持相对静止时 f_s 和 N 与其他因素之间应满足的关系．然后再将所解出的 f_s 和 N 代入不等式 $f_s\leqslant\mu N$ 中，从而一举解出保持相对静止时待确定的某一力学量应满足的条件或限制．而且这个条件是直接以不等号来表示的．我们称这种方法为**平衡范围分析**．

以图 1.27 为例．问：m_1 和 m_2 满足什么条件，m_1 才能在斜面上保持相对静止？（设 m_1 与斜面间的静摩擦系数为 μ．）

仍按前面已假设的 f_s 的方向，根据 m_1 的平衡方程求出 f_s 的大小为

$$f_s = (m_2 - m_1\sin\alpha)g,$$

显然这就是当 m_1 平衡时，静摩擦力必须满足的关系. 正如已经讨论过的，f_s 是一代数量，其正、负表示静摩擦力的方向. 故静摩擦力的大小等于

$$|f_s| = |m_2 - m_1\sin\alpha| g.$$

根据(1.6)式，m_1 不在斜面上滑动(不向上，也不向下滑)的条件为

$$|m_2 - m_1\sin\alpha| g \leqslant \mu N,$$

而斜面对 m_1 的压力

$$N = m_1 g\cos\alpha,$$

所以，m_1 保持相对静止的条件为

$$|m_2 - m_1\sin\alpha| \leqslant \mu m_1\cos\alpha. \tag{1.38}$$

剩下的问题是解此不等式. 按 $m_2 - m_1\sin\alpha$ 的正负(即 f_s 的正负)，分别求解.

如果 $m_2 - m_1\sin\alpha > 0$($f_s > 0$，m_1 的滑动趋势向上)，则不等式(1.38)变为

$$m_2 - m_1\sin\alpha \leqslant \mu m_1\cos\alpha,$$

解得

$$m_2 \leqslant m_1(\sin\alpha + \mu\cos\alpha).$$

这就是 m_1 不沿斜面向上滑动(因前提是 $f_s > 0$，m_1 滑动趋势向上)时，m_2 应满足的条件.

如果 $m_2 - m_1\sin\alpha < 0$(即 $f_s < 0$，m_1 滑动趋势向下)，则不等式(1.38)变为

$$m_1\sin\alpha - m_2 \leqslant \mu m_1\cos\alpha,$$

解得

$$m_2 \geqslant m_1(\sin\alpha - \mu\cos\alpha).$$

这就是 m_1 不沿斜面向下滑动时，m_2 应满足的条件.

综合以上讨论，得出 m_1 能在斜面上保持静止不滑动的条件是

$$m_1(\sin\alpha - \mu\cos\alpha) \leqslant m_2 \leqslant (\sin\alpha + \mu\cos\alpha)m_1.$$

10. 皮带轮的最大传动力

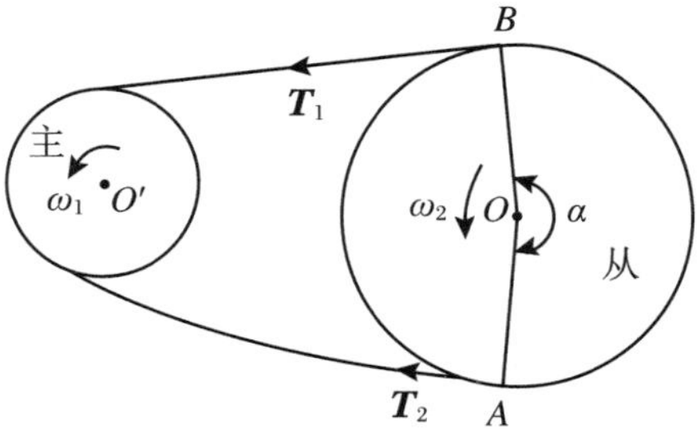

图 1.28

我们知道，皮带轮传动的机理是：主动轮通过轮边缘与皮带的静摩擦(因皮带不在轮上滑动)带动皮带，皮带又通过与从动轮的静摩擦使从动轮转动起来，如图 1.28 所示. 绕过两轮的皮带的紧边和松边的拉力差 $T_1 - T_2$ 等于轮对皮带施加的静摩擦力，也就是皮带轮的传动力(这两个拉力对从动轮心的力矩的代数和就是传动力矩). 所谓最大传动力，就是皮

带与轮之间相互作用为最大静摩擦力时，皮带紧边和松边的拉力差 T_1-T_2.

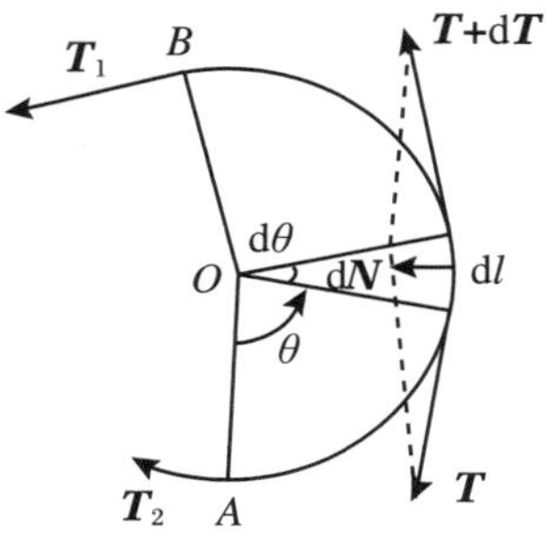

图 1.29

设皮带与轮接触部分所对的圆心角为 α，称为皮带的包角. 皮带与轮的静摩擦系数为 μ. 由于在包角 α 范围内每一小段皮带与轮之间的正压力不同，最大静摩擦力也不同，故应先任取一小段皮带来讨论. 设以松边与轮的切点 A 处的半径 OA 为基准，任一小段皮带 dl 的位置由角 θ 来表示，dl 所对的圆心角为 dθ，如图 1.29. dl 两端受的拉力分别为 T 和 $T+\mathrm{d}T$，分别沿该点的切线方向. dl 两端的拉力的矢量和指向圆心的分量即等于 dl 对轮的压力 dN，略去二级小量可得

$$\mathrm{d}N=T\sin(\mathrm{d}\theta)=T\mathrm{d}\theta \quad (\text{对小角 } \mathrm{d}\theta, \sin\mathrm{d}\theta=\mathrm{d}\theta),$$

于是，这一小段皮带 dl 与轮的最大静摩擦力为

$$\mathrm{d}f_{\mathrm{s}}=\mu\mathrm{d}N=\mu T\mathrm{d}\theta.$$

由于皮带做匀角速转动，dl 在切线方向受力平衡，故有

$$T+\mathrm{d}T=T+\mathrm{d}f_{\mathrm{s}};$$

$$\mathrm{d}T=\mathrm{d}f_{\mathrm{s}}=\mu T\mathrm{d}\theta.$$

这是以微分形式给出的皮带的拉力与 θ 的关系，可改写为

$$\frac{\mathrm{d}T}{T}=\mu\mathrm{d}\theta,$$

从 A 到 B 积分上式，可得

$$\int_{T_2}^{T_1}\frac{\mathrm{d}T}{T}=\int_0^{\alpha}\mu\mathrm{d}\theta,$$

$$T_1=T_2\mathrm{e}^{\mu\alpha}. \tag{1.39}$$

由此得出最大传动力为

$$F_{\mathrm{m}}=T_1-T_2=T(\mathrm{e}^{\mu\alpha}-1). \tag{1.40}$$

可见，最大传动力随包角 α 和静摩擦系数 μ 而指数地增大.

下面讨论两个与此类似的实际问题.

(1) 为什么轻轻拉住绕在树桩上的绳的一端，可拖住拴在另一端的一条大船?

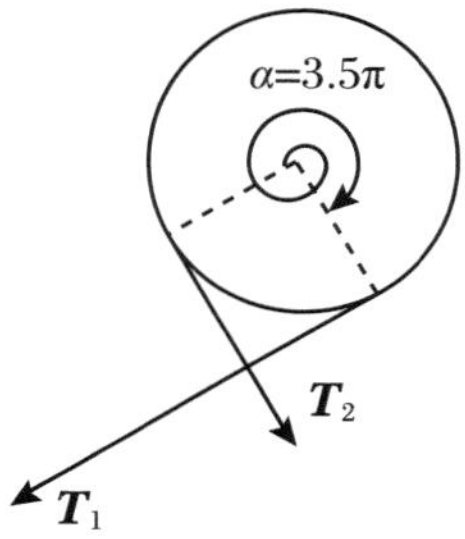

图 1.30

假设绳在树干上绕 $1\frac{3}{4}$ 圈，即包角 $\alpha=3.5\pi$，如图 1.30 所示. 设绳与树干的静摩擦系数 μ 等于 0.5. T_1 是大船对绳的拉力，T_2 是人对绳子的拉力. 由(1.39)式可知，当绳与树干处于恰好不滑动的情形时，T_1 和 T_2 的关系为

$$T_1=T_2\mathrm{e}^{\mu\alpha}=T_2\mathrm{e}^{0.5\times3.5\pi}=244T_2.$$

即当船对绳的拉力为人对绳的拉力的 244 倍时，绳尚可保持不滑动，这意味着船被拉住了. 例如只需用 20 N 的力，就可以

拉住以 4 880 **N** 的力向下拖的大船.

(2) 可调节悬挂物高度的自由伸缩挂钩

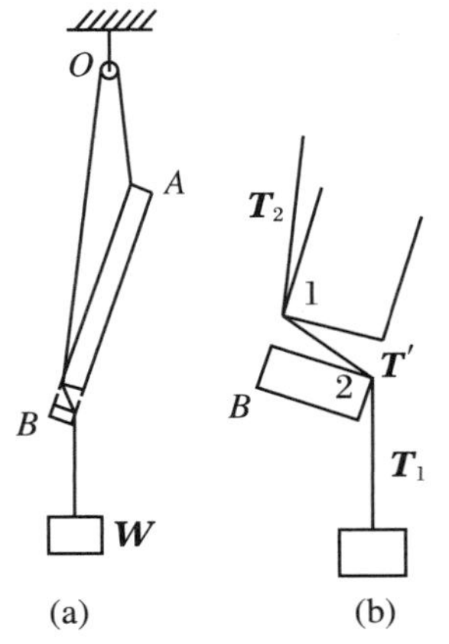

图 1.31

如图 1.31(a)所示,一根细绳,一端固定在一个小木条的 A 端,另端穿过木条一端的孔 B 后,系着一个重物 W. 把绳挂在 O 处,只要绳与木条的静摩擦系数 $\mu>0.2206$,则不管重物的重量 W 多大,除非人为地搬起木条使绳在 B 处滑动从而改变重物高度,绳不会因所悬重物而在 B 处滑动.

为了了解上述挂钩可自由伸缩、在任何高度保持稳定的性质,把 B 孔放大如图 1.31(b)所示,并设绳和木块之间处于极限摩擦状态. 绳与孔的两个角 1 和 2 接触. 在这两个角处可认为绳与木块接触的包角各为$\frac{\pi}{2}$. 设木块上、下两段绳的张力分别为 T_2 和 T_1,孔内的小段绳的张力为 T',则根据(1.39)式有

$$T' = T_2 e^{\mu\frac{\pi}{2}},$$

$$T_1 = T' e^{\mu\frac{\pi}{2}},$$

其中 μ 为木块与绳之间的静摩擦系数. 由上两个式子可得

$$T_1 = T_2 e^{\mu\pi},$$

即

$$\frac{T_1}{T_2} = e^{\mu\pi}.$$

由于在平衡时,T_1 等于所悬重物的重量,而 $T_2 = T_1/2$,故由上式可得到:

$$\mu = \frac{1}{\pi}\ln\frac{T_1}{T_2} = \frac{1}{\pi}\ln 2 = 0.2206.$$

这就是说,只要静摩擦系数 $\mu = 0.2206$,就刚好能保证悬挂任何重物时,绳与木块之间保持不滑动. 所以,只要 $\mu>0.2206$(这在通常情况下是容易满足的),在任何负重下,保持绳与木块不滑动所需的静摩擦力都不超过最大静摩擦力,因此可以在任一位置保持平衡.

11. 摩擦角　自锁现象

(1) 摩擦角

物体相对于支承面静止时,支承面施加于物体的总约束反力 $\boldsymbol{R}$ 与主动力平衡. 当主动力不与支承面正交而支承面有摩擦时,$\boldsymbol{R}$ 包含两个分量,即法向约束反力(支

持力、正压力）$\boldsymbol{N}$ 和切向约束反力（静摩擦力）$\boldsymbol{f}$：

$$\boldsymbol{R} = \boldsymbol{N} + \boldsymbol{f},$$

如图 1.32 所示．图中的 $\boldsymbol{F}$ 表示作用于物体的主动力，显然当物体平衡时，总约束反力 $\boldsymbol{R}$ 与 $\boldsymbol{F}$ 等大反向．$\boldsymbol{R}$ 与支承面法线有一偏角 φ，且有

$$\tan\varphi = \frac{f}{N}.$$

当主动力沿接触面切线方向的分力 F'_x（即驱动力）等于最大静摩擦力 f_{m} 时，物体处于临界平衡状态，支承面对物体的摩擦力为 $f_{\mathrm{m}} = \mu_{\mathrm{s}}N$．这时，总约束反力 $\boldsymbol{R}'$ 与支承面法线的偏角 φ_{m} 满足

$$\tan\varphi_{\mathrm{m}} = \frac{f_{\mathrm{m}}}{N} = \mu_{\mathrm{s}},$$

或

$$\varphi_{\mathrm{m}} = \arctan\mu_{\mathrm{s}}. \tag{1.41}$$

我们称 φ_{m} 为支承面对于物体的**摩擦角**．上式表明：摩擦角的正切等于静摩擦系数．

对于各向同性的支承面，在各个方向上物体与支承面之间的静摩擦系数相同，即摩擦角相同．以支承面法线为轴，摩擦角 φ_{m} 为半顶角作的圆锥面，称为支承面对于该物体的**摩擦锥**，如图 1.33 所示．

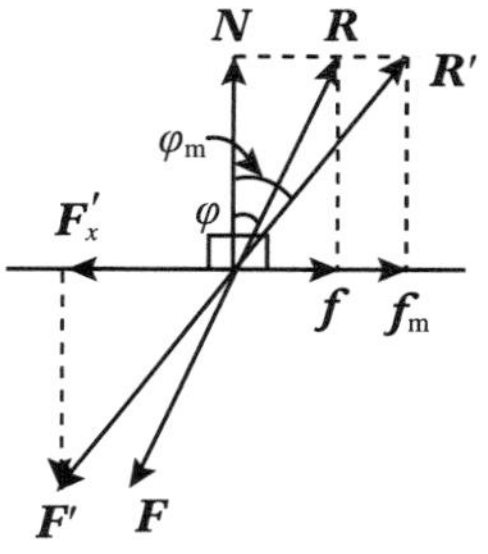

图 1.32

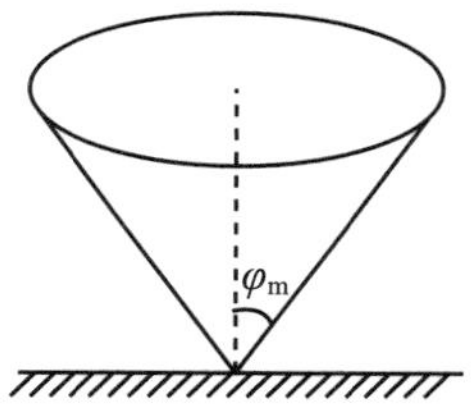

图 1.33

由摩擦角的意义可知，当物体平衡时，支承面的约束反力的作用线不超出摩擦锥（$\varphi < \varphi_{\mathrm{m}}$）；当物体处于临界平衡时，支承面的约束反力的作用线恰在摩擦锥面上（$\varphi = \varphi_{\mathrm{m}}$）．这是因为，支承面能产生的切向约束反力（即摩擦力）不可能大于最大静摩擦力 f_{m}，故支承面能对物体施加的总约束反力的作用线不可能在摩擦锥之外．也就是说，当物体静止在支承面上时，支承面的总约束反力与支承面法线的偏角不大于摩擦角，即

$$0 \leqslant \varphi \leqslant \varphi_{\mathrm{m}}. \tag{1.42}$$

由于物体在支承面上平衡时，支承面的总约束反力与主动力的合力 $\boldsymbol{F}$ 平衡．所以根据摩擦角和摩擦锥的上述性质可得出以下两个结论：

① 如果作用于物体的主动力（合力）$\boldsymbol{F}$ 的作用线在摩擦锥内，则无论这个力有多

大,支承面能够提供约束反力来与它平衡.

② 如果作用于物体的主动力(合力)$\boldsymbol{F}$ 的作用线在摩擦锥以外,则无论这个力多小,支承面都不可能提供与之平衡的约束反力,因而物体一定要相对于支承面发生滑动.

显然,摩擦角或摩擦锥顶角的大小反映了物体与支承面之间的静摩擦系数的大小.如果支承面是绝对光滑的,则 $\varphi_m=0$.这时,物体只在与支承面正交的主动力作用下才能保持平衡.

(2) 自锁现象

只要作用于物体的主动力的作用线在摩擦锥内,不论这个力有多大,支承面都能相应地产生约束反力来与它平衡,这种现象称为**自锁**,又称为**摩擦自锁**.在生产和生活中利用自锁现象的例子很多,下面举几个例子.

1) **斜面的自锁**　置于斜面上的物体受的主动力为物体的自重或负载 $\boldsymbol{W}$,其作用线与斜面法线的夹角等于斜面的倾角 φ.如果斜面倾角 φ 小于摩擦角 φ_m,则主动力 $\boldsymbol{W}$ 的作用线总是在摩擦锥内.这时,不论 $\boldsymbol{W}$ 有多大,物体都能在斜面上保持平衡.

斜面自锁的条件是 $\varphi<\varphi_m=\arctan\mu_s$.与此相反,如果斜面倾角 $\varphi>\varphi_m$,那么不论多轻的物体也不能与斜面保持静止.

根据以上原理,可用能改变倾斜角的斜面来测定静摩擦系数.

2) **楔**　顶角 θ 很小的楔在外力作用下很容易钻进缝穴,当外力终止后,楔能静止于所到达的位置.不论缝穴两侧物体在与楔进入方向相正交的方向上对楔施加多大的作用力,也不能将楔挤出,而使缝穴封闭.也就是说,楔自锁于缝穴之中.

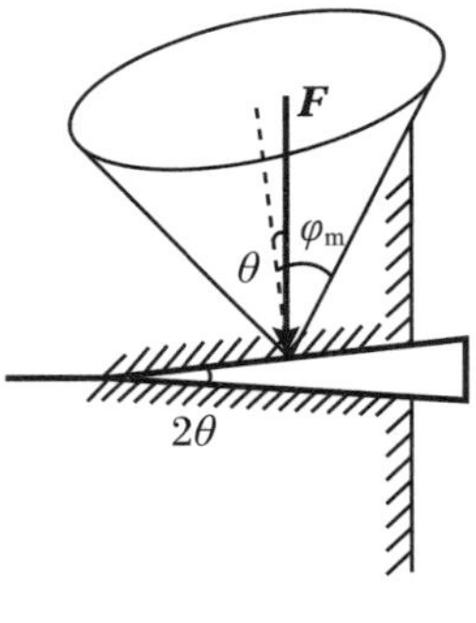

图 1.34

如图 1.34 所示,等腰三角形楔的半顶角为 θ.楔上表面接触的物体作用于楔的力为 $\boldsymbol{F}$,方向与楔顶角平分线正交.因此,$\boldsymbol{F}$ 的作用线与楔面的法线之间的夹角等于楔的半顶角 θ.如果楔与物体之间的静摩擦系数 μ_s 足够大,保证摩擦角 $\varphi_m=\arctan\mu_s$ 大于 θ,那么,$\boldsymbol{F}$ 的作用线必在摩擦锥内,如图所示.在这种情况下不论 $\boldsymbol{F}$ 多大,也不能使楔与物体发生滑动.由此可见,楔能自锁的条件是

$$\theta<\varphi_m.\tag{1.43}$$

对于 θ 很小的尖楔,这个条件是容易满足的.

在日常生活和生产中,常常利用尖楔.如木制家具接头处加楔,以保持连接部分牢固;在承受重量的柱子的下端加楔垫,以使柱子有效地承受重量并保持稳定.这些都是利用尖楔的自锁作用.

3) **螺旋的自锁**　螺旋由螺杆与螺母组成.螺母与螺杆的螺纹结合,可看作由两个叠放在一起并卷曲起来的同倾角斜面构成,如图 1.35 所示.斜面的倾角 θ 即为螺纹的导程角.只要导程角小于螺杆与螺母之间的摩擦角 φ_m,即只要

$$\theta < \varphi_m \quad (= \arctan\mu), \tag{1.44}$$

则螺杆承受的轴向负载 $\boldsymbol{F}$ 的作用线总在摩擦锥之内(如图 1.35(c)所示).这时螺杆与螺母自锁,不论 $\boldsymbol{F}$ 有多大,都不能使螺杆在螺母内滑动($\boldsymbol{F}$ 太大,超过极限强度,只能使螺纹断裂).

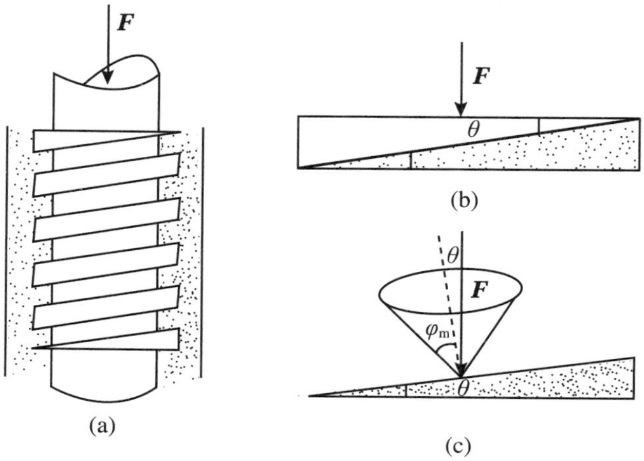

图 1.35

千斤顶能承受巨大的轴向负载,用螺旋连接的部件不可能在轴向拉力(或压力)作用下相对运动,都是利用螺旋的自锁现象.要保持在轴向负载下的稳定性,必须满足条件(1.44)式,因此,要利用螺旋做固定连接的部件时,应增大螺杆和螺母的摩擦系数,减小螺纹的导程角 θ,对于既能保证自锁条件,同时又在对轴的转矩作用下易于转动螺杆(或螺母)使二者相对滑动的构件(如千斤顶),就应在保证(1.44)式满足的前提下,适当选择导程角,设计合理的螺纹形状(如矩形纹)使转动时摩擦力矩不至于太大.

例 2　如图 1.36 所示,长为 l 的轻杆 AB 竖直地立在地面上,A 端用绳 AC 连接在地面上,绳与杆的夹角为 θ.杆 B 端与地面的静摩擦系数为 μ.现在杆上某点 D 施水平力 F.问:要使杆平衡,D 点到 B 点的距离 x 必须满足什么条件?

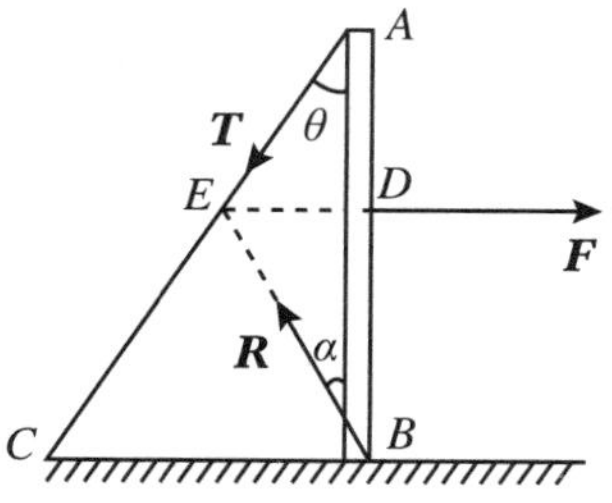

图 1.36

解　杆 AB 受三力:主动力 $\boldsymbol{F}$、绳的拉力 $\boldsymbol{T}$ 和地面的约束反力 $\boldsymbol{R}$,其中 $\boldsymbol{F}$ 和 $\boldsymbol{T}$ 的方向已知.根据三力平衡汇交原理,$\boldsymbol{R}$ 的作用线必交于主动力 $\boldsymbol{F}$ 的作用线与绳的交点 E,如图示.地面的约束反力 $\boldsymbol{R}$ 与杆(即地面的法线方向)的夹角为 α.显然,B 点不滑动(因而杆平衡)的条件是

$$\alpha \leqslant \varphi_m = \arctan\mu. \tag{①}$$

根据图中的几何关系可得

$$AD \cdot \tan\theta = BD \cdot \tan\alpha,$$

即

$$(l - x)\tan\theta = x \cdot \tan\alpha. \qquad ②$$

由①②可解得

$$\frac{l - x}{x}\tan\theta \leqslant \tan\varphi_{\mathrm{m}} = \mu,$$

即

$$x \geqslant \frac{l\tan\theta}{\mu + \tan\theta} = \frac{l}{1 + \mu\cot\theta}. \qquad ③$$

要保持杆平衡，D 到 B 的距离 x 必满足③式. 只要满足③式，主动力 F 不论多大，也不能使杆的 B 端在地面上滑动(除非绳或杆断裂).

12. 当两个分力的方向不变时，是否分力越大，合力也越大？

力是矢量，力的合成遵守平行四边形法则. 合力和分力的大小关系是由平行四边形法则来确定的，与两个标量相加法则相比，是观念上的一次飞跃. 必须特别重视这个飞跃. 在遇到矢量运算的情况时，要注意克服标量运算的思维定势，避免根据标量运算的经验而想当然地对矢量运算结果做出判断. 例如两个正数之和必大于各个加数，但两个矢量的合矢量的模就未必大于两个分矢量的模之和，这是大家已比较熟悉的.

当两个分力方向不变时，是否分力越大，合力必定也越大？答案是否定的. 只需找出一个反例就可证明. 这个反例是：两个分力成 180°，设第一分力向东，大小为10 N；第二分力向西，大小为 2 N. 很容易知道，合力方向向东，大小为 8 N. 如果将第二分力增大为 4 N，则合力方向不变，大小为 6 N. 再将第二分力增到 10 N，则合力为零了. 在此例中，合力的大小在一定范围内随第二分力的增大而减小.

作为一般性的讨论，设两个分力的大小分别为 F_1 和 F_2，它们之间的夹角为 θ. 根据平行四边形法则，合力的大小为

$$F = \sqrt{F_1^2 + F_2^2 + 2F_1F_2\cos\theta}. \qquad (1.45)$$

两个分力方向不变，即角 θ 为恒量. 我们假定 F_1 不变的情况下，讨论合力大小随第二分力 F_2 的大小变化的关系. 将上式平方，得

$$F^2 = F_1^2 + 2F_1F_2\cos\theta + F_2^2,$$

也就是说，合力大小的平方是 F_2 的二次函数. 由于 F^2 的变化能反映 F 的大小变化，故我们讨论 F^2 随 F_2 变化的规律. 将上式右端改写，得

$$F^2 = (F_2 + F_1\cos\theta)^2 + F_1^2(1 - \cos^2\theta). \qquad (1.46)$$

F-F_2 的函数图形为开口向上的抛物线，顶点在 $F_2 = -F_1\cos\theta$ 处，相应的极小值等于

$$F_{\min}^2 = F_1^2(1 - \cos^2\theta),$$

如图 1.37 所示. 由于 F_1 和 F_2 都是正数(因它们表示分矢量的模)，所以图形在 $F_2 >$

0 的范围有效.

从 F^2 对 F_2 的函数关系(1.46)式及其图形可知：

① F_1 和 F_2 都是正数，F^2 的极小值条件为 $F_2=-F_1\cos\theta$，由此可知：合力的大小(由 F^2 表示)随 F_2 变化具有极小值的条件是 $\cos\theta$ 为负值，即 θ 角为钝角.

② 在 θ 角为钝角，$F_2<F_1|\cos\theta|$ 的情形下，合力的大小 F 随 F_2 的增大而减小；而当 F_2 大于 $F_1|\cos\theta|$ 以后，合力的大小 F 随 F_2 的增大而增大.

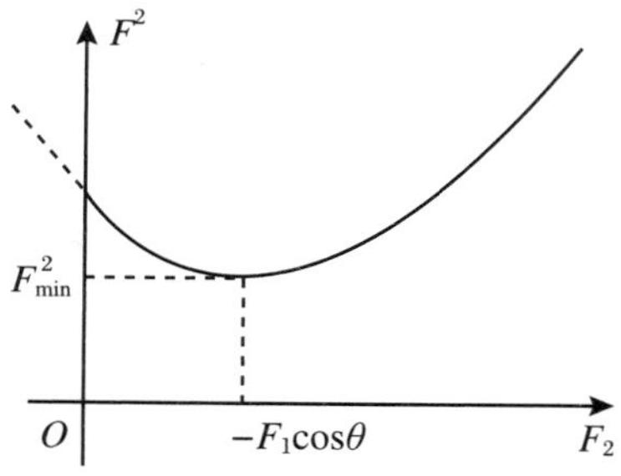

图 1.37

③ 当两个分力的夹角为锐角即 $\theta<\dfrac{\pi}{2}$ 时，F^2 总是随 F_2 的增大而单调增加.

由此可见，当两个分力方向不变时，合力大小随分力变化的情况应当具体地分析. 当两分力的夹角大于 90°，并在一定范围内(所考虑的变化分力小于另一分力与夹角余弦的绝对值之积的范围内)，合力大小随变化分力的增大而减小. 在其他情况下，合力大小随分力的增大而增大.

13. 一个力分解为两个共点力时，在哪些情况下有确定的分解？

如果对力的分解没有任何限制或预先的要求，可以根据平行四边形法则(或三角形法则)，把一给定力随意地分解为共点的两个分力. 但是，无目的地随意进行分解是没有意义的. 在实际应用时，常常要根据具体需要进行力的分解，也就是要求两个分力中的一个或两个满足某种条件. 那么，是否随意地对两个分力中的一个或两个加以限制条件，都可以进行分解呢？在什么限制条件下，力的分解才能够得到确定解呢？下面分几种情况讨论.

1) 预先给定两个分力的方位(两个分力方向不在一条直线上)，力的分解是唯一确定的. 常用的正交分解，就是将力 F 矢量沿给定的两个相互正交的方向分解.

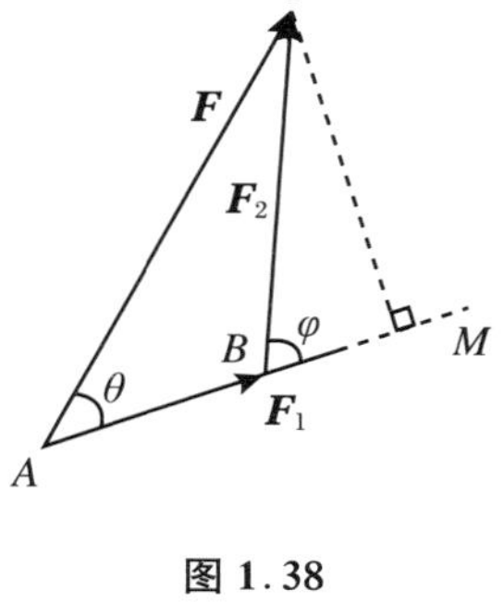

图 1.38

2) 若预先给定一个分力(F_1)的大小和方向，则力 F 的另一个分力 $F_2=F-F_1$ 也唯一确定. 如图 1.38 所示，从点 A 作出分别表示力 F 和分力 F_1 的有向线段 $\overrightarrow{AC}$ 和 $\overrightarrow{AB}$，然后连接它们的端点 B，C，并构成有向线段 $\overrightarrow{BC}$. $\overrightarrow{BC}$ 即表示所求的第二个分力 F_2. 分力 F_2 的大小可由 F 和 F_2 的大小按余弦定理确定：

$$F_2=\sqrt{F_1^2+F^2-2F_1F\cos\theta},$$

其中 θ 为 F 与 F_1 之间的夹角. F_2 的方向可由它与已知分力 F_1 之间的夹角 φ 表示，有

$$\tan\varphi = \frac{F\sin\theta}{F\cos\theta - F_1}.$$

3) 如果给定一个分力($\boldsymbol{F}_1$)的方向(由射线 AM 表示,与 $\boldsymbol{F}$ 的夹角为θ)和另一个分力的大小 F_2,只有给出的 θ 和F_2 值合理、满足一定的关系时,才能有确定的分解.下面分别讨论几种情况:

① 有唯一确定的分解的条件是:对任意的 θ 值,$F_2>F$;$\theta<\pi/2$ 时,$F_2=F\sin\theta$.

图 1.39 表示 $F_2>F$ 的情形,不论图 1.39(a)表示的 $\theta>\frac{\pi}{2}$,还是图 1.39(b)表示的 $\theta\leqslant\frac{\pi}{2}$,都可以组成唯一确定的矢量三角形 ABC,而得到两个分力 $\boldsymbol{F}_1(\overrightarrow{AB})$和 $\boldsymbol{F}_2(\overrightarrow{BC})$.

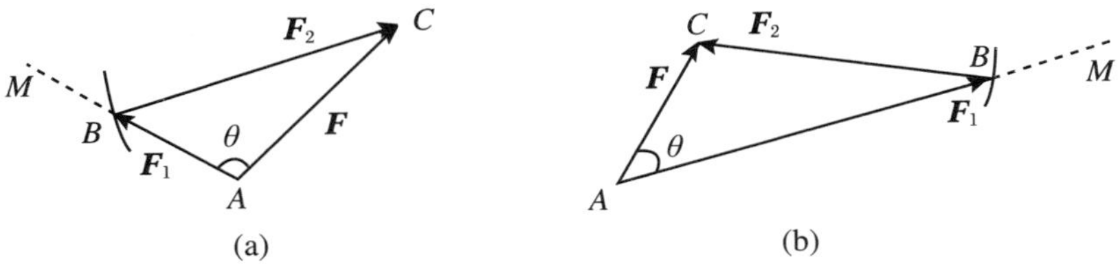

图 1.39

图 1.40 表示 $\theta<\frac{\pi}{2}$时,只有当已知分力的大小满足 $F_2=F\sin\theta$ 时,才能组成唯一的矢量三角形 ABC(直角三角形),两个直角边即表示两个分力 $\boldsymbol{F}_1$ 和 $\boldsymbol{F}_2$.

② 如果 $\theta<\pi/2$,且 F_2 的大小满足条件 $F\sin\theta<F_2<F$,分解是可能的,但有两组解,因而尚不能唯一确定.

如图 1.41 所示,以 $\boldsymbol{F}$ 的端点C 为中心,以 F_2 为半径画圆,由于 $F\sin\theta<F_2<F$,故圆弧将与表示 $\boldsymbol{F}_1$ 方向的射线 AM 交于两点B'和 B.连接 $B'C$ 和BC,组成两个矢量三角形$\triangle AB'C$ 和$\triangle ABC$.它们的两边$\overrightarrow{AB'}$和$\overrightarrow{B'C}$以及$\overrightarrow{AB}$和$\overrightarrow{BC}$表示的两组矢量都是满足给定条件的两个分力,即 $\boldsymbol{F}=\boldsymbol{F}_1'+\boldsymbol{F}_2'=\boldsymbol{F}_1+\boldsymbol{F}_2$.

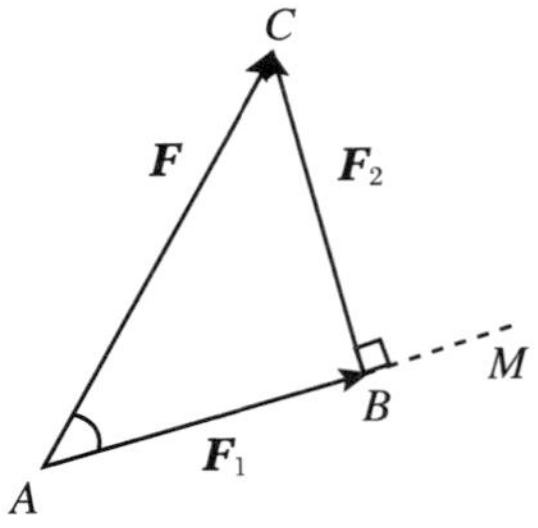

图 1.40

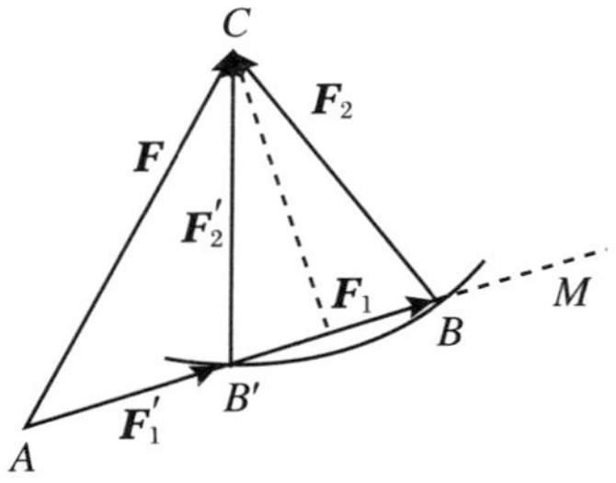

图 1.41

③ 当 $\theta<\pi/2$ 而 $F_2<F\sin\theta$;或当 $\theta>\pi/2$而 $F_2<F$ 的情况下,分解是不可能的.其

原因是按这个条件不可能作出两个分力矢量 $\boldsymbol{F}_1$ 和 $\boldsymbol{F}_2$ 与 $\boldsymbol{F}$ 组成闭合的矢量三角形，如图 1.42 所示的情况，其中图 1.42(a)表示 $\theta<\frac{\pi}{2}$，$F_2<F\sin\theta$，图 1.42(b)表示 $\theta>\frac{\pi}{2}$，$F_2<F$.

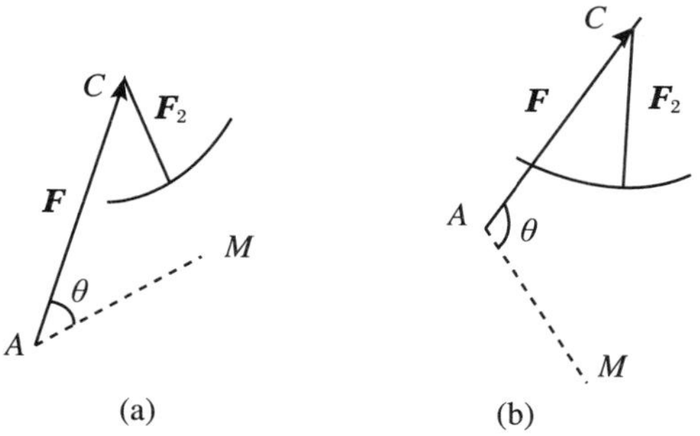

图 1.42

4）给定两个分力的大小，只要满足条件：$F_1+F_2>F$，分解是可能的，但有四组可能解，不能唯一确定.

如果 $F_1+F_2=F$ 或 $F_1-F_2=F$，那么分解是唯一确定的.

14. 在什么条件下，可以用力的分解求平衡物体受的力？

在高中物理讲到力的合成和分解以后，接着安排了一些求平衡物体受力的问题.由于这时还未讲物体的平衡条件，所以目的不在于应用平衡方程式，而在于通过这类简单问题的讨论，巩固对受力分析和力的分解法则的理解.用力的分解法求平衡物体受力，属于静力学问题，离不开静力学的一些基本原理（如二力平衡原理），但它又不是求解静力学问题的一般方法，因而就只能在一些简单情况下才是行之有效的.我们通过一个典型的例子来说明.

例 3　不计质量的轻杆 A 端由光滑铰链固定在墙壁上，另一端由绳 BC 拉住，构成一个支架，如图 1.43 所示.在 B 点悬挂垂物 W，求绳和杆受的力.

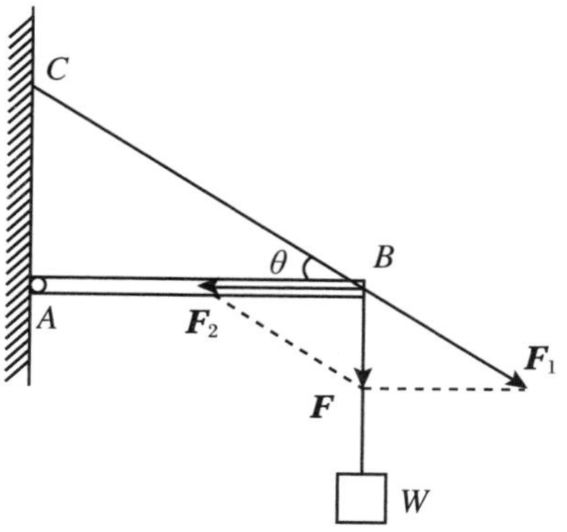

图 1.43

解法 1　悬挂重物的绳对 B 端的拉力 F 等于 W.由实验现象分析可知，整个构件平衡时，作用于 B 点的拉力 $F(=W)$有拉绳和压杆的效果.于是将 $\boldsymbol{F}$ 沿 BC 和 AB 方向分解，得两个力 F_1 和 F_2（如图 1.43），这两个分力即分别为绳承受的拉力 T 和杆承受的压力 N，则有

$$T = F_1 = \frac{W}{\sin\theta},$$

$$N = F_2 = W\cot\theta.$$

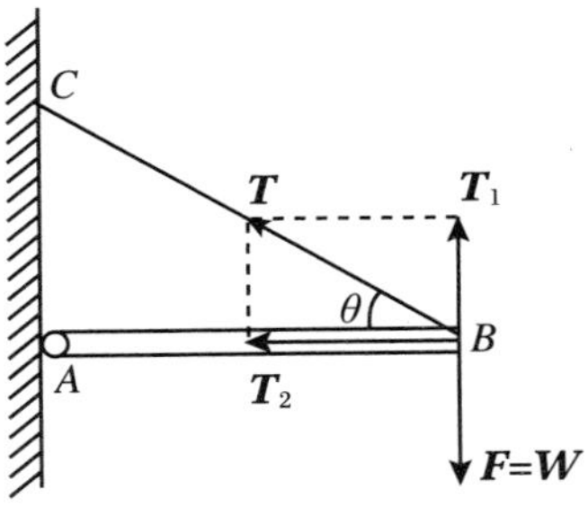

图 1.44

解法 2 绳 BC 对 B 端的拉力 T 的作用是支持悬重绳的拉力 F 和压杆，即绳 BC 拉力 T 的效果是提重和压杆.将拉力 T 沿竖直和水平方向分解为 T_1 和 T_2（图1.44），则有

$$T_1 = T\sin\theta = F = W,$$

所以拉力

$$T = \frac{W}{\sin\theta},$$

杆受的压力即等于拉力 T 的水平分量：

$$N = T_2 = T\cos\theta = W\cot\theta.$$

解法 3 由于绳的拉力 T 必沿绳，轻杆（二力杆）对 B 点的作用力 N 必沿杆，将 F（$=W$）沿绳和杆的方向分解为 F_1 和 F_2.则 B 点受力为：F_1 和 T，F_2 和 N，两两共线，如图 1.45 所示.平衡时，所有共线的两个力应彼此平衡.故有

$$T = F_1 = \frac{W}{\sin\theta},$$

$$N = F_2 = W\cot\theta.$$

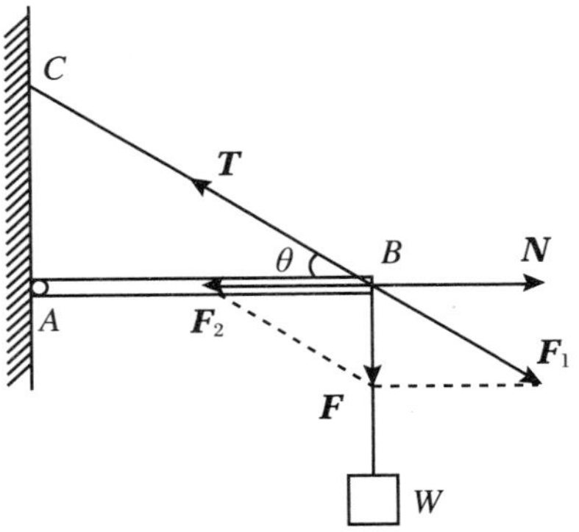

图 1.45

如此求得的是绳和杆作用在 B 点的力.再根据牛顿第三定律，绳受的拉力和杆受的压力的大小分别等于 T 和 N.

对例题的分析和说明：

1）解法 1 是根据已知力——悬重绳的拉力（$F=W$）的拉绳和压杆的效果，将已知力沿两个未知力的方向分解，求得拉力和压力.

解法 2 是根据绳 BC 的拉力（方向已知、大小未知）的提重和压杆效果而进行分

解，其中一个分力的大小方向已知，另一个分力已知方向，故能够得到唯一的分解结果. 以上两种解法依赖于对某力的"效果"的感性认识.

解法 3 是不根据某力的效果，而是将已知力沿未知力的方向分解，应用二力平衡公理求未知力的大小. 这种方法属于公理化的方法，更偏重理性的分析. 以上几种解法可以相互补充.

2）不论哪种解法，进行分解的前提是，绳 BC 和杆 AB 受力的方向已知，而且所有已知和未知的三力汇交于 B 点. 绳拉力必沿绳是学生已掌握的，而两端受力的轻杆 AB 平衡时受力一定沿杆纵向，则是二力平衡原理的直接结果. 只有承认以上两点，才有可能实施上述的解法.

3）如果杆 AB 的重量 W' 不能忽略不计，这时，杆受力的方向不能先确定，于是不可能通过将已知力 F 进行分解而求绳和杆的受力. 这时，必须应用物体（杆）的平衡方程求解.

根据以上分析可知，在讲平衡条件以前应用力的分解法求平衡物体受力问题，对于巩固对受力分析和力的分解法则的理解是有益的. 但是应该明白这种方法并非普遍适用. 通常是在问题涉及共点的三个力，其中一力已知，另两个力可判定方向而大小未知的情况下应用. 这时将已知力沿两个未知力方向分解，或将某一未知力沿已知力和另一未知力的方向分解，从而求出两个未知力的大小. 在判明两个未知力的方向时，需要对几种常见力，如绳、杆、支承面等一类基本构件的受力情况有正确的认识. 要一般地求解静力学问题，还得留待学了物体的平衡条件和平衡方程以后.

第 2 章　质点运动学

基本内容概述

2.1　基本概念

2.1.1　质点

所谓"质点",是指大小和形状都可以忽略不计的物体.质点是实物的一种理想模型,在什么情况下可以使用这个理想模型,由具体情况而定.在动力学中质点是具有质量的几何点;在运动学中质点就是一个运动着的几何点,在每一时刻占有相应的位置.

2.1.2　参照系　坐标系

由于运动是相对的,为了描述运动,须事先取定一个物体,或一组相对位置不改变的几个物体,作为判断动和静的标准,这样的物体(或几个物体)称为参照系.

为了定量地描述物体相对于参照系的运动,必须在参照系上建立坐标系,以便可以用一组数(坐标)来表示质点的位置.如直角坐标系(笛卡儿坐标系)、平面极坐标系、球面坐标系等都是常用的坐标系.

2.1.3　时刻　时间间隔

为了描述质点位置随时间的变化(运动),还必须确定记载时间的方法,即选定"钟".一般地说,任何周期过程都可作为计时的"钟".当确定计时原点以后,"钟"的每一状态指示一个时刻,用 t 表示;与"钟"的该状态同时发生的事件(如质点占有某一位置,具有某一速度),称为在 t 时刻发生的事件.

对于运动过程所经历时间的久暂,用“时间间隔”Δt(常简称为“时限”或“时间”)来表示.某一运动过程所经历的“时间间隔”Δt 就是该过程末对应的时刻 t'与过程初对应的时刻 t 之差,即

$$\Delta t = t' - t.$$

2.1.4　位矢和位移

从参照系上的选定点 O(称为原点)向质点所在位置 P 引的有向线段$\overrightarrow{OP}$,称为质点于该时刻的**位置矢量**(简称**位矢**或**矢径**),用 $\boldsymbol{r}$ 表示,如图 2.1 所示.当质点运动时,位矢 $\boldsymbol{r}$ 随时间而变化,即位矢是时间的函数,记为

$$\boldsymbol{r} = \boldsymbol{r}(t), \tag{2.1}$$

称之为运动学方程.这是一个矢量方程,它意味着位矢的大小(r)和方位(由 θ 角表示)二者都是时间的函数.

设 t 时刻质点的位矢为 $\boldsymbol{r}(=\overrightarrow{OP})$.经过时间间隔 Δt,到 t'时刻时,质点运动到 Q 点,位矢为 $\boldsymbol{r}'(=\overrightarrow{OQ})$.从 P 引向 Q 的有向线段$\overrightarrow{PQ}$,称为质点在时间间隔 Δt 中的位移,如图 2.1 所示.从矢量三角形 OPQ 可见,位移矢量等于位矢的改变量,即

$$\Delta \boldsymbol{r} = \boldsymbol{r}' - \boldsymbol{r}. \tag{2.2}$$

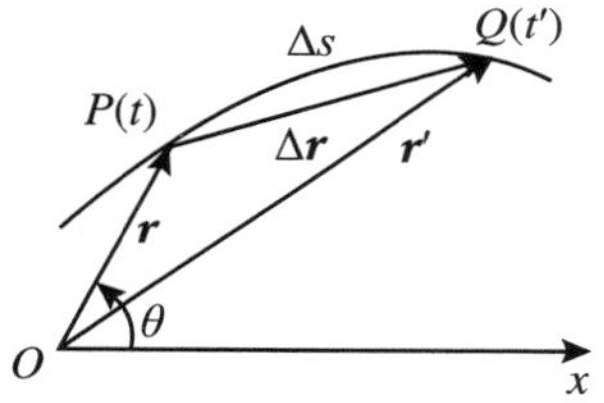

图 2.1

位移是矢量,它是与一段时间间隔 Δt 相对应的,它描述质点在该时间内位置的变化.

位移与质点在该时间间隔内所经历的路程不同.路程是质点所经历的路径的长度,即如图 2.1 中的曲线弧长 Δs.它是一个正数,是标量.

2.1.5　速度

1. 平均速度　质点的位移 $\Delta \boldsymbol{r}$ 与相应时间间隔 Δt 的比值,称为质点在该时间内的平均速度,记为

$$\bar{\boldsymbol{v}} = \frac{\Delta \boldsymbol{r}}{\Delta t}. \tag{2.3}$$

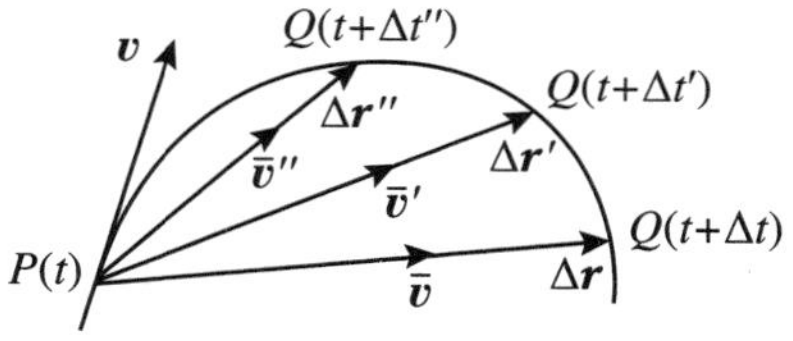

图 2.2

平均速度的方向与位移矢量的方向相同,平均速度的大小为$|\bar{\boldsymbol{v}}| = \frac{|\Delta \boldsymbol{r}|}{\Delta t} = \frac{|\overrightarrow{PQ}|}{\Delta t}$.平均速度与一段时间间隔相对应.一般地说,对于不同的时间间隔,平均速度的方向和大小都是不同的,如图 2.2

中的$\overline{\boldsymbol{v}}$和$\overline{\boldsymbol{v}'}$分别表示在$\Delta t$和$\Delta t'$内的平均速度.

2. 瞬时速度 质点在t时刻的速度(瞬时速度或即时速度)等于从t到$t+\Delta t$时间内的平均速度当时间间隔Δt趋于零时的极限,记为

$$\boldsymbol{v}=\lim_{\Delta t\to 0}\frac{\Delta \boldsymbol{r}}{\Delta t}=\frac{\mathrm{d}\boldsymbol{r}}{\mathrm{d}t}. \tag{2.4}$$

上式中最后一等式用了导数的概念,表示速度等于位矢对时间的一阶导数.换言之,速度表示位矢对时间的变化率.

速度矢量的方向沿轨道切线,速度的大小称为速率,记为

$$v=|\boldsymbol{v}|=\lim_{\Delta t\to 0}\frac{|\Delta \boldsymbol{r}|}{\Delta t}.$$

由于当Δt趋近于零时,微小位移的长度$|\Delta \boldsymbol{r}|$和以它为弦所对的微小曲线弧长Δs趋于相等,所以

$$v=\lim_{\Delta t\to 0}\frac{|\Delta \boldsymbol{r}|}{\Delta t}=\lim_{\Delta t\to 0}\frac{\Delta s}{\Delta t}=\frac{\mathrm{d}s}{\mathrm{d}t}. \tag{2.5}$$

式中的$\dfrac{\Delta s}{\Delta t}$为路程与时间之比,叫作**平均速率**.故上式表明瞬时速率等于当时间间隔趋于零时平均速率的极限.

2.1.6 加速度

设质点在t时刻的速度为$\boldsymbol{v}$,在$t+\Delta t$时刻的速度为$\boldsymbol{v}'$,则在Δt时间内速度矢量的改变量为$\Delta\boldsymbol{v}=\boldsymbol{v}'-\boldsymbol{v}$.速度的改变量$\Delta\boldsymbol{v}$与时间间隔$\Delta t$之比值叫作平均加速度,记为

$$\overline{\boldsymbol{a}}=\frac{\Delta\boldsymbol{v}}{\Delta t}.$$

图2.3中把$\overline{\boldsymbol{a}}$表示在$\Delta t$时间内质点所经路径的中点.

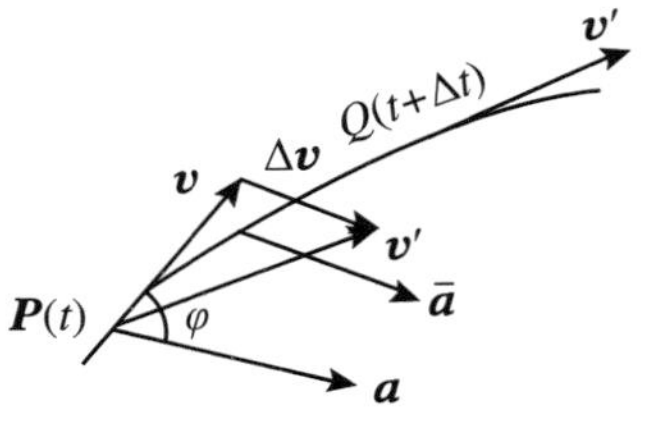

图2.3

当时间Δt趋于零时,平均加速度的极限称为时刻t的加速度(**瞬时加速度或即时加速度**),用式子表示为

$$\boldsymbol{a}=\lim_{\Delta t\to 0}\frac{\Delta\boldsymbol{v}}{\Delta t}=\frac{\mathrm{d}\boldsymbol{v}}{\mathrm{d}t}. \tag{2.6}$$

上式中第二个等式表示:加速度等于速度对时间的一阶导数,即加速度等于速度矢量对时间的变化率.

加速度是矢量,它的方向与Δt趋于零时速度的改变量$\Delta\boldsymbol{v}$的极限方向相同.在一般情况下速度改变量$\Delta\boldsymbol{v}$的方向与速度$\boldsymbol{v}$的方向不同,因而加速度的方向与速度方向是不同的.当Δt趋于零时,速度矢量的改变量$\Delta\boldsymbol{v}$的极限方向指向该曲线弧元的凹侧,故加速度矢量总是指向轨道曲线的凹侧,如图2.3所示.

2.1.7　切向加速度和法向加速度

设加速度 $\boldsymbol{a}$ 的指向与速度 $\boldsymbol{v}$ 的指向之间的夹角为 φ. 将加速度矢量往速度方向（切线方向）和法线方向分解，所得两个分量分别称为切向加速度 a_τ 和法向加速度 a_n，如图 2.4 所示. 显然有

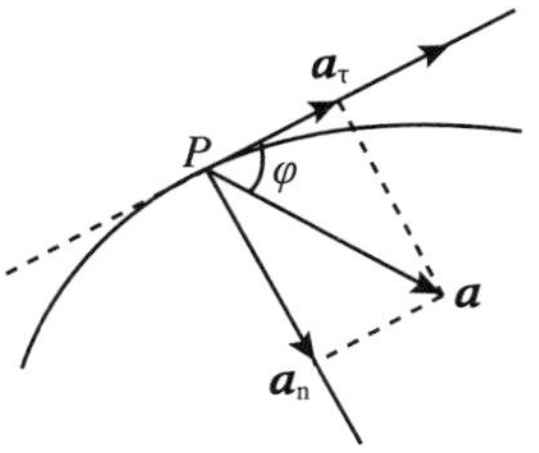

图 2.4

$$\begin{cases} a_\tau = a\cos\varphi, \\ a_n = a\sin\varphi, \end{cases} \tag{2.7}$$

其中 a 为加速度矢量的模，即加速度的大小.

进一步的推算，可得切向加速度 a_τ 和法向加速度 a_n 与速率和轨道弯曲程度之间的关系式：

$$\begin{cases} a_\tau = \dfrac{\mathrm{d}v}{\mathrm{d}t}, \\ a_n = \dfrac{v^2}{\rho}. \end{cases} \tag{2.8}$$

式中 ρ 为轨道的曲率半径（即曲率圆的半径），其倒数 $\dfrac{1}{\rho}$ 即为轨道曲率，定量地表示轨道的弯曲程度. 综合以上两个式子可知：切向加速度 a_τ 是加速度沿轨道切线方向的分量，它等于速率对时间的导数，表示速度矢量的大小（速率）对时间的变化率. 法向加速度 a_n 是加速度沿轨道法线方向的分量，其大小与速率的平方 v^2 和轨道的曲率 $\dfrac{1}{\rho}$ 成正比.

2.2　直线运动

2.2.1　一般直线运动

1. 坐标　运动方程　在质点运动所沿的直线上取一定点 O 为坐标原点，并沿直线规定一个指向，即成坐标轴，记为 Ox 轴. 质点在任一时刻 t 的位置 P 由坐标 x 表示. 通常规定与坐标轴 Ox 指向相同，长度等于一个单位长的矢量为单位矢量，记为 $\boldsymbol{i}$. 于是，质点在 t 时刻的位置矢量 $\boldsymbol{r} = \overrightarrow{OP}$ 表示为

$$\boldsymbol{r} = x\boldsymbol{i}. \tag{2.9}$$

由于单位矢量 $\boldsymbol{i}$ 不变，故质点的位置矢量随时间的变化规律完全由质点的坐标 x 随

时间的变化规律

$$x = x(t) \tag{2.10}$$

描述，称为直线运动的**运动学方程**.

对于直线运动，还常采用图像来表示运动规律，以时间 t 为横轴、坐标 x 为纵轴构成$x-t$ 图像. 坐标对时间的函数关系，即运动学方程式(2.10)由图像上的一条曲线表示，称这条曲线为坐标-时间图线(简称 $x-t$ 图)，如图 2.5 所示.

根据(2.9)式，质点在 Δt 时间内的位移 $\Delta\boldsymbol{r}$ 可由坐标增量 Δx 表示为

$$\Delta\boldsymbol{r} = \Delta x\boldsymbol{i}.$$

由于 $\boldsymbol{i}$ 为固定不变的，故通常将坐标的增量 Δx 称为直线运动的位移.

2. 速度 将(2.9)式代入速度定义式(2.4)并考虑到 $\boldsymbol{i}$ 为不变单位矢量，得直线运动的速度

$$\boldsymbol{v} = \frac{\mathrm{d}(x\boldsymbol{i})}{\mathrm{d}t} = \frac{\mathrm{d}x}{\mathrm{d}t}\boldsymbol{i} = v_x\boldsymbol{i}, \tag{2.11}$$

其中

$$v_x = \frac{\mathrm{d}x}{\mathrm{d}t} \tag{2.12}$$

为速度沿坐标轴的分量. 由于在沿 x 轴的直线运动中速度只有这一个分量，故通常就称之为直线运动的速度，并略去下标表示为 v(其速率表示为$|v|$). (2.12)式表明：直线运动的速度等于坐标对时间的一阶导数(即坐标对时间的变化率).

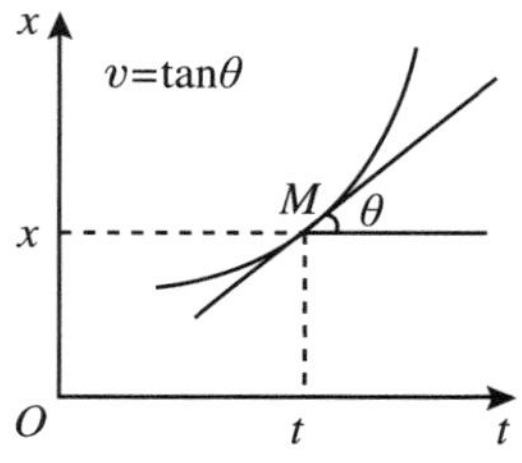

图 2.5

在坐标-时间图像中，时刻 t 的速度等于$x-t$ 图线上与该时刻对应点的切线的斜率，即

$$v = \frac{\mathrm{d}x}{\mathrm{d}t} = \tan\theta, \tag{2.13}$$

如图所示.

若以时间 t 为横轴，速度 v 为纵轴，则速度随时间而变化的函数关系，由 $v-t$ 图上的一条曲线表示，如图 2.6 所示. 这样的曲线称为速度-时间图线.

3. 加速度 将(2.11)式代入加速度的定义式(2.6)，并注意到 $\boldsymbol{i}$ 是不变的单位矢量，可得直线运动的加速度矢量

$$\boldsymbol{a} = \frac{\mathrm{d}^2 x}{\mathrm{d}t^2}\boldsymbol{i} = \frac{\mathrm{d}v_x}{\mathrm{d}t}\boldsymbol{i} = a_x\boldsymbol{i},$$

其中

$$a_x = \frac{\mathrm{d}v_x}{\mathrm{d}t} = \frac{\mathrm{d}^2 x}{\mathrm{d}t^2} \tag{2.14}$$

为加速度沿坐标轴 x 的分量. 由于沿 x 轴的直线运动中只有一个加速度分量，故通常称之为直线运动的加速度，并略去下标记为 a. (2.14)式表明：直线运动的加速度等于速度对时间的一阶导数(即速度对时间的变化率)，亦等于坐标 x 对时间 t 的二阶

导数.

在 $v-t$ 图线上,加速度由速度图线的斜率表示,

$$a = \frac{\mathrm{d}v}{\mathrm{d}t} = \tan\varphi, \tag{2.15}$$

如图 2.6 所示.

同样,对于一般运动,加速度也是随时间变化的,即 $a=a(t)$.加速度随时间变化的函数关系可由 $a-t$ 图上的一根曲线表示,称为 $a-t$ 图线,如图 2.7 所示.

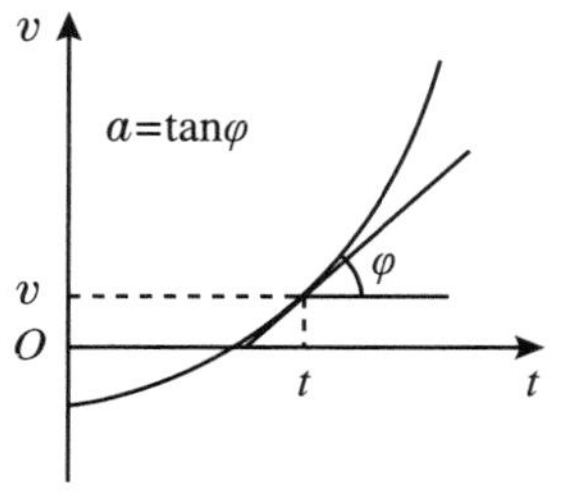

图 2.6

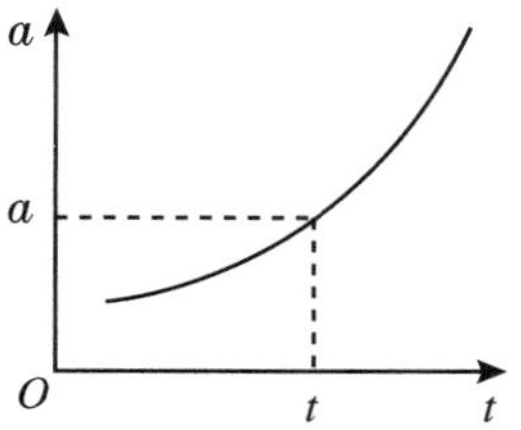

图 2.7

4. 用积分法求运动方程和位移　如果已知质点的运动方程 $x=x(t)$,那么,根据(2.12)和(2.14)两个式子,通过求导运算即可求得速度和加速度.反之,如果已知速度随时间的变化规律 $v=v(t)$ 和运动的初始值 t_0 和 x_0(即已知时刻 t_0 质点的坐标为 x_0),则可以通过积分求出质点的运动方程.

(2.12)式表明,速度 v 是坐标 x 对时间 t 的一阶导数,因此坐标 x 是速度的原函数,故有

$$x(t) = \int v(t)\mathrm{d}t + c, \tag{2.16a}$$

其中 c 是积分常数.应用不定积分求出 $\int v(t)\mathrm{d}t$ 以后,把运动的初始值 t_0 和 x_0 代入上式,即可定出积分常数 c,于是运动方程便确定了.

如果要求质点在时间间隔 $\Delta t=t-t_0$ 的位移($\Delta x=x(t)-x(t_0)=x-x_0$),可直接采用定积分运算,即

$$\Delta x = x - x_0 = \int_{t_0}^{t} v(t)\mathrm{d}t. \tag{2.16b}$$

也就是说:位移等于速度对时间的定积分,初、末时刻(t_0 和 t)分别为积分下限和上限.在 $v-t$ 图线上,位移的数值等于 $v-t$ 图线与时间轴线之间并以初、末时刻为边界所围成的曲边梯形的面积,如图 2.8 中的斜线部分所示.

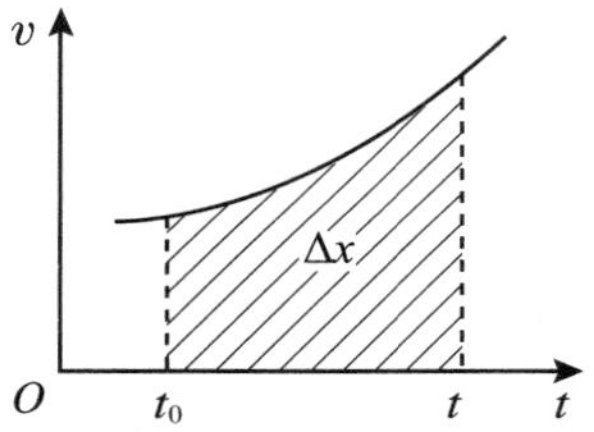

图 2.8

同理,根据 $a=\frac{\mathrm{d}v}{\mathrm{d}t}$,如果已知加速度变化规律 $a=a(t)$ 和初始值 t_0, v_0,便可通过积分运算确定速度的变

化规律：

$$v(t)=\int a(t)\mathrm{d}t+c', \tag{2.17}$$

其中 c' 为积分常数.求出不定积分 $\int a(t)\mathrm{d}t$ 后，代入 t_0，v_0 值便可定出 c'，最后得出速度变化规律.

2.2.2 匀变速直线运动

加速度恒定不变的直线运动称为匀变速直线运动.

设加速度为 a（= 常数），并已知 t_0 时刻的坐标和速度分别为 x_0，v_0（t_0，x_0，v_0 为初始值）.根据(2.17)式可得

$$v=v_0+a(t-t_0). \tag{2.18}$$

再将上式代入(2.16)式，并由初始值确定常数 c 后便得到

$$x=x_0+v_0(t-t_0)+\frac{1}{2}a(t-t_0)^2. \tag{2.19}$$

以上两个式子分别为匀变速运动的速度方程和运动方程，表示速度 v 和坐标 x 随时间 t 变化的规律.

2.3 平面曲线运动

2.3.1 用平面直角坐标描述平面运动

在质点运动的平面上建立直角坐标系 Oxy，任一给定时刻 t，质点的位置 P 由两个坐标 x，y 表示.质点的位置矢量 $\boldsymbol{r}$ 与坐标的关系为

$$\boldsymbol{r}=x\boldsymbol{i}+y\boldsymbol{j},$$

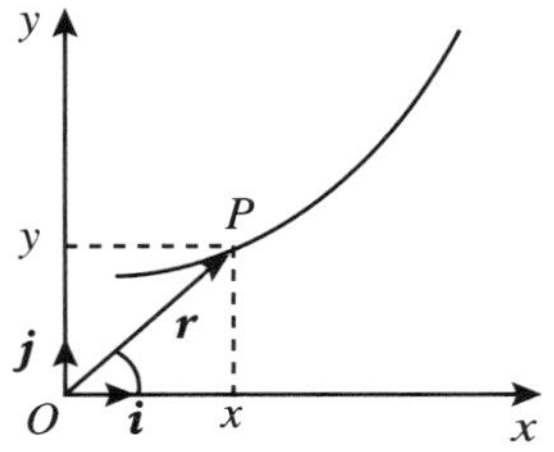

图 2.9

其中 $\boldsymbol{i}$，$\boldsymbol{j}$ 分别为沿 x 轴和 y 轴正方向的单位矢量.当质点运动时，质点位置随时间变化的规律由其两个坐标对时间的函数式表示：

$$\begin{cases} x=x(t), \\ y=y(t). \end{cases} \tag{2.20}$$

称为质点的运动方程.运动方程也就是质点轨道的参数方程（以 t 为参数）.从(2.20)式中消去参数 t，即得质点的轨

道直角坐标方程，称为轨迹方程：

$$y = f(x). \tag{2.21}$$

（有时轨迹方程不能表示为这种显函数形式，而只能表示为隐函数形式 $F(x, y) = 0$.）

质点速度矢量 $\boldsymbol{v}$ 沿两个坐标轴的分量为 v_x，v_y，有

$$\boldsymbol{v} = v_x \boldsymbol{i} + v_y \boldsymbol{j},$$

$$\begin{cases} v_x = \dfrac{\mathrm{d}x}{\mathrm{d}t}, \\ v_y = \dfrac{\mathrm{d}y}{\mathrm{d}t}. \end{cases} \tag{2.22}$$

即质点速度沿坐标轴的分量等于该坐标对时间的一阶导数.

质点的速率和速度方向（由 v 与 x 轴的夹角 θ 表示）与两个速度分量 v_x 和 v_y 的关系为

$$\begin{cases} v = \sqrt{v_x^2 + v_y^2} = \sqrt{\left(\dfrac{\mathrm{d}x}{\mathrm{d}t}\right)^2 + \left(\dfrac{\mathrm{d}y}{\mathrm{d}t}\right)^2}, \\ \theta = \arctan \dfrac{v_y}{v_x}. \end{cases} \tag{2.23}$$

或

$$\begin{cases} v_x = v\cos\theta, \\ v_y = v\sin\theta. \end{cases} \tag{2.24}$$

质点的加速度矢量沿两个坐标轴的分量为 a_x 与 a_y，有

$$\boldsymbol{a} = a_x \boldsymbol{i} + a_y \boldsymbol{j},$$

$$\begin{cases} a_x = \dfrac{\mathrm{d}v_x}{\mathrm{d}t} = \dfrac{\mathrm{d}^2 x}{\mathrm{d}t^2}, \\ a_y = \dfrac{\mathrm{d}v_y}{\mathrm{d}t} = \dfrac{\mathrm{d}^2 y}{\mathrm{d}t^2}. \end{cases} \tag{2.25}$$

加速度的大小 a 和方向（由 a 与 x 轴的夹角 φ 表示）与加速度的两个分量 a_x 和 a_y 的关系为

$$\begin{cases} a = \sqrt{a_x^2 + a_y^2}, \\ \varphi = \arctan \dfrac{a_y}{a_x}. \end{cases} \tag{2.26}$$

或

$$\begin{cases} a_x = a\cos\varphi, \\ a_y = a\sin\varphi. \end{cases} \tag{2.27}$$

根据以上各式，如果已知运动方程（2.20），则可根据（2.22）和（2.25）式，应用求导运算求出质点的速度和加速度沿坐标轴的分量，进而确定给定时刻的速度和加速

度的大小和方向. 反之,如果已知加速度的两个分量和初始值(t_0, x_0, y_0, v_{0x}, v_{0y}),则可根据(2.25)式进行积分运算求出速度的两个分量,再根据(2.22)式进行积分运算,进一步求出质点的运动方程.

2.3.2 抛体运动

沿与水平面成 θ 角的方向,以速度 v_0 抛出一物体(当作质点),如不计空气阻力,物体的加速度为竖直向下的重力加速度 g.

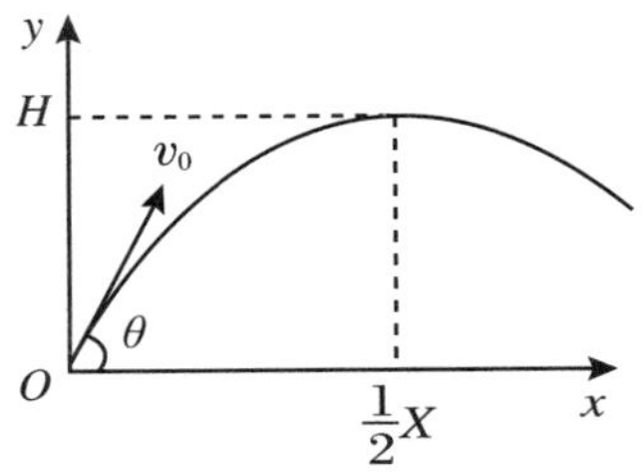

图 2.10

以抛出点为坐标原点 O,在初速 $\boldsymbol{v}_0$ 矢量所在的竖直平面上,取水平向右为 x 轴,竖直向上为 y 轴,构成平面直角坐标系,如图 2.10 所示. 在这样的坐标系中加速度的两个分量为 $a_x = 0$, $a_y = -g$. 初速的两个分量为

$$v_{0x} = v_0\cos\theta,$$
$$v_{0y} = v_0\sin\theta.$$

质点的速度分量随时间 t 的变化规律为

$$\begin{cases} v_x = v_0\cos\theta, \\ v_y = v_0\sin\theta - gt. \end{cases} \tag{2.28}$$

以抛出时刻作为计时原点,质点的运动方程为

$$\begin{cases} x = v_0\cos\theta \cdot t, \\ y = v_0\sin\theta \cdot t - \dfrac{1}{2}gt^2. \end{cases} \tag{2.29}$$

从(2.29)式中消去 t,得轨迹方程

$$y = x \cdot \tan\theta - \frac{gx^2}{2v_0^2\cos^2\theta}, \tag{2.30}$$

为一抛物线方程.

由以上各式可见,只要已知抛体的初速大小 v_0 和方向角 θ,则质点在任意时刻 t 的坐标和速度以及轨道形状便随之决定.

上述抛体运动的规律,一般地表示具有一定初速度 $\boldsymbol{v}_0$ 而加速度恒定的质点的运动规律.

对于 $0<\theta<\frac{\pi}{2}$ 的情况,质点沿抛物线经上升段到达抛物线顶点后下降. 对这种情况,常用上升时间 T、射高 H 和水平射程 X 来描述运动和轨道的特点. 不难从上面各式求得

$$T = \frac{v_0\sin\theta}{g} = \frac{v_{0y}}{g}, \tag{2.31}$$

$$H = \frac{v_0^2 \sin^2\theta}{2g} = \frac{v_{0y}^2}{2g}, \tag{2.32}$$

$$X = \frac{v_0^2 \sin 2\theta}{g} = \frac{2 v_{0x} v_{0y}}{g}. \tag{2.33}$$

2.4　圆周运动　角速度和角加速度

设质点在半径为 R 的圆周上运动.质点的位置可由矢径与一定轴(如 Ox 轴)之间的夹角 θ 表示,称 θ 为**角坐标**,如图 2.11 所示(规定从 Ox 轴绕逆时针转动到质点所在位置时,θ 角取正值).当质点做圆周运动时,θ 角随时间变化,即 $\theta = \theta(t)$.在 Δt 时间内,角坐标的增量

$$\Delta\theta = \theta(t + \Delta t) - \theta(t), \tag{2.34}$$

称为质点在时间 Δt 内的**角位移**.

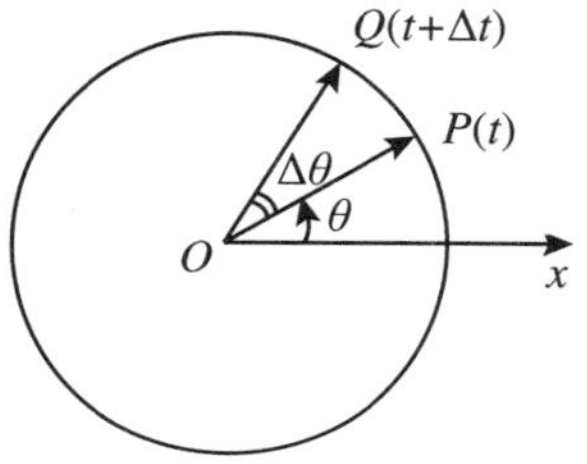

图 2.11

角位移与相应时间的比值$\frac{\Delta\theta}{\Delta t}$称为**平均角速度**.当时间 Δt 趋于零时,平均角速度的极限称为 t 时刻的**瞬时角速度**(简称**角速度**):

$$\omega = \lim_{\Delta t \to 0} \frac{\Delta\theta}{\Delta t} = \frac{\mathrm{d}\theta}{\mathrm{d}t}, \tag{2.35}$$

即角速度等于角坐标对时间的一阶导数.角速度的正负表示质点绕圆心转动的转向:逆时针为正,顺时针为负.

对一般圆周运动,角速度也是随时间变化的.角速度的变化量 $\Delta\omega$ 与时间 Δt 之比值为平均角加速度.当 Δt 趋于零时,平均角加速度的极限称为 t 时刻的**瞬时角加速度**,简称**角加速度**,表为

$$\beta = \lim_{\Delta t \to 0} \frac{\Delta\omega}{\Delta t} = \frac{\mathrm{d}\omega}{\mathrm{d}t} = \frac{\mathrm{d}^2\theta}{\mathrm{d}t^2}, \tag{2.36}$$

即角加速度等于角速度对时间的一阶导数,或角坐标对时间的二阶导数.角加速度描述角速度对时间的变化率.

做圆周运动的质点的速度、切向加速度、法向加速度与角速度、角加速度之间的关系为

$$v = R\omega, \tag{2.37}$$

$$a_\tau = R\beta, \tag{2.38}$$

$$a_n = R\omega^2. \tag{2.39}$$

2.5 相对运动

所谓相对运动是解决质点相对于两个不同参照系(它们之间有相对运动)的速度和加速度之间的变换关系.

设参照系 S 作为静止参照系,参照系 S' 相对于 S 系运动,称为运动参照系.质点相对于静止系 S 的运动称为"绝对"运动,其速度和加速度称为**绝对速度** $\boldsymbol{v}_{绝}$ 和**绝对加速度** $\boldsymbol{a}_{绝}$.质点相对于运动参照系 S' 的运动称为**相对运动**,其速度和加速度称为**相对速度** $\boldsymbol{v}_{相}$ 和**相对加速度** $\boldsymbol{a}_{相}$.运动参照系 S' 相对于静止系 S 的运动称为**牵连运动**,其速度和加速度称为**牵连速度** $\boldsymbol{v}_{牵}$ 和**牵连加速度** $\boldsymbol{a}_{牵}$.

相对运动的速度合成定理为

$$\boldsymbol{v}_{绝} = \boldsymbol{v}_{相} + \boldsymbol{v}_{牵}. \tag{2.40}$$

它们的矢量关系如图 2.12(a)所示.

当运动参照系只做平动而无转动时,加速度合成定理为

$$\boldsymbol{a}_{绝} = \boldsymbol{a}_{相} + \boldsymbol{a}_{牵}. \tag{2.41}$$

它们的矢量关系如图 2.12(b)所示.

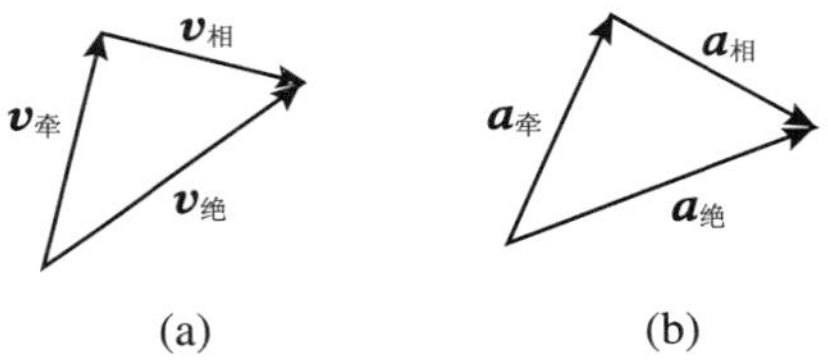

图 2.12

问题讨论

1. 时间 空间

时间和空间是人类最早形成的最普通的概念.但是要简明确切地给时间和空间下定义,却又不是很容易的.通常,从哲学意义上对空间和时间做这样原则性的概括:空间和时间是物质存在的形式.空间表征物质的广延性,时间表征物质运动的持续性

和连贯性.说得通俗一点,所谓广延性就是指体积大小,上下前后左右;所谓持续性就是过去、现在、将来.

人们总是通过日常生活和生产实验,通过对时间的久暂和空间范围的大小的测量来认识时间和空间,并由此形成与生产和科学实验水平相适应的对时间和空间的认识,即时空观.

(1) 什么是经典力学的时空观?

在20世纪初,狭义相对论建立以前,人们在长期历史过程中形成的对时间和空间的基本看法概括为经典力学的时空观.

经典力学中空间不仅是处处均匀的、各向同性的三维欧几里得空间,而且这个空间与物质的运动没有任何联系.空间中任意两点之间的距离由具有不同运动速度的观察者(参照系)所测出的值都相同,即两点之间的距离或长度是与观测者所在的参照系的运动无关的绝对量.

时间是从过去、现在到将来均匀地流逝着的,在整个宇宙,时间是划一的,与物质的运动无关.没有人能加快或减慢时间的进程.在任何地点同时发生的两个事件,从任何参照系上观测都是同时发生的,"同时"是绝对的.不同时刻发生的两个事件之间的时间间隔不依参照系的不同而不同,时间间隔也是绝对的.

经典力学对时间和空间的上述看法又叫作绝对时间和绝对空间的观点.它们之间是相互关联着的,并且还包含着其他一些基本假设,从而形成系统的时空观,成为经典力学体系的哲学基础.

就长度的测量来说,大家都知道怎样测量静止物体的长度.但如何测量运动物体的长度呢?例如,在行驶的客车内的观测者可以用直尺从车头到车尾一尺一尺地量得车身长度.然而,如要求在地面上的观察者用他手中的尺来测运动客车的长度,他应如何着手呢?能想到的办法是将车前沿和后沿在地面上做标记,再用尺测量两个标记之间的距离.但是,如果先标记车尾位置,后标记车头位置,则两个标记之间的距离比车身长;如果先标记车头的位置,后标记车尾的位置,则两个标记之间的距离比车身短.显然,要准确地测出车身长度,就必须同时对车头和车尾的位置进行标记.法国物理学家郎之万说:"物体的形状就是它所包含的一切点的同时刻的集合."可见,测量运动物体的长度,或在相对运动着的参照系上测量物体的长度,必然涉及同时性的问题.那么,又如何确定两个事件是否同时呢?在同一地点判断两个事件是否同时发生是容易的.如果要判定在有一定距离的两地发生的事件是否同时发生,就不那么容易了.大家可能想到,可以用两个在同一地点经过反复校准的钟,将一个留在此地,另一个移到彼地,分别记录两地发生的事件,然后将记录进行对比,就可以明确在两地同时发生的事件,也可以明确在两地发生的两个事件之间的时间间隔.然而,这种方法只能在有限的空间范围内进行,在不能传递时计的两地,这种方法是行不通的.

在一般情况下，信号的传递才是在不同地点比较时间的有效方法.

但是，用信号来校准两地的时间就必须知道信号传递的速度，而传递信号的速度测量又要依赖于在不同地点的时间的测量.于是形成解决不了的逻辑循环.

在历史上，人们对不同地点的时间的校准与测量依赖于不需要传递时间的信号，并把光信号作为这样的信号.从而认为能够“绝对地”判断任意两地发生的两个事件是否同时.

所以，绝对时间的观点依赖于不需要传递时间的信号，也就是依赖于一种“超距作用”的信念.因为只有超距作用，才能使某种信号或某种力以无穷大的速度向任何地点传递.因此，经典力学的绝对空间、绝对时间以及超距作用等观念是相互联系、相互协调的.

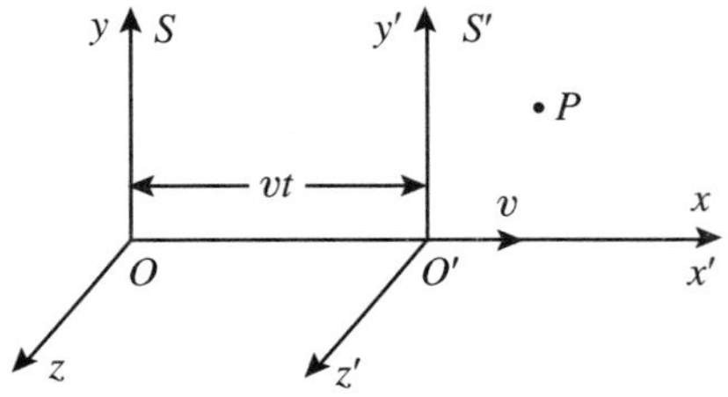

图 2.13

经典力学的绝对时空观的数学表述是伽利略变换式.设 S 系为静止参照系，S'系以速度 v 相对于S 系运动.在两个参照系上分别建立坐标系 $Oxyz$ 和$O'x'y'z'$，使 $O'x'$轴与 Ox 轴都与S'系的速度方向相同，并且从两坐标系重合时刻开始计时，在两个坐标系上各自记录时间，如图 2.13 所示.设(x,y,z,t)为某事件 P 在S系中的坐标和时刻，(x',y',z',t')为该事件 P 在S'系中的坐标和时刻.同一事件在两个坐标系中的坐标和时间的关系为

$$\begin{cases} x = x' + vt, \\ y = y', \\ z = z', \\ t = t'. \end{cases} \tag{2.42}$$

这就是伽利略变换.根据这个变换，在两个参照系中测得同一物体的长度相等，以及在两个参照系中测得的两个事件的时间间隔也相等.即

$$\begin{aligned} &\sqrt{(x_1 - x_2)^2 + (y_1 - y_2)^2 + (z_1 - z_2)^2} \\ &= \sqrt{(x_1' - x_2')^2 + (y_1' - y_2')^2 + (z_1' - z_2')^2}; \\ &t_2 - t_1 = t_2' - t_1'. \end{aligned}$$

以伽利略变换为数学表述的经典力学的时空观是在现代物理发展以前形成的.由于当时人们的生活和生产活动涉及不太大的空间范围，涉及的运动速度又远小于光速，因而光信号可当作以无限大速度传播的信号.绝对时间和绝对空间的观念，与他们的实践是吻合的.所以说，经典力学的时空观反映了人们在一定历史时期根据对时空测量而形成的认识.直到 20 世纪初，相对论建立以后，人们形成新的更符合客观现象的对时空的认识——相对论时空观.经典力学的绝对时空观只是新的相对论时

空观在一定范围内——空间范围不大、速度远小于光速——的近似.

(2) 狭义相对论的时空理论简介

到19世纪末,经典力学和电动力学都已发展为成熟的学科.但这两种力学在涉及时空观念的问题上暴露出深刻的矛盾.在伽利略变换下麦克斯韦方程不像经典力学方程那样具有协变性(即在伽利略变换下,麦克斯韦方程的形式将发生变化),力学相对性原理不适用于电动力学.于是,在电动力学中引入标准参照系——以太的假说,电磁波(光)相对于以太传播的速度为 c.如果真是这样,就能够应用电磁现象(光)来测量地球相对于以太的运动.但是一切进行这种测量的努力都以失败而告终,其中最著名的是迈克耳逊-莫雷实验.这些实验都否定了地球相对于以太的运动,似乎相对性原理又应当适用于电动力学.

为了解决上述矛盾,荷兰物理学家洛伦兹从数学上寻求保持麦氏方程形式不变的坐标和时间的变换关系,于1892年发现了洛伦兹变换.虽然根据这个变换,长度和时间间隔都将随参照系不同而不同,但洛伦兹没能摆脱绝对时空观念的约束,他不承认他的变换及上述结果描绘了空间和时间的属性.他认为运动长度的收缩是物质的收缩,而两种时间 t 和 t' 的不同和时间间隔的相对性则仅仅是数学的幻术.

爱因斯坦以深刻的洞察力和科学的直觉,从旧观念和新的物理实验的矛盾中看到了问题的本质.由于力学实验的精度远远低于电磁波(光)的实验,他采取承认电磁理论的正确性去修改经典力学的近似性,毅然抛弃经典力学的时空观念,给洛伦兹变换赋予物理的真实性.认为它正确地描述了时空的属性,从而建立了狭义相对论的时空理论.这不仅从根本上解决了矛盾,也开创了现代物理的新纪元.

1) 狭义相对论的基本原理

1905年9月,爱因斯坦在德国的《物理学杂志》上发表论文《论运动物体的电动力学》中,提出了作为狭义相对论基础的两条基本原理.

狭义相对性原理 “在一切互做匀速直线运动的参照系上所描述的物理规律是一样的.”

爱因斯坦把大家熟知的力学中伽利略相对性原理(在一切惯性系中力学规律是相同的),推广到包括电磁(光)现象在内的一切物理现象中.这就砍断了以太的桎梏,在物理学的一切领域中否定了绝对静止和绝对运动的概念.凡对力学方程适用的一切坐标系(惯性系)都同样适用于电动力学和光学的规律.

光速不变原理 “在任何惯性系上,光在真空中的传播速度是一个常数,与光源的运动状态无关.”

从表面上看,相对性原理和光速不变原理似乎是矛盾的.例如,在两个互做匀速直线运动的坐标系上,取原点 O 和 O' 重合时作为计时原点,即 $t_0=0$,此时从 $O(O')$ 点发出一闪光.经过时间 t,光波在 O 系上构成以 O 为球心,以 ct 为半径的球面光波波前(c 为光速).由于在 O' 系上光速仍等于 c,故在 t 时刻的光波又构成以 O' 为球心、半径为 ct 的球面光波波前.而此时,O' 已离开 O 点一定的距离.于是,形成同样的球面光波波前,却有两个不重合的球心,这样的现象显然是不可能的.其实,矛盾是由于我们沿用了绝对同时的观念,认为光波到达某一波前的时刻对不同参照系一定都是相同的,即 $t=t'$.根据狭义相对论的时空理论,上述矛盾是不存在的,在新的时空观中,上述两个原理完全是协调的.

上述两条基本原理的提出,是物理思想发展史上一个巨大的进展,是人们对时空认识的一个变革.

2) **同时的相对性**

前面已经说过,要判定不同地点发生的两事件是否同时,这是一个复杂的问题.在只能用信号联系的两个地点,判断是否同时必须知道信号的速度,而信号速度的测量还依靠对不同地点的时间的测量,因此形成逻辑循环.在经典力学中,假定存在超距作用,存在以无限大速度传递的信号,因此认为能够绝对地判定两地发生的两个事件是否同时.

在爱因斯坦根据实验提出光速不变原理以后,光理所当然地成为判断同时性事件的最好信号,它对于任何参照系在任何方向上都以相等的速度 c 传播着,于是,在同一参照系上,完全可以用光信号来校准远离两地的时钟,从而能够肯定地判断这两地发生的事件是否同时.

但是在一个惯性系上为同时的两个事件,在相对于它做匀速直线运动的其他参照系上看是否也同时呢?只要承认光速不变原理,答案是明确的,即同时性是相对的.在不同地点发生的两事件,从一个惯性系上看是同时的,在另一个惯性系上看来却不是同时的,下面的理想实验很清楚地说明了这点.

假定一列长列车相对地面运动着,突然有两个落雷分别落在车头和车尾,并在车头和车尾留下印记 A' 和 B',同时在相应的地上留下痕迹 A 和 B.假定以车为参照系 S',在其中点有一观察者 C';以地为参照系 S,在两个雷击印记 A,B 的中点有一观察者 C(图 2.14(a)),并假定地面上的观察者 C 观察到两个雷击的闪光同时到达(图 2.14(c)).于是两个落雷在 S 系上看来是同时发生的两个事件.但是,在 S' 系上的观察者 C' 看来,这两个落雷就不是同时的.因为,光以恒定的有限的速度传播,当车前头的雷击闪光到达车上的 C' 时,C' 已经相对于地向前运动了一段距离(图 2.14(b)),A 处的闪光将经过 C' 以后再到达 C.而车尾的闪光则要经过 C 以后再到达 C'.所以在 C' 看来,A' 处的闪光先到达,B' 处的后到达(图 2.14(b)(c)).也就是说,对于 S' 上的观察者而言,车头处的落雷在先,而车尾处的落雷在后,两个落雷不是同时的.

同样,如果假定对车上的 S' 系的观察者 C' 来说,两个落雷同时发生,那么在 S 系上的观察者 C 看来,车尾的雷击在先,而车头的雷击在后.

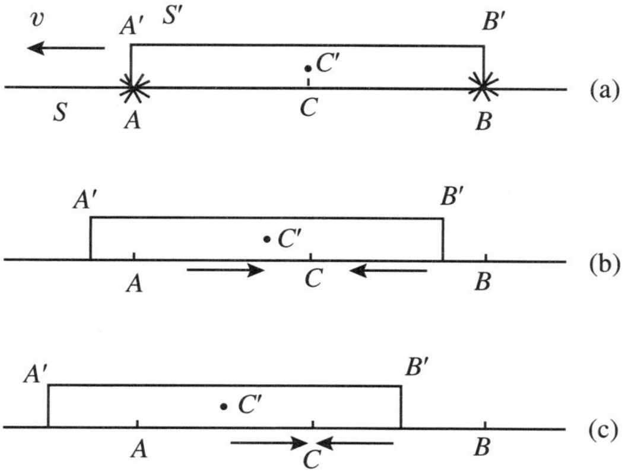

图 2.14

可见相对于一个惯性系是同时发生的两个事件，相对于另一个惯性系却不是同时的了.

3）**时空的相对性　洛伦兹变换**

既然同时是相对的，那么在不同参照系上测量两个事件的时间间隔也是不同的，即时间间隔也是相对的；又由于对运动物体的长度的测量依赖于同时标定物体上各点在参照系上的位置，因此同时的相对性也必然导致空间（长度）的量度的相对性. 可见，空间与运动有关，两事件的空间距离和时间间隔对不同的惯性系有不同的数值，这就构成时空的相对性.

时空的相对性不是“随意性”，时间、空间与运动有着密切的联系. 根据狭义相对论的基本原理可以导出描述时空和运动关系的洛伦兹变换，再由洛伦兹变换可以导出时间和空间的相对性.

设惯性系 S' 相对于 S 系以速度 v 运动，在两个参照系上分别建立两个坐标系 $O'x'y'z'$ 和 $Oxyz$，使 $O'x'$ 与 Ox 轴重合并与 v 的方向相同，$O'y'$，$O'z'$ 轴分别与 Oy，Oz 轴平行. t' 与 t 分别表示两个参照系上的时间，并调整计时原点使当 $t'=t=0$ 时，两个原点 O' 与 O 重合. 设任一事件 p 在两个坐标系中的坐标和时间分别为 (x',y',z',t') 和 (x,y,z,t)，那么，此事件 p 在两个坐标系中的坐标和时间之间满足的变换为

$$\begin{cases} x' = \dfrac{1}{\sqrt{1-\left(\dfrac{v}{c}\right)^2}}(x-vt), \\ y' = y, \\ z' = z, \\ t' = \dfrac{1}{\sqrt{1-\left(\dfrac{v}{c}\right)^2}}\left(t-\dfrac{v}{c^2}x\right). \end{cases} \tag{2.43}$$

这个变换称为**洛伦兹变换**.

显然，当 $v \ll c$ 时，洛伦兹变换简化为伽利略变换，所以伽利略变换及其所描写的绝对时空观是相对论时空观在低速下的近似.

由洛伦兹变换出发可以得出狭义相对论时空理论的一系列重要结果.

① **运动长度的收缩**

假定在以速度 v 沿 Ox 方向相对于 S 运动的 S' 系上有一相对静止的尺 AB，顺着 Ox' 方向，在 S' 系上测得的长度为 $L' = x'_B - x'_A$. 在 S 系上同时测得尺两端的坐标为 x_A 和 x_B（$t_A = t_B$），故 S 系上测得的长为 $L = x_B - x_A$，根据洛伦兹变换可得

$$x'_B - x'_A = \frac{1}{\sqrt{1-\left(\frac{v}{c}\right)^2}}(x_B - x_A).$$

即

$$L = \sqrt{1-\left(\frac{v}{c}\right)^2}\,L'. \tag{2.44}$$

式中 $\sqrt{1-\left(\frac{v}{c}\right)^2} < 1$，可见：在 S 系上测得的相对于它以速度 v 运动的尺的长度 L 同在与尺相对静止的参照系上测得的长度 L' 相比，L 沿运动方向缩短为 L' 的 $\sqrt{1-\left(\frac{v}{c}\right)^2}$.

② **运动时钟变慢（或时间的膨胀）**

设在 S' 系上静止的钟从 t'_1 时刻到 t'_2 时刻［这本身就是在 S' 系上同一地点（$x'_1 = x'_2$）发生的两个事件］之间的时间间隔为 $\Delta t' = t'_2 - t'_1$；从 S 系上看，这两个事件分别于 t_1 时刻在 x_1 处和 t_2 时刻在 x_2 处发生，时间间隔为 $\Delta t = t_2 - t_1$. 根据洛伦兹变换可得

$$t_2 - t_1 = \frac{1}{\sqrt{1-\left(\frac{v}{c}\right)^2}}(t'_2 - t'_1),$$

$$\Delta t = \frac{1}{\sqrt{1-\left(\frac{v}{c}\right)^2}}\Delta t'. \tag{2.45}$$

$\Delta t'$ 为 S' 上同一地点发生的两个事件的时间间隔，也就是 S' 上静止的钟指示的时间间隔，称为原时间隔，$\Delta t > \Delta t'$ 表明：S 系上的观察者看到运动参照系 S' 上的时钟变慢了. 这种情况称为运动时钟变慢或时间膨胀.

③ **时序问题**

既然时间是相对的，那么可否因为不同惯性系的选取而使有因果联系的两事件发生因果倒置的现象（即果在先，因在后）呢？

答案是否定的. 事物发展的因果联系反映了物质运动的规律，不可能因参照系的变换而改变这种因果联系. 根据洛伦兹变换，可以直接得出这一结论.

设两事件在静止系 S 中分别于 t_1 时刻在 x_1 处，t_2 时刻在 x_2 处发生. 在以速度

v 运动的参照系中，这两个事件发生的时空坐标分别为 t'_1, x'_1 和 t'_2, x'_2. 应用洛伦兹变换可得，两个事件在两个坐标系中的时空联系为

$$t'_2 - t'_1 = \frac{1}{\sqrt{1-\left(\frac{v}{c}\right)^2}}\left[(t_2 - t_1) - \frac{v}{c} \cdot \frac{x_2 - x_1}{c}\right]. \qquad (2.46)$$

由上式可知：如果 $x_2 - x_1 \leqslant c(t_2 - t_1)$，则 $\Delta t' = t'_2 - t'_1$ 与 $\Delta t = t_2 - t_1$ 总是同符号的. 这说明只要在 S 系中两个事件的空间距离 $x_1 - x_1$ 小于在这两个事件的时间间隔中光所传播的距离 $c(t_2 - t_1)$，那么，这两事件的先后次序（Δt 的正负）即时序对于任何惯性系来说都是相同的. 由于不存在超距作用，光速是一切物质传递和信号传递的极限速度，任何有因果联系的事件从因到果不可能以超光速的速度发展，所以，对有因果联系的任何两个事件总是满足条件 $x_2 - x_1 < c(t_2 - t_1)$ 的，因此，由时空相对性只能得出两个事件时间间隔相对于不同的参照系有差异，但不能找出任何一个参照系，使它们的因果关系倒置.

如果 $x_2 - x_1 > c(t_2 - t_1)$，由(2.46)式可知，$\Delta t'$ 与 Δt 可能异号. 这表明两个事件的空间距离 $x_2 - x_1$ 大于光在发生这两个事件的时间间隔内所传播的距离，它们的时序对于不同的参照系是可以不同的. 但这样的两个事件不会有任何因果联系. 例如宇宙中相距几十万光年的两个星球在一年内分别发生大爆炸，它们之间绝无任何因果联系. 这样两个星球爆炸的先后，只能以闪光到达观察者的先后来决定. 显然，对宇宙中的不同参照系上的观察者会得出不同先后次序的结果.

2. 长度和时间的量度

开尔文（威廉·汤姆生，1824～1907 年，苏格兰人）有一句名言："假如你能够量度你所谈的东西，并能用数量表示它，你就对它有些了解了；假如你不能用数量表示它，你对它的知识就是贫乏而不能令人满意的. 这也许只是知识的入门，但不管怎样，你的知识还没有提高到科学的程度."可以说，物理学正是建立在量度基础上的科学. 一个物理量的定义必须提供出根据其他能够量度的量来计算它的一套规则. 例如速度的定义就包含了通过长度和时间的量度来计算它的规则. 但是，在物理学中，存在一些最基本的量是无法用其他量来定义的. 时间和长度就是这种基本量. 在国际单位制中，共七个基本量（其中与力学有关的基本量还有一个是质量）. 物理学中的其他量都可以根据它们的定义和有关定理由基本量导出，根据有关基本量的量度来求得它们的数量，这些量叫导出量.

对于基本量的量度，只能约定一个确定的同类量做标准——规定计量单位. 对这些量的量度，就是把它们与作为标准的同类量比较，从而用数字来表示它们.

随着科学技术的发展，计量单位也相应地趋于更合理、更精确. 关于长度的单位，到现在历经了三次国际性的规定（定义）.

第一次,1795 年法国规定地球子午线全长的四千万分之一为 1 m. 到 19 世纪末,一些国家在巴黎开会确认米为国际通用的长度单位,并按上述标准制成米原器,作为米的标准保存在巴黎国际计量局里.

第二次,考虑到米原器是人造的实物标准,它总会随环境条件如温度等的变化而变化,并可能因各种灾害而失去这个标准,而且其精度也不满足科学技术发展的要求.于是人们开始寻找更方便、更精确的自然标准.1960 年第十一届国际计量大会通过决定:"氪-86(^{86}Kr)原子的电子在 $2p_{10}$ 和 $5d_5$ 两能级之间跃迁所产生的辐射(一种橙红色光)在真空中的 1 650 763.73 个波长的长度为 1 m."这一新的标准米不仅恒定不变,随地可得,而且提高了测量的精确度(达 10^{-8}).

第三次,随着激光技术的发展,测量距离精度的提高,光在真空中的传播速度为常数的确立,以及时间测量精度的提高,人们寻求更精确的长度标准.1983 年 10 月,第十七届国际计量大会正式通过决定,米的新定义为:"光在真空中,在 1/299 792 458 s 的时间中传播的距离为 1 m",并决定废除 1960 年以来使用的米的旧定义.这一新定义使复现性和精度更为提高.

对时间的量度,人们总是寻找周期性重复事件作为计时器,并认定周期重复的时间是不变的(等时性).时间的计量也就是周期性事件重复的计数过程.

很长时间以来,人们自然地以太阳的东升西落的周期运动作为计时标准,也就是以地球的自转周期作为一日.规定一平均太阳日①为 86 400 s,即 1 s 等于平均太阳日的 1/86 400. 在 1956 年国际计量大会第十次会上规定,将 1900 年回归年②的 1/31 556 925.974 定为 1 s.

由于地球的自转受潮汐等的影响而有微小的变化(1 日可出现 $1/10^7$ 的变动),以地球的自转作为计时的依据是不十分精确的,于是人们寻求更具等时性的不受外界影响的量度时间的自然标准.1967 年第十三届国际计量大会决议 1 规定:"以铯-133(^{133}Cs)原子基态的两个超精细能级之间的跃迁所对应辐射的 9 192 631 770 个周期的持续时间为 1 s."由于这个跃迁的频率测量的精度可达 10^{-13}～10^{-12} 数量级,所以秒的这个新定义能大大提高时间测量的精度.

3. 芝诺佯谬

芝诺是公元前 5 世纪希腊的唯心主义哲学家.他曾经在空间、时间和运动方面提出七个佯谬.这些佯谬从另一方面推动了人们对空间、时间以及运动的研究.这里就他的一个著名的运动学佯谬做一介绍.

---

① 太阳日是太阳连续两次通过该地子午面的时间间隔,由于地球沿椭圆轨道绕日公转,公转的速率不是常量,故太阳日有长有短,平均太阳日是一年内太阳日的平均值.

② 回归年是指地球连续两次通过春分点所需的时间.

芝诺提出的这个佯谬是:"快腿的阿基里斯追不上一只乌龟."他的论证如下:因为开始时阿基里斯在龟的后面,所以要追上龟,他必定先要到达龟的出发点,这要用有限的时间,在这段时间里龟必定向前跑了,到达前面的另一点,而当阿基里斯再到达这点时,龟必定又已到达更前面的一点.如此重复下去,就是进行无穷多次,龟也总在阿基里斯的前面.

要解开芝诺提出的这一运动学佯谬,应从对时间的认识和量度说起.我们认为时间是均匀流逝着的,计量时间是通过对周期性重复事件的计数来实现的,而其中一个基本的假定是选作计时的周期事件具有严格的等时性,以保持时间的均匀性.比如,以地球自转一周作为一日.我们相信每一日有相同的时间,地球自转多少圈就是多少日,地球自转无穷多圈,时间也就趋于无穷即永远.

但是在芝诺佯谬中,芝诺却采用了与通常不同的时间观念和计时的方法.他把阿基里斯从龟在第 i 次的出发点跑到龟在第 $i+1$ 次的出发点的过程作为重复性事件,并以此计时.我们暂称这为"芝诺时",用 t' 表示,如图 2.15 所示.芝诺所说的阿基里斯永远追不上龟,是说,当 t' 等于任意大的大数 n 时,阿基里斯总在龟于 $t'=n-1$ 时所处的位置上.上述事件重复无穷多次,$t'\to\infty$,阿基里斯也只能在龟曾经占有过的位置上,而不能位于龟的前面.

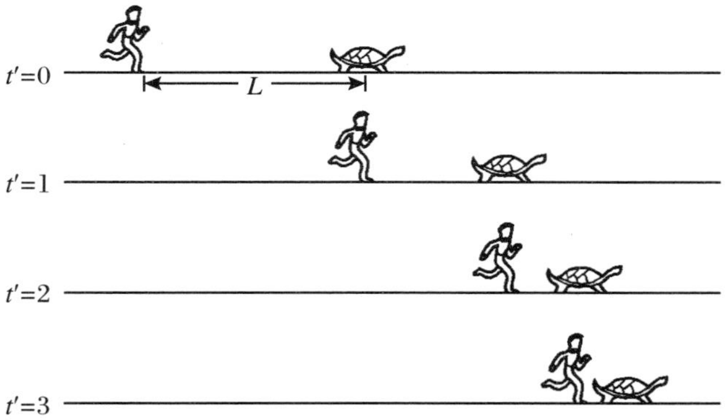

图 2.15

显然,不难知道,芝诺钟是不具有等时性的,随着芝诺时间 $t'=1,2,3,\cdots,n,\cdots,\infty$,时间是不均匀的,"芝诺时"的 n 到 $n+1$ 的时间间隔随 n 趋于无穷大而趋近于零.可见,芝诺采用了这种与我们通常认识的时间完全不同的概念.芝诺佯谬之"佯",在于把"永远"理解为"芝诺时" $t'\to\infty$,在这以后就没有时间了,而实际上,"芝诺时"的"永远",即 t' 从 0 到 ∞,只包含了我们普通时间的 $t=\dfrac{L}{v_1-v_2}$ 这段时间间隔,式中 L 为开始时阿基里斯与龟的距离,v_1 和 v_2 分别为阿基里斯和龟的速度.表 2.1 表示了"芝诺时" t' 与我们普通时间 t 之间的关系.在普通时 $t=\dfrac{L}{v_1-v_2}$ 以后,是仍然有时间的，而“芝诺时”则认为没有时间了.实际是“芝诺时”不能够计量普通时 $t=\dfrac{L}{v_1-v_2}$ 以后的事件.也就是说“芝诺时”的“永远”，即 $t'\to\infty$，只记录了阿基里斯在龟的后面不断占据龟曾经占据过的位置的事件.它不能计量阿基里斯赶上并超过龟以后的事件，所以，正如亚里士多德所说，芝诺所说的只是“当龟在前头时，阿基里斯不能超过.这是真的，但是如果允许越过限制它的界线，就可以超过”.

表 2.1　普通时与芝诺时的关系

芝诺时(t')	普通时(t)
0	0
1	L/v_1
2	$\dfrac{L}{v_1}+\dfrac{L}{v_1}\cdot\dfrac{v_2}{v_1}$
3	$\dfrac{L}{v_1}+\dfrac{L}{v_1}\cdot\dfrac{v_2}{v_1}+\dfrac{L}{v_1}\cdot\dfrac{v_2}{v_1}\cdot\dfrac{v_2}{v_1}$
⋮	⋮
n	$\dfrac{L}{v_1}+\dfrac{L}{v_1}\cdot\dfrac{v_2}{v_1}+\dfrac{L}{v_1}\cdot\left(\dfrac{v_2}{v_1}\right)^2+\cdots+\dfrac{L}{v_1}\left(\dfrac{v_2}{v_1}\right)^{n-1}$
⋮	⋮
∞	$\lim\limits_{n\to\infty}\sum\limits_{i=0}^{n-1}\dfrac{L}{v_1}\left(\dfrac{v_2}{v_1}\right)^i=\dfrac{L}{v_1-v_2}$

4. 怎样才算是对质点的运动做了充分的描述?

按照辩证法观点，运动就是在任一时刻物体(质点)既在某处又不在某处.“在某处”指质点在该时刻有确定的位置;“又不在某处”是指质点有离开所在位置的趋向.这一对矛盾的不断产生和解决的过程就是运动.质点所在位置由坐标描述，离开该位置的趋向由速度描述.所以，质点在任一时刻的运动状态是指位置(坐标)和速度.

但是，如果只了解质点在某一个或几个位置的运动状态，仍不能了解质点的运动规律.描述运动要了解在任一时刻(或位置)的运动状态.那么，怎样来描述运动状态呢? 以位置为自变量，研究速度随位置的变化;还是以时间为自变量，研究运动状态随时间的变化? 伽利略在研究落体运动、斜面运动中找到了出路，这就是把时间作为基本的自变量，把位置和速度作为随时间而变化的函数，并由此建立了加速度概念.于是，以时间为自变量，位置(坐标)、速度与加速度成为密切相关的基本运动学量.这种描述运动的方法对以后整个牛顿力学的建立在方法论上有不可磨灭的贡献.

质点的运动规律由运动方程描写，以直线运动为例，运动方程式为 $x=x(t)$，它描述坐标对时间的函数关系能确定在任一时刻的位置.由 $x=x(t)$，再根据速度与坐标的关系 $v=\dfrac{\mathrm{d}x}{\mathrm{d}t}$，通过求导运算就可以确定任一时刻的速度.进而可根据 $a=\dfrac{\mathrm{d}v}{\mathrm{d}t}$，进一步确定任一时刻的加速度.由此可见,只要知道了运动方程 $x=x(t)$,也就确切地把握了任一时刻的运动状态和加速度.因此我们说,运动方程 $x=x(t)$就充分地描述了质点做直线运动的规律.这是因为,给定运动方程 $x=x(t)$,我们就不仅知道了在任意 t 时刻的位置,而且知道了在任一 t 时刻的速度 $\frac{dx}{dt}$和加速度 $\frac{d^2x}{dt^2}$.

反之,如果已知速度随时间变化的规律 $v=v(t)$,能否说已充分地描述了运动呢?这就不能了.原因是速度变化的规律不能唯一确定位置变化的规律.质点可以在许许多多的位置上都具有由 $v=v(t)$所决定的速度.如有几个质点沿同一直线运动,它们在各不相同的起跑点(初位置)从静止开始做匀加速运动.速度按 $v=at$ 的规律变化.我们容易知道这几个质点在任一时刻会有相同的速度,且任一时刻距各自的起跑点的距离都是 $\Delta x=\frac{1}{2}at^2$,但由于它们的起跑点不同,因而位置却不相同,运动状态也就不同.所以 $v=at$ 不能确切描述某一个质点的运动.要确切地描述某一质点的运动,就必须指明这个质点的起跑点位置,即 $t=0$ 时的坐标 x_0.只有确定了初始位置,这个质点在任一时刻 t 的位置才确定了,其规律为 $x=x_0+\frac{1}{2}at^2$.所以,如果已知质点的速度随时间变化的规律,还必须加上初始位置(一般表示为 $t=t_0$ 时的坐标 x_0),才能确切地描述某一质点的运动.

如果已知加速度的变化规律,则还必须知道在某一给定时刻 t_0 的速度 v_0 和位置 x_0,才能确切知道在任一时刻的位置 x 和速度 v,也才算是对运动做了充分的描述.

综上所述,有两种方法充分地描述运动,一是确定质点的运动方程;另一方法是确定加速度(或速度)的变化规律,同时指明初始值——初坐标 x_0 和初速度 v_0(或初坐标 x_0).

在前一种情况下,由 $x=x(t)$运用导数运算,即可求出速度、加速度.这组成一类运动学问题.

在后一种情况下,由已知的 $a=a(t)$[或 $v=v(t)$]和初始值 t_0,v_0,x_0 应用积分运算,即可求出运动方程式 $x=x(t)$,从而全面把握运动规律,这构成另一类运动学问题.

5. 平均速度和平均速率及其区别和联系

质点在 Δt 时间内的平均速度定义为位移矢量 $\Delta\boldsymbol{r}$ 与相应时间 Δt 的比值,表示平均单位时间内位置矢量的变化.在这个有限的时间内各时刻的速度 $\boldsymbol{v}$ 一般是随时间变化的.根据速度的定义 $\boldsymbol{v}=\frac{d\boldsymbol{r}}{dt}$,位移 $\Delta\boldsymbol{r}=\int_t^{t+\Delta t}\boldsymbol{v}(t)dt$,所以 Δt 时间内的平均速度可表示为

$$\overline{\boldsymbol{v}} = \frac{\Delta \boldsymbol{r}}{\Delta t} = \frac{1}{\Delta t}\int_{t}^{t+\Delta t} \boldsymbol{v}(t)\mathrm{d}t, \tag{2.47}$$

其中第二个等式的表达式与数学上求函数对自变量在一定变化区间内的平均值的表达式相同.它表明平均速度就是速度矢量对时间的平均值.

在 Δt 时间内的平均速率定义为路程 Δs 与相应时间 Δt 之比值,表示平均单位时间内所经过的路程.根据速率的定义 $v=\frac{\mathrm{d}s}{\mathrm{d}t}$,路程等于速率在给定时间间隔内对时间的积分,即 $\Delta s = \int_{t}^{t+\Delta t} v\mathrm{d}t$. 所以,平均速率可表为

$$\overline{v} = \frac{\Delta s}{\Delta t} = \frac{1}{\Delta t}\int_{t}^{t+\Delta t} v\mathrm{d}t. \tag{2.48}$$

也就是说,平均速率等于速率对时间的平均值.

根据 $\overline{\boldsymbol{v}}$ 和 $\overline{v}$ 的定义,对于它们的区别和联系说明如下:

1) 平均速度是速度矢量的平均值,故仍是矢量,它的方向就是该时间内位移的方向;平均速率是作为标量的速率的平均值,故它仍然是一个正的标量.二者都是对给定时间间隔而定义的.前者表示在该时间间隔内平均单位时间的位移;后者表示平均单位时间实际经过的路程长度.在一般情况下,平均速度并不能表示通常意义的物体运动的平均快慢,平均速率才表示物体运动的平均快慢.

2) 由于在有限的时间间隔 Δt 内位移的大小并不一定等于路程,所以,在一般情况下,平均速度的大小不等于平均速率.这就是说不能把平均速度的大小误称为平均速率.

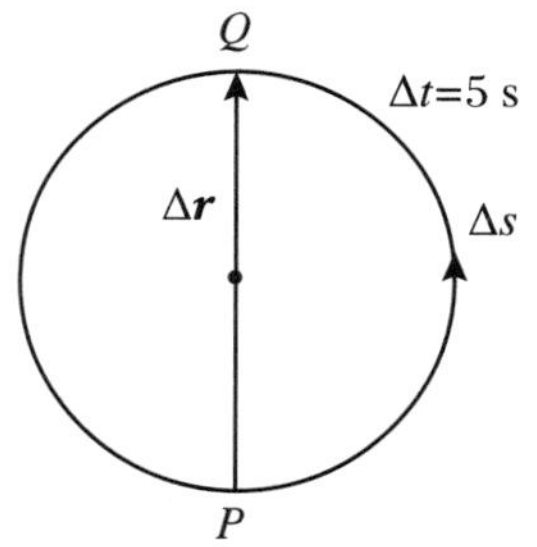

图 2.16

例如:某质点在 $\Delta t = 5$ s 的时间内,从 P 点开始绕周长为 10 m 的圆轨道运动了半圈,而到达了 Q 点,如图 2.16 所示.在这段时间内,质点的位移为 $\Delta \boldsymbol{r} = \overrightarrow{PQ}$,平均速度 $\overline{\boldsymbol{v}} = \frac{\overrightarrow{PQ}}{\Delta t}$,平均速度的大小为

$$|\overline{\boldsymbol{v}}| = \frac{|\overrightarrow{PQ}|}{\Delta t} = \frac{10/\pi}{5}\ \mathrm{m/s} = 0.637\ \mathrm{m/s}.$$

而平均速率则等于半圆长(路程)$\Delta s = 5$ m 除以时间,即

$$\overline{v} = \frac{5}{5}\ \mathrm{m/s} = 1\ \mathrm{m/s}.$$

若再经过 5 s,质点回到 P 点,那么,在整个 10 s 内质点的位移为零,平均速度为零;而平均速率仍为 $\overline{v} = \frac{10}{10} = 1(\mathrm{m/s})$.

从此例可看出平均速率表示了质点运动的平均快慢,而平均速度的大小并不能反映通常意义的平均快慢.

人们习惯于把运动的平均快慢说成平均速度,这就容易与平均速率混淆.当然,作为习惯的一种约定也无不可,但在讲运动学概念时应当注意区分它们.

3）在时间间隔 Δt 趋于零的极限情况下，平均速度（其极限为瞬时速度）的大小等于平均速率（其极限为速率）. 这是由于 Δs 总是立在弦 $\Delta \boldsymbol{r}$ 上的曲线弧长，当 Δt 趋于零时，弦长 $|\Delta \boldsymbol{r}|$ 和弧长 Δs 趋于相等. 用数学式表示为

$$\lim_{\Delta t\to 0} |\boldsymbol{v}| = \lim_{\Delta t\to 0}\frac{|\Delta \boldsymbol{r}|}{\Delta t} = \lim_{\Delta t\to 0}\frac{\Delta s}{\Delta t} = \lim_{\Delta t\to 0}\overline{v},$$

即瞬时速度的大小等于瞬时速率：$|\boldsymbol{v}| = v$.

4）在运动学中，时间 t 是最基本的自变量. 平均速度，平均速率分别是速度和速率对时间的平均值. 在(2.47)和(2.48)式中 $\Delta \boldsymbol{r}$，Δs，$\boldsymbol{v}\mathrm{d}t$，$v\mathrm{d}t$ 都有确切的物理意义，故平均速度或平均速率都是具有确切物理意义的有严格定义的量.

当然，从纯数学角度出发，可以定义速度和速率对路程的平均值，如

$$\overline{v}_s = \frac{1}{\Delta s}\int_s^{s+\Delta s} v\mathrm{d}s.$$

有人讨论了这种平均值，并同常用的平均速率并列. 我们认为没有必要这样做. 因为 $v\mathrm{d}s$，积分 $\int_s^{s+\Delta s} v\mathrm{d}s$ 以及它与路程的比值都是未经定义的，它们是没有运动学意义的. 也就是说 $\overline{v}_s$ 只有纯数学的意义而无运动学意义，所以没有必要讨论和定义这种平均值，更不必把它与我们定义的平均速度相提并论.

说到这里，顺便指出，由于力的冲量 $\int_t^{t+\Delta t} \boldsymbol{F}\mathrm{d}t$ 和力的功 $\int_s^{s+\Delta s} F_\tau \mathrm{d}s$ 是有确定意义的力学量，故在讨论力的平均值时，应当区分力的两种不同的平均值，它们都是有确定物理意义的.

6. 速度的定义和速度的测量

对于沿 x 轴的直线运动，瞬时速度的定义为

$$v = \lim_{\Delta t\to 0}\frac{\Delta x}{\Delta t} = \frac{\mathrm{d}x}{\mathrm{d}t}.$$

严格叙述是：质点在时刻 t 的速度（瞬时速度）等于从 t 到 $t+\Delta t$ 的时间间隔 Δt 内的平均速度当 Δt 趋于零时的极限，即速度等于坐标对时间的导数. 这种严格的数学表述科学地定义了速度这个基本运动学量.

所谓瞬时 t（或即时），是指从 t 到 $t+\Delta t$ 的时间间隔当 Δt 趋于零的极限，是由 Δt 趋于零保证的，因此"瞬时"就是指确定的时刻 t. 在数学上时间间隔 Δt 趋于零，是指无穷小的时间间隔，由 $\mathrm{d}t$ 表示. 那么，怎样理解"$\Delta t\to 0$"或无穷小时间间隔呢？在数学上无穷小有明确的定义. 无穷小时间间隔 $\mathrm{d}t$ 是指：$\mathrm{d}t$ 与零的差值可以小于任意给定的小数 δ. 简而言之，你给出小数 $\delta = 10^{-10}$，那么有 $\mathrm{d}t - 0 < 10^{-10}$；再给出更小的数 $\delta = 10^{-20}$，那么有 $\mathrm{d}t - 0 < 10^{-20}$. 一般而言有 $\mathrm{d}t - 0 <$ 任一小数 δ，由于运动的连续性，当 $\mathrm{d}t\to 0$ 时，位移 $\mathrm{d}x$ 亦趋于零. 也就是与无穷小时间间隔 $\mathrm{d}t$ 对应的位移 $\mathrm{d}x$

也必是无穷小量，速度就是这两个无穷小量的比值$\left(v=\frac{\mathrm{d}x}{\mathrm{d}t}\right)$，或在无穷小时间内的平均速度. 由于无穷小本身就是一个极限（以零为极限）过程，所以上面这个表述是与“$\frac{\Delta x}{\Delta t}$当 Δt 趋于零的极限”是完全一致的.

如何测量瞬时速度呢？根据定义，速度是由时间和长度两个基本量导出的. 速度的测量也就依赖于对时间和长度的测量. 而具体的量度却只能去测定某一确定的时间间隔和确定的长度，即使很小很小，总是确定的时间和长度. 实际上不可能测量一个数学上的无穷小的时间和长度.

因此，对速度的测量，不可能按定义去测量满足数学的无穷小时间间隔内的平均速度，只能测量足够小的某一确定时间间隔内的平均速度. 而且，只要时间间隔 Δt 足够小，通过对相应的 Δx 的测量而求出的平均速度$\frac{\Delta x}{\Delta t}$与 t 时刻的瞬时速度 v 的差值也就可以达到足够小，从而认为它可以相当准确地代表 t 时刻的瞬时速度. 这个“足够小”常称为物理上的无穷小，要小到什么程度，依赖于对于实验精度的要求和测量技术的进步. 随着实验技术和测量精度的提高，极小时间间隔和极小长度测量技术的提高，瞬时速度的测量也就愈趋精确.

以匀加速运动的物体为例，设某时刻 t 的速度为 2 m/s、加速度为 20 m/s^2，如果能够准确测定 $\Delta t=0.1$ s时间以及相应的位移 Δx，则测出的平均速度为 3 m/s. 显然用它来表示 t 时刻的瞬时速度，误差达 50%！如果能准确测量 0.01 s 的时间和相应的位移，则能测出的平均速度为 2.1 m/s，用它表示 t 时刻的速度，误差约为 5%. 如果能测量 0.001 s，则所测出的平均速度为 2.01 m/s，用它表示 t 时刻的速度，误差仅为 0.5%……在这个例子中，我们有意地把加速度值取得较大(20 m/s^2)，也就是速度变化得较快. 如果速度变化小一些，上述测量的误差还会减小一些. 由此可见，随着对越来越短的时间和所通过的长度的准确测量，就可以越准确地测定瞬时速度.

对于一般的测量，时间能测到毫秒，所求出的速度的精确度就可以与对其他物理量测量的精确度相协调了，所以一般实验中采用带有光电控制的电子毫秒计计时. 如气垫测速实验中，用一束光照射控制电子毫秒计的光电门，当有光照射时，毫秒计不计数. 在运动的物体（如滑块）上装一个有确定宽度（很小）的遮光板，当遮光板随物体运动进入光电门阻断光路时，电子毫秒计开始计数（即计时），当遮光板离开，光路复通时，毫秒计停止计数，于是从毫秒计上读出遮光板通过的时间 Δt，用它去除遮光板的宽度 Δx，即得出遮光板通过光电门的很短时间内的平均速度$\overline{v}=\frac{\Delta x}{\Delta t}$. 它可以相当准确地表示遮光板进入光电门时的瞬时速度；在测量的误差范围内，就把它当作该时刻瞬时速度的测量值，这种测量的系统误差一般在 1%以内.

7. 关于匀变速直线运动的运动方程的讨论

(1) 匀变速直线运动方程的数学结构

匀变速直线运动的基本方程是

$$v = v_0 + a(t - t_0), \tag{2.49}$$

$$x = x_0 + v_0(t - t_0) + \frac{1}{2}a(t - t_0)^2, \tag{2.50}$$

其中 t_0,x_0,v_0 为运动的初始值(或初条件).如取 $t = t_0 = 0$ 时刻质点的位置为坐标原点,则初始坐标为 $x_0 = 0$,于是方程变为

$$v = v_0 + at, \tag{2.51}$$

$$x = v_0 t + \frac{1}{2}at^2. \tag{2.52}$$

这里,t 既是时刻,又是从初始时刻($t = 0$)到 t 时刻的时间间隔;相应地 x 既是 t 时刻的坐标,又表示在时间间隔 t 内的位移.故(2.51)和(2.52)式又称作速度公式和位移公式.式中 v 为 t 时刻的速度,也就是时间间隔 t 的末速.从两个式子中消去 t,得

$$v^2 - v_0^2 = 2ax, \tag{2.53}$$

消去加速度 a,得

$$x = \frac{1}{2}(v_0 + v)t = \bar{v}t, \tag{2.54}$$

此式表明对于匀变速直线运动,平均速度等于初速与末速的算术平均值:

$$\bar{v} = \frac{1}{2}(v_0 + v). \tag{2.55}$$

上面四个式子[(2.51)~(2.54)]都是描述匀变速直线运动规律的方程.

对于质点在一段时间的匀变速运动,共有 5 个运动学量,即时间 t、位移 x、初速 v_0、末速 v 和加速度 a,它们满足上述四个方程式.其中(2.51)和(2.52)式是根据定义 $a = \frac{dv}{dt} =$ 常数,通过积分求出的,是匀变速直线运动的运动学基本方程.而(2.53)和(2.54)两个式子是由基本方程通过代数运算得到的.故四个方程中只有两个是独立的.所以,对于一段时间的运动,最多只能从四个方程中选择两个方程,五个量中最多允许有两个未知量,才能够选用两个方程建立完备的方程组,求出解答.

(2) x,v,a 的正负号的意义是什么?

位移(或坐标)x、速度 v_0 和 v、加速度 a 都是带有正、负号的代数量,要明确这些量的正、负号的意义.

位移、速度、加速度的正负号表示它们的指向.在表示运动规律的各方程中,是以坐标轴的指向为标准来描述各运动学量方向的.与坐标轴的指向相同的量取正值;反

之取负值.

例如,如果规定坐标轴 Ox 的指向是由左向右,那么,x 为正时,表示质点对原点的位移方向向右,质点在坐标原点的右侧;如果 x 为负,表明质点对坐标原点的位移方向向左,质点位于原点的左侧.如果 v 和 a 都是正数,则表示质点向右方做匀加速运动;如果 v 是正数而 a 是负数,则表示质点向右方做匀减速运动……总之,v 的正负表示运动方向与坐标轴指向相同或相反.a 与 v 的符号相同时,质点做加速运动(速率增加);a 与 v 符号相异时,质点做减速运动(速率减小).

8. 处理竖直上抛运动的两种方法的区别何在? 怎样统一?

竖直上抛运动是初速(v_0)的方向与加速度(重力加速度)的方向相反的匀变速运动.在抛出后一段时间内质点竖直向上运动,速率随时间而减少,直到速率为零时,质点到达上抛的最高点.然后,立即向下(与加速度方向相同)做匀加速运动,速率又随之增加.由于加速度 g 不变,运动规律是始终一致的,如果保持统一的坐标系并连续计时,位移公式和速度公式适合于质点运动的全过程,包括到达最高点以前的上升阶段和以后的下落阶段的运动.

若以抛出点为坐标原点,竖直向上为 Oy 轴的正指向,并以抛出物体时作为计时的起点,在这样的坐标系中,竖直上抛物体的加速度为 $a=-g$(负号表示加速度与坐标轴指向相反).运动的初始值为:$t_0=0$,$y_0=0$,$v_0>0$.运动规律可由四个方程描写(其中独立方程数为两个).它们是

$$\begin{cases} v = v_0 - gt, & y = v_0 t - \dfrac{1}{2}gt^2, \\ v^2 - v_0^2 = -2gy, & y = \dfrac{1}{2}(v_0 + v)t. \end{cases} \tag{2.56}$$

应注意到式中的 y 为物体在所确定的坐标系中的坐标,或物体对抛出点(即原点)的位移,而时间 t 是从抛出物体开始连续计算的.上面各式对包括上升和下降的全过程都适用,所以应用以上公式可得出表示竖直上抛运动特点的各个量,如上升时间 $t_1=\dfrac{v_0}{g}$,上升最大高度 $H=\dfrac{v_0^2}{2g}$,落回抛出点的速度 $v=-v_0$ 等.

处理竖直上抛运动的另一种方法是分段处理法,这就是将物体的运动分为上升和下降两个阶段:上升段(直到达到最高点)为匀减速运动;下落段是从最高点开始的自由落体运动.这种方法因具直观性而容易想象,也易为中学生接受.但与前面的处理方法相比,这是较为初级的方法.如果只停留于分段处理法,虽同样可以得到正确的结果,但不利于培养学生应用由数学方程表达的物理规律处理问题的综合分析能力.

从认识上看,从"分段处理"到"统一处理"是一个认识上的飞跃(姑且用"飞跃"这

个词).下面从分析它们的区别着手,说明后者是前者的概括和提高.

与"统一处理"法不同,"分段处理法"先后采用了两个坐标系和两个计时系统来处理竖直上抛问题.对于"上升段",以抛出点为原点,竖直向上为坐标轴 Oy 的指向,并以抛出时作为计时起点,则运动方程为

$$y = v_0 t - \frac{1}{2}gt^2. \tag{2.57}$$

其中时间 t 以到达最高点为止,即 $t \leqslant \frac{v_0}{g} = t_1$,位移 y 以最大高度为限,即 $y \leqslant H = \frac{v_0^2}{2g}$.对于从最高点开始的下落段,则以最高点 O' 为坐标原点,竖直向下为坐标轴 $O'y'$ 的指向,并以开始下落(也就是到达顶点)的时刻作为计时起点,这样计的时间用 t' 表示.于是,下落运动(自由落体)的运动方程式为

$$y' = \frac{1}{2}gt'^2. \tag{2.58}$$

两个坐标系如图 2.17 所示.

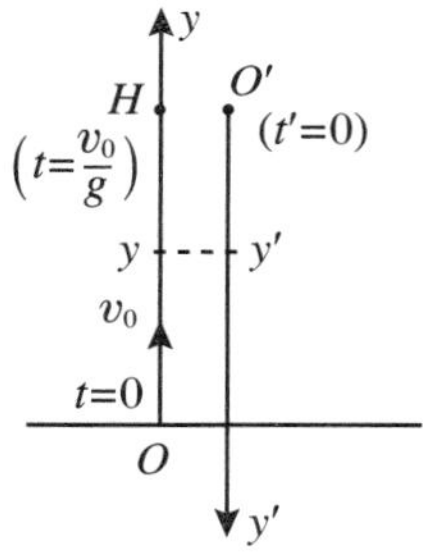

图 2.17

现在我们证明:采用统一的坐标系和统一的计时系统,可以概括"上升"和"下降"两段的运动.我们采用坐标系 Oy 并以抛出物体的时刻作为连续计时的起点.显然,在 $t \leqslant t_1 = \frac{v_0}{g}$ 的情况下(上升段),运动方程就是(2.57)式.对于 $t > t_1$ 的下落段,物体在坐标系 Oy 中的坐标 y 与在坐标系 $O'y'$ 中的坐标 y' 和时间 t' 之间的变换关系为

$$y = H - y' = \frac{v_0^2}{2g} - \frac{1}{2}gt'^2. \tag{2.59}$$

又从最高点开始计时的时间 t' 与连续计时的时间 t 的变换关系为

$$t' = t - t_1 = t - \frac{v_0}{g}. \tag{2.60}$$

将(2.60)式代入(2.59)式,化简后得到

$$y = v_0 t - \frac{1}{2}gt^2.$$

由此可见,在统一的坐标系 Oy 中,并以抛出点连续计时的情形下,物体在下落段的坐标与时间所满足的关系和上升阶段的相同.这证明了"统一处理"的确是"分段处理"的概括和提高.

9. 解匀变速直线运动问题

解匀变速直线运动的问题,要根据具体情况应用问题 7 中的(2.51)~(2.54)式

来求解.这里讨论常见的几种分类及解法.

(1) 一个质点在一段时间(或位移)中的运动.这是最基本的问题,对于这类问题,根据已知条件(t,x,v_0,v,a 五个量中至少已知三个),选用问题 7 中的(2.51)～(2.54)式中的 1～2 个方程即可求解.

对于自由落体运动,已知初速 $v_0=0$,加速度为重力加速度 g.若以落点为原点,竖直向下为坐标轴 Oy 的正向,则 $a=g$.这样就等于确定了两个量 v_0 和 a,只剩下三个量,即下落的高度 y、时间 t 和末速 v,满足四个方程为

$$v = gt, \qquad v^2 = 2gh,$$

$$y = \frac{1}{2}gt^2, \quad y = \frac{v}{2}t,$$

其中独立的方程数有两个.所以,对于自由落体运动,y,t,v 三个量中只需知道一个,就可以从上面四个方程中选择两个来联立求出另外两个未知量.

对于竖直上抛运动,如以抛出点为原点,竖直向上为 Oy 的正向,则加速度 $a=-g$,还剩下四个变量:对抛出点的位移 y(也就是坐标)、时间 t、初速 v_0、末速 v.它们满足问题 8 中(2.56)式的四个方程,四个变量中只要已知两个,就可以在四个方程中选择两个方程联立,求出另外两个未知量.

(2) 一个质点在两段或多段时间(或位移)中的运动.对于这类问题,一般应分段应用匀变速运动的速度和位移公式(每一段最多可建立两个方程),还应根据各段运动之间的联系,建立必要的补充方程式,然后联立求解.

例 1 做匀变速直线运动的物体,在开始后的 t s 内的位移为 s_1,紧接着的 t s 内的位移为 s_2,求物体的初始速度和加速度.

解 给出的是紧接着的两段时间和两段位移.这两段运动的联系是:加速度 a 相等,第一段的末速就是第二段的初速.

设第一段时间 t 的初速为 v_0,末速为 v_1,由公式得

$$s_1 = v_0 t + \frac{1}{2}at^2, \quad ①$$

$$v_1 = v_0 + at. \quad ②$$

设第二段时间的初速为 v_{20},则有

$$s_2 = v_{20} t + \frac{1}{2}at^2. \quad ③$$

两段运动紧紧相连,其联系为

$$v_{20} = v_1. \quad ④$$

以上四个方程中含 v_0,a,v_1,v_{20} 四个未知量,可解.

按题的要求解出初速 v_0 和加速度 a,得

$$v_0 = \frac{3s_1 - s_2}{2t}, \quad a = \frac{s_2 - s_1}{t^2}.$$

讨论 对开始的 t s(第一段)列出了两个方程含 v_0,a,v_1 三个未知量,又不可能从第一段中再列出一个独立的方程,所以还必须从第二段中再建立方程.第二段选用什么方程呢?由于在分析中已明确 $v_{20}=v_1$,故应选用含第二段初速 v_{20} 的方程,才能不增加未知量.但是,如果选用包含 v_{20} 同时又含有新未知量(如第二段的末速度 v_2)的方程(如 $v_2=v_{20}+at$),那么方程虽多一个,可是未知量也增加了一个,于解题无益.所以,在第二段中只选用了含 v_{20},t,s,a 的方程,即第③式.如果不加分析地选用其余的三个方程对第二段运动列式,就绕了圈子,使问题解答复杂了.

当然,④式可以不列出,只要在前面说明以后,在③式中直接将 v_{20} 换为 v_1 即可.这里是为了强调在这类问题中常需要建立类似的联系方程,才把它作为一式子单独写出来.

例 2 一球由塔顶竖直上抛,经塔顶以下离塔顶 h 时的速率等于经过塔顶以上高 h 处的速率的 2 倍.求此球到达的最大高度.

解 给出的问题是竖直上抛运动问题.如以塔顶为原点,竖直向上为坐标 Oy 的正向,则题中给出了坐标为 $y_1=h$ 和 $y_2=-h$ 两点的速率大小的关系,也就是从开始运动起的两段位移的末速率 v_1 和 v_2 的关系,用式子表示为

$$|v_2|=2|v_1|. \qquad ①$$

对于竖直上抛运动,只需知道初速 v_0,就可求出最大高度 H.于是,我们分别对两段位移(y_1 和 y_2)列出包含初速 v_0、末速(v_1 和 v_2)和位移(y_1 和 y_2)的方程:

$$v_1^2-v_0^2=-2gy_1 \quad 或 \quad v_1^2-v_0^2=-2gh; \qquad ②$$

$$v_2^2-v_0^2=-2gy_2 \quad 或 \quad v_2^2-v_0^2=2gh. \qquad ③$$

以上三式含 v_0,v_1 和 v_2 三个未知量,可解得

$$v_0^2=\frac{10}{3}gh;$$

$$H=\frac{v_0^2}{2g}=\frac{5}{3}h.$$

(3) 问题涉及两个质点,沿同一直线做匀速或匀变速运动,要求解决两个质点运动之间的某种关系. 如求两个质点何时相距为某一值,何时相遇,何时相距为最近或最远(极值问题),何时速度相等……对于中学生这是较难的一类问题.

解答这类问题的要点是:统一坐标系和计时起点,根据每个质点的运动初始值(t_0,x_0,v_0)和加速度 a,应用问题 7 中的(2.51)~(2.54)式,建立每一质点的运动方程,然后根据题意,具体分析,求出解答.

例 3 一汽车从十字路口以 10 m/s 的速度向西匀速行驶;2 s 后,在十字路口以东 99 m 处一摩托车启动,并以 2 m/s^2 的加速度追赶汽车.摩托车于何时、何地追上汽车?

解 以十字路口为坐标原点,从东向西为坐标 Ox 的正向,并以汽车经过十字路口时作为计时的起点.

汽车的运动：以 10 m/s 的速度做匀速运动（$a=0$），初始值为 $t_{10}=0$ 时，$x_{10}=0$. 运动方程为

$$x_1 = x_{10} + v(t - t_{10}),$$

代入数据得

$$x_1 = 10t. \quad ①$$

摩托车的运动：加速度 $a=2\ \mathrm{m/s^2}$，初始值为 $t_{20}=2$ s 时 $x_{20}=-99$ m，$v_0=0$. 运动方程为

$$x_2 = x_{20} + v_0(t - t_{20}) + \frac{1}{2}a(t - t_{20})^2,$$

代入数据得

$$x_2 = -99 + \frac{1}{2} \times 2 \times (t-2)^2. \quad ②$$

设摩托车刚好追上汽车的时刻为 t，也就是在此时两车相遇，它们的坐标相等，即

$$x_1 = x_2. \quad ③$$

解①～③可得

$$t = 19\ \mathrm{s} \quad (\text{另一根为}-5\ \mathrm{s}，\text{舍去}).$$

将求出的 t 值再代入①或②，即可求出两个车相遇时的坐标：

$$x = 190\ \mathrm{m}.$$

所以，在汽车通过路口 19 s 后（即摩托车启动 17 s 后），在路口以西，距路口 190 m 处，摩托车追上汽车.

例 4 汽车以 10 m/s 的速度在一条笔直的窄路上行驶，司机突然发现前方距离 5 m 处有一自行车出现，设自行车以 5 m/s 的速度与汽车同向行驶. 为避免车祸，汽车司机应立即刹车. 假定刹车后汽车做匀减速运动，汽车的加速度至少要多大才能够避免与自行车相撞？

分析 汽车刹车后做匀减速运动，故随着与自行车之间的距离缩短的同时，速度亦逐渐减小，只有当汽车的速度减小到和自行车的速度相同时尚未追上自行车，才能避免车祸.

解 以汽车开始刹车时的位置为坐标原点，前进方向为坐标轴的正向，并以汽车刹车时作为计时的起点. 分别建立两个车的运动方程.

汽车刹车后做匀减速运动，设加速度的大小为 a. 根据题意，在上述坐标系中，运动的初始值为 $t_{10}=0$ 时，$x_{10}=0$，$v_{10}=10$ m/s. 运动方程为

$$\begin{cases} x_1 = v_{10}t - \dfrac{1}{2}at^2, \\ v_1 = v_{10} - at. \end{cases} \quad ①$$

自行车以 $v_2=5$ m/s 做匀速运动，在上述坐标系中运动的初始值为 $t_{20}=0$ 时，

$x_{20}=5\ \text{m}$.运动方程为

$$x_2 = x_{20} + v_2 t. \tag{②}$$

在任一时刻 t,自行车超前于汽车的距离为

$$x_2 - x_1 = x_{20} - (v_{10} - v_2)t + \frac{1}{2}at^2. \tag{③}$$

根据上面的分析,避免两车相撞的条件是:当 $v_1 = v_2$ 时,有 $x_2 - x_1 \geqslant 0$.将①和③代入上述条件,解得

$$a \geqslant \frac{(v_{10} - v_2)^2}{2x_0},$$

代入数据,得

$$a \geqslant \frac{(10-5)^2}{2\times 5}\ \text{m/s}^2 = 2.5\ \text{m/s}^2.$$

所以,汽车刹车后,做匀减速运动的加速度值不小于 $2.5\ \text{m/s}^2$ 时,才可能避免车祸.

例 5(极值问题)　气球以 $v=5\ \text{m/s}$ 的速度匀速上升.当气球比小孩高 $H=12\ \text{m}$ 时,小孩对准他正上方的气球,以初速 $v_0=20\ \text{m/s}$ 竖直投出一石块.石块能否击中气球?如不能击中,石块与气球的最小距离是多少?(不计阻力,取 $g=10\ \text{m/s}^2$)

解法 1　以石块被小孩抛出处为原点,竖直向上为 Oy 轴正向,并以小孩抛出石块时作为计时起点.气球的运动方程为

$$y_1 = H + vt. \tag{①}$$

石块的运动方程为

$$y_2 = v_0 t - \frac{1}{2}gt^2. \tag{②}$$

在任一时刻 t,气球高于石块的距离为

$$\begin{aligned} h = y_1 - y_2 &= H + vt - \left(v_0 t - \frac{1}{2}gt^2\right) \\ &= \frac{1}{2}gt^2 - (v_0 - v)t + H. \end{aligned} \tag{③}$$

代入数据,得

$$h = 5t^2 - 15t + 12 = 5(t-1.5)^2 + 0.75. \tag{④}$$

由此可知,h 恒为正值.表明气球总是高于石块一段距离.这就是说,石块不可能击中气球.

现在求石块与气球的最小距离,也就是求 h 的极小值.根据二次函数的极值条件,由④可知:当 $t=1.5\ \text{s}$ 时,h 有极小值,极小值为

$$h_{极小} = 0.75\ \text{m}.$$

这就是说,在小孩抛出石块 1.5 s 后,石块与气球的距离最近,值为 0.75 m.

注　应用微商求极值的方法.将④对时间求导数,并令 $\dfrac{\mathrm{d}h}{\mathrm{d}t}=0$,得

$$10t - 15 = 0,$$

得

$$t = 1.5\ \text{s}.$$

即当 $t = 1.5$ s 时 h 有极值，再求 h 对 t 的二阶导数：

$$\frac{\mathrm{d}^2 h}{\mathrm{d}t^2} = 10 > 0.$$

h 对 t 的二阶导数大于零，故 h 在 $t = 1.5$ s 时有极小值. 将 $t = 1.5$ s，代入④，得最小距离为 0.75 m.

解法 2 由于石块抛出时速度比气球速度大，且沿同一方向运动，故石块与气球的距离随时间减小，又由于石块做匀减速运动，故随着二者距离减小的同时，石块的速度亦减小. 当石块的速度减小到与气球的速度相同时，二者距离最小.

根据上述分析，设 t 时刻二者的速度相等，则有

$$v_0 - gt = v.$$

由此可解出：

$$t = \frac{v_0 - v}{g} = 1.5\ \text{s}.$$

此时二者的距离为最小，得

$$h_{极小} = H + vt - \left(v_0 t - \frac{1}{2}gt^2\right) = 0.75\ \text{m}.$$

10. 抛体运动的基本特点和坐标系的选取

抛体运动最根本的特征是什么？非得用(2.28)和(2.29)式来描述抛体运动规律吗？

抛体运动最根本的特征是：加速度矢量与初速度矢量成一角度 θ，且加速度矢量是恒矢量. 它是有恒定加速度矢量的平面曲线运动，其轨道曲线为抛物线.①

我们用 $\boldsymbol{v}_0$ 表示初速度，用 $\boldsymbol{g}$ 表示重力加速度. 由于 $\boldsymbol{v}_0$ 和 $\boldsymbol{g}$ 都是恒矢量，我们可以以抛出点为原点，抛出时刻作为计时的起点，写出抛体运动的矢量方程

$$\boldsymbol{r} = \boldsymbol{v}_0 t + \frac{1}{2}\boldsymbol{g}t^2, \tag{2.61}$$

其中的 $\boldsymbol{r}$ 为物体在 t 时刻的位置矢量，这个方程中的 $\boldsymbol{v}_0 t$ 表示物体如果保持以初速 $\boldsymbol{v}_0$ 做匀速直线运动，在时刻 t 内对原点发生的位移；$\frac{1}{2}\boldsymbol{g}t^2$ 表示物体如果以零初速开

① 当 $\theta = \frac{\pi}{2}$ 和 $-\frac{\pi}{2}$ 时，物体做竖直下抛和竖直上抛运动；当初速 $v_0 = 0$ 时，做自由落体运动. 在这几种情况中，物体做直线运动，属于抛体运动的特殊情况，前面已讨论，这里不再讨论这几种情况.

始仅在重力作用下运动，在时间 t 内对原点发生的位移.这两个彼此独立的运动相叠加，即为抛体运动.式(2.61)正表明了上述两个独立的分运动的位移合成为物体在时间间隔 t 内对原点的位移矢量(也就是 t 时刻的位置矢量).图 2.18 表示了这种合成的矢量图形.

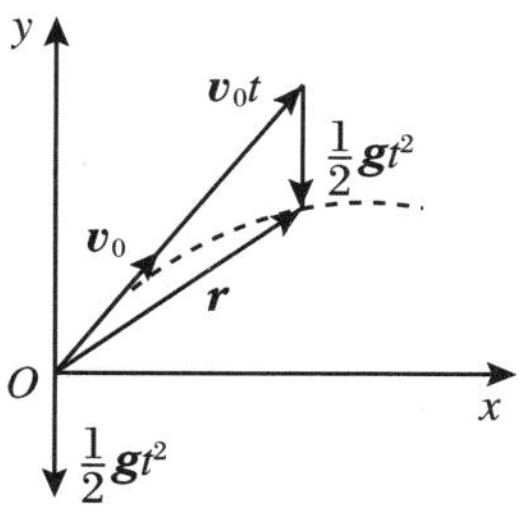

图 2.18

式(2.61)及其矢量图形是以运动叠加原理为基础的矢量规律.它是不以具体坐标系的选取为转移的，它表明了抛体运动的最基本的规律.质点受到非重力的其他恒定力的作用时，如带电粒子在恒定电场中运动的情形，加速度不是 $\boldsymbol{g}$，但运动方程的形式却与上述相同.上述规律描述了加速度恒定的一切平面运动的共同规律.

至于选用什么坐标系来具体表述抛体运动的规律，则可根据具体情况自由地选定.如果说有什么原则的话，就只是在选择坐标系时，以对抛体运动的描述比较简单，有利于解决问题为原则.无论选择什么样的坐标系，只要能将矢量式(2.61)正确地向坐标轴投影，就可得出在该系中运动规律的正确表述.对不同的坐标系，抛体运动规律的描述，即运动方程的形式是不同的.以抛出点为原点，水平方向为 x 轴，竖直向上为 y 轴的坐标系是通常在解抛体问题时采用的坐标系，(2.28)式和(2.29)式是在这个坐标系中抛体运动规律的描述.如果采用不同的坐标系，那么，运动方程的形式也将随之改变.

例如，对于平抛运动($\theta=0$)，如果仍采用水平方向为 x 轴，竖直向上为 y 轴正向，则有

$$a_x = 0,\quad a_y = -g.$$

运动方程是

$$x = v_0 t,\quad y = -\frac{1}{2}gt^2.$$

如果以竖直向下为 Oy 轴的正向，则 $a_x=0$，$a_y=g$，运动方程则为 $x=v_0 t$，$y=\frac{1}{2}gt^2$.

下面通过一个例题说明采用不同坐标系描述抛体运动规律的要点.

例 6　有一长直斜坡，倾角为 α.今在坡上沿坡垂直的方向以初速 v_0 抛出一球.求球在坡上的落点到抛出点的距离.(不计阻力)

解法 1　按通常习惯建立坐标系，如图 2.19 所示.球的抛射仰角 $\theta=\frac{\pi}{2}-\alpha$.设球在坡上的落点 A 的坐标为 x 和 y，时间为 t，则运动方程为

$$\begin{cases} x = v_0\cos\theta t = v_0\sin\alpha t, \\ y = v_0\sin\theta t - \frac{1}{2}gt^2 = v_0\cos\alpha t - \frac{1}{2}gt^2. \end{cases}$$

由于 A 点在坡上，坡的倾角为 α，故 A 点的坐标 x 和 y 之间还满足关系：

$$y = -x\tan\alpha.$$

从上面三式消去 t，得

$$\begin{cases} x = \dfrac{2v_0^2\tan\alpha}{g}, \\ y = -\dfrac{2v_0^2\tan^2\alpha}{g}. \end{cases}$$

A 点到抛出点的距离为

$$OA = \sqrt{x^2 + y^2} = \frac{2v_0^2\sin\alpha}{g\cos^2\alpha}.$$

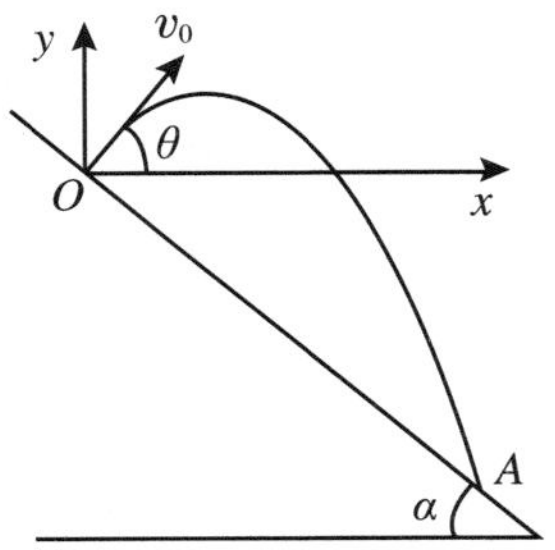

图 2.19

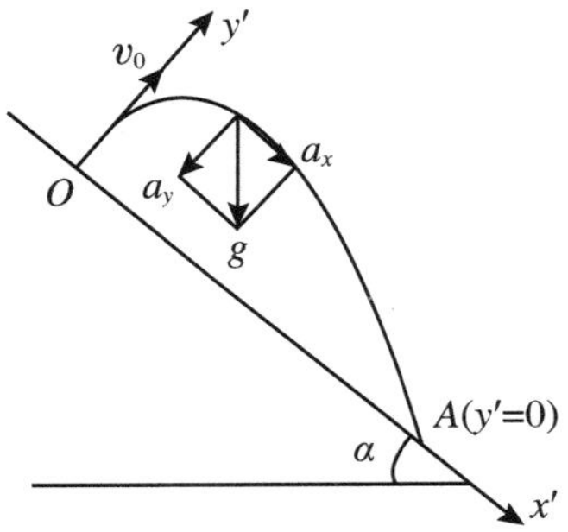

图 2.20

解法 2 以抛出点为原点，沿坡面向下为 x' 轴正向，垂直坡面向上为 y' 轴正向，如图 2.20 所示.

在这个坐标系中，初速的两个分量为 $v_{Ox} = 0$，$v_{Oy} = v_0$；加速度的两个分量为 $a_x = g\sin\alpha$，$a_y = -g\cos\alpha$. 于是，抛出的球的运动矢量方程(2.61)式在两个坐标轴上的分量式为

$$\begin{cases} x' = \dfrac{1}{2}a_x t^2 = \dfrac{1}{2}(g\sin\alpha)t^2, \\ y' = v_{Oy}t + \dfrac{1}{2}a_y t^2 = v_0 t - \dfrac{1}{2}(g\cos\alpha)t^2. \end{cases}$$

球在坡面上的落点的 y' 坐标为零，即 $y'_A = 0$. 将此关系代入上面第二式，求得落地时间：

$$t_A = \frac{2v_0}{g\cos\alpha}.$$

代入上面第一式即得 A 的 x' 坐标：

$$x_A = \frac{1}{2}(g\sin\alpha)t_A^2 = \frac{2v_0^2\sin\alpha}{g\cos^2\alpha},$$

这就是落点到抛出点的距离 OA.

讨论 由此例可见，可以用不同的坐标系来描述抛体运动规律. 问题的关键是，

求出初速 $\boldsymbol{v}_0$ 和重力加速度 $\boldsymbol{g}$ 在两个坐标轴上的分量，以便能正确写出矢量方程(2.61)在该坐标系的分量方程. 在此例中，按解法 2 选取坐标系比较方便，能直接求出解答.

11. 斜上抛体运动的上升时间、射高和水平射程的分析

当抛射仰角 θ 大于零而小于 $\frac{\pi}{2}$ 时，抛射体先上升到最高点转而下降. 上升时间 T、射高 H 和水平射程 X 三个量是常用来表述这种运动和轨道特征的三个量. 根据抛体运动方程式不难求得

$$\begin{cases} T = \dfrac{v_{0y}}{g} = \dfrac{v_0 \sin\theta}{g}, & (2.62) \\ H = \dfrac{v_{0y}^2}{2g} = \dfrac{v_0^2 \sin^2\theta}{2g}, & (2.63) \\ X = \dfrac{2v_{0x}v_{0y}}{g} = \dfrac{v_0^2 \sin(2\theta)}{g}. & (2.64) \end{cases}$$

式中 v_{0x}，v_{0y} 分别表示初速的水平及竖直分量.

对于这三个公式，应当认识以下特点：

(1) 射高 H(或上升时间 T)和水平射程 X 可作为表征抛体运动规律的两个独立参数

上升时间 T 和射高 H 都只决定于初速的竖直分量 $v_{0y} = v_0 \sin\theta$. 因此，射高与上升时间有一一对应的关系：

$$H = \frac{1}{2} g T^2.$$

水平射程由初速的水平分量和竖直分量二者决定(与二者的乘积成正比). 因此，水平射程与射高(和上升时间)不存在一一对应的关系.

如果已知 v_0 和 θ，则 T，H，X 三个量皆确定，可由上面三式求出. 反之，如果给出上升时间或射高，却只能求出初速的竖直分量($v_0 \sin\theta$)，而不能够确定 v_0 和 θ. 只有已知水平射程 X 和射高 H(或上升时间 T)两个量，才能确定初速 v_0 和仰角 θ.

因此，只要知道 T 和 X，或者知道 H 和 X，就可以确定 v_0 和 θ，抛体运动的全部运动学问题就能解决. 故 H(或 T)和 X 可作为描述斜上抛体运动的两个独立参数.

(2) 抛射初速率 v_0 确定时，射高和水平射程随抛射仰角的变化规律

射高 H 与 $\sin\theta$ 成正比，随 θ 增大而单调增加，当 $\theta = \frac{\pi}{2}$(竖直上抛)时达到极大值.

水平射程 X 与 $\sin(2\theta)$成正比，当 $\theta < 45^\circ$ 时，X 随 θ 的增加而增大. 当 $\theta = 45^\circ$ 时，

水平射程达极大值为 $X_m=\frac{v_0^2}{g}$. 以后，当 $\theta>45°$ 时，X 又随 θ 的增大而减小. 根据三角函数的性质有

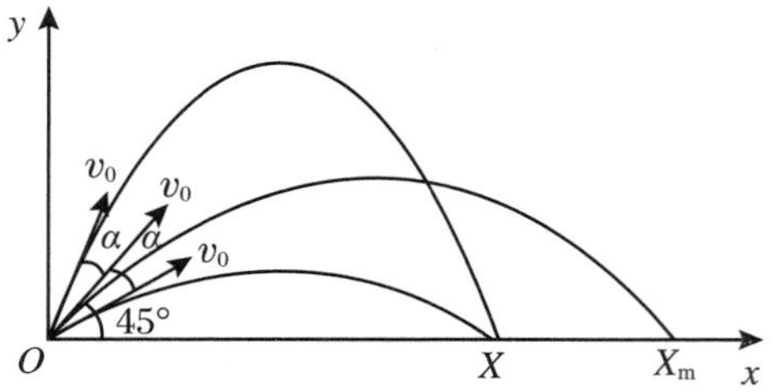

图 2.21

$$\sin[2(45°+\alpha)]=\sin2[(45°-\alpha)],$$

所以，对于一定的 v_0，抛射角为 $\theta_1=45°+\alpha$ 和 $\theta_2=45°-\alpha$ 这两种情况下，虽然有不同的射高和飞行时间，但却有相同的水平射程，如图 2.21 所示.

综合 H 和 X 随 θ 而变化的规律可知，在抛射角 $\theta<45°$ 时，射高 H 和射程 X 都随 θ 增加而增加；当 $\theta>45°$ 时，随 θ 增大，H 增加而 X 减小. 直到 $\theta=\frac{\pi}{2}$ 时，H 有最大值 $\frac{v_0^2}{2g}$，而 X 却减小到零.

例 7（长廊抛球游戏） 有两小孩在长廊上玩接球游戏，天花板高度是 H，球在肩的高度被抛出或接住，两小孩的肩高都是 h. 如果孩子们能以速率 v_0 把球抛出，那么他们游戏时最多可以相隔多远的距离？

解 此题有两种情况.

1) $H-h$ 足够大，保证抛出的球不会与天花板相碰. 那么当 $\theta=45°$ 时，球的最大水平射程就是两个小孩相隔的最远距离. 此时射高为

$$Y_m=\frac{v_0^2\sin^2 45°}{2g}=\frac{v_0^2}{4g}.$$

两个小孩可以相隔的最远距离为

$$L=\frac{v_0^2\sin(2\times45°)}{g}=\frac{v_0^2}{g}.$$

2) $H-h<\frac{v_0^2}{4g}$（即 $H-h$ 小于 $\theta=45°$ 时的射高）时，由于当 $\theta<45°$ 时，射高与射程都随 θ 增大而增大. 故可推知当射高等于 $H-h$ 时，即

$$H-h=\frac{v_0^2\sin^2\theta}{2g}$$

时，相应的水平射程即为小孩可以相隔的最大距离：

$$L=\frac{2v_0^2\sin\theta\cos\theta}{g}.$$

由上两个式子，消去 θ，得

$$L=4\sqrt{(H-h)\left[\frac{v_0^2}{2g}-(H-h)\right]}.$$

12. 什么是合速度和分速度？　应用速度合成分解时应注意的问题

速度矢量的合成和分解遵守平行四边形法则(或三角形法则),这是大家熟知的.但在处理具体问题时,常因不能正确判断合速度和分速度而出错.

所谓合速度,是指被考察的物体相对于选定参照系的真实运动的速度.根据平行四边形法则将合速度矢量沿任意给定的两个方向分解即得两个分速度.在数学上,分解有不确定性.但在具体的物理问题中,应根据情况把题目中所包含的关于分运动的信息提取出来,以消除不确定性,得出有助于解决问题的分解方案.

下面通过一个具体问题的分析来说明.

例 8　如图 2.22 所示,高台上拖车以速度 u 运动,并通过缆绳牵动平地上的小车,使之沿地面向右运动.求当绳与地面成 θ 角时,小车的速度.

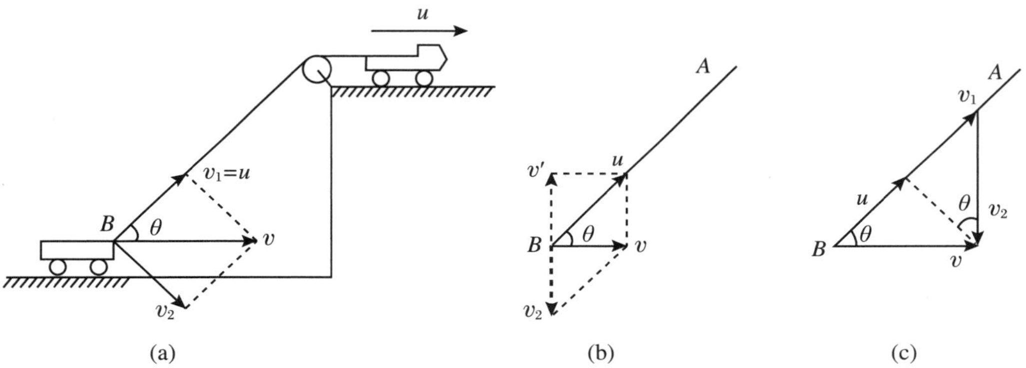

图 2.22

错解　由于拖车以速度 u 拉小车,故小车沿地面水平方向的速度为 u 沿水平方向的分量:

$$v = u\cos\theta.$$

如图 2.22(b)所示.

分析　1) 这个解答的错误在于把小车 B 沿绳子方向并向 A 点靠近的速度 u 当作合速度,而把小车沿地面的真实运动速度当作前者的一个正交分量,这就颠倒了合速度与分速度.从反面来说,如承认误解中的观点,那么 u 除沿水平有一分量 v 外,还应在竖直方向上有一分速 v'(如图 2.22(b)中细虚线箭头表示),这表明小车应离地面而升空.这显然与题意相违.

2) 有人可能为这种解法做辩解说:是应把车厢沿地面的速度 v 当作合速度,B 点沿 BA 方向的速度 u 为 v 的一个分量,但是如果第二个分速度 v_2 方向竖直向下,如图 2.22(b)中的粗虚线箭头表示,它与地面垂直,于是合速度仍为 $v = u\cos\theta$.

这种辩解也是不正确的，理由是：既然已经把 B 点沿 BA 方向靠近 A 点的运动作为一个分运动，而且已经明确了它的大小为 u. 第二个分运动的方向就不能随意确定了，确定第二个分运动方向的原则是：它的独立存在应当不影响已经确定的第一个分运动的效果. 辩解中假想出的竖直向下的分速度 v_2 恰恰违背了这一原则. 这是因为，由于这个假想的分运动存在，B 点又将以 $v_2\sin\theta$（v_2 在 AB 方向的投影）的速度沿 AB 方向远离 A 点. 这样一来，题中已经给定的 B 点以速率 u 向 A 靠近这一事实就将因这个假想分运动的出现而被破坏，使得 B 点沿 BA 方向的速度变为 $u - v_2\sin\theta$，与题意不合. 所以按辩解中的方法得出的结果也必定是不正确的.

3）诚然，速度可以沿任意两个方向分解，但这是对任一个分速度的大小没有任何预先限制的情况说的. 如果要坚持上述辩解中的分解方案，就必须放弃"B 沿 BA 方向的分速度等于 u"这个条件，而把它作为未知量 v_1，如图 2.22(c)所示，于是可得到

$$v_1\cos\theta = v,$$
$$v_2\cot\theta = v.$$

这里的 v_1 不等于 u.

根据上面的分析，B 点沿 BA 方向靠近 A 点的速度 u 应等于 v_1 与 v_2 沿 AB 方向的投影之差，即

$$v_1 - v_2\sin\theta = u.$$

从以上三式中消去 v_1，v_2，可得答案：

$$v = u/\cos\theta.$$

如果这样，结果是正确的，但显得太繁了.

正确简便的解法如下：

小车沿地面运动的速度是合速度. 由于小车运动，绳 BA 变短，同时方位改变. 如果前者由 B 点沿 BA 方向以分速度 $v_1 = u$ 向 A 靠近来描述，那么后者由 B 点沿着与绳垂直的分运动（速度为 v_2）来表示，于是把 v_1，v_2 作为 v 的两个正交分量，如图 2.22(a)所示，可得

$$v = v_1/\cos\theta = u/\cos\theta.$$

例 9　a）飞机以 30°的仰角上升，当太阳在正上方时，飞机在平地上的投影的速度为 150 m/s. 求飞机的速度.

b）当太阳已经偏西，阳光与地面成 60°角时，飞机以 30°的仰角背着日照方向上升. 这时飞机在地面上的影子的速度为 200 m/s. 求飞机的速度.

分析　1）两个题目都给定了飞机的速度 v（即合速度）的方向.

2）两个题目都告诉了飞机在地面上的影子的速度大小 v_1 和 v_1'，如果把它们作为飞机沿地平面方向的分速度，则两个题目中都已知一个分速度的大小，以及这个分速度与合速度方向之间的夹角（30°）. 根据平行四边形法则，为了求出合速度的大小，

还应该明确另一分速度的方向.

3）如何确定另一分速度的方向呢？由于已经把飞机在地面上的影子的运动当作飞机的一个分运动，因此，第二个独立的分运动不能再在地面上产生投影的运动，否则就会影响第一个分运动.由此可断定：第二个分运动应与太阳光同直线.

根据上述分析可确定问题a）中的第二个分速度 v_2 应逆着阳光射线，与 v_1 正交，如图2.23(a)所示.问题b）中的第二个分速度 v_2' 也应逆着阳光射线，与地面成60°角，如图2.23(b)所示.

解　a）由上述分析（图2.23(a)），飞机影子速度 v_1 是飞机速度 v 的一个正交分量.并已知 v 与 v_1 夹角为30°，所以，飞机的速度大小为

$$v = v_1/\cos 30^\circ = 100\sqrt{3}\ \mathrm{m/s}.$$

b）根据上面分析及图2.23(b)，知 v_2' 与 v 正交，从直角△ABC 可知，飞机的速度大小为

$$v = v_1'\cos 30^\circ = 100\sqrt{3}\ \mathrm{m/s}.$$

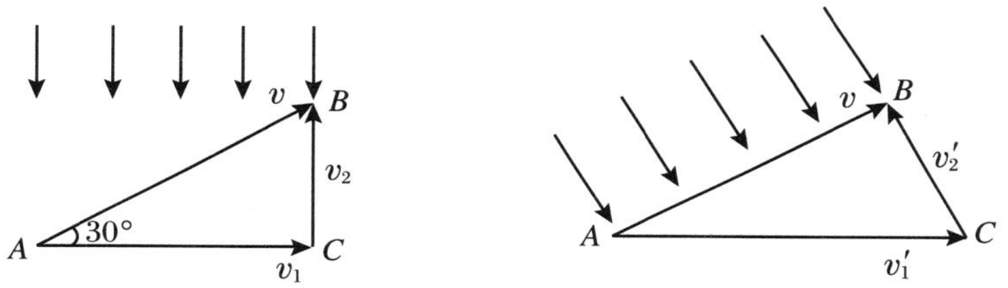

(a)　　　　(b)

图2.23

从上述两例的分析可见，正确应用速度合成分解法解题，应注意：

1）正确判断合速度.所考察物体在选定参照系中的真实运动速度应毫无疑问地作为合速度.

2）应根据题意选择两个分运动的方向.如果根据题意已经把某一已知的运动当作一个分运动，那么，第二个分运动的方向就不能随便指定.有时是正交分解，有时不是正交分解，须视具体情况而定.其原则是：这第二个分运动的存在，不应影响（或改变）已确定的第一个分运动的效果.

13. 启迪思维的相对运动

相对运动的速度合成定理把一个物体相对于两个不同参照系的速度联系起来，使我们能够把物体相对于一个参照系的运动变换到另一个参照系中去.这对于解决力学问题来说无疑是一个重要的方法.正确理解和掌握定理所包含的相对运动的思想，还具有特殊意义.从身临其境、习以为常的地面参照系中“摆脱”出来，站在另一个

运动着的参照系上描述物体的运动，无疑要从直观上升到抽象．参照系确定以后，正确地区分“绝对”运动、相对运动和牵连运动，并按照速度合成定理求出问题的解答，又要求具有一定的逻辑推理能力．所以，让学生正确理解相对运动的基本规律，即使还不能在复杂的问题中运用自如，也能够启发思维，培养能力．

（1）一个有趣的问题引起的思考

问题　一个人乘船在河中逆流而上，有一个瓶口紧塞的装半瓶酒的瓶子放在船尾．当船经过桥下时，桥墩激起的波浪冲击船，结果使瓶子落入水中而未被发觉．船继续逆流而上．20 分钟后，此人发现瓶子不见了，于是掉转船头（这个动作的时间忽略不计），顺流而下，以相同的划速追赶顺流而下的瓶子，在桥的下游 2 km 处拣回瓶子．河水的流速为多大？

据说，这个问题曾经难住过当时几位老练的数学家．对于懂得速度的合成等运动学基本知识的人来说，很容易想到这样的解法：设划速为 u，水流速度为 v，拣回酒瓶处与桥的距离为 $l(=2\ \text{km})$．从掉下瓶到掉头追赶的时间 $t_1=20$ 分钟．追赶酒瓶所用的时间设为 t，于是可得到方程式：

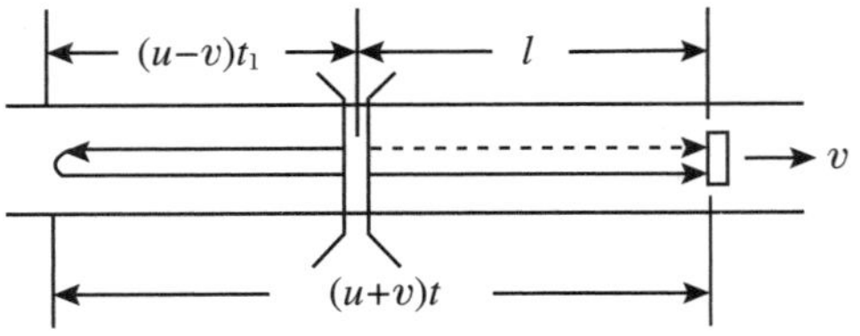

图 2.24

$$(v+u)t-(u-v)t_1=l. \qquad ①$$

这个关系式从图 2.24 中很容易看出．

上式中含 v,u,t 三个未知量，乍一看，似乎难于求出 v，其实只要将该式变形为

$$u(t-t_1)+v(t+t_1)=l. \qquad ②$$

再考虑瓶从掉入水中，便会随水以 v 运动，在 $t+t_1$ 的时间内流过的距离为 l，故上式左边第二项

$$v(t+t_1)=l. \qquad ③$$

将③代入②得

$$t=t_1.$$

再由③求得

$$v=\frac{l}{t+t_1}=\frac{l}{2t_1}=3\ \text{km/h}.$$

这种解法以岸为参照系，应用了速度合成的概念和匀速运动的规律，经过几步推算才得到结果．

但是，对于一个较好地掌握了相对运动思想的人来说，却可以非常迅速地得到上述结果．这就是以流动的河水为参照系，相对于河水来描述上述事件（即假定坐在随水漂流的木筏上观察）．于是在上述参照系中掉下来的酒瓶是静止的，河岸和桥以速度 v 向上游运动，船以相对速度 u 离开酒瓶 20 min 后，又以同样大的速度向酒瓶运动，显然后一运动所用的时间亦为 20 min，即 $t=t_1=20$ min．因此酒瓶在水中待了

40 min,而在这段时间里桥向上游运动了 $l=2$ km,所以,桥相对于水的速度为 $v=\dfrac{l}{t+t_1}=\dfrac{l}{2t_1}=3$ km/h,这就是水流的速度.

可见,在这个问题中,以河水为参照系,解答很简单.这表明的确可以选用不同的参照系来描述运动.不同参照系上对同一运动的描述是不同的,但结果都是正确的.只要我们正确地掌握相对运动的观点和规律,我们便可以根据情况,建立适当的参照系,以求最简捷地解决运动学问题.下面再举一例.

例 10　假定节日放烟火的礼花弹在到达顶空时爆炸,并假定礼花以相同速率 v_0 向四面八方射出.试证明,射出的所有礼花在任一时刻都将分布在一个球面上.(不计空气阻力)

解法 1　由于空间各相同性,我们只讨论分布在任选的一个竖直面上的彩花,证明在这个竖直面上的彩花于任一时刻分布在一个圆周上.

以地为参照系,每一礼花都做抛体运动,我们以礼花弹爆炸点为原点,水平方向为 x 轴,竖直方向为 y 轴,以爆炸时刻开始计时,则以任一仰角 θ 射出的礼花的运动方程为

$$\begin{cases} x = v_0\cos\theta t, \\ y = v_0\sin\theta t - \dfrac{1}{2}gt^2. \end{cases}$$

我们的目的是要寻找在时刻 t,以每一仰角射出的各个礼花的坐标满足的规律,故从上面的两个式子中消去仰角 θ,得

$$x^2 + \left(y + \frac{1}{2}gt^2\right)^2 = (v_0 t)^2.$$

这就是在时刻 t,以每一仰角射出的各礼花的坐标满足的方程式.它是一个圆心在点 $\left(0, -\dfrac{1}{2}gt^2\right)$,半径为 $v_0 t$ 的圆的方程.这就是说,在 t 时刻各个礼花位于一个圆周上,这个圆的圆心在爆炸点的正下方 $\dfrac{1}{2}gt^2$ 处,半径等于 $v_0 t$.

解法 2　如果选取与礼花弹爆炸时同时开始自由下落的物体做参照系,在这个参照系中,礼花弹爆炸处以向上的加速度 g 做初速为零的匀加速运动,而每一个礼花的加速度为零,它们以速率 v_0 向四周各个方向运动.因此,任一时刻 t,各礼花都分布在半径为 $v_0 t$ 的球面上,而其球心在原爆炸处的正下方距离 $\dfrac{1}{2}gt^2$ 处.

比较以上两种解法,可见,只要正确理解相对运动的思想,后一种解法显得多么简单,其结论简直是显而易见的.问题是:你是否能摆脱习惯的参照系,而身临其境地站在那个做自由下落的参照系中去思索问题.

(2) 从速度的合成分解到相对运动的速度合成定理在物理思想上的转变

速度矢量的合成与分解,是在选定的一个参照系上进行的.合速度和两个分速度

都是对同一参照系的速度，不涉及运动着的另一个参照系.

相对运动的速度合成定理则联系着两个参照系，表示同一质点在两个不同参照系中的速度之间的关系：绝对速度等于相对速度和牵连速度的矢量和.虽然也可以说相对速度和牵连速度是绝对速度的两个分量，但由于引入了静止参照系、运动参照系以及相对于运动参照系的运动等概念，在物理思想和方法上前进了一步.

正因为速度合成、分解和相对运动的速度合成定理都是速度合成，故对许多问题的解答既可用前者，也可用后者.例如划船过河的问题.如果用速度合成法，那么，船对岸的真实运动速度是合速度，水的流速和船的划行速度(也是以岸为参照系)当作彼此独立存在的两个分运动速度，其中划速是指水不流动时船对岸的速度.因此船对岸的速度等于两个分速度的矢量和.如果应用相对运动的速度合成定理，那么，岸被当作静止参照系，河水当作运动参照系，船作为考察运动的研究对象.水的流速是牵连速度，划速是相对速度，而船对岸的速度就是绝对速度.比较这两种方法，似乎只是名称的变换，但实际上第二种方法包括了新的观点和物理思想.

运动参照系有时是研究对象的载体，如划船过河中的流水，飞机在空中飞行所依赖的气流，物体在传送带上运动问题中的传送带等，由于载体比较直观，因而容易建立相对运动的图像.有不少教师在讲解这类问题时，常常自觉或不自觉地提前引进相对运动的概念进行讲述.由于直观性强，学生也大体上可以接受.

但是，如果求解无任何联系的两个运动物体之间的相对运动问题，就必须真正领会相对运动的思想，应用相对运动的速度合成定理来解决.以下例说明.

例 11 已知 A 舰向正东以 30 km/h 的速度航行，B 舰向正北以 30 km/h 的速度航行.求 B 舰相对于 A 舰的速度.

解 以海面为静止参照系，A 舰当作运动参照系，则 B 舰的绝对速度 $v_B=30\ \text{km/h}$，方向为正北.牵连速度 $v_A=30\ \text{km/h}$，方向为正东.于是 B 舰相对于 A 舰的速度(相对速度)为

$$\boldsymbol{v}_{BA}=\boldsymbol{v}_B-\boldsymbol{v}_A.$$

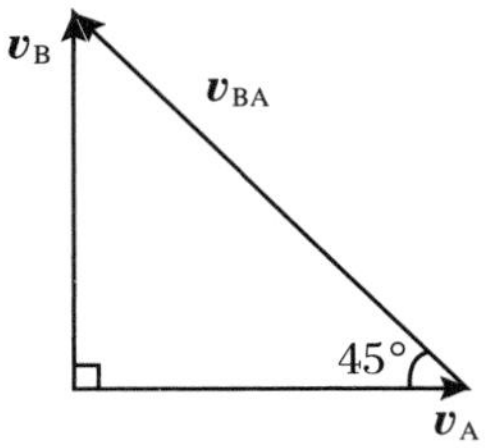

图 2.25

作出矢量三角形，如图 2.25 所示，可求出

$$v_{BA}=30\sqrt{2}\ \text{km/h},$$

相对速度的方向为北偏西 45°.

对于这类问题，做相对运动的两个物体没有直接关联，仅靠速度分解和合成的知识是不够的，必须有相对运动的观点才能解决.

相对运动问题虽然是以运动的合成分解知识为基础的，但在物理观念和方法上却是一个飞跃.要强调相对运动的意义，避免把它作为矢量合成分解法的简单推广.对于不要求掌握相对运动的中学生，讲速度的合成分解时渗入相对运动的观念，固然可以起到开阔思路的作用，但不宜把

相对运动问题作为一般的要求.

14. 怎样理解匀速率圆周运动中,加速度向心而速度无向心分量?

做匀速率圆周运动的质点,速度大小不变而方向时时改变.向心加速度的作用就是改变速度方向,使速度总是保持在圆周的切线方向上.速度既沿切线方向,就没有沿法线方向的分量,也就是没有向心的速度分量.这似乎是十分易懂的事实.

但是,在学习一般平面运动时,建立了这样的观点:沿某一方向(如 x 方向)的加速度 a_x 将改变沿同一方向的速度分量 v_r.这种观点好像与“向心加速度不产生向心的速度分量”相矛盾.为了解决这一疑问,我们应当承认 t 时刻的向心加速度 a_n 经过极短时间 dt 的确要产生与 a_n 方向相同的速度分量.正因为如此,在 $t+dt$ 时刻的速度才能保持在该时刻质点所在位置的圆周切线方向上.

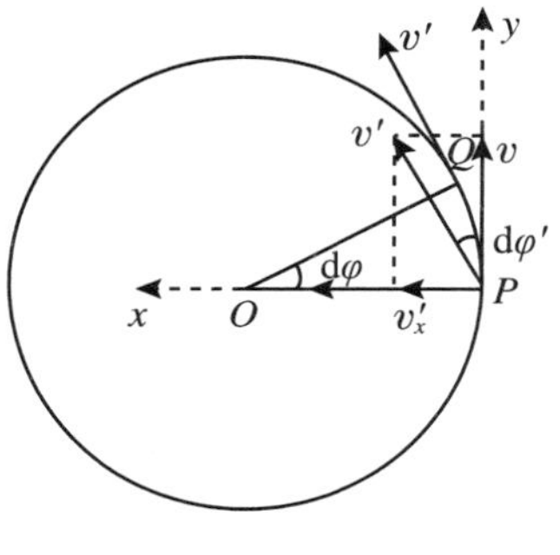

图 2.26

设圆周运动的速度为 v,半径为 R,t 时刻质点在 P 点,速度 v 沿切线 Py 方向,加速度 $a_n=a_x$ 沿 Px 方向($a_y=0$),如图 2.26 所示.

经过微小时间 dt,质点沿 Px 方向和 Py 方向的速度分量为

$$\begin{cases} v'_x = a_n dt = \dfrac{v^2}{R}dt = v\omega dt = v d\varphi, \\ v'_y = v, \end{cases}$$

其中 $\omega=\dfrac{v}{R}$ 为角速度,$\omega dt = d\varphi$ 为质点在 dt 时间内的角位移.

所以,在 $t+dt$ 时刻质点的速度 v' 的大小为

$$v' = \sqrt{v_x'^2 + v_y'^2} = v\sqrt{1+(d\varphi)^2} = v.$$

最后一等号成立是由于 $d\varphi$ 为微小角位移,$(d\varphi)^2$ 为二级微量,可以略而不计.

设 $\boldsymbol{v}'$ 与 Py 的夹角(也就是 $\boldsymbol{v}'$ 与 $\boldsymbol{v}$ 的夹角)为 $d\varphi'$,有

$$\tan(d\varphi') = \frac{v'_x}{v'_y} = d\varphi,$$

又由于 $d\varphi'$ 是微小角,故 $\tan(d\varphi')=d\varphi'$,于是由上式可得

$$d\varphi' = d\varphi.$$

以上计算结果表明,由于 t 时刻沿 Px 方向的加速度 a_n 在 dt 时间内产生沿 Px 方向的速度分量 v'_x,使得质点在 $t+dt$ 时刻的速度 $\boldsymbol{v}'$ 的大小与 $\boldsymbol{v}$ 相同,而 $\boldsymbol{v}'$ 与 $\boldsymbol{v}$ 的夹角为 $d\varphi$,正好等于半径在 dt 时间内转过的角.既然 $\boldsymbol{v}$ 与半径 OP 垂直,$\boldsymbol{v}'$ 也必与该时刻质点的半径 OQ 相垂直.这就是说,$\boldsymbol{v}'$ 必然沿 Q 点的切线方向,没有指向 QO

方向(向心)的分量.

所以,正是由于任一时刻 t 的向心加速度要产生与它的方向相同的速度分量,才保证了质点的速度从 t 时刻的 $\boldsymbol{v}$ 变成 $t+\mathrm{d}t$ 时刻的 $\boldsymbol{v}'$,从 t 时刻质点所在处(P 点)的切线方向变成 $t+\mathrm{d}t$ 时刻质点所在处(Q 点)的切线方向.因而,任一时刻的速度都在相应位置的切线方向上,没有沿半径指向圆心的速度分量.

15."向心加速度的大小反映了速度方向变化的快慢",这句话对吗?

(1) 怎样描述速度的方向和方向变化的快慢?

速度是矢量,一般情况下它们的方向都用表示速度的有向线段与坐标轴的夹角表示.对于平面运动可在平面上选定一轴 Ox,速度方向由速度矢量与 Ox 轴的夹角 φ 描写,称 φ 为速度的方位角,如图 2.27 所示.

当质点做曲线运动时,速度方向时时改变,方位角亦随之改变.设 t 时刻速度为 v,方位角为 φ;$t+\Delta t$ 时刻速度为 v',方位角为 $\varphi'=\varphi+\Delta\varphi$.方位角的改变量 $\Delta\varphi=\varphi'-\varphi$ 就表示速度的方向在 Δt 时间内的变化.比值 $\dfrac{\Delta\varphi}{\Delta t}$ 表示单位时间内方位角的变化,称为速度方向的平均变化率,取此值的极限得

$$\lim_{\Delta t\to 0}\frac{\Delta\varphi}{\Delta t}=\frac{\mathrm{d}\varphi}{\mathrm{d}t},$$

它表示在 t 时刻速度方向的变化率.所以速度方向的变化快慢由速度的方位角对时间的导数来描述.

设质点做圆周运动,如图 2.28 所示建立 Ox 轴,则质点速度的方位角 φ 与角坐标 θ 之间的关系为

$$\varphi=\theta+\frac{\pi}{2},$$

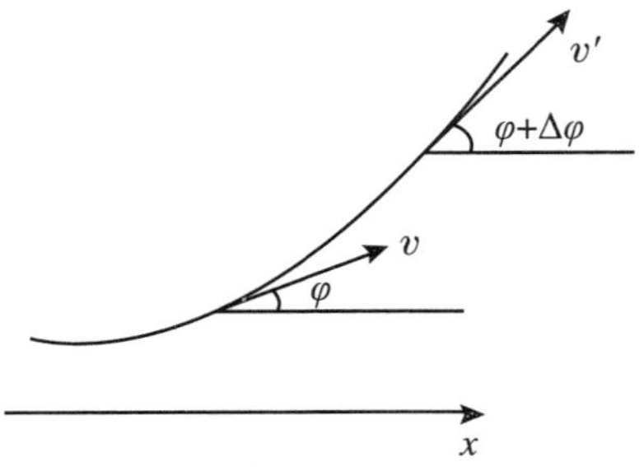

图 2.27

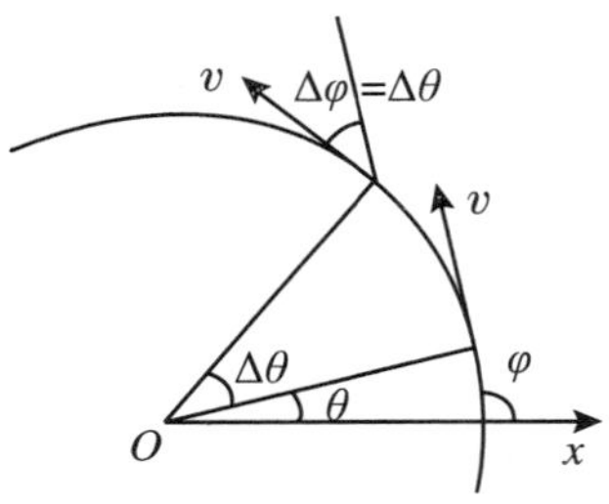

图 2.28

所以有

$$\frac{\mathrm{d}\varphi}{\mathrm{d}t} = \frac{\mathrm{d}\theta}{\mathrm{d}t} = \omega.$$

即速度方向的变化率等于质点的角速度 ω. 可见，对于圆周运动，角速度就表示了速度方向变化的快慢.

(2) 向心加速度不描述速度方向变化的快慢

向心加速度：

$$a_\mathrm{n} = \frac{v^2}{r} = v\omega,$$

即匀速率圆周运动的向心加速度等于速率与角速度之积. 前面已指出，角速度描述速度方向变化的快慢，因而不能说向心加速度描述了速度方向变化的快慢.

例如，有三个质点做匀速率圆周运动，它们的角速度 ω 相同，而半径不同，分别为 r_1，r_2 和 r_3. 它们的向心加速度彼此是不同的：$a_{\mathrm{n}1} : a_{\mathrm{n}2} : a_{\mathrm{n}3} = r_1 : r_2 : r_3$，而速度方向的变化率 $\omega = \frac{\mathrm{d}\theta}{\mathrm{d}t}$ 却都相同，如图 2.29 所示.

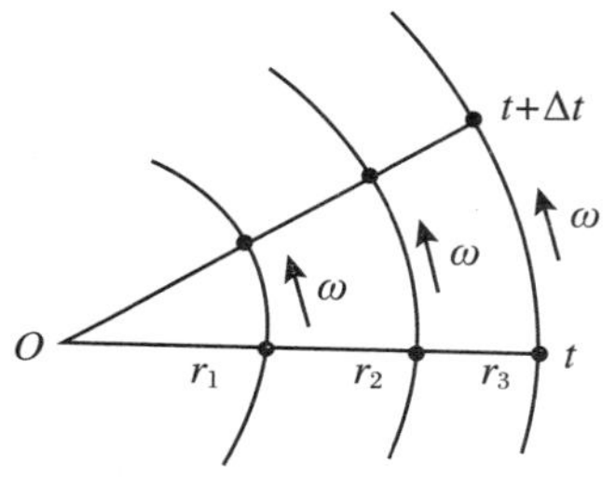

图 2.29

又如两个质点做匀速率圆周运动，一个的半径为 r_1，角速度为 ω_1；另一个的半径为 $r_2 = 4r$，而角速度 $\omega_2 = \frac{1}{2}\omega_1$，它们的向心加速度相同，即

$$r_1\omega_1^2 = r_2\omega_2^2,$$

但是它们的速度方向的变化率之比却是 2 : 1.

可见，不能认为向心加速度描述了速度方向变化的快慢.

根据公式 $a_\mathrm{n} = \frac{v^2}{r} = v\omega$，只能说，对速率相同的质点，向心加速度的大小可描述速度方向变化的快慢.

(3) 怎样正确理解向心加速度的意义

向心加速度(或法向加速度)是由速度的方向变化引起的. 根据定义：

$$a_\mathrm{n} = \lim_{\Delta t \to 0} \frac{|\Delta \boldsymbol{v}|}{\Delta t},$$

其中 $\Delta \boldsymbol{v}$ 是由于速度方向变化而引起的速度矢量的改变量，$|\Delta \boldsymbol{v}|$ 既与速度方向的改变 $\Delta\theta$ 有关，又与速度的大小 v 有关. 所以 a_n 不只是表示方向角的变化 $\Delta\theta$.

根据向心加速度的定义，向心加速度或法向加速度的物理意义是：它描述了由于速度方向的变化而引起的速度矢量的变化率.

第 3 章 牛顿运动定律及其应用

基本内容概述

3.1 牛顿运动定律

3.1.1 牛顿第一定律(惯性定律)

任一物体将保持静止或匀速直线运动状态,除非其他物体的作用迫使它改变这种状态.

惯性 物体具有的保持其静止或匀速直线运动状态不变的性质称为惯性,惯性是物质的固有属性.

力 力是物体对物体的作用,其效应是改变受力物体的运动状态.

惯性系 一个参照系,其中的物体不受力时保持静止或做匀速直线运动,这种参照系称为惯性系.牛顿第一、第二定律在惯性系中成立.

3.1.2 牛顿第二定律

表述一 物体的动量($m\boldsymbol{v}$)对时间的变化率与它所受到的合力成正比;方向与力的方向相同.采用适当的单位制,可用式子表示为

$$\boldsymbol{F}=\frac{\mathrm{d}(m\boldsymbol{v})}{\mathrm{d}t}. \tag{3.1}$$

表述二 物体的加速度与它所受到的合力成正比,与质量成反比;加速度的方向与合力的方向相同.用式子表示为

$$\boldsymbol{F}=m\boldsymbol{a}.$$

在牛顿力学适用的范围内($v\ll c$,m 为不变量),上述两种表述是等价的.

上面所谈到的物体都应视为质点.

3.1.3 牛顿第三定律(作用反作用定律)

若 A 物体受到 B 物体的作用力 $\boldsymbol{F}_{AB}$,那么,A 同时对 B 施以反作用力 $\boldsymbol{F}_{BA}$.作用力与反作用力大小相等,方向相反并沿同一直线.

3.1.4 牛顿定律的意义和适用范围

牛顿运动定律是经典力学的基础,对于宏观物体,在速度远小于光速的情况下,它是精确适用的.直到今天,牛顿定律仍是从日常生活、工程技术到航天飞行中适用的力学理论基础.但是,对于原子、分子层次以下的微观粒子和速度与光速可以比拟的高速情况下,牛顿定律失效.在这两种情况下,经典力学分别由量子力学和相对论力学所取代.

3.2 动力学基本方程 质点动力学的两类问题

3.2.1 动力学基本方程

牛顿第二定律提供的力与加速度的定量关系为

$$\boldsymbol{F} = m\boldsymbol{a}, \tag{3.2}$$

或

$$\boldsymbol{F} = m\frac{\mathrm{d}^2\boldsymbol{r}}{\mathrm{d}t^2}, \tag{3.3}$$

称为质点动力学的基本方程,(3.3)式是以微分形式表示出的位移对时间的二阶常微分方程,称为**运动微分方程**.

方程(3.2)和(3.3)表示了瞬时加速度矢量与合力矢量之间的定量关系,故瞬时性和矢量性是它的基本性质.

对于平面运动,在平面上建立直角坐标系,将矢量方程两边往坐标轴投影,而得分量形式:

$$\begin{cases} F_x = ma_x, \\ F_y = ma_y. \end{cases} \tag{3.4}$$

其中 F_x,F_y 分别为合力沿 x 和 y 方向的分量,或作用在质点上的各个力分别沿 x 和

y 方向的分量的代数和.

对于曲线运动,常用切线、法线和曲率半径等表示曲线的基本性质.把动力学的矢量方程沿切线和法线分解,即得动力学方程的切向和法向分量式:

$$\begin{cases} \boldsymbol{F}_{\mathrm{r}} = ma_{\mathrm{r}} \quad \left(= m\dfrac{\mathrm{d}v}{\mathrm{d}t}\right), \\ \boldsymbol{F}_{\mathrm{n}} = ma_{\mathrm{n}} \quad \left(= m\dfrac{v^2}{\rho}\right). \end{cases} \tag{3.5}$$

其中 ρ 为在质点所在处轨道曲线的曲率半径. $\boldsymbol{F}_{\mathrm{r}}$ 和 $\boldsymbol{F}_{\mathrm{n}}$ 分别是合力沿切向和法向的分量,称为切向力和法向力.

3.2.2 质点动力学的两类问题

第一类问题:已知质点的运动规律,求力.

第二类问题:已知作用于质点的力的规律,求运动规律.

对第一类问题,是从已知的运动规律 $\boldsymbol{r}=\boldsymbol{r}(t)$,经求导运算而求得加速度,再应用动力学基本方程,即可求出合力 $\boldsymbol{F}$(或再根据已知力求出未知力).

对第二类问题,是根据已知的力的规律,在一定的初始条件下求解运动微分方程式(3.3).在普通物理力学中,一般不要求解微分方程,因此,这类问题常常限于恒力或只要求出瞬时加速度等情况.

3.2.3 应用牛顿定律解题的一般步骤

(1) 明确题意,隔离物体,即把要研究的物体——质点,从周围环境中隔离出来.

(2) 分析运动,分析受力,画出隔离体的受力图(用有向线段表示出力和加速度).

(3) 建立坐标,写出动力学方程.

(4) 求解:先求文字解,然后统一单位,求数字解.

3.3 力学相对性原理

凡相对于一个惯性系做匀速直线平动的参照系都是惯性系.在所有惯性系中力学规律都是相同的.

不同惯性系中的坐标和时间的变换是伽利略变换(见第 2 章问题讨论 1).

力学相对性原理可表述为:所有力学规律在伽利略变换下保持形式不变.

3.4 非惯性系 惯性力

凡相对于惯性系不是做匀速直线平动的参照系都是非惯性系.在非惯性系中,牛顿第一、第二定律不成立.

但是,如果按一定规则引入惯性力 $\boldsymbol{f}_{\mathrm{i}}$,那么,质点相对于非惯性系的动力学方程将保持与牛顿第二定律相同的形式:作用于质点的各力与惯性力的矢量和等于质点质量与相对加速度之积,即

$$\boldsymbol{F}+\boldsymbol{f}_{\mathrm{i}}=m\boldsymbol{a}_{\mathrm{r}}. \tag{3.6}$$

其中 $\boldsymbol{F}$ 表示其他物体对质点 m 的作用力的合力,$\boldsymbol{a}_{\mathrm{r}}$ 表示质点相对于非惯性系的加速度.

常见的非惯性系和惯性力有以下几种.

3.4.1 加速平动的参照系 平移惯性力

以加速度 $\boldsymbol{a}$ 相对于惯性系做平动的非惯性参照系中,引入平移惯性力

$$\boldsymbol{f}_{\mathrm{i}}=-m\boldsymbol{a}, \tag{3.7}$$

即平移惯性力 $\boldsymbol{f}_{\mathrm{i}}$ 的大小等于质点的质量与参照系的加速度之积,方向与参照系的加速度方向相反.在加速平动的参照系中,动力学方程为

$$\boldsymbol{F}+\boldsymbol{f}_{\mathrm{i}}=m\boldsymbol{a}_{\mathrm{r}}. \tag{3.8}$$

3.4.2 匀角速转动的参照系 惯性离心力

绕轴以角速度 ω 做匀角速转动的参照系也是一种非惯性系,在这种参照系中处理动力学问题时,应引入的一种惯性力称为惯性离心力,表为

$$\boldsymbol{f}_{\mathrm{cf}}=mr\omega^2\boldsymbol{r}_0. \tag{3.9}$$

其中 r 为质点所在位置到参照系转轴的距离,$\boldsymbol{r}_0$ 是从转轴垂直指向质点方向(即离转动中心向外的方向,称为径向)的单位矢量.上式表明,惯性离心力的方向离心向外,大小等于质点的质量 m 与质点在转动参照系中所在位置的向心加速度 $r\omega^2$ 之积.

如果只考察质点在转动参照系中的静止平衡问题,则只需引入惯性离心力,相对平衡方程为

$$\boldsymbol{F}+\boldsymbol{f}_{\mathrm{cf}}=\boldsymbol{0}. \tag{3.10}$$

即当质点相对于转动系静止平衡时,一切施于质点的作用力与惯性离心力的矢量和等于零.

3.4.3 科里奥利力(科氏力)

如果质点相对于转动参照系有相对运动,相对速度为 $\boldsymbol{v}_r$,则还必须引入一种惯性力,称为科里奥利力,表为

$$f_c = 2m\boldsymbol{v}_r \times \boldsymbol{\omega}. \tag{3.11}$$

即科氏力的方向与相对速度 $\boldsymbol{v}_r$、与参照系的角速度 $\boldsymbol{\omega}$ 的方向(沿转轴,指向由右螺旋法则确定)垂直,指向与 $\boldsymbol{v}_r$ 和 $\boldsymbol{\omega}$ 组成右螺旋,也就是当右螺旋从 $\boldsymbol{v}_r$ 的方向转向 $\boldsymbol{\omega}$ 的方向时,螺旋前进的方向即为科氏力的方向.科氏力的大小 $f_c = 2mv_r\omega\sin\alpha$.这里的 α 是相对速度 $\boldsymbol{v}_r$ 与参照系角速度 $\boldsymbol{\omega}$ 之间的夹角.

因此,在转动参照系中的动力学一般方程为

$$\boldsymbol{F} + \boldsymbol{f}_{cf} + \boldsymbol{f}_c = m\boldsymbol{a}_r. \tag{3.12}$$

即施于质点的作用力 $\boldsymbol{F}$、惯性离心力 $\boldsymbol{f}_{cf}$ 和科氏力 $\boldsymbol{f}_c$ 的矢量和等于质量 m 与相对加速度 $\boldsymbol{a}_r$ 的乘积.

问题讨论

1. 牛顿三大定律是怎样总结出来的?

牛顿在1687年出版的《自然哲学的数学原理》(以后简称《原理》)一书中,发表了运动三定律和万有引力定律.它的出版标志了近代科学的第一个学科体系——经典力学的诞生.经典力学的建立,堪称科学史上第一次大综合.那么牛顿是怎样完成这一伟大综合的呢?

(1) 历史给牛顿提供的基础

波兰天文学家哥白尼(1473～1543)在临终前发表的《天体运行论》中提出日心说,并建立日心体系.这是人类在宇宙观上的一次革命,使科学从神学的束缚中解放出来.一些近代科学的先驱们不再盲从"神圣的"圣经教义,而用自由探索的精神去认识自然界的一切运动现象.天体的运动和地面物体的机械运动最直观并最少受到干扰,因而首先成为人们研究的课题.在众多的研究成果中,对牛顿力学的建立直接提供基础的主要有以下几位先驱的成就:

1) **开普勒**(德国人,1571～1630)通过对他的老师丹麦天文学家第谷(1546～

1601)的大量天文观察记录的精心整理和数学处理，于1609年提出了行星运动的第一、第二定律，10年后(1619年)又提出第三定律．开普勒的三个定律科学地描述了行星运动的规律，这一发现为万有引力定律的诞生打下了基础．

2) **伽利略**(意大利人，1564～1642)是近代科学的奠基者，他开创了科学实验方法，他在科学方法论以及运动学、动力学方面的成就都对牛顿定律的发现有直接的影响．伽利略在力学方面的主要贡献是：

① 对运动的定量描述．伽利略第一个用数学的方法来分析运动，他严格定义了匀速运动："任意相等的时间内通过相等的距离"．他把匀速引申到变速，把平均速度引向瞬时速度．他为了研究速度的变化，曾考虑过应该用速度对时间的变化，还是用速度对路程的变化来量度速度变化的问题．最后他决定采用前者，并由此定义了加速度这一重要概念．伽利略决定采用以时间 t 作为运动学的基本自变量，研究位置、速度随时间而变化的规律．这一点不仅对牛顿，甚至对以后物理学的发展都起到十分重要的作用．

② 对自由落体运动的研究．伽利略为了"冲淡重力"，用斜面做实验，结合数学分析，总结出斜面运动是匀加速运动，其规律为 $s=\frac{1}{2}at^2$．他运用科学推理将斜面的倾角逐渐增大到$\frac{\pi}{2}$，从而得到自由落体的规律．

③ 提出运动叠加原理，研究抛射体运动．伽利略仔细地研究了抛射体运动规律，并发现了运动叠加原理．他计算了抛射仰角从0到$\frac{\pi}{2}$的各种角度时的射程，用实验结合数学证明了 $\theta=45^\circ$时射程最大，$\theta=45^\circ\pm\alpha$ 时有相同的射程等结论．

④ 惯性定律方面的工作．伽利略通过对接斜面的实验(图3.1)，发现小球从 AB 斜面滚下将沿斜面 BC 升到同样的高度．如果将斜面 BC 平放，则小球沿 BC 斜面运动的长度将增加．进而他提出了"理想实验"并得出结论：如果使 BC 斜面变成水平，则运动将继续下去而不需要外力来维持．于是他提出"任何速度一旦施加给一个运动着的物体，只要除去加速或减速的外因，此速度就可保持不变，不过这是只能在水平面上发生的一种情形"．这一发现接近于牛顿惯性定律．但是，伽利略的表述中有明确的"圆惯性"的烙印，他指的匀速运动是沿与地心等距的水平面运动．并且伽利略把重力看作物体内在的属性，把它排除在外力之列，这是他的局限性．

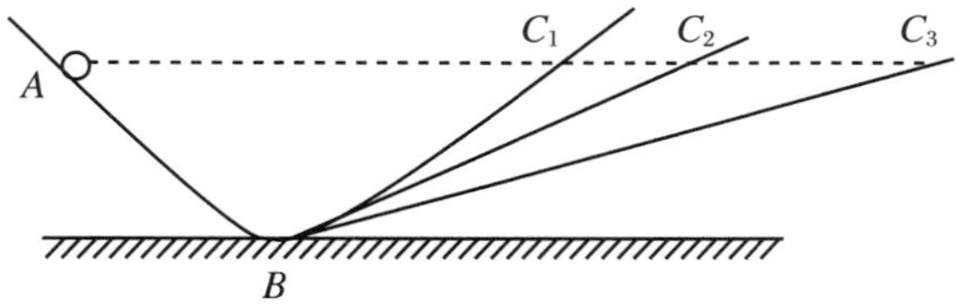

图3.1

⑤ 提出相对性原理．伽利略阐明了运动和静止的相对性，并指出了互做匀速直线运动的不同参考系在描述运动规律方面等价这一重要原理．

3) **笛卡儿**(法国人,1596～1650)和**惠更斯**(荷兰人,1627～1695).

笛卡儿是法国自然哲学的代表人物,他在古代演绎法基础上创立了数学演绎法,主张以唯理主义为根据,从简单自明的直观公理出发运用数学逻辑推出结论.他把当时占统治地位的几何思维用代数思维加以简化,从而创立了解析几何学.笛卡儿的数学演绎法和弗朗西斯·培根(英国人,1561～1626)的实验归纳法一起,成为近代物理学方法论的两大源泉.

笛卡儿在力学上的具体成果是:

① 纠正了伽利略惯性原理中圆惯性的缺陷,提出"如果物体处在运动之中,那么如无其他原因作用的话,它将继续以同一速度在同一直线方向上运动,既不停下,也不偏离原来的方向".牛顿的惯性定律直接继承了笛卡儿的这一发现.

② 从他的哲学原则出发提出了运动守恒的思想.他说:"上帝创造了广延,并把运动放进了宇宙,此后就听其自然地进行,所以宇宙中运动的总量必定是个常数."他初步形成动量(运动量)的概念,认为运动量等于物体的大小和速度的乘积(没有质量概念),并应用"运动量"守恒来研究碰撞.但是,笛卡儿没有给运动量赋予矢量性.并且,他不了解碰撞中弹性与非弹性的区别,所以他的碰撞定律多数是不正确的.

惠更斯最初是笛卡儿自然哲学的追随者,但他在范围很广的实验技术研究和理论研究中,采取了实验归纳与数学演绎相结合的方法,做出了很突出的成就.他在力学方面的主要贡献有:

① 发展并完善笛卡儿的运动量守恒原理,给笛卡儿的运动量加上方向性,使之成为矢量.研究了弹性碰撞,指出在这类碰撞中除运动量守恒外,活力也守恒(即 $\sum_i m_i v_i^2$ 不变).

② 对摆进行研究(实验和理论),求出了单摆的周期公式

$$T = 2\pi\sqrt{\frac{l}{g}}.$$

③ 引入圆周运动的向心加速度概念,导出向心加速度的公式

$$a = \frac{v^2}{R}.$$

(2) 牛顿的伟大综合

17 世纪后半叶,牛顿所处的时代的特点是:随着生产技术的发展,对天上地下的物体运动规律积累了许多研究成果,并与之相联系初步形成了科学方法论.从力学发展来看,在已有的基础上,把各个零散的实验事实、概念和规律加以总结,形成统一的力学体系的条件已经具备.牛顿以他本人超群的素质,终于完成了历史赋予的任务.牛顿在 1727 年去世前说了一句名言:"如果我所见到的比笛卡儿要远些,那是因为我站在巨人的肩上."的确,牛顿正是站在伽利略、笛卡儿、惠更斯等巨人的肩上,并用他独具的慧眼,看得更远、更宽、更深.他是站在巨人肩上的更伟大的巨人.

牛顿不仅重视实验，主张通过对观察和实验的分析、归纳得出规律；同时，也十分重视数学的演绎.他从对运动的研究中创立了微积分（牛顿称之为流数术）.微积分帮了他的大忙，使他能够用统一的观点解决天上行星和地面物体的力学规律，并在这一过程中，总结出三个运动定律和万有引力定律.

牛顿在总结三大定律方面的独特贡献是：

① 明确定义了惯性这一概念，指出惯性是物体固有的对改变运动状态的抵抗能力.并且定义了质量，指出惯性与质量成正比.在这个基础上，采用了笛卡儿的表述作为他的第一条运动定律，即惯性定律.

② 明确定义了力这个重要概念.在牛顿以前关于力的概念是混乱的，牛顿首先把力限制为物体间相互作用的自然力，是改变物体运动的外因.而且，发现了作用与反作用这一重要的定律.

③ 明确定义动量，建立运动定律.在笛卡儿与惠更斯的基础上，明确了动量（即运动量）的定义是质量与速度的乘积.并通过对实验现象的归纳，总结出动量变化与外加力之间的定量关系，即牛顿第二定律.

④ 把重量和质量相区别，改正了伽利略认为重力是“物体固有的力”这种错误看法.指出重力是地球对物体的引力.并根据惠更新的单摆周期公式进行大量的实验，总结出重力与质量成正比这一结论.

⑤ 把地上落体运动与月球运动相联系，发现万有引力定律.牛顿运用数学演绎（微积分）和他总结的运动定律，提出并准确地表述了万有引力定律.这就把亚里士多德以来认为不同的“月上运动”和“月下运动”统一起来了.在《原理》一书中，牛顿分别讨论了地上物体在阻力作用下的运动、海洋的潮汐和行星的运动.

⑥ 在《原理》中，在三条运动定律之后的六条推论中包括了力的平行四边形法则、动量守恒、质心运动、相对性原理、力系的等效原理等，论述了碰撞问题，提出了非弹性碰撞的恢复系数，牛顿公式等.所有这些，连同对天上地上运动问题的解决，使三大定律立即显示出巨大的魅力，成为粗具规模的力学体系.

2. 牛顿第一定律的意义

牛顿在《原理》中是这样表述第一定律的：“每个物体继续保持其静止或沿一直线做匀速运动的状态，除非有力加于其上迫使它改变这种状态.”

正如一般教材所正确指出的，牛顿第一定律一方面表明了物体具有惯性这种固有属性，因此第一定律可称为惯性定律；另一方面定性地定义了力这个概念.其实，在《原理》中，牛顿在表述运动定律之前的“定义和注释”中就已经正式定义了惯性和力这两个概念.

因此，会产生这样的问题：为什么要把牛顿惯性定律作为独立的定律？它不是可

以作为 $F=0$ 的特殊情况包含在牛顿第二定律中吗？除包含惯性和力的定性概念之外，它作为一条独立定律的意义何在？对于这个问题着重说明两点.

(1) 定义了惯性参照系

第一定律把"除非有力加于其上"与"物体保持静止或沿一直线做匀速运动"联系起来，这是第一定律的核心.我们知道静止或匀速运动是相对于选定参照系说的.任何一个运动的物体都可以找到一个参照系，在这个参照系中它做匀速直线运动.如果没有"除非有力加于其上"这几个字，而说"物体继续保持静止或匀速直线运动状态除非它改变了这种状态"，是毫无意义的.牛顿十分准确地指出，改变运动状态的外力"只存在于作用过程中"，这种作用过程是客观的，有作用和无作用完全不同，应当可以分辨.如何分辨呢？看物体是否保持静止或匀速直线运动.因此，物体的匀速直线运动就必须是可以准确分辨的，这就应当先确定适当的参照系，而不是随意选择参照系.

那么，是指什么参照系呢？牛顿在《原理》的注释中提出绝对空间和绝对时间，并声明他将讨论的运动是在绝对空间中的真正运动.后来，牛顿又在"推论"中吸取了伽利略的相对性原理，指出在对绝对空间做匀速直线运动并不做任何转动的空间内，一切运动都按同样方式进行.那么，如何去发现"绝对空间"或相对于绝对空间做匀速直线平动的"空间"呢？牛顿在陈述他发表三定律的目的时曾写道："……但是我们应该怎样从它们的原因、效果和表观差别[①]中去求得真正的运动，以及反过来从真正的运动中去求得这三者……我这本论著本身就是为了实现这个目的而写的."可见，根据牛顿的初衷，理应使用第一定律，从不受其他物体作用的物体的表现运动是否是静止或做匀速直线运动，来判断所在的"空间"是否是绝对空间或相对于绝对空间做匀速直线平动的空间.

牛顿所说的相对于绝对空间匀速平动的空间用我们今天的术语来说就是惯性参照系.牛顿第一定律中的匀速直线运动是相对于惯性系的.第一定律指出：不受其他物体作用（不受力）的物体在其中静止或做匀速直线运动的参照系就是惯性系.因此，牛顿第一定律的一个重要意义是通过不受力物体的运动状态来定义惯性参照系.所以，牛顿第一定律是整个牛顿力学的出发点.这是它必然作为一个独立定律的重要原因.

(2) 在力和运动的关系方面观念上的突破

从亚里士多德以来近两千年中，人们相信运动是由力维持的.第一定律否定了这种根深蒂固的偏见，通过不受力作用的物体运动规律的描绘，揭示出力是运动变化的原因.科学的力学只有首先明确不受作用的物体是怎样的运动的，才有可能弄清受力物体运动变化的规律.所以，第一定律扫清了关于运动和力的关系在认识上的障碍，

---

① 对不同空间的相对运动的差别.

成为动力学的基础.

此外,第一定律所指出的不受外界作用的物体即孤立物体的运动规律,它的适用范围超出了经典力学.对于高速运动的物体和微观粒子,都是适用的.在不同场合,作用与运动变化的关系可能不同,但不受作用的质点总是保持不变的运动.

可见,牛顿第一定律的确是作为牛顿力学体系出发点的一条规律,它具有特殊意义,是三大定律中缺一不可的独立定律.如果把它作为第二定律的特殊情况,就大大地贬低了第一定律的意义与作用.如果进而将第一定律的"无外力作用"修改为"合外力为零",就更不妥当了.合外力为零时加速度为零,与第一定律所说物体在无外力作用时的运动规律相同,这只能说明牛顿的第一和第二定律之间是相互协调的.

3. 讲解牛顿第二定律的两种方法

牛顿第二定律是牛顿力学中十分重要的内容.在讲清力、质量和加速度之间的规律性联系,讨论如何应用牛顿方程如注意瞬时性和矢量性,以及阐述定律的适用范围等方面,大体上各教材都是相似的.但在如何引入和认识这个定律方面,则呈现出差异.大体上有两类:一类是把牛顿定律作为基本的实验定律直接讲解,不追究力和质量的量度,或把它作为在实际上已经解决了的问题;另一类认为力、质量是尚未定量定义的量,第二定律所涉及的三个量中有两个未经定义,因此在逻辑上是混乱的.为了改变这种情况,应按一定的操作程序确定力和质量的量度,然后再通过实验建立力、质量和加速度之间的定量关系.应该怎样认识这两种观点呢?

从力学发展的历史看,牛顿定律是在静力学和动力学方面已有的基础上,首先引入物体之间相互作用的力(加速力)和质量的概念,然后采用实验归纳法总结出来的.这类作为学科基础的实验定律,在建立时可能在逻辑上不够周全,但它总是在当时的水平上反映了人们的实验经验.对于力和质量也有相应的量度方法,如根据力使物体变形的效应来量度力,根据质量与重量成正比的判断来量度质量等.这种量度的根据可能与定律本身在逻辑体系上不够协调,但是一经建立了规律,也就同时为严格量度这些量提供了依据,并反过来审查原来的那种量度的准确程度和适用范围.所以,上述第一类把牛顿定律作为基本实验定律讲解,仍不失为讲解牛顿定律的一种方案.

但是,直到19世纪,关于力的概念仍相当混乱,比如动量和活力作为力的量度之争就一直持续了一百多年.加之牛顿建立的力学体系本身也确实留下了若干引起争议的问题(如绝对空间、时间等).到19世纪下半叶,以奥地利物理学家马赫为代表的一些学者用批判的态度审查了牛顿力学的基础,同时也就指出牛顿第二定律在逻辑上存在问题,认为应把牛顿定律改造为严密的公理形式.

在这种情况下,人们考虑:怎样既采纳马赫的主张,对任何物理量都应有确切的定义,并能在相互协调的逻辑体系内按一定的操作程序由已明确的可测量来进行量度；同时，又保持牛顿定律作为基本的实验定律的地位．于是，出现了第二类讲授牛顿第二定律的方法．

我们以力的定义和它满足的规律为例，介绍这种处理方法的要点．

由于第一定律已指出力的作用是改变物体的运动状态，故只能根据运动状态的改变情况（加速度）来量度力的大小（如果按力使物体变形的效果来量度力的大小，则在理论体系上就不自洽了）．于是，选择一个标准物体，对这个物体规定或定义：加于标准物体的力与这个物体的加速度成正比，即

$$F \propto a \quad (\text{对标准物体}).$$

这是从实践经验中产生的，但就定量的关系来说，仍只是一种规定．由此，再规定标准物体产生某一个加速度 a_0 时的力为一个单位力，则当标准物体加速度为 a 时，作用于其上的力定义为

$$F = \frac{a}{a_0} \quad (\text{单位力}).$$

按上述规定，选择一个能施加力并同时留下施力痕迹的物体如弹簧，对标准物体施力，使标准物体获得一定加速度，这时弹簧有一定的变形．把弹簧的变形程度标记下来，于是一定的力对应弹簧一定的变形，如此便得到一个测力计．这里，我们不需要对弹簧的变形程度与力的大小之间的关系做任何假定（如今天大家知道的胡克定律这类力与变形之间线性的关系），只是假定一定的伸长标志着一定的力．

按上述规定得到测力计以后，再假定当弹簧测力计对一般物体施力时，对于变形的某一刻度（如 1 牛顿刻度），弹簧对这个物体施加的力与在同一刻度下加于标准物体上的力相等（如也为 1 牛顿）．

至此，完成了力的量度的操作定义．用这样制成的测力计对任一物体做实验，测得每一力以及与之相应的加速度值．根据大量实验结果证明：对任一物体，力与加速度成正比，即

$$F \propto a \quad (\text{对任一物体}).$$

这就是规律，也就是牛顿第二定律中力与加速度之间的定量关系．

这样，力的定量量度（定义）与力满足的规律就组成一个严格的逻辑体系．对标准物体 $F\propto a$，这是规定，是定义力的量度法则．而对于任一物体 $F\propto a$，则不是规定，而是只能从实验得出的结果，它具有普适性，是规律．

那么，规定（定义）和规律之间有什么关系呢？如果一开始规定对标准物体 $F\propto a^2$，情况又会怎样呢？对此，我们只能通过实验来回答．实验证明，如果对标准物体规定 $F\propto a^2$，制成测力计，那么，对不同物体，F 和 a 之间将有完全不同的关系，不可能得到对任意物体都有 $F\propto a^2$ 这样的结果．因此，$F\propto a^2$ 就绝不是任何规律．规定 $F\propto a^2$ 就只适用于标准物体，没有任何价值．力的量度定义 $F\propto a$（标准物体）与由实验得出的规律 $F\propto a$（任一物体）完全协调，表明这样定义的力满足牛顿第二定律所表达的规律．所以说，力的量度定义和牛顿第二定律不仅在逻辑体系上消除了混乱，而

且反映了物体运动的客观规律.

在前面的讨论中补充的另一假定是:当弹簧有一定形变时,对标准物体和任意物体都施加相同的力.这种假定反映了我们对客观世界的看法,或者说是对客观世界的一种模型.用什么模型去认识客观世界,模型的正确性或适用范围,只能由实验检验,这是物理学的特点.

根据上面的类似方法可讨论关于质量的量度,以及质量与加速度之间的普遍关系,在这里就不再详述了.

所以,上述第二类讲解牛顿第二定律的方案不仅保持了第二定律作为基本实验定律的地位,也通过自洽的力和质量的操作型定义,使定律在逻辑体系上更为完备.

4. 牛顿第三定律的适用范围

牛顿定律是建立在绝对时空以及与此相适应的超距作用基础上的.所谓超距作用,是指分离物体间不需要任何介质,也不需要时间来传递它们之间的相互作用.也就是说相互作用以无穷大的速度传递.

除了上述基本观点以外,在牛顿的时代,人们了解的相互作用,如万有引力、磁石之间的磁力以及相互接触物体之间的作用力,都是沿着相互作用的物体的连线方向,而且相互作用的物体的运动速度都在常速范围内.

在这种情况下,牛顿从实验中发现了第三定律."每一个作用总是有一个相等的反作用和它相对抗;或者说,两物体彼此之间的相互作用永远相等,并且各自指向其对方."作用力和反作用力等大、反向、共线,彼此作用于对方,并且同时产生,性质相同,这些常常是我们讲授这个定律要强调的内容.而且,在一定范围内,作用反作用定律与物体系的动量守恒是密切相联系的.

但是随着人们对物体间的相互作用的认识的发展,19 世纪发现了电与磁之间的联系,建立了电场、磁场的概念;除了静止电荷之间有沿着连线方向相互作用的库仑力外,发现运动电荷还要受到磁场力即洛伦兹力的作用;运动电荷又将激发磁场,因此两个运动电荷之间存在相互作用.在对电磁现象研究的基础上,麦克斯韦(1831～1879)在 1855～1873 年间完成了对电磁现象及其规律的大综合,建立了系统的电磁理论,发现电磁作用是通过电磁场以有限的速度(光速 c)来传递的,后来为电磁波的发现所证实.

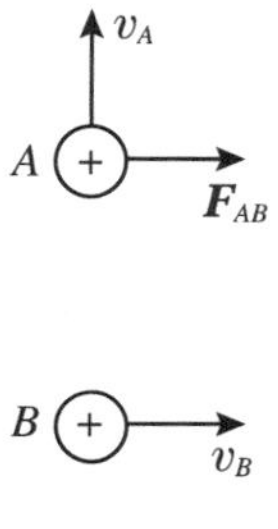

图 3.2

物理学的深入发展,暴露出牛顿第三定律并不是对一切相互作用都是适用的.如果说静止电荷之间的库仑相互作用是沿着两个电荷的连线方向的,静电作用可当作以"无穷大速度"传递的超距作用,因而牛顿第三定律仍适用的话,那么,对于运动电荷之间的相互作用,牛顿第三定律就不适用了.如图 3.2 所示,运动电荷 B 通过激发的磁场作用于运动电荷 A 的力为 $\boldsymbol{F}_{AB}$(并不沿 AB 的连线),而运动电荷 A 的磁

场在此刻对 B 电荷却无作用力(图中未表示它们之间的库仑力). 由此可见,作用力 F_{AB} 在此刻不存在反作用力,作用反作用定律在这里失效了.

实验证明对于以电磁场为媒介传递的近距作用,总存在着时间的推迟. 对于存在推迟效应的相互作用,牛顿第三定律显然是不适用的. 实际上,只有对于沿着两个物体连线方向的作用(称为有心力),并可以不计这种作用传递时间(即可看作直接的超距作用)的场合中,牛顿第三定律才有效.

但是在牛顿力学体系中,与第三定律密切相关的动量守恒定律却是一个普遍的自然规律. 在有电磁相互作用参与的情况下,动量的概念应从实物的动量扩大到包含场的动量;从实物粒子的机械动量守恒扩大为全部粒子和场的总动量守恒,从而使动量守恒成为普适的守恒定律.

5. 从牛顿力学到狭义相对论力学,质量和力的概念以及运动方程有什么发展?

牛顿力学是建立在绝对时空和超距作用观念基础上的. 它是适用于宏观物体在常速(即 $v \ll$ 光速 c)下的机械运动的动力学理论. 在速度可与光速比拟的高速情况下,必须采用相对论的时空理论和近距作用观点,与之相适应的是相对论动力学. 在分子、原子以下的微观尺度内,粒子的波动性不容忽视. 经典力学的决定论(即由力和运动初值即可唯一决定以后的运动)失效,牛顿力学让位于量子力学. 这里介绍在相对论力学中,质量和力这两个概念以及动力学方程的发展.

(1) 惯性质量随运动速度而变化

在牛顿力学中,惯性质量是一个不变量,这个观念在相对论中被首先改正.

早在 1901 年考夫曼在测量 β 射线(电子射线)的荷质比时,就用抛物线法定性地证明了 e/m 值依赖于 β 射线的速度:荷质比 e/m 随电子速度增大而减小. 在电荷不变的假设下,考夫曼就曾经做过质量随速度增大而增大的假定. 但在当时未引起重视. 1908 年布切勒更精确地测量了 β 射线的 e/m,得到 e/m 随速度 v 而变化的一些定量的结果. 如表 3.1 所示①.

表 3.1　β射线的 e/m 依赖于速度的布切勒结果

v/c	e/m	v/c	e/m
0.317 1	1.661×10^{11} C/kg	0.515 4	1.511×10^{11} C/kg
0.378 7	1.630×10^{11} C/kg	0.687 0	1.283×10^{11} C/kg
0.428 1	1.590×10^{11} C/kg		

① W·G·V·罗瑟:《相对论导论》,第 206 页.

1905 年 9 月,爱因斯坦的划时代著作《论运动物体的电动力学》发表以后,人们发现,当坐标、时间按洛伦兹变换时,牛顿力学定律不遵守狭义相对性原理,因而要使动力学纳入相对论,就必须修改这些定律及与之相联系的概念.1908 年,刘易斯和托尔曼在假定动量守恒定律是普遍成立的前提下,考虑两弹性球的碰撞的理想实验.如果在一个惯性系(S 系)中,动量守恒,则有

$$\sum_i m_i v_{ix} = C_1; \quad \sum_i m_i v_{iy} = C_2; \quad \sum_i m_i v_{iz} = C_3.$$

其中 v_{ix}, v_{iy}, v_{iz} 是质点 m_i 在 S 系中的速度分量,C_1, C_2, C_3 是常数.如果质点的质量是不变量,而质点在以速度 u(与 x 和 x' 轴平行)相对于 S 系运动的惯性系 S' 中的速度分量为 $v'_{ix}, v'_{iy}, v'_{iz}$,则按相对论的速度变换式,有

$$v_x = \frac{v'_x + u}{1 + uv_x/c^2},$$

于是,应有

$$\sum_i m_i v_{ix} = \sum_i m_i \frac{v'_{ix} + u}{1 + \frac{uv'_{ix}}{c^2}} = C_1.$$

显然,如果 m_i 是不变量,则由此方程得出

$$\sum_i m_i v'_{ix} \neq \text{常数}.$$

这就是说,在 S' 系中,动量不守恒.可见,如果采用相对论的时空理论(洛伦兹变换),而保留质量 m 为不变量的观念,质点系对一个惯性系动量守恒,对另一个惯性系动量将不守恒,于是动量守恒定律将不满足狭义相对性原理.为了能够保证动量守恒定律满足狭义相对性原理,必须重新考察质量这个概念.

刘易斯和托尔曼分别从 S 系和 S' 系来研究两个弹性球的碰撞(S' 系相对 S 系以速度 u 沿公共的 x 轴运动).在承认动量守恒在两个惯性系中都成立和洛伦兹变换的前提下,导出了球的质量依赖于它在参照系中的速度 v 的关系式,即质-速公式:

$$m = m_0 / \sqrt{1 - v^2/c^2}, \tag{3.13}$$

其中 m_0 是相对于参照系静止时的质量,称为静质量,c 为真空中的光速.

质-速公式表明,随着质点速度的增加,惯性质量也增大.当运动速度趋近于光速时,惯性质量趋于无穷大.而当运动速度远小于光速时($v \ll c$),m 趋于 m_0.在牛顿力学中的质量,正是 $v \ll c$ 情况下 m 的近似值,也就是指静止质量 m_0.

利用质-速公式,荷质比 $\frac{e}{m} = \frac{e}{m_0}\sqrt{1 - v^2/c^2}$.从理想上解释了布切勒测量 e/m 的结果,并可以得出 β 射线中电子的电量与静质量之比 e/m_0 的计算值在实验误差范围内是一常数(约 1.763×10^{11} C/kg).这可作为质-速公式的第一个实验证明.近代的实验,如高能粒子加速器的设计和实验结果,无一不证明质-速公式的正确性.

(2) 力的定义和动力学方程

在牛顿力学中,质量 m 是不变量,动力学方程为

$$\frac{\mathrm{d}(m\boldsymbol{v})}{\mathrm{d}t}=\boldsymbol{F}\quad 或\quad m\boldsymbol{a}=\boldsymbol{F}.$$

前者由动量来表述,后者用加速度来表述.在经典力学适用范围内,这两种表述形式完全等价.

当运动速度很大时(接近光速),经典力学不适用.既然理论和实验已经证明惯性质量依赖于质点的速度,上面的两种表述就不等价了.理论和实验证明,在相对论中,运动方程必须采用动量表述,即

$$\frac{\mathrm{d}}{\mathrm{d}t}(m\boldsymbol{v})=\boldsymbol{F}\tag{3.14}$$

或

$$\frac{\mathrm{d}}{\mathrm{d}t}\left(\frac{m_0\boldsymbol{v}}{\sqrt{1-v^2/c^2}}\right)=\boldsymbol{F}.$$

也就是说,在相对论中,力定义为动量对时间的一阶导数.

完成方程(3.14)左端的求导运算,得

$$m\frac{\mathrm{d}\boldsymbol{v}}{\mathrm{d}t}+\frac{\mathrm{d}m}{\mathrm{d}t}\boldsymbol{v}=\boldsymbol{F}.\tag{3.15}$$

可见,力的定义式中除了质量乘加速度$\frac{\mathrm{d}\boldsymbol{v}}{\mathrm{d}t}$的一项外,还存在等于 $\boldsymbol{v}\frac{\mathrm{d}m}{\mathrm{d}t}$ 这一项,它产生于质量随速度的变化.可以这样认识:由于加速度引起质点的速度变化,因而质点的质量也相应地变化,令 $\mathrm{d}m$ 表示质量的这一变化,与质量变化相联系,质点在运动方向发生等于 $\mathrm{d}m\boldsymbol{v}$ 的动量变化,$\frac{\mathrm{d}m}{\mathrm{d}t}\boldsymbol{v}$ 就对应在 $\mathrm{d}t$ 时间内使质点动量发生 $\mathrm{d}m\boldsymbol{v}$ 这一变化的力.

根据(3.15)式,在相对论中,力矢量与加速度矢量的方向一般是不相同的.

我们讨论一个特例:假定在 t 时刻质点的速度 $\boldsymbol{v}$ 与 x 轴同方向,则

$$\frac{\mathrm{d}y}{\mathrm{d}t}=\frac{\mathrm{d}z}{\mathrm{d}t}=0,\quad v=\frac{\mathrm{d}x}{\mathrm{d}t},$$

$$\frac{\mathrm{d}v^2}{\mathrm{d}t}=2v\frac{\mathrm{d}^2x}{\mathrm{d}t^2}.$$

于是,方程(3.14)的分量形式可写成

$$\frac{m_0}{(1-v^2/c^2)^{3/2}}\frac{\mathrm{d}^2x}{\mathrm{d}t^2}=F_x,\tag{3.16}$$

$$\frac{m_0}{(1-v^2/c^2)^{1/2}}\frac{\mathrm{d}^2y}{\mathrm{d}t^2}=F_y,\tag{3.17}$$

$$\frac{m_0}{(1-v^2/c^2)^{1/2}}\frac{\mathrm{d}^2z}{\mathrm{d}t^2}=F_z.\tag{3.18}$$

三个分量式并不完全相同，从形式上看，似乎力的分量等于相应的加速度分量与“质量”之乘积．但是，这里的“质量”并不相同：沿质点运动方向（x 方向）的质量为 $m_0/(1-v^2/c^2)^{3/2}$，称作纵质量；在与运动方向垂直的方向上（y 和 z），质量为 $m_0/(1-v^2/c^2)^{1/2}$，称作横质量．这样，就在质量这一概念中引入了如此奇怪的性质．质点运动一般是曲线运动，这时质量的这种“方向性”将变得十分复杂而不可捉摸．所以，尽管在这种特殊情况下能得出类似“加速度表述”的运动定律，这种表述也不可取．不过，从上面三式左端加速度分量前的系数不同也可明显看出，即使在这个特例中，力的方向与加速度的方向也是不同的．

（3）关于力的定律

相对论的动力学方程（3.14）定义了力．是否可以把经典力学中常见的相互作用力原封不动地作为（3.14）式中的 $\boldsymbol{F}$，而求出在高速运动情况下的正确解答呢？

答案是否定的．经典力学是以超距作用观念为基础的．经典力学中适用的力的定律，如万有引力定律，是建立在超距作用的基础上的，而相对论否定了超距作用．因此，如果在相对论效应明显的情况下（高速情况），把这些力作为（3.14）式中的 $\boldsymbol{F}$，把相对论与牛顿引力定律结合，这在逻辑上就自相矛盾，而所求出的解也将与实际不完全符合．

例如，在相对论力学方程（3.14）中采用牛顿引力定律处理行星运动，可得出行星的轨道不再是闭合的椭圆，行星绕日一周近日点要超前一个角度这个结果．这虽然可以在理论上指出水星近日点进动的存在，但关于进动的理论值仅为实验值的 $\frac{1}{6}$，显然不是正确的解释．

又如利用狭义相对论动力学，认为光子具有与其能量相联系的质量，再应用牛顿引力定律，可以表明光线在引力场中弯曲这一结果，但是计算值与实测值不符合．

这说明，虽然采用了相对论的动力学方程能定性地解释一些现象，但是由于同时牵强地搬用了经典力学中建立在超距作用基础上的力的定律，仍不能得出与实验相符合的正确结论．其根本原因就在没有与狭义相对论中相适应的引力理论．广义相对论才正确地解决了引力理论问题．

然而，电动力学依据的是近距作用观念（场），电动力学中电磁场方程满足洛伦兹变换，基于近距作用的电磁力与相对论动力学方程是彼此协调的．因此，把电磁力定律应用在相对论动力学方程中，能得出与实验符合的结果．

好在一般受引力或通常的机械力作用的宏观物体的运动速度都远小于光速，采用牛顿力学已足够精确，而能够具有与光速可比拟的运动质点大多数都是带电粒子，它们的相互作用为电磁相互作用，相对论动力学方程在解决受电磁作用的粒子的动力学问题中恰好是成功的．如处理带电粒子在电磁场中的运动（加速器中带电粒子的运动）、原子光谱等问题上，相对论动力学都能够得出很好的结果．

6. 怎样认识和解决受力分析中的难点?

在中学教学中,受力分析普遍地成为难点.为了对症下药,解决这个问题,首先应对"受力分析"难在何处有一个较全面的认识.

(1) 受力分析难在何处?

首先,正确建立关于力的科学概念方面必然存在困难.学生在学习物理以前已从日常生活的直观感受中形成力的观念,但还不是科学的概念.如"我有力""他的力大""有力才能维持运动""运动物体具有力""速度大冲力就大"等.只要回顾在科学的力学诞生以前,人们在对力和运动关系的错误认识中徘徊的漫长历史,就完全可以理解:要去掉学生从直观中形成的、习惯了的关于力的模糊观念,代之以关于力的正确认识,是相当艰巨的任务.

第二,正确领会牛顿第二定律,在认识上需经历一个过程.学生从数学中早已接触到"="号,如 $2+3=5$,$\sin\frac{\pi}{2}=1$ 等.在数学等式中右端等于左端,右端就与左端同义.在物理学中表示物理定律的方程式中的"="号与纯数学等式的等号相比有不同的意义.物理定律中的等号已不再是一种定义或规定,而是表示物理现象的规律,表示不同物理意义的物理量之间的内在联系.牛顿第二定律 $\boldsymbol{F}=m\boldsymbol{a}$ 表示外界(环境)对物体的总作用(用合力 $\boldsymbol{F}$ 表示)与物体固有的惯性以及运动状态的变化之间的关系.它不是力"$\boldsymbol{F}$"等于力"$m\boldsymbol{a}$"的等式.此外,在合力 $\boldsymbol{F}$ 中,又可能包含着许多不同的作用,掌握牛顿定律必须了解这些作用并把各个作用合成为合力 $\boldsymbol{F}$.所有这些,对初学者都不是一下子能解决的.

第三,困难还产生于"平衡思维定势",这就是把在讨论平衡问题中所得到的关于某些力的结论当作规律,形成习惯,随意搬用,并且成见很深.例如,认为物体对支持面的压力总是等于物重或等于物重在垂直于支持面的分量 $mg\cos\theta$,悬重绳的拉力总是等于物重等.这类问题甚至在一些优秀学生中也偶有发生.

第四,既然是"受力分析",而分析的方法不是僵死的、可背诵的条文,它要求能从物体所处的、有时甚至是复杂的环境中确定作用在物体上的力.要达到上述要求,除必须建立关于力的概念以外,还需要具有相当的思维能力.首先是形象的思维,再上升为抽象的思维,把环境的影响抽象为若干力.这对于刚进入高中的学生,在分析和思维能力方面是一个新的台阶.

(2) 怎样解决受力分析这一难点

如上所述,"受力分析"之难既表现为认识上的提高,要清除旧有成见,建立正确的概念;又表现为分析和思维能力的提高.它不单纯是一个认识问题,不只是"知不知道",而是"能不能"的问题,是学生能力培养的一个台阶.因此,要解决这个问题,不是拟定一些条文，让学生背诵就能奏效的. 这里需要针对困难之所在，有的放矢地启发和诱导. 要让学生建立关于力的正确的概念和对牛顿定律的正确认识，把握常见的几种力的特点，并通过典型例子的分析和相当数量的练习，让学生通过自己的努力在实践中悟出道理，提高分析判断能力，才能逐步掌握受力分析的方法. 而在这一教学过程中，要了解学生容易出现的问题，借鉴许多教师为解决这些问题而总结出的经验. 这里归纳以下几点：

1）**不漏掉力**. 将所研究的物体从它周围的外界环境中隔离出来，逐一考察周围的其他物体对隔离物体的作用. 这一工作要求全面、细致、避免遗漏. 外界的作用无非是重力、电磁力等非接触作用和通过相互接触的作用. 地面上物体受到的重力，带电体在电磁场中受到的电磁力，是首先能确定而不易遗漏的. 余下的就是逐一考虑与隔离物体直接接触的其他物体的作用，从而明确作用在物体上的拉力、压力、摩擦力、介质阻力等. 再根据这些力的特点作出表示这些力的矢量，形成隔离物体的受力图.

如图 3.3 所示，由绳拉住的物体 B 叠放在物体 A 上，二者的接触面是粗糙的，但 A 与斜面间不计摩擦，它们都保持静止. 要求分析物体 A 所受的力. 为此，一般首先明确 A 受有重力 W_A. 再考虑与 A 接触的物体有斜面和物体 B，它们作用在 A 上的压力分别为 N_1 和 N_2. 然后再考查 A 与 B 以及 A 与斜面之间有无相对滑动的趋势. 由于 A 的重力 W_A 有沿斜面向下的分力，使 A 具有向下滑动的趋势，所以 B 通过粗糙接触面对 A 施有沿斜面向上的静摩擦力 f_s，而光滑斜面对 A 没有摩擦力作用. 至此，A 周围的物体对它的作用已一一考查完毕，A 共受 W_A，N_1，N_2 和 f_s 四个力. 用相应的有向线段表示各力，即完成 A 物的受力图，如图 3.3 中右图所示（由于已经把物体当作质点，故在作图时物体可用一点来表示）.

2）**不虚构力**. 在分析力时，初学者可能想当然地虚构出一些并非物体所受的力，或者“张冠李戴”，把作用于甲的力误认为是乙所受. 为了克服这类错误，要时时记住力是物体对物体的作用，每个力必有施力者和受力者. 如果对你所认为存在的每一个力，都认真找一找此力为何物所施，为何物所受，明确是什么性质的力，这样，就可以避免虚构出并非作用于所考察物体上的力.

例如在图 3.3 所示的例子中，有人可能误认物体 A 受到 B 物体的重力 W_B 和绳子的拉力 T. 对此，只要问一问 W_B 和 T 的施力者和受力者是何物？当我们明确了 W_B 是地球对物体 B 的引力，而 T 是绳子作用在 B 上的拉力，就可以发现，认为“W_B 和 T 是 A 物所受的力”是犯了“张冠李戴”的错误.

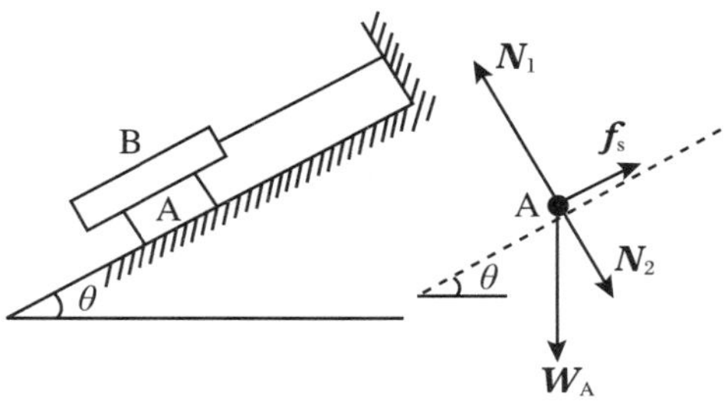

图 3.3

又如在图 3.4 中，绳连接小球在竖直

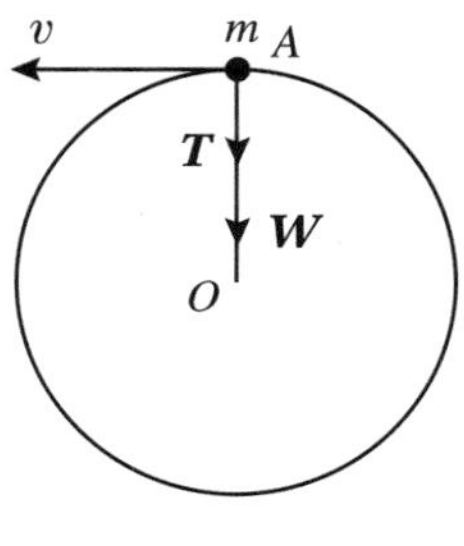

图 3.4

面上做圆周运动.小球在顶点 A 处受的力是重力 W 和绳的拉力 T.但有人可能认为:既然小球"不掉下来"而仍具有水平速度,就应受有水平向左的力.并给它安上"前冲力"的名字.这个力是哪个物体施加的?找不到.找不到施力者,这就暴露出这个"前冲力"是并不存在的.发生这种错误的原因是未掌握住力是物体对物体的作用,是产生加速度的原因,而错误地把力和运动速度联系起来了.

3) **要具体分析而不生搬硬套**.初学者可能把在特定情形下适用的结果不加分析地随意搬用.例如,一说到物体对倾斜的支承面的压力,就认为此压力等于物体重力沿与支承面正交的分量($mg\cos\theta$),而不问具体情况如何.应该知道,这个结果是在支承面没有加速度的情形下,根据物体在与支承面正交的方向上受力平衡而得到的,这时支承面对物体的正压力与物体重力沿垂直于支承面方向的分力相平衡.因此,上述结果只有在这种情形下适用.如果倾斜的支承面有加速度,就不能再使用这个结果了.例如图 3.5 所示,光滑斜面在外界作用下向右做加速运动时,物体 A 恰好与斜面保持相对静止.在这种情形下,A 物受重力 $\boldsymbol{W}$ 和斜面所施加的压力(又称为支承力)$\boldsymbol{N}$,而它的加速度与斜面的加速度相同(为 $\boldsymbol{a}$).这时,压力 N 就不等于 $mg\cos\theta$ 了.为求出压力,应根据物体 A(质量为 m)沿水平方向和铅直方向的牛顿第二定律的分量式,即根据

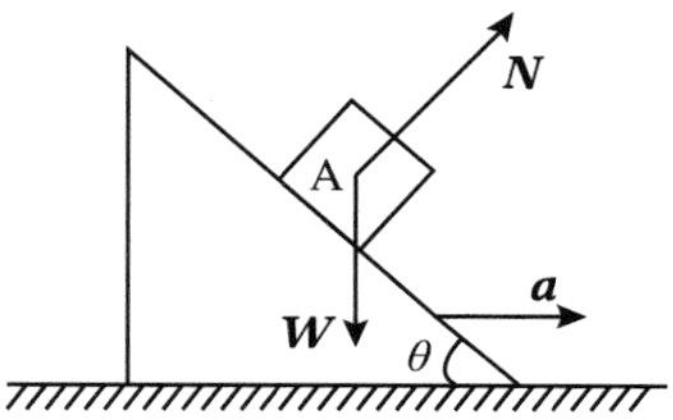

图 3.5

$$N\sin\theta = ma,$$
$$N\cos\theta = mg = 0,$$

从而求出 $N=\dfrac{mg}{\cos\theta}(a=g\tan\theta)$.

对于静摩擦力,不加分析地认定等于最大静摩擦力 $\mu_s N$ 或 $\mu_s mg\cos\theta$,也是初学者可能出现的错误.

为了避免上述可能出现的错误,应该明确压力、张力、静摩擦力的大小取决于物体受到的其他外力和物体本身的运动情况,应该作为未知量,根据动力学方程去求解.必须对每个问题进行具体的分析,切忌生搬硬套.

4) **分清具体的作用力和合力,不要混淆**.根据牛顿第二定律,质点所受的合力等于质量与加速度之积,而合力是物体所受各个具体的力的矢量和.通常为了表示合力的作用效果而将合力的某些分量加以相应的名称,如法向力(向心力)、切向力等.应该了解,它们就是作用在物体上的各个力的相应分量的代数和,切不可在具体的作用力之外,认为物体还受有"等于 ma 的力"或受有"向心力 $m\dfrac{v^2}{R}$""切向力 ma_τ"等.

例如图3.4的例子中，有人可能认为小球在 A 点所受的力除重力 $\boldsymbol{W}$ 和绳的拉力 $\boldsymbol{T}$ 之外，还受到一个法向力(或向心力) $F_n = m\dfrac{v^2}{l}$，这就错了．因为，在 A 点的 $\boldsymbol{W}$ 和 $\boldsymbol{T}$ 皆沿法线指向圆心，二者之和就是此刻小球受的法向力，其作用是产生法向加速度，即 $W + T = m\dfrac{v^2}{l}$．

7．解连接体动力学问题的一般方法

直接接触，或通过滑轮等机构连接起来的若干物体所组成的物体系，我们称之为连接体．求解在外力作用下连接体中各物体的运动规律以及它们之间的相互作用，是动力学中常见的一类问题．连接体问题本属质点系动力学，但由于连接体中各物体或直接接触，或通过绳、滑轮等简单机械连接，它们之间的相互作用力(属于体系的内力)是接触力，并且各物体运动之间相互约束，存在一定的关联．因此，采用隔离物体法，就可以用处理单质点的动力学方法解决连接体力学问题．所以，通常总是把这类问题在质点动力学部分提供给读者．

这里谈谈解决这类问题的一般方法以及它的特点．

(1) 用隔离法解连接体问题的两大步骤

第一，**分隔物体**．逐一分析每个物体的受力情况，用符号表示出每个物体所受各力和加速度，然后应用牛顿定律，逐一建立每个物体的动力学方程，得出动力学方程组．

这一步与解决单个质点的动力学方法无异．只是连接体中各隔离体之间的相互作用力(通常是未知的)是体系的内力，即成对出现的作用力与反作用力．对于一个隔离体，这些作用力就成为这个物体的外力，而其反作用力则必是另一个隔离体受的外力．在所有各隔离体受的所有力中，凡属于体系的内力，都成对出现．于是，根据牛顿第三定律，就可以减少未知力的数目．

在这一步中，可以暂不考虑各物体运动的关联．根据对运动的初步分析，各自独立地假设各物体的加速度．严格按照牛顿第二定律，建立各物体的动力学方程．如此得出的动力学方程组是不完备的，还不可能求出解答．

第二，**考虑各物体之间的运动联系**．建立各物体的加速度之间的关系式．这些关系式不是动力学的，而是反映各物体彼此约束的情况，称为各物体运动的**关联方程或约束方程**．

上述的动力学方程与关联方程组成完备的方程组，才能解决连接体动力学问题．

建立关联方程，正是连接体问题区别单质点动力学问题的主要之点．建立关联方程，依赖于对连接体中各物体运动关联的直觉经验、对连接具体机构的了解以及对运动学知识的掌握．能不能正确建立关联方程，常常成为解题成败的关键．

例 1 质量都等于 m 的两个物体 A 和 B 由两根不可伸长的轻绳和两个不计质量的滑轮Ⅰ和Ⅱ连接，如图 3.6 所示．求 A，B 两个物体的加速度和两绳的拉力．

解 设 A，B 两物的加速度分别为 a_1，a_2，两绳的拉力为 T_1，T_2，如图 3.6 所示．

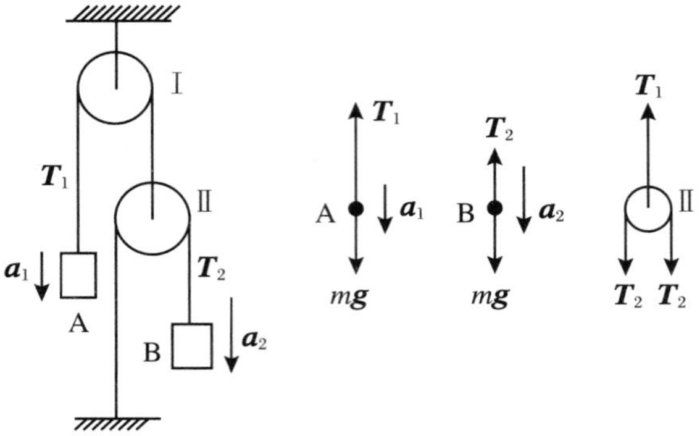

图 3.6

首先，将 A，B 和滑轮Ⅱ分别隔离出来．它们的受力图如图 3.6 所示．以竖直向下为正方向，A，B 的动力学方程式为

$$mg - T_1 = ma_1,$$

$$mg - T_2 = ma_2.$$

由于滑轮Ⅱ不计质量，故有

$$T_1 = 2T_2.$$

以上三式共含 a_1，a_2，T_1，T_2 四个未知量，方程组还不完备，必须考虑 A，B 两物运动的关联，建立它们的加速度之间的关系．

根据图中的连接情况，有

$$a_2 = -2a_1.$$

这就是关联方程，负号表示 a_1 与 a_2 的方向相反，以上四式组成完备的方程组．可解得

$$a_1 = -\frac{1}{5}g,\quad a_2 = \frac{2}{5}g,$$

$$T_1 = \frac{6}{5}mg,\quad T_2 = \frac{3}{5}mg.$$

a_1 为负值，表示 A 的加速度方向向上．

(2) 建立各物体运动的关联方程的方法

1) 依靠直观的经验，通过对各个相互约束物体位移的关系的了解，建立加速度之间的关联方程．

如例 1 中，当 A 向上位移为 s_1 时，滑轮Ⅱ下降 s_1．从 B 物的连接情况可看出，B 将下降 $2s_1$．又考虑到 B 与 A 的位移方向相反，于是 B 的位移 s_2 与 s_1 的关系为

$$s_2 = -2s_1,$$

这些位移在相同的时间 t 内发生.设初速为零,则有 $s_1=\frac{1}{2}a_1t^2$,$s_2=\frac{1}{2}a_2t^2$.于是可得

$$a_2=-2a_1.$$

2) 建立坐标系,寻求各物体的坐标之间的定量关系,然后将坐标对时间求二阶导数,即可得出加速度之间的关联方程.

以例1为例.选定滑轮Ⅰ的中心点 O 为原点,竖直向下为 x 轴,建立坐标系,如图3.7所示.

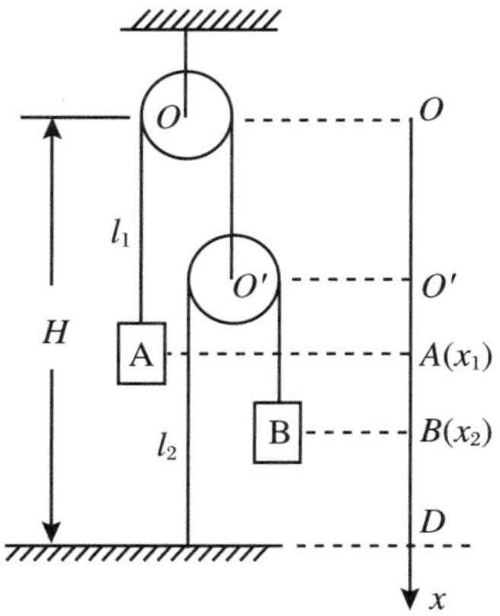

图 3.7

设两个绳长分别为 l_1,l_2,定滑轮中心 O 到地板的高为 H,两个轮的半径 r 相同.A,B 的坐标分别为 x_1 和 x_2.不难看出:

$$x_2=\overline{OO'}+\overline{O'B}, \qquad ①$$

而

$$\overline{OO'}=l_1-\pi r-x_1, \qquad ②$$

$$\overline{O'B}=l_2-\pi r-\overline{O'D}=l_2-\pi r-(H-\overline{OO'})$$
$$=l_2-\pi r-H+\overline{OO'}. \qquad ③$$

将②③代入①,得

$$x_2=2\overline{OO'}+l_2-\pi r-H=-2x_1+2l_1+l_2-3\pi r-H,$$

将此式两端对时间 t 求二阶导数,并考虑到 l_1,l_2,r,H 为常数,可得

$$\frac{\mathrm{d}^2x_2}{\mathrm{d}t^2}=-2\frac{\mathrm{d}^2x_1}{\mathrm{d}t^2},$$

即

$$a_2=-2a_1.$$

这就是A,B两个物体加速度之间的关联方程式.

3) 应用相对运动的加速度合成定理,建立关联方程.

例2 质量为 m 的物体与光滑的质量为 M 的斜面接触,如图3.8所示.斜面置于光滑的水平面上.求两个物体的加速度之间的关系.

解 M 在 m 的压力 N 的水平分力作用下将沿水平面运动.其加速度 a_2 水平向右;m 在重力和斜面支持力 N' 作用下,具有对地的加速度 a_1(如图示),其方向和大小都属未知(注意不是沿斜面的方向).N 和 N' 为一对作用力与反作用力,大小相等,$N=N'$.

两个物体的约束情况是,m 与 M 保持接触,且斜面不变形.于是可以判断,m 相对于 M 的运动是沿斜面下滑,因此,m 相对于 M 的相对加速度 $\boldsymbol{a}_{12}$ 的方向必沿斜面向下.如果以 M 为平动参照系,地为静止参照系,m 为考察运动的质点,则根据相对运动的加速度合成定理,有

$$\boldsymbol{a}_1 = \boldsymbol{a}_{12} + \boldsymbol{a}_2. \quad ①$$

其矢量关系如图 3.8(b)所示. ①就是以矢量形式表达的 $\boldsymbol{a}_1$ 与 $\boldsymbol{a}_2$ 的关联方程,建立适当的坐标系,就可以写出其分量式.

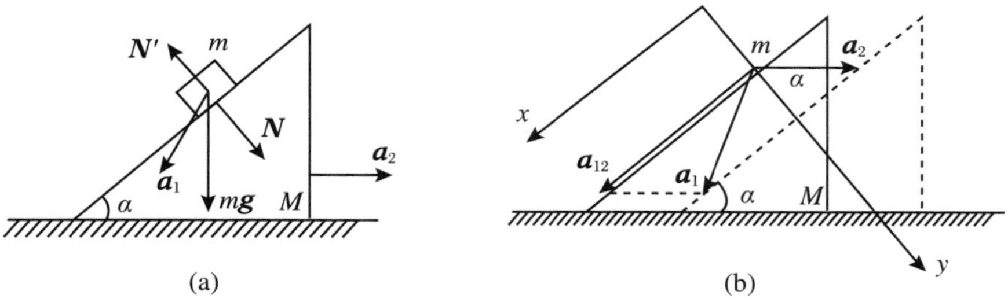

图 3.8

取与斜面平行向下为 Ox 轴,与斜面垂直为 Oy 轴,建立坐标系(固定在地上),如图所示. 将①向坐标轴投影,得

$$a_{1x} = a_{12} - a_2\cos\alpha, \quad ②$$

$$a_{1y} = a_{2y} = a_2\sin\alpha, \quad ③$$

这就是关联方程的分量式. 其中相对加速度 a_{12} 是方程中新出现的一个未知量.

读者不难建立 m 在上述坐标系中的动力学方程:

$$mg\sin\alpha = ma_{1x}, \quad ④$$

$$mg\cos\alpha - N = ma_{1y}. \quad ⑤$$

斜面楔 M 沿水平方向的动力学方程为

$$N\sin\alpha = Ma_2. \quad ⑥$$

此三方程加两个关联方程共五个方程,包含五个未知量 N, a_{1x}, a_{1y}, a_2 和 a_{12},方程组完备,可解.

8. 流体介质阻力对运动的影响

(1) 介质的阻力

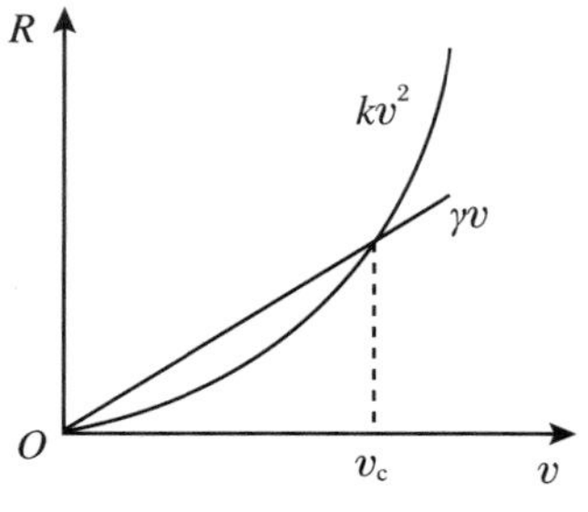

图 3.9

流体介质对在其中运动的物体的阻力的大小与速度有关,其规律一般可表示为

$$R(v) = \gamma v + kv^2. \quad (3.19)$$

其中第一项为黏滞阻力,后一项为压差阻力(见第 1 章问题讨论 2). 当速度小时,黏滞阻力大于压差阻力,当速度超过一定限度 v_c(称临界速度)后,后者大于前者,成为阻力的主要成分. 图 3.9 表示它们随速度的变化

情况.

对于半径为 r 的球形物体,阻力系数 γ 和 k 与半径 r 的关系为

$$\gamma = c_1 r,$$
$$k = c_2 r^2.$$

因此,当黏滞阻力与压差阻力大小相等时,物体的速度 v_c 满足:

$$c_1 r v_c = c_2 r^2 v_c^2,$$

故

$$v_c = \frac{c_1}{c_2 r}. \tag{3.20}$$

其中 c_1,c_2 与流体介质的黏滞性、密度等有关,是由实验测定的常数.对于空气,有

$$c_1 = 3.1 \times 10^{-4}\ \mathrm{kg/(m \cdot s)},$$
$$c_2 = 0.87\ \mathrm{kg/m^3}.$$

所以,对于在空气中运动的小球,有

$$v_c = \frac{3.6 \times 10^{-4}}{r}(\mathrm{m/s}). \tag{3.21}$$

可见,临界速度 v_c 一般是很小的.如对于 $r = 0.01$ m 的小球,v_c 为 3.6×10^{-2} m/s.如果这样的小球自由下落,在 0.05 s 内速度就可达 v_c 的 10 倍.对于 r 较大的球 v_c 更小.只有半径很小的微粒,如 $r = 1\ \mu\mathrm{m} = 10^{-6}$ m,v_c 可达 360 m/s.这是很大的速度,常常比受恒力作用的微粒在这种介质中的收尾速度还大得多(见下面的讨论).

所以,可以认为,在空气中,对于一般的物体(尺度为 cm 以上),阻力主要是压差阻力,近似为

$$R(v) = -kv^2. \tag{3.22}$$

而对于很小的微粒,阻力主要是黏滞阻力,近似为

$$R(v) = -\gamma v. \tag{3.23}$$

(2) 具有一定初速的物体在阻尼介质中的运动

设物体的初速为 v_0,除受介质的黏滞阻力 $R = -\gamma v$ 外不受其他力作用,则它的动力学方程为

$$m\frac{\mathrm{d}v}{\mathrm{d}t} = -\gamma v, \tag{3.24}$$

即

$$\frac{\mathrm{d}v}{v} = -\frac{\gamma}{m}\mathrm{d}t.$$

将上式两边积分,并注意 $t = 0$ 时 $v = v_0$,可得速度随时间变化的规律:

$$v = v_0 \mathrm{e}^{-\frac{\gamma}{m}t} = v_0 \mathrm{e}^{-2\beta t}, \tag{3.25}$$

其中 $\beta = \dfrac{\gamma}{2m}$ 称为阻尼因数.可见,在黏滞阻力作用下,运动物体的速度随时间而指数

减小，如图 3.10 所示. 当 $t \to \infty$ 时，$v \to 0$. 速度随时间而减小的快慢由阻力系数 γ 与质量 m 之比决定，即由阻尼因数 β 的大小决定.

由于阻力总是与速度方向相反，故物体做直线运动. 设物体沿 x 轴运动，根据 (3.25) 式再积分，并设 $t=0$ 时的 $x=0$，可得质点的运动方程：

$$x = \frac{v_0}{2\beta}(1 - e^{-2\beta t}). \tag{3.26}$$

可见，当时间 t 趋于无穷大时，物体对原点的位移 x 趋于常值 $\frac{v_0}{2\beta}$，如图 3.11 所示. $\frac{v_0}{2\beta} \approx x_{max}$ 是物体的最大位移. 显然，它与初速 v_0 成正比，与阻尼因数 β 成反比.

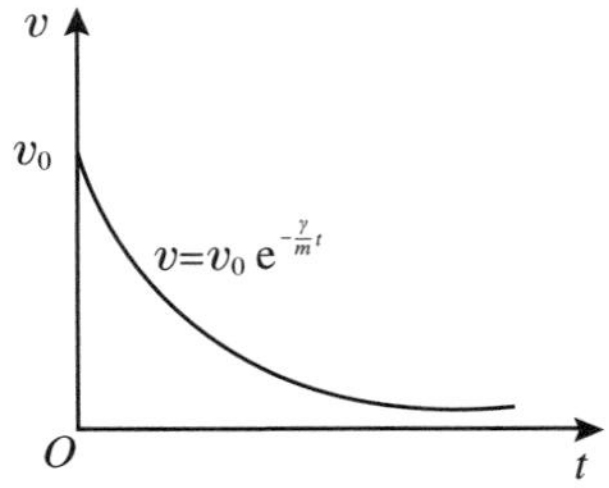

图 3.10

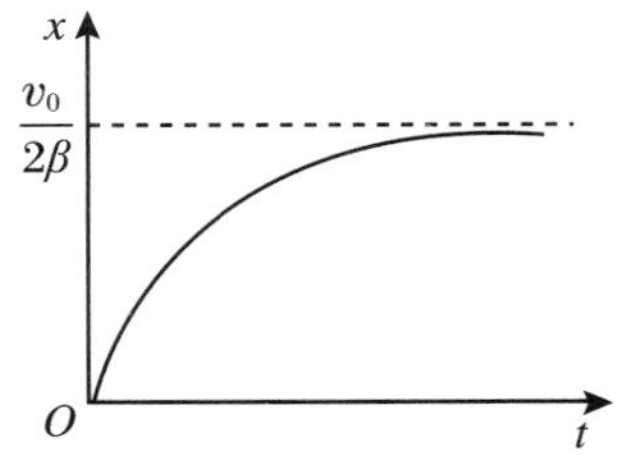

图 3.11

综上所述，具一定初速 v_0 的物体在阻尼介质中运动的特点是：速度按时间的负指数规律随时间的增大而减小，并趋于零；位移则随时间的增大而趋于一最大位移.

(3) 受恒定力场作用的微粒在阻尼介质中的运动　密立根油滴实验

对于很小的微粒，黏滞阻力与压差阻力相等时的临界速度达 100 m/s 数量级. 这意味着受恒力 F 作用的微粒在很宽的低速范围内，阻力近似为黏滞阻力，运动方程为

$$m\frac{dv}{dt} = F_0 - \gamma v, \tag{3.27}$$

加速度

$$a = \frac{dv}{dt} = \frac{1}{m}(F_0 - \gamma v). \tag{3.28}$$

可见，加速度将随微粒的速度增大而单调地减小. 当速度 v 达到某一数值

$$v_f = \frac{F_0}{\gamma} = \frac{F_0}{c_1 \gamma} \tag{3.29}$$

时，加速度为零. 此后微粒以 v_f 做匀速运动. v_f 便是受恒力 F_0 作用的微粒在阻尼介质中最后可达到的极限速度，称为**收尾速度**.

在美国物理学家 R · A · 密立根于 1913 年做的测定基本电荷的著名的油滴实验中，受恒力驱动的微粒在阻尼介质(空气)中最后以收尾速度运动这一规律起到关键的作用.

密立根实验中带电微粒是“喷雾器”中喷出的微小油滴.它们在产生时就可能带有正的或负的净电荷.为了施加恒定电力于这些油滴,密立根采用了平板电容器,如图 3.12 所示,两板距离为 d,电压为 V.设油滴的净电荷为 q,则油滴受的静电力为

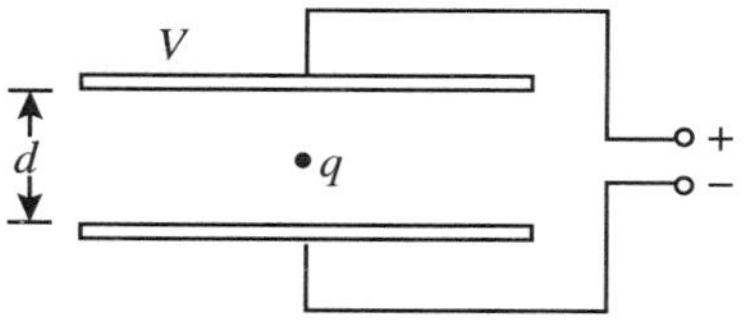

图 3.12

$$F_{电} = q \cdot \frac{V}{d}.$$

设重力与电力方向相同,则电容器中的微粒受的恒定驱动力为

$$F_0 = mg + q \cdot \frac{V}{d},$$

其中 m 为油滴的质量,设油滴的半径为 r(视为球体),密度为 ρ,则 $m=\frac{4}{3}\pi r^3\rho$.在电容器内的空气介质中,油滴的收尾速度 v_f 由下式决定:

$$\frac{4}{3}\pi\rho r^3 g + q\frac{V}{d} = c_1 r v_f. \tag{3.30}$$

由此可见:只要电压 V 确定,对于一定电荷的油滴,其收尾速度就随之确定.只要测出各个油滴的收尾速度值,就可以确定各油滴电荷的电量.实验发现,对于给定电压,各不同油滴的收尾速度 v_f 限于一系列分立的确定值,这意味着,不同油滴带的电荷的电量有分立的值.密立根通过测定 v_f 的实验确认,各油滴的电量都是一个基本电荷 $e=1.6\times10^{-19}$ C 的整数倍,从而得到了基本电荷大小的第一个精确值.

应用(3.30)式,对确定的电压 V,根据 v_f 的测量值求得 q 的大小,还必须知道油滴的半径.为了测量油滴的半径,密立根用了一个巧妙的方法:电容器两板先不加电压,让油滴在重力作用下在空气中降落,当到达恒定的收尾速度 v'_f时,有

$$\frac{4}{3}\pi\rho r^3 g = c_1 r v'_f,$$

于是

$$r = \left(\frac{3c_1 v'_f}{4\pi\rho g}\right)^{\frac{1}{2}}. \tag{3.31}$$

用显微镜精确测定出 v'_f,就可用上式计算出油滴的半径 r.如测出 $v'_f=10^{-4}$ m/s$=$0.1 mm/s,则 $r\approx1$ μm$=10^{-6}$ m.由这个数据可看出,对于小微粒,收尾速度是很小的.它在空气中缓慢下落,对它的精确测定是完全可以办到的.另外也可看出微粒的收尾速度的确远小于 rv 与 kv^2 相等的临界速度 v_c,因此不计阻力的二次方项(压差阻力)是完全可以的.

(4) 受介质阻力作用的一般落体运动

一般物体受恒定重力作用,下落时受到空气阻力.由于一般大小的物体 v_c 较小,经很短时间以后,压差阻力便占主导地位,故阻力由(3.22)式近似.物体的动力学方

程式为

$$m\frac{\mathrm{d}v}{\mathrm{d}t}=mg-kv^2,\tag{3.32}$$

物体下落的加速度

$$a=g-\frac{k}{m}v^2.$$

如果物体从静止开始下落，由上式可见加速度变化情况如下.

1）开始的很短时间内（v 很小），加速度近似为 g. $v-t$ 图线近似为斜率等于 g 的直线段. 这就是一般实验室中把物体下落（高度 1 m 左右）可近似为自由落体的原因.

2）当 v 增加时，a 单调地减小. 因而在 $v-t$ 图中曲线的斜率随 t 的增加而连续减小.

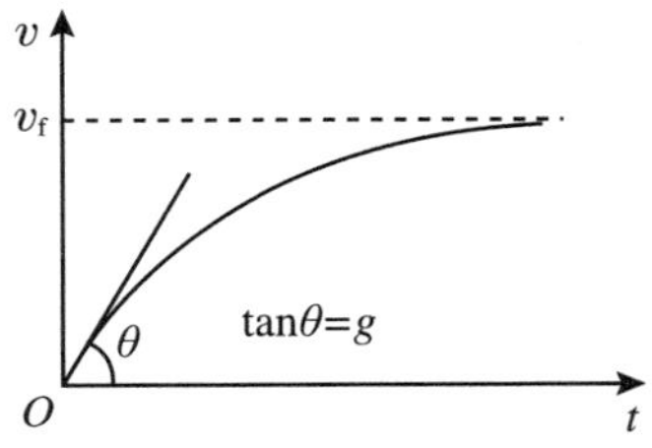

图 3.13

3）当速度增大到某一值 v_f 时，$g-\frac{k}{m}v_f^2=0$，即 $a=0$. 物体以 v_f 做匀速下落，称 v_f 为收尾速度. 如图 3.13 所示，收尾速度就是方程

$$g-\frac{k}{m}v^2=0$$

的正根

$$v_f=\sqrt{\frac{mg}{k}}.\tag{3.33}$$

如果视 v 为 t 的函数，则速度趋近于尾速度的方式是渐近的.

例如，半径为 0.01 m 的球形卵石，密度 $\rho=2\ 500\ \mathrm{kg/m^3}$，$m=\frac{4\pi}{3}\rho r^3\approx10^{-2}$ kg，$k=c_2r^2\approx0.87\times10^{-4}$，收尾速度

$$v_f=\left(\frac{mg}{k}\right)^{\frac{1}{2}}=\left(\frac{10^{-2}\times9.8}{0.87\times10^{-4}}\right)^{\frac{1}{2}}\ \mathrm{m/s}\approx34\ \mathrm{m/s}.$$

（5）阻尼落体运动方程的解

根据(3.32)式，得微分方程：

$$\begin{aligned}\frac{\mathrm{d}v}{\mathrm{d}t}&=g-\frac{k}{m}v^2\\&=\frac{k}{m}\left(\frac{mg}{k}-v^2\right).\end{aligned}\tag{3.34}$$

应用收尾速度的关系式(3.33)，将上式整理为

$$\frac{\mathrm{d}v}{\mathrm{d}t}=\frac{g}{v_f^2}(v_f^2-v^2).$$

分离变量后，积分

$$\int_0^v \frac{dv}{v_f^2 - v^2} = \frac{g}{v_f^2}\int_0^t dt,$$

得

$$\frac{1}{2v_f}\ln\left(\frac{v_f + v}{v_f - v}\right) = \frac{g}{v_f^2}t.$$

再整理可得 v 对时间的函数：

$$v = v_f\frac{1 - e^{-2gt/v_f}}{1 + e^{-2gt/v_f}}. \tag{3.35}$$

由此式可见，v 随时间增加而以收尾速度 v_f 为极限.

再将(3.35)式积分，并以开始下落的位置为原点，竖直向下为 x 轴，则可得到落体的运动学方程：

$$x = v_f\left[t - \frac{v_f}{g}\ln\left(\frac{2}{1 + e^{-2gt/v_f}}\right)\right]. \tag{3.36}$$

当 t 增大时，$e^{-2gt/v_f} \to 0$. 故由此式可知，坐标与时间 t 趋于线性关系. 图 3.14 表示阻尼落体的 $x-t$ 图线. 图中虚线为无阻力的自由落体的 $x-t$ 图线.

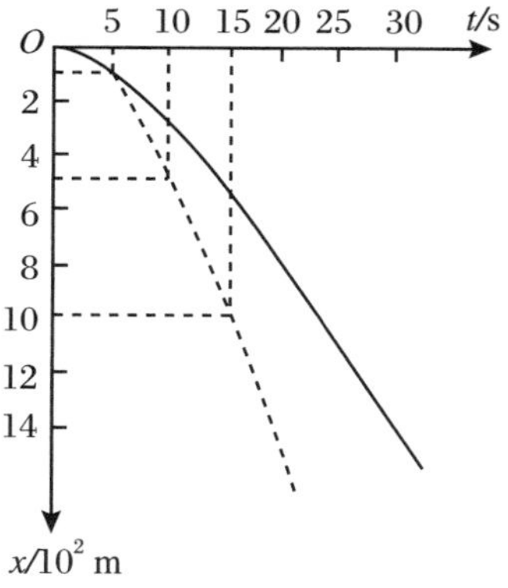

图 3.14

以前面说的 $r = 0.01$ m 的球形卵石为例（$v_f = 34$ m/s），令 $t = 10$ s. 由(3.35)式求出此时的速度为

$$v = v_f \cdot \frac{1 - e^{-200/34}}{1 + e^{-200/34}} = \frac{0.997}{1.003}v_f = 0.994v_f$$

$$= 33.8 \text{ m/s}.$$

可见，当下落 10 s 时，速度已达收尾速度的 99.4%，实际上，以后的时间里小球可当作以 $v_f = 34$ m/s 做匀速下落.

由(3.36)式可求得在 10 s 内下落的高度：

$$H = x\Big|_{t=10} = 34\left(10 - \frac{34}{9.8}\ln\frac{2}{1.003}\right) \text{ m} = 260 \text{ m}.$$

从这个例子可见，半径为 1 cm 的小石头，在空气中下落经 10 s 约下降 260 m 后，就可以当作约以收尾速度 $v_f = 34$ m/s 做匀速下落. 实际上当石块下落 5 s，经过高度 96 m 时速度已达到 v_f 的 90% 了，数值为 30.6 m/s.

(6) 缓张跳伞运动员为什么能在空中“游泳”？

大家直接或通过电视观看过跳伞表演. 若干运动员从机舱跳出后并不急着张开降落伞，而是在空中自由下落，同时从各个方向神奇地“游”到一块，并表演各种精彩的动作、变换各种队形. 看起来他们似乎能像水中游泳一样变换自己的位置，这是什么原因呢？

原来，这是由于空气阻力给运动员提供了在空中“游泳”的条件. 由于阻力与速度二次方成正比地增大，运动员很快便达到了收尾速度. 这时，阻力与重力等大反向. 如

果在以收尾速度 v_f 匀速下降的参照系上看，空气以 v_f 向上急吹，运动员便处于因阻力而悬浮的状态．当运动员的前肢如蛙泳状划动，或后肢做蹬腿动作时，这一动作相对于空气的速度可能大于收尾速度，于是空气对运动肢体产生更大的、与肢体相对运动方向相反的阻力，形成使运动员相对于匀速下降的参照系做水平的或上下方向的移动的推动力，于是运动员可以像游泳似的在空中移动位置．

对于张开四肢取“鹰展”姿势的体重 70 kg 的运动员，收尾速度 v_f 约为 54 m/s．根据(3.36)式，在下落 11 s 时，运动员的速度便达 52 m/s，因此只需下落 11～12 s 后，便可认为达到收尾速度，这时下降的高度约为 380 m．如果运动员从 5 km 的高空跳下，可以保持以收尾速度降落 1 min，用以做各种空中队列表演，然后还可以从容地保持在 1 km 以上拉开降落伞，安全着陆．

9．带电粒子在恒定电磁场中的运动

带电粒子在电场中要受电场力 $\boldsymbol{F}_e = q\boldsymbol{E}$ 的作用，运动电荷在磁场中要受磁场力——洛伦兹力 $\boldsymbol{F}_m = q\boldsymbol{v}\times\boldsymbol{B}$ 的作用．因此带电粒子在电磁场中受的合力①为

$$\boldsymbol{F} = q\boldsymbol{E} + q\boldsymbol{v}\times\boldsymbol{B}.$$

带电粒子在电磁场中运动的动力学方程为

$$m\frac{\mathrm{d}^2\boldsymbol{r}}{\mathrm{d}t^2}(=m\boldsymbol{a}) = q(\boldsymbol{E}+\boldsymbol{v}\times\boldsymbol{B}). \tag{3.37}$$

原则上，只要已知电场强度 $\boldsymbol{E}$、磁感应强度 $\boldsymbol{B}$ 和粒子运动的初始值(指 $t=t_0$ 时的 $\boldsymbol{r}_0$ 和 $\boldsymbol{v}_0$)，则粒子的运动规律就可以通过求解微分方程(3.37)式而得到．对于一般情况，求解是繁杂的．这里讨论几种简单的情形．

(1) $\boldsymbol{B}=0$，$\boldsymbol{E}$ = 恒矢量——带电粒子在恒定电场中的运动

根据(3.37)式，粒子的加速度为

$$\boldsymbol{a} = \frac{q}{m}\boldsymbol{E} = \text{恒矢量}.$$

所以，粒子在初速 $\boldsymbol{v}_0$ 和加速度 $\boldsymbol{a}$ 所确定的平面上做恒定加速度的平面曲线运动，其轨迹是抛物线．抛物线轨道的形状由 $\boldsymbol{v}_0$ 和 $\boldsymbol{a}$ 的大小和方向决定．当 $\boldsymbol{v}_0 /\!/ \boldsymbol{E}$ 时，抛物线轨道退化为直线，粒子做匀变速直线运动．总之，带电粒子在恒定电场中的运动规律在形式上与在恒定重力场中的抛物体运动相似．

(2) $\boldsymbol{E}=0$，$\boldsymbol{B}$ = 恒矢量——带电粒子在恒定磁场中的运动

根据初速 $\boldsymbol{v}_0$ 的不同方向，分为几种情形：

---

① 重力与电磁力相比很小，因此讨论带电粒子在电磁场中的运动时，一般不计重力．如质子在地面上受地球的引力 $F_{重}=1.6\times10^{-26}$ N，而它在 100 V/m 的电场中受的静电力 $F_{电}=1.6\times10^{-17}$ N，是重力的 10 亿倍．

1）如果 $\boldsymbol{v}_0 /\!/ \boldsymbol{B}$，则 $\boldsymbol{F}_{\mathrm{m}} = q\boldsymbol{v} \times \boldsymbol{B} = \boldsymbol{0}$，这时带电粒子不受力，因而保持速度 $\boldsymbol{v}_0$ 做匀速直线运动.

2）如果 $\boldsymbol{v}_0 \perp \boldsymbol{B}$，则 $\boldsymbol{F}_{\mathrm{m}} = q\boldsymbol{v}_0 \times \boldsymbol{B}$，$\boldsymbol{F}_{\mathrm{m}}$ 的方向与 $\boldsymbol{v}_0$（和 $\boldsymbol{B}$）垂直. 于是带电粒子在与 $\boldsymbol{B}$ 垂直的平面上做匀速率圆周运动，洛伦兹力 $\boldsymbol{F}_{\mathrm{m}}$ 就是向心力，因而

$$m\frac{v_0^2}{r} = qv_0B. \tag{3.38}$$

粒子做圆周运动的角速度和半径分别为

$$\omega_{\mathrm{c}} = \frac{q}{m}B, \tag{3.39}$$

$$r = \frac{mv_0}{qB}. \tag{3.40}$$

可见，角速度只决定于粒子的荷质比和磁感应强度，与速度 v_0 无关；半径则与速度 v_0 成正比.

根据(3.39)式，带电粒子$\left(\frac{q}{m}\text{一定}\right)$在恒磁场中回转一周的时间 T_{c}（称为回转周期）为

$$T_{\mathrm{c}} = \frac{2\pi}{\omega} = \frac{2\pi m}{qB}, \tag{3.41}$$

与粒子的速度无关. 应用这一重要性质，科学家们做成了加速带电粒子的回旋加速器.

3）$\boldsymbol{v}_0$ 与 $\boldsymbol{B}$ 不平行也不垂直. 这时，可将 $\boldsymbol{v}_0$ 分解为与 $\boldsymbol{B}$ 垂直的分量 $v_\perp$ 和与 $\boldsymbol{B}$ 平行的分量 $v_{/\!/}$. 设 $\boldsymbol{v}_0$ 与 $\boldsymbol{B}$ 的夹角为 θ，则有

$$v_\perp = v_0\sin\theta,$$

$$v_{/\!/} = v_0\cos\theta.$$

可分别考虑粒子在与 $\boldsymbol{B}$ 垂直的平面上和与 $\boldsymbol{B}$ 平行方向上的两个分运动. 在与 $\boldsymbol{B}$ 垂直的平面上的分运动为速率等于 $v_0\sin\theta$ 的匀速率圆周运动，角速度、回转周期和轨道半径分别为

$$\omega_{\mathrm{c}} = \frac{q}{m}B,$$

$$T_{\mathrm{c}} = \frac{2\pi m}{qB},$$

$$r = \frac{mv_0\sin\theta}{qB}. \tag{3.42}$$

与 $\boldsymbol{B}$ 平行方向的分运动为速度等于 $v_0\cos\theta$ 的匀速直线运动.

于是，带电粒子的合成运动为以 $\boldsymbol{B}$ 线为轴向的等距螺旋线运动. 回旋周期为 T_{c}，半径为 r，螺距

$$d = T_{\mathrm{c}}v_0\cos\theta = \frac{2\pi mv_0\cos\theta}{qB}. \tag{3.43}$$

(3) $\boldsymbol{E}/\!/\boldsymbol{B}$——带电粒子在平行的电磁场中的运动

根据初速 $\boldsymbol{v}_0$ 的不同,讨论几种情形.

1) $\boldsymbol{v}_0=\boldsymbol{0}$.初速为零的带电粒子受电场力加速而具有与电场(和磁场)平行的速度,粒子将不受磁场力作用.故粒子沿着与 $\boldsymbol{E}$ 平行的方向做初速为零的匀变速直线运动.

2) 初速与电场平行,$\boldsymbol{v}_0/\!/\boldsymbol{E}$,同时也与磁感应强度 $\boldsymbol{B}$ 平行.故不受磁场力作用.带电粒子在电场力作用下沿与 $\boldsymbol{E}$ 平行的直线做初速为 v_0 的匀变速直线运动.

3) 初速与电场和磁场垂直,即 $\boldsymbol{v}_0\perp\boldsymbol{B}$(和 $\boldsymbol{E}$)在这种情形下,在与 $\boldsymbol{B}$(和 $\boldsymbol{E}$)正交的平面内,带电粒子在洛伦兹力作用下做匀速率圆周运动,半径 $r=\frac{mv_0}{qB}$,角速度 $\omega_c=\frac{q}{m}B$.

在平行于 $\boldsymbol{E}$(和 $\boldsymbol{B}$)的方向上,带电粒子做初速为零的匀变速运动,加速度为$\frac{q}{m}E$.故 t 时刻沿电场方向的分速度为

$$v_{/\!/}=\frac{q}{m}Et. \tag{3.44}$$

带电粒子的合运动为螺距随时间而变化的螺旋线运动.回转频率 ω_c 和半径 r 不变.第 n 圈的螺距是第一圈螺距$\left(d_1=\frac{qE}{2m}T_c^2\right)$的 $2n-1$ 倍,其中 $T_c=\frac{2\pi m}{qB}$ 为回转周期.

(4) $\boldsymbol{E}\perp\boldsymbol{B}$——带电粒子在正交电磁场中的运动

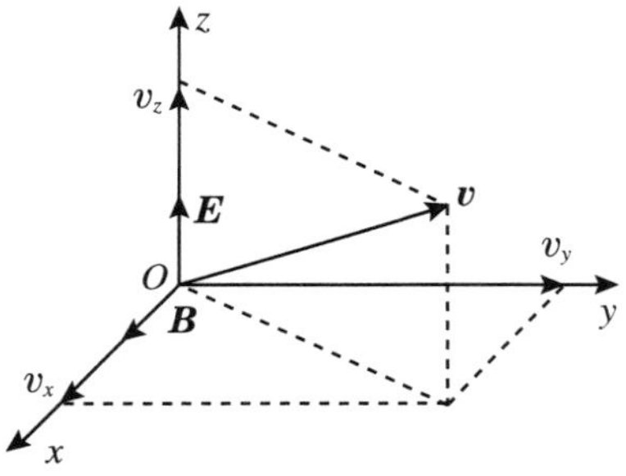

图 3.15

设 $\boldsymbol{E}$ 沿 z 轴,$\boldsymbol{B}$ 沿 x 轴,如图 3.15 所示.在任一时刻 t,带电粒子的速度分量为 v_x,v_y,v_z.带电粒子受的电场力总是沿 z 方向,故

$$F_{ex}=F_{ey}=0,$$
$$F_{ez}=qE.$$

洛伦兹力 $\boldsymbol{F}_m=q\boldsymbol{v}\times\boldsymbol{B}$ 的分量为

$$F_{mx}=0,$$
$$F_{my}=qBv_z,$$
$$F_{mz}=-qBv_y.$$

带电粒子动力学方程(3.37)在各坐标轴上的分量式为

$$ma_x=F_{ex}+F_{mx}=0,$$
$$ma_y=F_{ey}+F_{my}=qBv_z,$$
$$ma_z=F_{ez}+F_{mz}=qE-qBv_y.$$

化简为

$$\begin{cases} a_x = 0, \\ a_y = \omega_c v_z, \\ a_z = \dfrac{q}{m}E - \omega_c v_y. \end{cases} \tag{3.45}$$

其中 $\omega_c = \dfrac{q}{m}B$ 为带电粒子在磁场中的回转角速度.由此可见,带电粒子在磁场 $\boldsymbol{B}$ 方向上的加速度为零.如果带电粒子的初速 $\boldsymbol{v}_0$ 与 $\boldsymbol{B}$ 垂直,则 $v_{0x}=0$,于是带电粒子将始终保持在与 $\boldsymbol{B}$ 垂直的 Oyz 平面上运动.下面我们限于讨论这种情况.

1) 带电粒子在正交电磁场中做匀速运动的情况.在方程(3.45)中,若令 $a_y=0$,$a_z=0$,则粒子做无加速度运动,这时有

$$\begin{cases} v_z = 0, \\ v_y = \dfrac{E}{B}. \end{cases} \tag{3.46}$$

可见,当带电粒子沿与正交电磁场垂直的方向(Oy 方向)以速度 $v=\dfrac{E}{B}$运动时,加速度为零.粒子保持速度 v 不变做直线运动.这个结果常被利用作为速度选择器,即只有速度为 $v=\dfrac{E}{B}$的带电粒子才能沿着与电磁场垂直的方向沿直线穿过正交电磁场.

2) 初速为零的带电粒子在正交电磁场中的运动.这种情形我们不做详细讨论,只给出讨论结果.为了便于讨论,我们将坐标系变换到相对于静止系沿 y 轴方向,以速度 $u=\dfrac{E}{B}$匀速运动的坐标系S'中去,如图 3.16 所示.

可以证明:带电粒子相对于 S'系的运动是在 $O'y'z'$面上的圆周运动.圆心在 $y'=0$,$z'=\dfrac{E}{\omega_c B}$处,半径 $r_c=\dfrac{E}{\omega_c B}$,角速度 $\omega_c=\dfrac{q}{m}B$,绕顺时针方向转动,如图 3.17 所示.

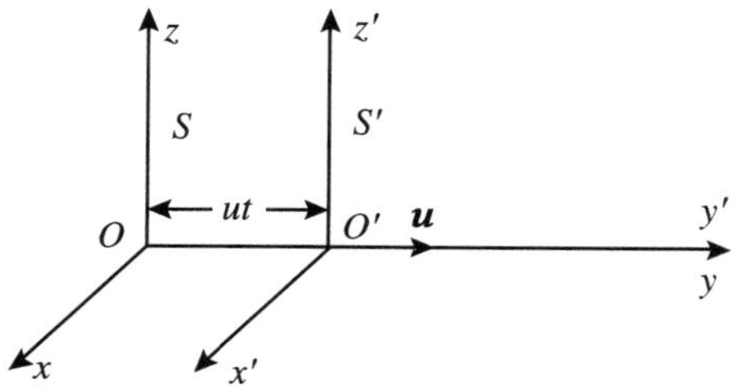

图 3.16

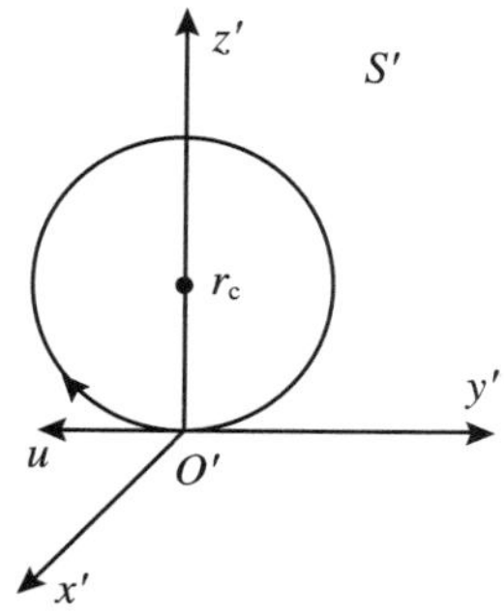

图 3.17

现在我们再回到静止参照系 S.已知 S'系沿 y 轴以速度$u=\dfrac{E}{B}$相对于静止系S 运

动(如图 3.16).粒子在 S' 系的 $O'y'z'$ 平面上做圆周运动,且角速度正好等于 $\omega_c = \frac{u}{r}$.根据运动合成原理,带电粒子相对于 S 系的运动是沿 y 方向的匀速运动与在 $O'y'z'$ 平面上的圆周运动的合成.如果做一个半径 $r = \frac{E}{\omega_c B}$ 的圆盘,让它从 S 系的 O 点开始沿 y 轴正向以速度 $u = \frac{E}{B}$ 做无滑滚动(满足条件 $u = r\omega_c$),那么,此轮上开始与 O 点接触处 P 的运动就代表了开始时在 O 点、初速 $v_0 = 0$ 的带电粒子在正交电磁场中的运动.它的轨迹是一根旋轮线,如图 3.18 所示.图中表示出 $t = 0$,t_1,t_2 三个时刻 P 点的位置和它运动的轨迹.

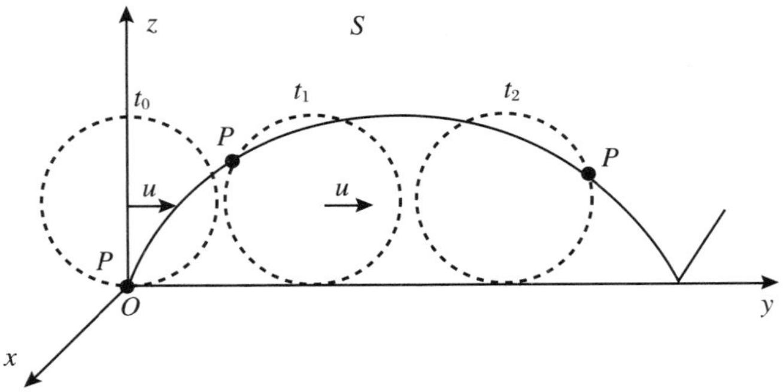

图 3.18

结论是:在正交电磁场中,初速为零的带电粒子在与磁场 $\boldsymbol{B}$ 垂直的平面上做旋轮线(又叫滚线)运动.旋轮线的具体形状决定于粒子的荷质比 $\frac{q}{m}$ 以及 E 和 B.

如果粒子的初速 $\boldsymbol{v}_0$ 不为零,但在与 $\boldsymbol{B}$ 垂直的平面上,那么,粒子运动轨迹仍是在与 $\boldsymbol{B}$ 垂直的平面上的旋轮线.不过它的运动与无滑滚动的旋轮的内部或外部相对于轮静止的某一点的运动相同.

10. 怎样认识惯性力?

惯性力是在非惯性系中处理力学问题时出现的.国内外的多数教材上给它加上"假想力""虚设力"等名称.对惯性力加上"假""虚"的定语,无非是把它与物体间的相互作用力(真实力)相区别.但是,这"假"或"虚"似乎又同惯性力在非惯性系动力学方程中占有的实实在在的地位不协调.于是,围绕着惯性力的"真""假"存在着不同的看法.

这里,我们将惯性力与物体间的相互作用力相比较,谈谈怎样认识惯性力.

(1) 作用力与惯性力的定义不同

我们知道,力的概念是在牛顿定律中形成的.力是物体对物体的作用,其效果是改变受力物体的运动状态.这是关于力的完整定义，前半句表明力的起源，后半句表示力的效果，而这个效果是以惯性系为前提的.牛顿第二定律正是定量地反映了周围物体(环境)对质点的作用与物体运动状态变化之间的关系.

对于非惯性系，牛顿定律不适用，来自其他物体对质点作用的力的效果也不同：不受力的质点有加速度，而受力的质点未必有加速度.为了使关于力的效果在非惯性系中形式上保持有效，并使相对于非惯性系的动力学方程保持牛顿定律的形式，人们定义了惯性力 $f_i=-m\boldsymbol{a}$，它决定于质点的惯性和参照系的加速度 $\boldsymbol{a}$.

根据以上定义可见：惯性力是在特定的非惯性系中定义的，不是物体对物体的作用.因此，惯性力只有受力物体，不存在施力物体，当然也就不存在反作用力，这是惯性力与作用力的主要不同点.从效果来看，由于惯性力与质量成正比，它使所有物体相对于该非惯性系产生确定的加速度 $-\boldsymbol{a}$.在非惯性系中，只有同时考虑了惯性力，作用力才具有产生加速度这一效应；作用力与惯性力的矢量和决定质点在非惯性系中的加速度.

由此可见，惯性力与物体间相互作用的力的区别是明显的.

(2) 惯性力的实质是物体的惯性

惯性是物质的固有属性，是指物体对运动状态改变的抵抗性.这里涉及“运动状态”，自然就又牵涉到参照系.我们说过，惯性系是牛顿力学的出发点，力学的许多基本概念是以惯性系为前提的，惯性也不例外.所谓“物体具有保持运动状态不变的性质——惯性”是相对于惯性系而言的.我们设想，在相对于惯性系以加速度 $\boldsymbol{a}$ 运动的非惯性系中，应该怎样来表述物体的惯性这一属性.在这种场合，惯性表现为“一切物体具有保持以加速度 $-\boldsymbol{a}$ 运动的性质”.可见：在惯性系中物体保持运动状态不变，而在以 $\boldsymbol{a}$ 加速平动的非惯性系中，物体保持加速度 $-\boldsymbol{a}$ 不变，这两者从不同角度表明物体固有的同一种属性——惯性.

然而，人们生活的环境是足够好的惯性系.惯性、力等概念就是以惯性系为前提建立起来的.于是在面临解释非惯性系中的力学现象的时候，人们自然地把已形成的观念加以扩充，以便适用于非惯性系.既然力是加速度的原因，那么，质量为 m 的物体的惯性在加速度为 $\boldsymbol{a}$ 的非惯性系中的表现——保持加速度 $-\boldsymbol{a}$，就可用一个力 $-m\boldsymbol{a}$ 的作用来说明，称这个力为惯性力.这样一来，相对于非惯性系运动的动力学规律就可以保持牛顿定律的形式.

所以，我们说在非惯性系中的惯性力起源于物体的惯性，或者说惯性力的实质是惯性.它不同于作用力，不起源于其他物体的作用，但它不是无本之木，凭空虚构的，而是有确定的物质性为依据的.从效果看，它确实是在非惯性系中物体产生加速度的原因.

根据这种看法，惯性力这几个字是它所包含内容的最恰当的名称.它本身就已经将它和一般的作用力相区别了.在许多教材中将惯性力又称为“假设力”“虚拟力”而把作用力称为“真实力”，其意也在于区别它们. 而所谓“真”“假”则是以人们在惯性系中习惯的关于力的定义为标准的. 它不意味着抹杀惯性力在非惯性系中的实际作用，也不意味着否定惯性力具有确切的物质性基础.

对于“物体的惯性（自然也包括惯性力）又起源于什么”这个问题，19 世纪奥地利物理学家马赫曾提出：惯性力及惯性起源于整个宇宙恒星系统的总作用. 爱因斯坦很重视这一观点，并把它称为马赫原理. 在广义相对论中也对此做出定性的说明. 最后定量地揭示惯性的来源，还有待进一步的探索.

(3) 引入惯性力有助于解决力学问题

按一定规则定义惯性力以后，使我们在采用参照系方面取得更大的自由. 我们可以根据问题的性质选取惯性系或非惯性系来解决动力学问题，从而丰富了解决动力学问题的方法.

1）化动力学问题为平衡问题——动静法. 质量为 m 的质点受作用力 $\boldsymbol{F}$，在惯性系中的加速度为 $\boldsymbol{a}$，由牛顿定律，有

$$\boldsymbol{F} = m\boldsymbol{a}, \tag{3.47}$$

将等式右端的 $m\boldsymbol{a}$ 移到左端，为

$$\boldsymbol{F} + (-m\boldsymbol{a}) = \boldsymbol{0}. \tag{3.48}$$

根据惯性力的定义，其中的 $-m\boldsymbol{a}$ 就是在以加速度 $\boldsymbol{a}$ 运动的非惯性系中质点受到的惯性力 $\boldsymbol{f}_\mathrm{i}$，于是(3.48)式表示质点在这个非惯性系中的平衡方程：作用力与惯性力的合力为零.

可见，从(3.47)式到(3.48)式，虽只经过一个移项步骤，但是，当我们以随质点加速运动的非惯性系为参照系，并适当地引入惯性力以后，就意味着把在惯性系中的动力学问题[(3.47)式]变化为在一个非惯性系中的平衡问题[(3.48)式]. 这种方法被称为“动静法”，是解决动力学问题的一种方法.

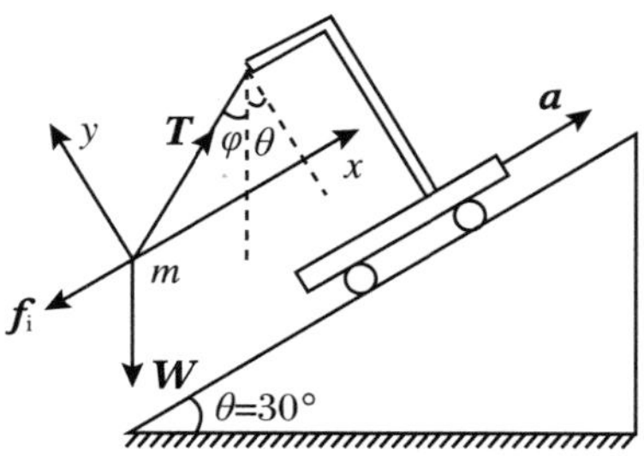

图 3.19

例 3 如图 3.19 所示，小车沿倾角 $\theta = 30^\circ$ 的斜面向上以加速度 $a = 4.9\ \mathrm{m/s^2}$ 运动. 求摆线与竖直线的夹角 φ.

解 设摆线偏离竖直方位 φ 角时，小球相对于车静止，于是，具有与小车相同的加速度 a. 现在，我们以小车为参照系，这是一个非惯性系. 小球受的力除重力 $\boldsymbol{W}$ 和绳的拉车 $\boldsymbol{T}$ 以外，还应引入惯性力 f_i，其方向与小车的加速度方向相反，即平行于斜面向下，大小为 $f_\mathrm{i} = ma$.

小球相对于这个非惯性系平衡，故各力之矢量和等于零：

$$\boldsymbol{W} + \boldsymbol{T} + \boldsymbol{f}_\mathrm{i} = \boldsymbol{0}.$$

在小车上建立坐标系（x 轴与斜面平行，y 轴与斜面垂直），则平衡方程的分量

式为

$$T\sin(\varphi+\theta)-mg\sin\theta-ma=0,$$
$$T\cos(\varphi+\theta)-mg\cos\theta=0.$$

其中 φ 为摆线与竖直线方向的偏角，为待求量. $\theta=30^\circ$ 为斜面的倾角. 由以上两个式子可解得

$$\varphi=19.1^\circ.$$

例 4 倾角为 θ 的斜面上有一质量为 m 的物体. 当斜面沿水平方向以加速度 a 运动时，物体仍保持相对静止. 求斜面作用于物体的支持力和静摩擦力.

解 以斜面为参照系(这是一个非惯性系)，物体除受重力 $\boldsymbol{W}$、斜面的支持力(压力) $\boldsymbol{N}$ 和静摩擦力 $\boldsymbol{f}$ 以外，还应引入惯性力 $\boldsymbol{f}_i$，其方向与斜面的加速度方向相反(水平向左)、大小为 ma，如图 3.20 所示.

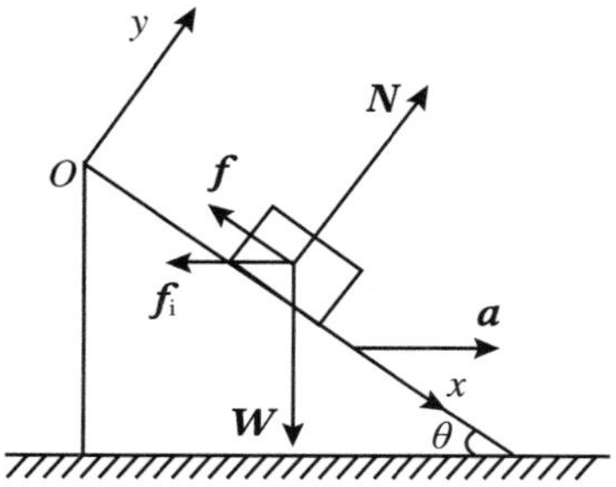

图 3.20

物体相对于非惯性系的平衡方程的矢量式为

$$\boldsymbol{W}+\boldsymbol{N}+\boldsymbol{f}+\boldsymbol{f}_i=\boldsymbol{0}.$$

取沿斜面向下为 x 轴正方向，与斜面正交方向为 y 轴，建立坐标系，如图 3.20 所示. 上式在两坐标轴上的分量式分别为

$$mg\sin\theta-f-ma\cos\theta=0,$$
$$N-mg\cos\theta-ma\sin\theta=0.$$

由以上两个式子求出

$$N=m(a\sin\theta+g\cos\theta),$$
$$f=m(g\sin\theta-a\cos\theta).$$

例 5 证明以角速度 ω 绕竖直轴旋转的桶内，水面是一个旋转抛物面.

解 实验表明旋桶内的水最后与桶相对静止. 水面成一凹形曲面. 我们以旋桶为参照系(以 ω 转动的非惯性系)，探求在其中静止水面的形状.

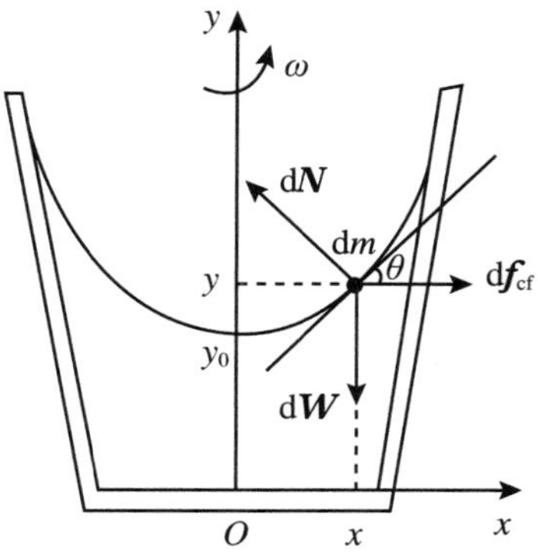

图 3.21

根据对称性，我们可以只考虑液面与过转轴的一个竖直面 Oxy 的交线的形状(如图 3.21 所示)，设交线(曲线)的方程为 $y=y(x)$.

考察液面上任一质元 $\mathrm{d}m$，它在 Oxy 平面上，坐标为 (x,y)，在旋转参照系中静止. $\mathrm{d}m$ 受力有重力 $\mathrm{d}\boldsymbol{W}$，周围液体介质对它的作用力为 $\mathrm{d}\boldsymbol{N}$，此外应引入惯性离心力 $\mathrm{d}\boldsymbol{f}_{cf}$(大小为 $\mathrm{d}mx\omega^2$，沿 x 方向). 由于质元 $\mathrm{d}m$ 相对静止，故以上三力平衡：

$$\mathrm{d}\boldsymbol{W}+\mathrm{d}\boldsymbol{N}+\mathrm{d}\boldsymbol{f}_{cf}=\boldsymbol{0}, \quad ①$$

改写为

$$dN = -(dW + df_{cf}),\qquad ②$$

即周围液体对 dm 的总作用力与该质元的重力和惯性离心力的合力平衡. 由于液体具有流动性,任何与表面相切的力将引起流动而破坏平衡,因而液体表面任一质元受的作用力 d$\boldsymbol{N}$ 必须与表面正交. 根据这一分析,将②沿液面在 dm 处的切线方向投影,得

$$-dmg\sin\theta + dmx\omega^2\cos\theta = 0,\qquad ③$$

其中 θ 为切线与 x 轴的夹角,整理上式得

$$\tan\theta = \frac{\omega^2}{g}x.\qquad ④$$

$\tan\theta$ 为曲线在(x,y)处的切线的斜率,根据导数的几何意义有

$$\tan\theta = \frac{dy}{dx}.$$

故④实际上表示一微分方程

$$\frac{dy}{dx} = \frac{\omega^2}{g}x.\qquad ⑤$$

将此方程积分得

$$y = \frac{\omega^2}{2g}x^2 + c.$$

其中 c 为积分常数. 设液面最低处的坐标为$(0, y_0)$. 代入上式,可确定出 $c = y_0$,于是曲线方程为

$$y = y_0 + \frac{\omega^2}{2g}x^2.\qquad ⑥$$

显然这是顶点在$(0, y_0)$处,开口向上的抛物线.

到此证明了表面与 Oxy 面的交线为一抛物线,根据空间对称性(轴对称),将此抛物线绕轴 Oy 旋转,即得出液面的形状,这就是说,桶中的液面是一个由 $y = y_0 + \frac{\omega^2}{2g}x^2$ 旋转而成的抛物面.

2) 在要求求解相对于非惯性系的运动,或相对运动比较清楚的情况下,直接应用非惯性系中的动力学方程比较方便.

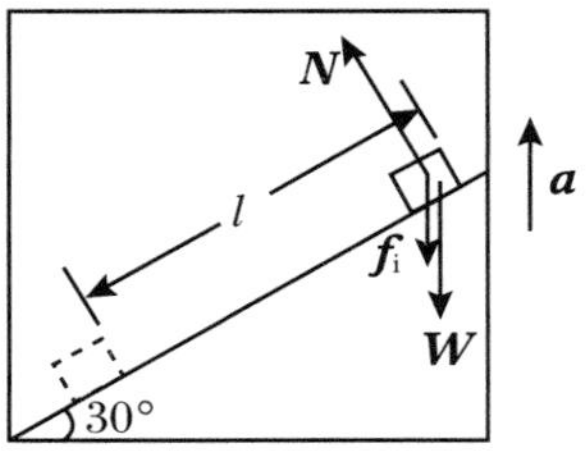

图 3.22

例 6 在以加速度 a 向上升的升降机中,有倾角为 30°的光滑斜面(如图 3.22). 一物体从斜面上由静止开始滑下,求沿斜面滑过距离 l 时相对于斜面的速度.

解 以升降机为参考系. 物体受重力 $\boldsymbol{W}$ 和惯性力 $\boldsymbol{f}_i$,方向竖直向下;光滑斜面的支持力 $\boldsymbol{N}$,方向与斜面正交. 设物体的相对加速度为 $\boldsymbol{a}_r$,方向沿斜面向下,则沿斜面方向的相对运动的动力学方程为

$$mg\sin30^\circ + ma\sin30^\circ = ma_r.$$

解得

$$a_r = (g + a)\sin 30°.$$

物体从相对静止开始沿斜面以加速度 a_r 滑下，设滑过距离 l 时，物体相对于斜面的速度为 v. 则由

$$v^2 = 2a_r l$$

可解得

$$v = \sqrt{2(g + a)\sin 30° \cdot l} = \sqrt{(g + a)l}.$$

例 7　如本章问题讨论 7 中的例 2，求斜面沿光滑水平面的加速度和物体 m 与斜面 M 之间的压力(见图 3.23).

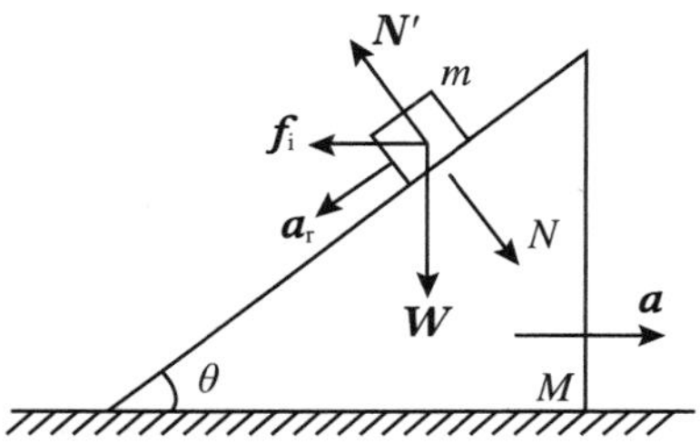

图 3.23

解　这是一个连接体问题. 设 m 对 M 的压力为 $\boldsymbol{N}$，M 相对于水平面的加速度为 $\boldsymbol{a}$，则 M 沿水平方向的动力学方程为

$$N\sin\theta = Ma. \qquad ①$$

对于 m，它相对于水平地面的加速度大小、方向未知(参见问题讨论 7 中例 2). 但它相对于斜面运动的相对加速度 a_r 的方向已知(如图示). 因此我们宁愿以斜面为参照系(这是以加速度 a 平动的非惯性系)来建立 m 的动力学方程. 于是 m 受重力 $\boldsymbol{W}$ 和斜面的支持力 $\boldsymbol{N}'$(大小为 N)，还应引入惯性力 $\boldsymbol{f}_i = -m\boldsymbol{a}$(大小为 ma). m 相对于斜面的动力学方程的矢量式为

$$\boldsymbol{W} + \boldsymbol{N}' + \boldsymbol{f}_i = m\boldsymbol{a}_r.$$

此矢量式沿斜面(向下为正)和垂直于斜面的分量式为

$$mg\sin\theta + ma\cos\theta = ma_r, \qquad ②$$

$$N + ma\sin\theta - mg\cos\theta = 0. \qquad ③$$

①～③包含 a，N 和 a_r 三个未知量，方程完备，解得

$$a = \frac{m\sin\theta\cos\theta}{M + m\sin^2\theta}g,$$

$$N = \frac{mM\cos\theta}{M + m\sin^2\theta}g,$$

$$a_r = \frac{(m + M)\sin\theta}{M + m\sin^2\theta}g.$$

讨论　1) 选择斜面为参照系建立 m 的相对运动动力学方程后，似乎并没有如前面所说考察 m 和 M 的运动联系，建立关联方程. 其实，对于 m 的相对加速度 $\boldsymbol{a}_r$ 方向沿斜面的判断，就已经包含了两个物体运动的关联——在运动中 m 与 M 总是保持在不变形的斜面上相互接触.

2) 如果要求求出 m 相对于地的加速度 $\boldsymbol{a}_1$，则还应该用相对运动的加速度合成

定理

$$a_1 = a_r + a.$$

根据已求出的 a_r 和 a，再求出 m 对地的加速度的大小和方向.（见问题讨论 7 中的例 2）

11. 离心分离器中是怎样把密度不同的物质分离开的?

把密度不同的几种成分的混合液或悬浮有微小颗粒的液体放在离心分离器中，当分离器高速转动时，不同密度的成分或颗粒就会分离开，最后各种成分按密度分布：从里到外密度增大.

在一般教材中，用离心现象来定性说明离心分离的原理，但是，要圆满地解释不同密度的成分被分层分离，还应进一步做定量的讨论.由于在一般离心器中所分离的不同成分的载体是液体，所以，我们先讨论在转动的离心器中单一成分的均匀液体的压强分布，进而讨论在这种液体中密度不同的其他成分质元所受到的力.为了适应不同读者的要求，我们先在惯性系中进行分析讨论，然后采用转动参照系加以说明.

(1) 绕定轴转动的均匀液体内的压强分布

为了便于讨论，假定液体是不可压缩的，因而密度是常数，并且在离心机以角速度 ω 转动时，液体以相同的角速度做整体的绕轴转动.又由于离心机高速转动时，各质元的向心加速度 $r\omega^2$ 比重力加速度大得多，故为了突出转动效应，我们不计液体的重力.

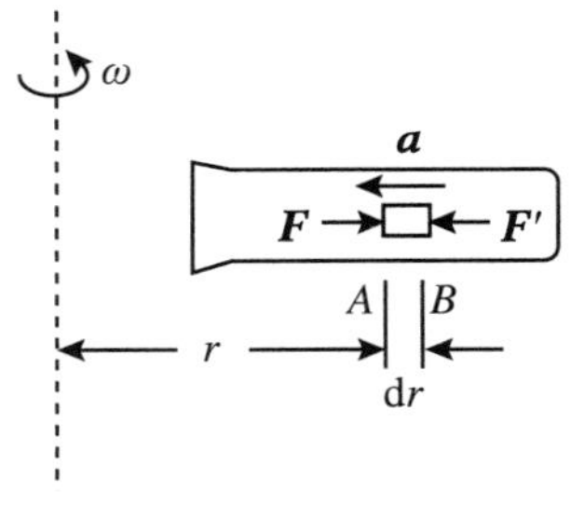

图 3.24

为了了解旋转液体的压强分布，我们取距轴为 r 的一微小液体质元 $\mathrm{d}m$.其形状为一圆柱，母线与半径平行，两底面 A 和 B 与半径垂直.两底面相距 $\mathrm{d}r$，底面积为 $\mathrm{d}S$，如图 3.24 所示.设液体的密度为 ρ，则

$$\mathrm{d}m = \rho \mathrm{d}r\mathrm{d}S.$$

这个质元做圆周运动所需的向心力等于其他液体通过 B 和 A 两底面作用的压力 F' 和 F 的合力，即

$$F' - F = \mathrm{d}m \cdot r\omega^2 = \rho r\omega^2 \mathrm{d}r\mathrm{d}S. \tag{3.49}$$

设距轴 r 处（A 面）的压强为 p，距轴 $r+\mathrm{d}r$ 处（B 面）的压强为 $p' = p + \mathrm{d}p$，则在 A，B 两个面作用于 $\mathrm{d}m$ 的压力分别为 $F = p\mathrm{d}S$，$F' = p'\mathrm{d}S = (p+\mathrm{d}p)\mathrm{d}S$.于是由上式可得

$$\mathrm{d}p \cdot \mathrm{d}S = \rho r\omega^2 \mathrm{d}r\mathrm{d}S,$$

$$\mathrm{d}p = \rho\omega^2 r\mathrm{d}r. \tag{3.50}$$

积分上式，并设 $r=0$ 处（轴心处）压强为零，便得到

$$p = \frac{1}{2}\rho\omega^2 r^2. \tag{3.51}$$

可见,在以角速度 ω 旋转的离心分离器中,液体的压强与到轴的距离 r 的平方成正比.到轴线等距的圆柱面上各处的压强相等.

(2) 不同密度的成分在离心器中的分离

假设在旋转的密度为 ρ 的液体中,混有密度为 ρ'的物质质元 $\mathrm{d}m'$,它距轴为 r,体积为 $\mathrm{d}V=\mathrm{d}r\mathrm{d}S$.设图 3.24 中的小柱形质元就表示这里的 $\mathrm{d}m'$.如果 $\mathrm{d}m'$要保持与旋转液体的相对静止,也就是它也以 r 为半径,以角速度 ω 绕轴转动,那么它需要的向心力为

$$\mathrm{d}F_{向} = \mathrm{d}m' \cdot r\omega^2 = \rho'\omega^2 r\mathrm{d}r\mathrm{d}S. \tag{3.52}$$

然而,$\mathrm{d}m'$只受周围液体的作用,其合力为液体介质在其两个底面(B 和 A)作用的压力的矢量和,其方向指向轴线,大小为 $\mathrm{d}F=F'-F=\mathrm{d}p\mathrm{d}S$.应用(3.50)式得

$$\mathrm{d}F = \rho\omega^2 r\mathrm{d}r\mathrm{d}S. \tag{3.53}$$

比较(3.52)和(3.53)两个式子,容易看出可能出现三种不同的情况:

1) 如果 $\rho'=\rho$,质元 $\mathrm{d}m'$与液体的密度相等,则 $\mathrm{d}F_{向}=\mathrm{d}F$.周围液体作用于 $\mathrm{d}m'$的合力正好等于它和液体一起旋转所需的向心力.这时,$\mathrm{d}m'$与液体介质保持相对静止,它不会沿半径移动.所以,离心机不能将与液体同密度的微粒与液体分离开.

2) 如果 $\rho'>\rho$,则 $\mathrm{d}F_{向}>\mathrm{d}F$.液体作用于 $\mathrm{d}m'$的合力小于 $\mathrm{d}m'$随液体一起旋转所需的向心力.这时,液体介质不足以维系 $\mathrm{d}m'$保持不变的 r 和角速度 ω 转动.$\mathrm{d}m'$的离心倾向将使它远离轴线运动,一直运动到离心机的外壁受阻为止.这样,离心机就可以将密度大的物质质元 $\mathrm{d}m'$从液体介质中分离开.

3) 如果 $\rho'<\rho$,即旋转液体中有密度较小的物质质元,则有 $\mathrm{d}F_{向}<\mathrm{d}F$,即液体对 $\mathrm{d}m'$作用的指向轴线的合力比该质元保持半径 r 以 ω 做圆周运动必需的向心力还大.这时,液体介质同样不能维系 $\mathrm{d}m'$保持 r 和 ω 不变的转动.$\mathrm{d}m'$在较大的指向轴线的力作用下,将向着靠近轴线方向运动.这样,密度为 ρ 和 ρ'的成分也可分离开.

通过以上几种情况的讨论可见,在以 ω 转动的离心分离器中,不同密度的介质将分离.在分离开以后,从轴线向外,密度增大.密度最大的介质最后将处于分离器的最外层,它们转动所需的向心力由分离器的外壁提供.

(3) 在转动参照系上的解释

现在,我们以旋转着的离心分离器为参照系.由于这是一个以角速度 ω 旋转着的参照系(非惯性系),应当引入惯性离心力才能说明上述现象.

对于分离器中相对静止的密度为 ρ 的均匀液体,其中任一质元 $\mathrm{d}m$ 受到的惯性离心力为 $\mathrm{d}f_{离}=\mathrm{d}m \cdot r\omega^2=\rho r\omega^2\mathrm{d}r\mathrm{d}S$.这个力由与之接触的相邻液体对它的压力的合力 $\mathrm{d}F=F'-F=\mathrm{d}p\mathrm{d}S$ 相平衡.由此可得到旋转液体内的压强公式,与(3.50)和(3.51)式相同,即

$$dp = \rho\omega^2 r dr,$$

$$p = \frac{1}{2}\rho\omega^2 r^2.$$

现在我们考察混在液体介质中的密度为 ρ' 的其他成分质元，相对于转动参照系的运动.设这个质元的体积为 $dV = drdS$，质量为 $dm' = \rho' dV$，距轴为 r，那么，它受到的惯性离心力为

$$dF_{cf} = dm' r\omega^2 = \rho' r\omega^2 dV. \tag{3.54}$$

而在这个质元周围的液体作用于它的压力的合力，方向指向中心，大小等于

$$dF = dp \cdot dS = \rho r\omega^2 dr dS = \rho r\omega^2 dV. \tag{3.55}$$

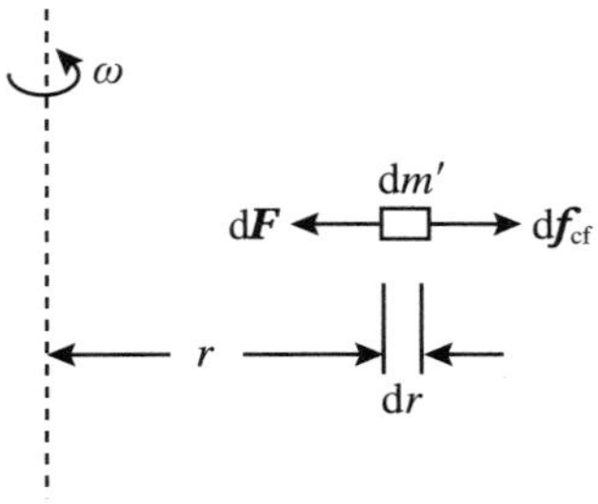

图 3.25

如图 3.25 所示.比较(3.54)和(3.55)两个式子可见，液体作用于 dm' 的合力的大小等于该质元 dm' 所排开的同体积(dV)液体介质(ρ)所受到的惯性离心力.

我们不妨借用静止液体中的概念，把对每一质元作用的惯性离心力与重力相类比，并称为视重，由于这个视重而在离心器的液体内产生静压强，如(3.51)式表达.因此，液体介质对浸没于其中的物质质元 dm' 产生类似浮力的压力差，其方向与视重力方向相反，大小等于它排开的同体积液体的“重量”，如(3.55)式表示.于是混入液体中的密度为 ρ' 的物质质元受的合力为视重(惯性离心力)与浮力(液体介质的压力的合力)的矢量和.设沿半径向外为正，则合力为

$$dF_{合} = dF_{离} - dF = (\rho' - \rho) r\omega^2 dV. \tag{3.56}$$

这就是以转动离心器为参照系时，混入旋转液体(ρ)中的密度为 ρ' 的质元所受的合力，它支配着质元 dm' 相对于转动参照系的运动①.如果 $\rho' > \rho$，$dF_{合} > 0$，合力沿半径向外，于是 dm' 沿径向运动，直到离心器的外壁处为止.

如果 $\rho' < \rho$，$dF_{合} < 0$，合力沿半径向轴线，于是 dm' 向靠近轴线方向移动，直到离心器的最内层为止.

如果 $\rho' = \rho$，$dF_{合} = 0$，则 dm' 相对于液体介质平衡.

所以，从转动参照系上看，不同密度的成分的分离，是由于惯性离心力(视重)和液体介质对不同成分的压力的合力(“浮力”)的作用结果，这与地面上静止的不同密度的混合液体，如油和水的混合液，在重力和浮力作用下，最后分层分布的情况类似.

---

① 在这里我们主要讨论相对平衡，即便有相对移动，其相对速度也很小，故没有计入科氏惯性力.

第4章 功 和 能

基本内容概述

4.1 功 和 功 率

4.1.1 功的定义

元功 力 $\boldsymbol{F}$ 在受力质点的微小位移(元位移)$\mathrm{d}\boldsymbol{r}$ 中所做的功称为元功.力的元功等于力与受力质点的元位移的标量积,表为

$$\mathrm{d}A = \boldsymbol{F}\cdot\mathrm{d}\boldsymbol{r} = F\,|\mathrm{d}\boldsymbol{r}|\cos\theta, \tag{4.1}$$

其中 θ 为力 $\boldsymbol{F}$ 与元位移 $\mathrm{d}\boldsymbol{r}$ 之间的夹角.$F\cos\theta$ 为力在元位移方向的分量.所以,力的元功等于力在元位移方向的分量与元位移大小的乘积.

功 在受力质点从 P 点沿路径 C 运动到 Q 点的过程中,力 $\boldsymbol{F}$ 对质点所做的功等于力沿质点运动路径的线积分,即

$$A = \int_P^Q \boldsymbol{F}\cdot\mathrm{d}\boldsymbol{r} = \int_F^Q F_\tau \mathrm{d}s, \tag{4.2}$$

其中 $F_\tau = F\cos\theta$ 为力 $\boldsymbol{F}$ 的切向分量,$\mathrm{d}s = |\mathrm{d}\boldsymbol{r}|$ 为质点所经历的弧元(微小弧长).

如果力 $\boldsymbol{F}$ = 恒矢量,则

$$\begin{aligned} A &= \int_P^Q \boldsymbol{F}\cdot\mathrm{d}\boldsymbol{r} = \boldsymbol{F}\cdot\int_P^Q \mathrm{d}\boldsymbol{r} = \boldsymbol{F}\cdot(\boldsymbol{r}_Q - \boldsymbol{r}_P) \\ &= \boldsymbol{F}\cdot\Delta\boldsymbol{r} = F\,|\Delta\boldsymbol{r}|\cos\theta. \end{aligned} \tag{4.3}$$

即恒力的功等于力与受力质点的位移的标量积.

力做的功,就是施力物对受力质点做的功.功是标量,但有正、负.在 SI 制中功的单位是焦耳.由于位移与参照系有关,故在质点运动过程中,力对质点做的功与参照系的选取有关.

4.1.2 功的计算

(1) 重力的功.当物体从 P 点沿任一路径移动到 Q 点时,重力(mg)对物体做的功为

$$A = mgz_P - mgz_Q, \tag{4.4}$$

其中 z 表示物体的竖直高度.

(2) 弹簧弹性力的功:

$$A = \frac{1}{2}kx_P^2 - \frac{1}{2}kx_Q^2, \tag{4.5}$$

其中 k 为弹簧的劲度系数,x 表示弹簧的形变量.

(3) 万有引力的功:

$$A = \left(-G\frac{Mm}{r_P}\right) - \left(-G\frac{Mm}{r_Q}\right), \tag{4.6}$$

其中 G 为引力常量,M 为地球的质量,m 为物体的质量,r 为物体与地心的距离.

4.1.3 功率

力的瞬时功率等于力 $\boldsymbol{F}$ 与受力质点的速度 $\boldsymbol{v}$ 的标量积:

$$p = \frac{\mathrm{d}A}{\mathrm{d}t} = \boldsymbol{F} \cdot \boldsymbol{v} = Fv\cos\theta, \tag{4.7}$$

其中 θ 为力与速度方向之间的夹角.

4.2 动 能 定 理

4.2.1 质点的动能定理

作用于质点的合力的功等于质点动能的增量,表为

$$A = E_{\mathrm{k}} - E_{\mathrm{k0}} = \frac{1}{2}mv^2 - \frac{1}{2}mv_0^2. \tag{4.8}$$

4.2.2 质点组的动能定理

作用于质点组(力学体系)的所有外力的功与所有内力的功的总和,等于质点组

的动能的增量.表为

$$A_{外} + A_{内} = E_k - E_{k0}, \tag{4.9}$$

其中 $E_k = \sum_{i=1}^{n}\left(\frac{1}{2}m_i v_i^2\right)$ 为质点组的动能.

4.2.3 动能定理与参照系

动能定理适用于惯性系,在不同的惯性参照系中,质点、质点组的动能以及外力的功都有不同的数值,但是,动能定理(4.8)和(4.9)式保持不变.其中,质点组所有内力的功的和,即内力的总功($A_{内}$),只决定于质点组内部的物理过程,而与参照系的选取无关.也就是说 $A_{内}$ 对于参照系的变换来说是一个不变量.

4.3 保守力 势能

4.3.1 保守力

如果力所做的功决定于受力质点的始末位置,而与质点所经过的路径无关,那么,这个力称为保守力.即

$$\int_{0\,(沿任一路径)}^{M} \boldsymbol{F}_{保} \cdot \mathrm{d}\boldsymbol{s} = E_p(\boldsymbol{r}_0) - E_p(\boldsymbol{r}_M), \tag{4.10}$$

其中 $E_p(\boldsymbol{r})$为由质点位置($\boldsymbol{r}$)所决定的函数.

因此,沿任一闭合路径,保守力做的功等于零,即

$$\oint \boldsymbol{F}_{保} \cdot \mathrm{d}\boldsymbol{s} = 0. \tag{4.11}$$

重力、弹性力、万有引力、静电力等都是保守力.

4.3.2 势能

受保守力作用的物体具有由位置决定的能,称为与该保守力相关的势能 E_p.当位置变化时,物体势能增量的负值(或势能的减量)等于保守力所做的功,即

$$A_{保} = -(E_p - E_{p0}). \tag{4.12}$$

可见,物体在两位置的势能差具有确定意义.任一位置的势能值相对于零势能位置的选取而定.

力学中常见的几种势能为：

重力势能 若取高度 $h=0$ 处为零势能位置，重力势能表为

$$E_p = mgh. \tag{4.13}$$

弹性势能 若取弹簧无形变时（$x=0$）为零势能，表为

$$E_p = \frac{1}{2}kx^2. \tag{4.14}$$

引力势能 若选无穷远处（$r=\infty$）为零势能，引力势能表为

$$E_p = -G\frac{Mm}{r}. \tag{4.15}$$

力学体系（质点组）的势能可分为外势能 $E_p^{(e)}$ 和内势能 $E_p^{(i)}$. 如果保守力是体系的外力，则相关的势能为体系的外势能；如果保守力是体系的内力，则相关的势能为内势能. 内势能增量的负值（减量）等于保守内力的总功. 内势能及其变化决定于体系的相对位置及其变化. 体系的势能[$E_p = E_p^{(e)} + E_p^{(i)}$]变化与保守力做功的关系为

$$A_{保} = -(E_p - E_{p0}), \tag{4.16}$$

其中 $A_{保}$ 为一切保守外力和保守内力的功的总和.

4.4 功能原理 机械能守恒定律

4.4.1 功能原理

体系的机械能（动能与势能的总和）的增量等于作用于体系的所有非保守力的功的总和，表为

$$A_{非保} = (E_k + E_p) - (E_{k0} + E_{p0}), \tag{4.17}$$

其中 $A_{非保}$ 为所有非保守的外力和内力的功的代数和；$E_k = \sum_{i=1}^{n}\left(\frac{1}{2}m_i v_i^2\right)$ 为体系的动能；E_p 为体系的势能，等于体系的所有外势能与内势能的总和.

4.4.2 机械能守恒定律

如果没有非保守力对体系做功，则在运动过程中，体系的机械能保持不变，即当

$$A_{非保} = 0$$

时，有

$$E_k + E_p = E_{k0} + E_{p0} = 常数. \tag{4.18}$$

问题讨论

1. 功和动能的概念是怎样建立起来的？

功和动能是现代科学中广泛使用的两个概念，它们在17世纪牛顿力学形成的同时就已萌芽.但是，它并不是一开始就像今天牛顿力学的教科书中所讲的那样，从牛顿第二定律推演出动能定理，同时一举建立了功和动能这两个概念.与此相反，功和动能的早期概念是各自独立地从实验现象中形成的，被越来越多的物理学家接受和提炼，直到19世纪中叶，这两个概念才被完善到今天的形式.

(1) 活力　活力守恒

动能的早期原型——活力，一开始就是作为一个运动守恒量被人们根据实验提出来.

荷兰物理学家惠更斯(1629～1695)在1668～1669年间进行了关于对心碰撞的实验研究.在他死后于1703年发表的《物体在碰撞下的运动》一文中，指出在弹性碰撞中 $\sum mv^2$ 守恒，即

$$m_1 v_{10}^2 + m_2 v_{20}^2 = m_1 v_1^2 + m_2 v_2^2.$$

在当时，称为活力守恒.

在大致相同的时期，德国学者莱布尼茨(1646～1716)主张把 mv^2 作为运动的量度，并称之为活力.他在1686年发表的《关于笛卡儿和其他人在确定物体的运动力中的错误的简要证明》一文中，认为“运动的力”①应当用能将一个重物举起的高度来衡量，因此应该用 mv^2 来量度物体的运动.他的根据是：质量为 m 的物体从高度 h 落下时，便具有“运动的力”mv^2，与地面作用后，又可上升到 h 高.这个同样的“运动的力”应该把质量为$\frac{m}{n}$的物体送到高度为 nh 处.因此，质量 $m_1 = m$ 和 $m_2 = \frac{1}{n}m$ 的物体分别从 h 和 nh 高处落下时，应具有相同的“运动的力”.根据落体公式，两个物体落地的速度分别为 $v_1 = \sqrt{2gh}$，$v_2 = \sqrt{2gnh}$，故有

$$m_1 v_1^2 = m_2 v_2^2.$$

可见，两个物体相同的“运动的力”表现为它们的质量与速度平方的乘积相等.

---

① 在17世纪，人们用“运动的力”这一术语来表示运动物体具有的使另一物体运动的能力，或克服障碍的能力.实际上就是指运动的量度.笛卡儿提出用物体的大小和速度的乘积，即后来由牛顿准确定义的运动量 mv 作为“运动的力”的量变.

1696年，莱布尼茨进一步指出：mv^2 是物体的"活力"，正是由于这种活力，物体才是活动的，永不静止的. 在自然界中真正守恒的东西正是总的活力.（对于非弹性碰撞中活力减少这一事实，在莱布尼茨看来，活力并未损失，而是被物体内部的微小粒子吸收，微小粒子的活力增加了.）

由此可见，活力这个概念是在今天我们熟知的机械能守恒的一些实验的基础上形成，作为一个运动守恒量和机械运动的量度而被人们认识的.

在惠更斯和莱布尼茨以后，活力这一概念以及机械能守恒的思想被越来越多的物理学家接受，并作为发展和完善经典力学理论的基础.

例如丹尼尔·伯努利（1700～1782）在研究流体力学时（1738）提出了实际的下降和位势的升高等同的原理. 他所谓的位势升高就是指活力的提高. 伯努利实际上是根据机械能守恒定律导出了著名的伯努利方程.

欧拉和拉格朗日等在建立最小作用量原理和分析力学的开创性工作中，都把活力 mv^2 作为表述他们力学原理的基本概念. 如欧拉在表述最小作用量原理时，定义活力对时间的积分 $\left(\int_{t_1}^{t_2}\sum_i m_i v_i^2 \mathrm{d}t\right)$ 为作用量. 在拉格朗日分析力学中活力成为重要的拉格朗日函数的组成部分.

(2) 功的概念形成的线索　虚位移原理的确立

功的概念也是人们对运动和力的作用问题从实验和理论两方面的长期研究中逐渐形成的.

从公元前3世纪亚里士多德学派的继承者斯特拉顿以及阿基米德对杠杆原理和各种简单机械的研究以来，人们就不自觉地应用等功原理了. 在斯特拉顿关于"力学"的书中对杠杆原理的分析已经包含了"力与速度成反比"这样的虚速度或虚位移原理的胚芽.

到文艺复兴时期，意大利多才多艺的画家、学者达·芬奇（1452～1519）第一个应用虚速度原理的方法证明杠杆原理. 所谓虚速度原理是：杠杆两端的重量和速度的乘积应相等. 重量与速度之积 $\boldsymbol{W}\cdot v$ 已经包含功率概念的萌芽了.

到了16世纪，荷兰的力学家斯蒂文（1548～1620）在静力学方面有广泛而深入的研究，在1586年写成的《静力学原理》中，对于杠杆、滑轮组等机械的原理及实际应用进行了深入的论述. 关于机械的作用，他提出了"得于力者失于速"的著名论断. 伽利略也曾得出，在同一机械中，提升重物所需的力乘以高度的积保持不变这样的结论.

在17世纪牛顿发表三大定律以后，18世纪初期以法国为中心的大陆科学家又转向静力学的研究. 瑞士科学家约翰·伯努利在1715年提出，如力相互平衡，则对于所有可能的无穷小位移而言，力与力方向上的虚速度的乘积之和为零，即

$$\sum \boldsymbol{F}_i \cdot v_i = 0,$$

这就是虚功原理的早期形式，叫作虚速度原理.

后来，欧拉用力与在力方向上的虚位移的乘积的形式写出虚速度原理（或虚位移原理），并把 $F_x\mathrm{d}x+F_y\mathrm{d}y+F_z\mathrm{d}z$ 称为作用力的效力或功效.

1788 年法国力学家拉格朗日（1736～1813）在《分析力学》一书中详细地表述了虚位移原理，指出：力学体系平衡时，作用在所有给定点上的力与点在力方向上产生的位移乘积之和始终为零. 在计算中规定，在力的方向上产生的位移为正，反之为负.

“虚位移原理”的确立是 17 世纪力学发展的一件大事. 它不仅为建立分析静力学奠定了基础，而且它与达朗贝尔原理结合，成为动力学的普遍原理，在此基础上发展了分析力学. 虽然在虚位移原理中包括了功这个概念，但功这个物理量却还未出现，也还没有确立它与活力的关系.

(3) 功和动能概念以及它们之间的关系的确立

虽然莱布尼茨在 1695 年论述活力时，曾谈到力和路程之乘积 ph 正比于活力的增加，已经包含了功的概念和动能定理的雏形. 但是他主要是在论述运动的量度是活力还是死力这一争议性问题. “力和路程之积”与活力的增加成正比这一论述并未引起人们重视，因此，这个问题被搁置起来了.

直到 19 世纪初，虚位移原理确立以后，完全表明力和位移的乘积在力学中的重要性，于是物理学家们开始对这一乘积给以确切的称呼，并研究其动力学效应.

法国工程师卡诺（1796～1832）用重物与升高的高度的乘积来评价机器的效能，他把这个乘积称为“作用矩”，并在他的论文中讨论了活力与“作用矩”的关系.

1807 年英国物理学家托马斯·杨（1773～1829）在其《自然哲学讲义》一书中提出了功这个词，并建议用能量一词来代替活力，他写道：“对于产生运动所必要的功，与这个功所引起的运动的能量成正比.”

1829 年法国工程师彭塞利（1788～1867）在《技术力学引言》中，根据科里奥利的建议，支持“功”这一术语，明确地把作用力与受力质点沿力的方向的位移的乘积叫作“功”. 至此，“虚位移原理”改称为“虚功原理”. 关于功和活力的关系，彭塞利提到：功的代数和的两倍等于活力的和.

稍后，法国物理学家科里奥利（1792～1843）在研究功与活力的关系时，建议给活力 mv^2 加上“$\frac{1}{2}$”因子，用 $\frac{1}{2}mv^2$ 代替 mv^2，称为活力或动能. 于是，“作用力的功等于物体动能的增量”这个重要的关系才被确立起来.

随着热机的使用和热学理论的发展、热功当量的测定、非机械的其他形式的能量以及各种能量转换和守恒定律（热力学第一定律）的发现，功和能的重要意义和相互关系才越来越深刻地被揭示出来. 恩格斯在 1880～1881 年写的论文《运动的量度——功》中，对机械运动的两种量度——动能和动量的长期争论做了科学的总结，指出了动能的意义：动能是物体机械运动的一种量度，“$\frac{1}{2}mv^2$ 是以机械运动所具有的变为一定量的其他形态的运动的能力来量度的机械运动”. 关于动能（活力）和功的关系，恩格斯也写道："活力无非是一定量的机械运动做功的能力".对于涉及物质运动形态变化的情形，恩格斯对包括机械功在内的一切形式的功的意义做了如下的论断："功是从量方面去看的运动形态的变化.""质变，形态变化是物理学上一切功的基本条件."恩格斯关于动能和功的意义的科学总结，至今仍然是很深刻的.

2. 怎样理解功的定义中的"力的作用点的位移"?

通常定义恒力的功为：力与力的作用点位移的标量积.什么是"力的作用点的位移"呢？我们知道力是物体间的相互作用，对于一个力总存在着施力质点和受力质点.施力质点与受力质点可以是相互接触的(接触力)，亦可以相隔一定的距离(如引力、静电力).如果是相互接触的，还可能出现两种不同的情况.一是施力物与受力物在运动过程中始终保持有固定的接触点，二是施力物在受力物上有相对位移，因而不断变换受力质点.例如笔尖在纸上从 P 点移动到 Q 点时，纸上承受笔尖施力的质点就从 P 点到 Q 点不断地变换着.这时，施力质点和受力质点共同占有的几何位置(我们称之为纯几何的着力点)从 P 点变化到 Q 点.那么，"力的作用点的位移"究竟应该指哪一点的位移呢？

(1) 力的作用点的位移是指受力质点的位移.

机械功定义中"力的作用点的位移(或元位移)"不是施力质点的位移，也不是纯几何着力点的位置变化，而必须是受力质点的位移.

为什么功定义中"力的作用点的位移"必须是"受力质点的位移"呢？要回答这个问题，应以经典力学体系中关于功和能的关系为依据.经典力学中第一个也是最基本的一个功能关系是质点动能定理.为了说明问题，我们简单回顾一下动能定理的导出过程：

质点动力学基本方程为

$$\boldsymbol{F} = m\boldsymbol{a} = m\frac{\mathrm{d}\boldsymbol{v}}{\mathrm{d}t}. \tag{4.19}$$

用质点在 $\mathrm{d}t$ 内的元位移 $\mathrm{d}\boldsymbol{r}$ 对上式两端做标乘，有

$$\boldsymbol{F}\cdot\mathrm{d}\boldsymbol{r} = m\frac{\mathrm{d}\boldsymbol{v}}{\mathrm{d}t}\cdot\mathrm{d}\boldsymbol{r} = m\frac{\mathrm{d}\boldsymbol{r}}{\mathrm{d}t}\cdot\mathrm{d}\boldsymbol{v} = m\boldsymbol{v}\cdot\mathrm{d}\boldsymbol{v},$$

得

$$\mathrm{d}A = \mathrm{d}\left(\frac{1}{2}mv^2\right). \tag{4.20}$$

这是微分形式的动能定理.在以上推导过程中有一点应该特别注意，这就是$\frac{\mathrm{d}\boldsymbol{r}}{\mathrm{d}t} = \boldsymbol{v}$，因此 $\mathrm{d}\boldsymbol{r}$ 必须是受力质点的元位移.

如果 $\mathrm{d}\boldsymbol{r}$ 不是受力质点的元位移，则$\frac{\mathrm{d}\boldsymbol{r}}{\mathrm{d}t}$就不是质点的速度 $\boldsymbol{v}$，那么，(4.19)式用 $\mathrm{d}\boldsymbol{r}$

对两端标乘后，只能得到

$$F \cdot d\boldsymbol{r} = m\frac{d\boldsymbol{v}}{dt} \cdot d\boldsymbol{r} = m\frac{d\boldsymbol{r}}{dt} \cdot d\boldsymbol{v}.$$

由于$\frac{d\boldsymbol{r}}{dt} \neq \boldsymbol{v}$，因而得不出动能定理.

经典力学的理论是十分严密、系统的.根据质点的动能定理可导出质点组的动能定理、功能原理和机械能守恒定律.正确地约定功的定义，乃是整个经典力学关于功和能的理论的基本要求.如果舍此正确定义，就必将违背经典力学现有的功能理论.由此可见，正确理解功的定义是何等重要.

(2) 受力质点的位移不能够一般地理解成“受力物体的位移”.

只有在物体做平动时，物体的位移才是有意义的.平动物体的位移就是物体上任一质点的位移.因此作用于平动物体上的力的元功等于力与物体的元位移的标量积.中学物理只讨论物体的平动，而且把物体视为质点，因此在讲功的定义时，讲“受力物体的位移”是可以的.

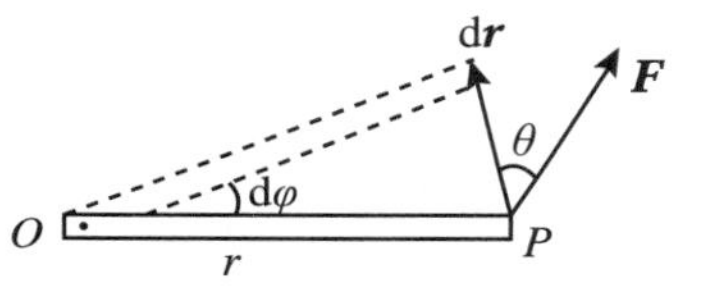

图 4.1

当物体有转动或有形变时，“物体的位移”已无意义.求功应坚持用力与物体上受力质点的位移做标量积.如图 4.1 所示，物体绕定轴 O 转动.在物体元角位移 $d\varphi$ 中，力 $\boldsymbol{F}$ 做的元功为

$$\begin{aligned} dA &= \boldsymbol{F} \cdot d\boldsymbol{r} = F\cos\theta \cdot ds \\ &= F\cos\theta \cdot r d\varphi = M d\varphi, \end{aligned}$$

式中 $ds = |d\boldsymbol{r}| = r d\varphi$ 为受力作用的质点 P 的元位移，$M = Fr\cos\theta$ 为力 $\boldsymbol{F}$ 对轴的矩.由此，我们根据元功的定义推知：力对转动物体做的元功等于力对轴的矩与物体的元角位移之积.

同样，当受力物体做一般运动，在计算力对物体做的功时，也不能用物体质心的位移代替物体上受力质点的位移.

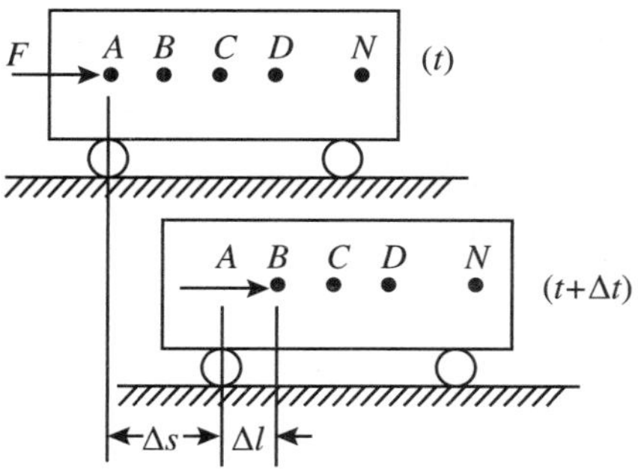

图 4.2

(3) 当着力点的位置在受力物体上变换时，不应把“纯几何着力点的位置变化”当作“受力质点的位移”.

为了说明问题，设想一个实验：有一节车厢，在车厢外壁从尾部到前部密集地排列着许多突出的部分 $A, B, C, D, \cdots, N$，两相邻的突出部分之间的距离为 Δl.人们可以在这些突出部分轮换地施力推车前进，如图 4.2 所示.现有一人从后部向前依次地对各个突出部分施加推力 $\boldsymbol{F}$，使车厢前进. 我们假设 t 时刻, 推力作用于 A, 直到 $t+\Delta t$ 时刻, 推力 F 的施力点突然转移到 B, 在时间间隔 Δt 内, 车厢向右平动位移为 Δs, 推力的施力点从 A 转换到 B. 以地为参照系来看, 施力点的位置从 t 时刻的 A 点变为 $t+\Delta t$ 时刻的 B 点, 位置变化为 $\Delta s+\Delta l$. 这个位置变化是什么呢? 显然它不是 A 处的质点所发生的位移, 因为在 Δt 时间内, 受推力作用的质点 A 的位移为 Δs; 同时, 它也是车上任何一个质点(如 B 点)的位移. $\Delta s+\Delta l$ 是纯几何着力点在 Δt 时间内的位置变化, 它由受力质点的位移 Δs 和施力点在受力物体上的转移 Δl 两部分组成. 由此可见, 当施力点的位置在受力物体上发生转移时, 应区分"受力质点的位移"和"纯几何着力点的位置变化".

这个例子中, 在 Δt 时间内, 力对车厢做的功就是力对 A 做的功, 等于 $F\Delta s$. 如果认为力做的功为 $F(\Delta s+\Delta l)$ 就不对了, 因为其中 $F\Delta l$ 这一项是力的着力点在车上的转移的距离, 虽有功的量纲, 但并无功的意义.

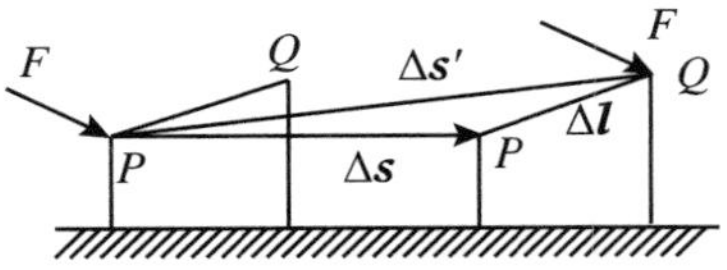

图 4.3

又如图 4.3 所示, 恒力 F 开始时作用于物体上的 P 点, 随着物体的平动, 着力点的位置在物体表面上连续地转换. 当物体的位移为 Δs 时, 着力点转换到 Q 点. $\overrightarrow{PQ}=\Delta \boldsymbol{l}$ 表示着力点在物体表面上的转换. $\Delta \boldsymbol{s}'=\Delta \boldsymbol{s}+\Delta \boldsymbol{l}$ 是纯几何着力点的位置变化, 而不是受力质点的位移. 恒力对平动物体所做的功 $A=\boldsymbol{F}\cdot\Delta \boldsymbol{s}$, 而不应当是 $\boldsymbol{F}\cdot\Delta \boldsymbol{s}'$. 如果将"纯几何着力点的位移"误认为"受力质点的位移", 认为 $\boldsymbol{F}\cdot\Delta \boldsymbol{s}'$ 是力对物体做的功, 就会导致与力学中有关功和能的理论体系相矛盾的结果.

综上所述, 在掌握功的定义时, 应当注意把"受力质点的位移"与"施力点在受力物体上的转移""纯几何着力点的位置变化"相区别. 功定义中的"力作用点的位移"必须是指"受力质点的位移".

3. 功、动能和动能定理与参照系

(1) 功和动能的值都依赖于参照系的选取

功是由力和受力质点的位移两个量组成的物理量; 动能是由质量和速度组成的物理量. 位移和速度这两个运动学量都是相对于选择的参照系而确定的, 这就使得功和动能具有对参照系的依赖性, 或者说相对性是功和动能的一个基本性质.

在一般力学中, 讨论物体的运动常取地面为参照系(认为是惯性系), 并约定除非特别指明某一有别于地面的参照系, 就表示是以地面为参照系. 这样, 在定义功和动能时, 常因"理所当然地"是以地面为参照系而不提及参照系的问题. 然而, 如果要深入地了解功和动能的概念, 解决相对运动的力学问题, 并在参照系的选取方面获得较大的自由, 就必须明确功和动能的值对于参照系的依赖性.

常可见到一些不确切的提法，如滑动摩擦力对运动物体总是做负功等. 其实，根据功值对参考系选取的依赖性，任何一个力在任一给定的过程中，对于不同的参照系，既可做正功，又可做负功，也可以不做功，完全取决于选什么样的参照系. 例如，我们推着小车在地面上以速度 v 运动这一过程，如以地为参照系，我们的推力对小车做了正功；如以车为参照系，那么我们加于车上的力不做功，因为受力质点（车壁上与手接触处的质点）在这个参照系中位移为零；如果把以 $2v$ 的速度同向行驶的汽车选作参照系，那么，小车沿相反方向以速率 v 运动，受力质点的位移方向与我们加的推力方向相反，这时，推力对小车做负功. 地面对物体施加的滑动摩擦力做功，也有类似情况. 如果以地面为参照系，那么作用于运动物体上的滑动摩擦力做负功；如果选择滑动物体为参照系，那么作用于它们的滑动摩擦力不做功；如果选择与滑动物体同方向以更大速度运动的物体为参照系，那么，地面作用在滑动物体上的摩擦力做正功.

由此可见，必须首先明确参照系，才有条件谈论某力所做的功，并计算功的量值.

动能也是相对于确定的参照系而定义的，但是，由于速度是以平方的形式出现在动能中的，故对任何参照系，动能值都不会是负值.

（2）动能定理与参照系

1）动能定理在惯性系中成立.

如果孤立地看功和动能，可以在任何参照系中来定义. 但作为表示功和动能之间的关系的动能定理，却只在惯性系中成立. 其原因在于：动能定理由牛顿第二定律导出，而牛顿第二定律是在惯性系中成立的，因此动能定理也只表示在惯性系中功和动能变化之间的规律.

2）对于惯性系之间的变换，动能定理具有协变性.

一个力学规律总是表明若干力学量之间的定量关系. 如果变换参照系，各力学量的值都将相应地发生变化. 如果各量经这种变换以后，它们之间的定量关系依然保持原来的形式，我们就认为该力学规律对那种变换具有协变性. 反之就不具协变性.

功和动能值对不同的惯性系具有不同值，那么，对于不同惯性系之间的伽利略变换，动能定理是否具有协变性呢？我们先看一个实例.

设质量为 m 的质点在惯性系 S 中沿 x 轴以初速度 v_0 运动，今对它加一沿 x 方向的恒力 F，经时间 t 后，质点的位移为 l，速度从 v_0 变为 v（仍沿 x 轴方向），根据动能定理有

$$Fl = \frac{1}{2}mv^2 - \frac{1}{2}mv_0^2. \tag{4.21}$$

现在取另一惯性系 S'，它相对于 S 系沿 x 轴方向以匀速 u 运动. 在 S' 系中质点在相同时间 t 的位移、初速、末速分别为 l'，v'_0，v'（均沿 x 轴方向）. 根据惯性系之间伽利略变换和相应的速度变换规律，质点在两个惯性系 S 和 S' 中的位移、速度的变换式为

$$l = l' + ut, \quad v_0 = v_0' + u, \quad v = v' + u. \tag{4.22}$$

将此关系代入(4.21)式得

$$Fl' + Fut = \frac{1}{2}mv'^2 - \frac{1}{2}mv_0'^2 + mu(v' - v_0'), \tag{4.23}$$

由于恒力

$$F = ma = m\frac{v - v_0}{t} = m\frac{v' - v_0'}{t},$$

故有

$$Fut = mu(v' - v_0'), \tag{4.24}$$

将此式代入(4.23)式，得

$$Fl' = \frac{1}{2}mv'^2 - \frac{1}{2}mv_0'^2. \tag{4.25}$$

在经典力学中，力 F 和质量 m 对于惯性系的变换是不变量，故(4.25)式也就是在 S' 系中动能定理的表达式. 比较(4.21)式和(4.25)式可见，从 S 系到 S' 系，虽然功和动能值改变了，但它们之间满足的规律——动能定理的形式保持不变，即对伽利略变换具有协变性.

从这个例子可见，动能定理对于伽利略变换具有协变性.①

3) 在非惯性系中的动能定理.

我们已经知道，在非惯性系中，只要恰当地引入惯性力，则相对运动的动力学方程仍保持牛顿第二定律的形式. 同样，如果计入惯性力的功，那么相对于非惯性系，动能定理仍然成立.

以加速平动的非惯性参照系为例，动力学方程为

$$\boldsymbol{F} + \boldsymbol{f}_{\mathrm{i}} = m\boldsymbol{a}' = m\frac{\mathrm{d}\boldsymbol{v}'}{\mathrm{d}t}.$$

式中 $\boldsymbol{f}_{\mathrm{i}}$ 为惯性力，$\boldsymbol{a}'$和 $\boldsymbol{v}'$为质点对非惯性系的加速度和速度. 用相对元位移 $\mathrm{d}\boldsymbol{r}'$与上式两端做标量积，并注意有$\dfrac{\mathrm{d}\boldsymbol{r}'}{\mathrm{d}t} = \boldsymbol{v}'$，则得

$$(\boldsymbol{F} + \boldsymbol{f}_{\mathrm{i}}) \cdot \mathrm{d}\boldsymbol{r}' = m\boldsymbol{v}' \cdot \mathrm{d}\boldsymbol{v}'.$$

故

$$(\boldsymbol{F} + \boldsymbol{f}_{\mathrm{i}}) \cdot \mathrm{d}\boldsymbol{r}' = \mathrm{d}\left(\frac{1}{2}mv'^2\right).$$

我们将作用力 $\boldsymbol{F}$ 和惯性力 $\boldsymbol{f}_{\mathrm{i}}$ 之矢量和称为合力 $\boldsymbol{F}'$，则合力 $\boldsymbol{F}'$的元功等于受力质点的动能 $E_{\mathrm{k}}' = \dfrac{1}{2}mv'^2$ 的元增量. 这就是相对于非惯性系的动能定理：

$$\boldsymbol{F}' \cdot \mathrm{d}\boldsymbol{r}' = \mathrm{d}E_{\mathrm{k}}'.$$

① 经典力学中的动能定理、动量定理、角动量定理等基本规律对于伽利略变换都是协变的.

可见，只要在合力中计入惯性力 f_i 或计入惯性力的功 $f_i \cdot dr'$，那么在非惯性系中动能定理仍然有效.

4. 作用力的功一定等于反作用力的功的负值吗?

对于作用力和反作用力的功，在一本教材上有这样一段表述:“力对质点所做之功等于质点对产生此力的物体所做之功的负值.这是牛顿第三定律的一个推论.”我们知道，所谓物体甲对物体乙做功，就是甲作用在物体乙上的力做功.上面引文中的“质点对产生此力的物体做功”与质点反作用于物体的力对物体做功是同义的.因此，上面引文的意思是:根据牛顿第三定律，作用力的功等于反作用力的功的负值.这个论断是否正确呢?

(1) 几个实例

例 1 木块在静止的地面上滑动，位移为 $\Delta \boldsymbol{l}$(方向向右)，地面施加于物体的滑动摩擦力 $\boldsymbol{f}'$(方向向左)所做的功为

$$A = \boldsymbol{f}' \cdot \Delta \boldsymbol{l} = -f'\Delta l.$$

力 $\boldsymbol{f}'$ 的反作用力即是木块作用于地面的摩擦力 $\boldsymbol{f}$.以地面为参照系这个力不做功，可见此例的一对作用、反作用力中，一个力 $\boldsymbol{f}'$ 做负功、另一个力 $\boldsymbol{f}$ 不做功.

例 2 如图 4.4 所示，两个同号电荷 q_1，q_2 间的相互作用的斥力为 $\boldsymbol{f}_{12}$ 和 $\boldsymbol{f}_{21}$.设这两个带电小球在斥力作用下运动，元位移分别为 $d\boldsymbol{s}_1$ 和 $d\boldsymbol{s}_2$，因此，两个小球相互作用的斥力的元功分别为

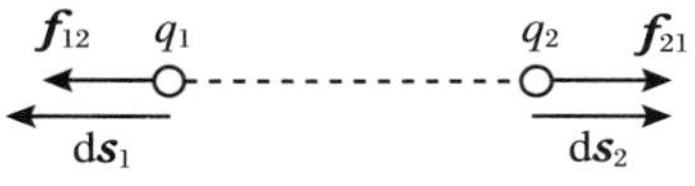

图 4.4

$$dA_1 = \boldsymbol{f}_{12} \cdot d\boldsymbol{s}_1 > 0,$$
$$dA_2 = \boldsymbol{f}_{21} \cdot d\boldsymbol{s}_2 > 0.$$

可见，作用与反作用力($\boldsymbol{f}_{12}$ 和 $\boldsymbol{f}_{21}$)都同时做正功.又由于两个小球质量不一定相同，故二者位移的大小亦不一定相等，因此，两个功的数值也不一定相等.

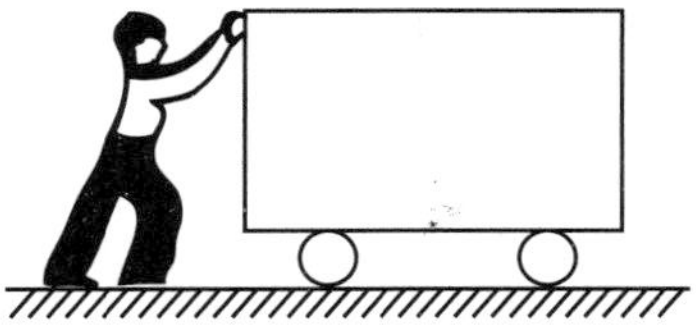

图 4.5

例 3 一人用力推车前进，如图 4.5 所示.以地面为参照系，人手作用于车的推力做正功，车反作用于手上的力做负功.由于手与车壁保持接触，手和车在任何时间间隔的位移相等，而手对车的作用力(推力)与车对手的反作用力等大反向，故这种情况下，作用力与反作用力的功等大而异号.

从以上三例可见:作用力和反作用力的功不存在任何确定的关系，可能一个做功而另一个不做功;可能都做正功;也可能二者做功等值异号等，依具体情况而定.作用力的功等于反作用力的功的负值，只是可能出现的一种特殊情况.

如果作用力的功与反作用力的功绝对值相等而异号，则二者的合功为零.因此，

为了一般地证明上述结论，得出在哪些特殊情况下，作用力的功才等于反作用力的功的负值，我们计算作用力和反作用力的合功，得出合功的一般表达式.

(2) 一对作用力反作用力的合功

设两个质点 m_1 和 m_2 于时刻 t 分别位于A，B，它们相互作用的力为 $\boldsymbol{F}_{12}$和 $\boldsymbol{F}_{21}$. 相对于任意选定的参照系 O，在 $\mathrm{d}t$ 时间内，它们各自的元位移为 $\mathrm{d}\boldsymbol{r}_1$ 和 $\mathrm{d}\boldsymbol{r}_2$，在 $t+\mathrm{d}t$ 时刻，分别位于 A'和 B'，如图 4.6 所示. m_2 作用于 m_1 的力 $\boldsymbol{F}_{12}$对 m_1 做的元功为

$$\mathrm{d}A_1 = \boldsymbol{F}_{12}\cdot\mathrm{d}\boldsymbol{r}_1; \tag{4.26}$$

$\boldsymbol{F}_{21}$对 m_2 做的元功为

$$\mathrm{d}A_2 = \boldsymbol{F}_{21}\cdot\mathrm{d}\boldsymbol{r}_2. \tag{4.27}$$

根据牛顿第三定律，$\boldsymbol{F}_{21}=-\boldsymbol{F}_{12}$，故作用力与反作用力的合功

$$\mathrm{d}A = \mathrm{d}A_1+\mathrm{d}A_2 = \boldsymbol{F}_{12}\cdot(\mathrm{d}\boldsymbol{r}_1-\mathrm{d}\boldsymbol{r}_2). \tag{4.28}$$

如果我们以 m_2 作为运动参照系考察 m_1 对 m_2 的相对运动，那么，$\mathrm{d}\boldsymbol{r}_1-\mathrm{d}\boldsymbol{r}_2=\mathrm{d}\boldsymbol{r}'$就是 m_1 相对于 m_2 的位移，如图 4.6 所示. 所以，m_1 与 m_2 之间的作用力和反作用力($\boldsymbol{F}_{12}$和 $\boldsymbol{F}_{21}$)的合功

$$\mathrm{d}A_{合} = \boldsymbol{F}_{12}\cdot\mathrm{d}\boldsymbol{r}'. \tag{4.29}$$

即作用力和反作用力的合元功等于其中一个力($\boldsymbol{F}_{12}$)与该力的受力质点(m_1)相对于施力质点的相对元位移 $\mathrm{d}\boldsymbol{r}'$的标量积.

如果将相对元位移 $\mathrm{d}\boldsymbol{r}'$往两个质点连线方向和垂直于连线方向分解为 $\mathrm{d}\boldsymbol{r}'_{/\!/}$和 $\mathrm{d}\boldsymbol{r}'_{\perp}$，如图 4.7 所示，则

$$\mathrm{d}\boldsymbol{r}' = \mathrm{d}\boldsymbol{r}'_{/\!/}+\mathrm{d}\boldsymbol{r}'_{\perp},$$

则(4.29)式可改写为

$$\mathrm{d}A_{合} = \boldsymbol{F}_{12}\cdot\mathrm{d}\boldsymbol{r}'_{/\!/}+\boldsymbol{F}_{12}\cdot\mathrm{d}\boldsymbol{r}'_{\perp}. \tag{4.30}$$

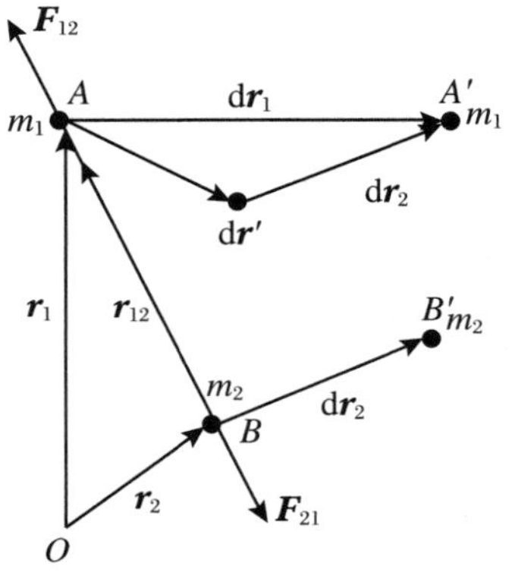

图 4.6

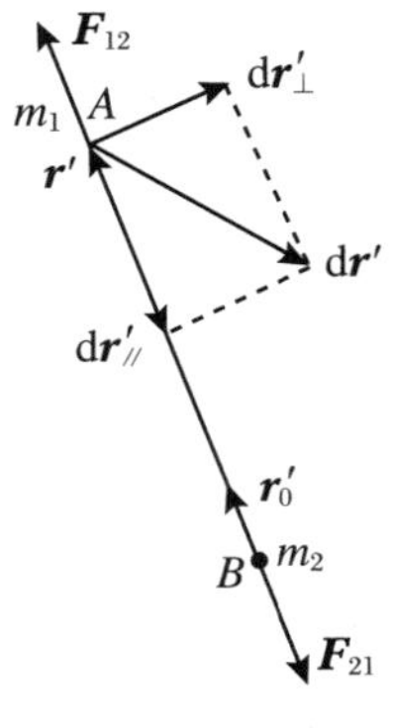

图 4.7

由于 $\boldsymbol{F}_{12}$沿两个质点的连线，有 $\boldsymbol{F}_{12}\cdot\mathrm{d}\boldsymbol{r}'_{\perp}=0$，故作用力反作用力的合功为

$$dA_{合} = \boldsymbol{F}_{12} \cdot d\boldsymbol{r}'_{/\!/}. \tag{4.31}$$

用 $\boldsymbol{r}'_0$ 表示从 m_2 引向 m_1 方向的单位矢量，称为相对径向单位矢量，r' 表示二者之间的距离，dr' 为距离的元增量，则有 $d\boldsymbol{r}'_{/\!/} = dr'\boldsymbol{r}'_0$. 又设 F_{12} 表示 $\boldsymbol{F}_{12}$ 在 $\boldsymbol{r}'_0$ 方向的分量，则有 $\boldsymbol{F}_{12} = F_{12}\boldsymbol{r}'_0$（当 $F_{12}>0$ 时，$\boldsymbol{F}_{12}$ 与 $\boldsymbol{r}'_0$ 同方向，力为斥力；当 $F_{12}<0$ 时，$\boldsymbol{F}_{12}$ 与 $\boldsymbol{r}'_0$ 反向，力为引力）. 这样，(4.31)式可改写为

$$dA_{合} = F_{12}dr'. \tag{4.32}$$

此式表示：对于有一定距离的两个质点之间的作用、反作用力的合元功，等于其中一个质点受的力（规定引力为负值，斥力为正值）与两个质点之间距离的元增量之乘积.

(3) 结论

根据上述的合元功表示式(4.29)和(4.32)，我们可以得出如下结论：

① 如果相互作用的两质点之间无相对位移($d\boldsymbol{r}'=\boldsymbol{0}$)或两质点之间的距离保持不变($d\boldsymbol{r}'=\boldsymbol{0}$)，那么，这两质点之间的作用力和反作用力的合功等于零. 在这两种情况下，作用力的功与反作用力的功等值而异号.

② 如果相互作用的两质点之间有相对位移，且两个质点之间的距离发生改变（即 $d\boldsymbol{r}'\neq\boldsymbol{0}$），那么，作用力与反作用力的合功不等于零. 这时作用力的功与反作用力的功不等值异号.

由此可见，只有在特殊情况下（相互作用的两个质点保持接触或距离不变），作用力的功与反作用力的功等值异号，合功为零. 就一般情形而言，相互作用的一对力的合功不一定等于零，作用力的功与反作用力的功不一定等值异号. 它们的量值之间没有一定的联系. 因此，说"力对质点所做之功等于质点对产生此力的物体所做之功的负值"并把这说成是牛顿第三定律的一个推论，是不妥当的.

5. 作用力和反作用力的功之和(合功)与参照系的选取无关

我们已经知道，任何一个力所做的功的量值依赖于参照系的选取. 现在，我们要考察相互作用的一对作用力和反作用力所做的功的和与参照系的关系.

根据问题 4 中的(4.32)式，作用力和反作用力的合元功决定于相互作用的力的大小、方向和两质点之间的距离的变化. 在非相对论情况下，两质点之间的距离——长度及其变化是不依赖于参照系的选取的. 所以，在一给定过程中，作用力与反作用力的合功有确定值，它取决于相互作用力和相互作用的两质点间的距离变化，与参照系的选取无关. 也就是说，作用力和反作用力的合功对于参照系的变换来说，是一个不变量.

既然作用力和反作用力的合功与参照系的选取无关，我们就可以任意选取一个参照系来计算一对相互作用力的合功. 最简便的办法是在相互作用的两质点中任选一个为参照系，它对另一质点作用的力与受力质点的相对位移的标积即为合功. 问题 4

中的(4.29)及(4.32)式的意义正是如此.

由于质点组的内力是成对出现的作用力和反作用力,因此不难将上述结论推广而得到质点组所有内力做的功的总和(称为内力的合功)的一个重要性质:质点组内力的合功决定于质点组内部的物理过程,而与参照系的选取无关.

应用问题 4 中的(4.32)式不难计算出下列结果,这些结果在应用时可以直接引用.

1) 相互作用的一对摩擦力的合功等于摩擦力的大小 f 与两物体之间相对滑动的路程 l 之乘积的负值,即

$$A = -fl.$$

例如,木块在静止地面上滑动距离为 l,地面作用于木块的滑动摩擦力为 f,其方向与木块滑动方向相反,木块与地面之间的相互作用的一对摩擦力的合功就等于 $-fl$.

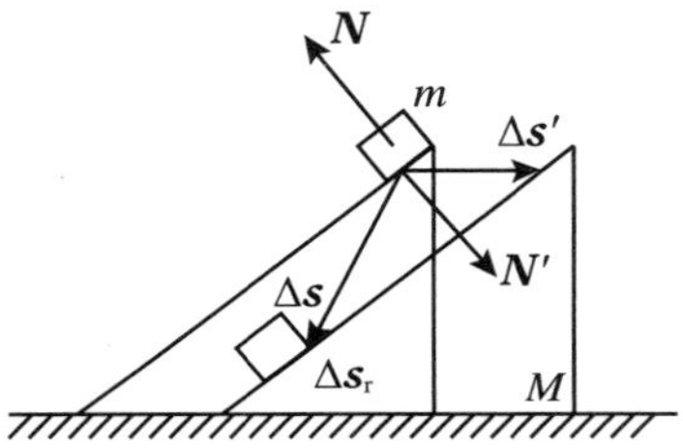

图 4.8

2) 保持接触的两个物体在任意运动中,通过接触面相互作用的正压力的合功等于零.

如图 4.8 所示,物块 m 沿光滑斜面 M 滑下,同时斜面在光滑水平面上向右滑动.两者相互作用的一对正压力为 $\boldsymbol{N}$ 和 $\boldsymbol{N}'$.以地面为参照系,物块加于斜面的压力 $\boldsymbol{N}'$ 做正功($\boldsymbol{N}' \cdot \Delta \boldsymbol{s}' > 0$),而斜面作用于物块的正压力 $\boldsymbol{N}$ 做负功($\boldsymbol{N} \cdot \Delta \boldsymbol{s} < 0$).但是,由于 m 相对于 M 运动的方向沿斜面,恒与 $\boldsymbol{N}$ 垂直,即 $\Delta \boldsymbol{s}_{\mathrm{r}} \perp \boldsymbol{N}$.所以,这一对压力的合功 $A_{合} = \boldsymbol{N} \cdot \Delta \boldsymbol{s}_{\mathrm{r}} = 0$.

在解动力学问题中,对于图 4.8 这类问题,人们常说 M 与 m 之间的压力不做功.确切地说,应该是二者相互作用的压力的合功为零,因此不改变由二者组成的体系的动能.但就单个的压力($\boldsymbol{N}$ 或 $\boldsymbol{N}'$)来讲,是可能做功的.

3) 一根不可伸长的轻绳连接两个物体,在任意运动中,绳对两个物体的拉力的合功等于零.

不可伸长的轻绳对两端物体的拉力不是一对作用与反作用力.但是,它们等大反向沿二者的连线这一特点与作用反作用力相似,所以,同样可以证明,当二者距离不增大时(这可由绳的不可伸长来保证),这一对拉力的合功等于零.而当距离减小时,绳的拉力变为零,合功当然也为零.

6. 关于势能归属的两种处理方法及功能原理的两种表述

在常见的力学教材中,关于势能的归属有两种处理方法,现分析如下.

(1) 势能是物体系的(内力)势能.保守力是体系的内力,势能是属于以保守力

相互作用的物体系的,是体系的内力势能.

这样主张的理由是:一个作用力对质点做的功依赖于参照系的选取,而一对相互作用力的合功只决定于这一对力的性质和两质点间的相对运动,与参照系的选取无关.只有考虑作为质点组内力的合功是否与路径无关,才具有不依赖于参照系选取的性质,因而,所谓保守力,是指相互作用的一对力,其合功与路径无关,只决定于相互作用的两质点在初、末态的相对位置;所谓非保守力,则指其合功与路径有关.这就是说,保守力是指一对相互作用力,属于质点组的内力.根据保守力做功性质,有

$$A_{保内} = -(E_p - E_{p0}).$$

这样定义的势能 E_p 是以保守力相互作用的两质点的相对位置的函数.

既然保守力是指物体系的内力,$A_{保}$ 是指相互作用的一对保守力的合功,E_p 是相对位置的函数,所以势能 E_p 是属于物体系的内力势能.

例如,地面上的物体 m 到地球表面的高度从 h_0 变化到 h 的过程中,物体与地球之间相互作用力的合功为

$$A_{重} = mgh_0 - mgh.$$

通常,我们是选择地面为参照系计算作用于物体的重力对物体做的功而得到上式的,根据问题 4 中的(4.32)式,这就是物体和地球相互作用的一对力的合功.因此,重力势能 mgh 应是物体与地球组成体系的势能.

把保守力作为内力,$A_{保}$ 作为一对保守力的合功,这样做的好处是:某相互作用力是否是保守力,取决于该相互作用的固有性质,而与参照系的选择无关.于是可以肯定重力、弹性力、万有引力、静电库仑力等都是保守力,相关的势能及其在一给定物理过程中的变化具有只取决于内部作用过程,而与参照系选择无关的“不变性”.

根据以上观点,将质点组动能定理(4.9)式中的保守内力的功用体系的势能变化表示,并移到等式右端,便得功能原理:

$$A_{外} + A_{非保内} = (E_k + E_p) - (E_{k0} + E_{p0}) = E - E_0, \tag{4.33}$$

其中 $E_0 = E_{k0} + E_{p0}$ 和 $E = E_k + E_p$ 分别为体系在初态和末态的机械能.

在上式中,$A_{外}$ 是指作用于体系的一切外力的功的和,既是外力就无保守与非保守之分.如果外力中有引力、静电力、弹性力等,它们作用的功亦应包括在 $A_{外}$ 之中.换言之,如果我们要将这些引力、静电力、弹性力的功用相关势能的变化来表示,那么,我们就应扩大所研究的体系,而将这些力的施力者包括在内,使这些力成为体系的保守内力.

(2) 势能是属于要考察其运动的体系的,体系的势能由外势能 $E_p^{(e)}$ 和内势能 $E_p^{(i)}$ 两部分组成.除体系的内势能外,还承认体系的外保守力的势能,也就是说,当保守力是外力时,与该保守外力相关的势能属于受力物体.

如果在选定的参照系中,作用于质点的力做的功与质点运动路径无关,而只决定于质点的初末位置,那么这个力就是保守力.于是保守力的功可表示成一个位置函数

的差值：

$$A_{保} = E_{p0} - E_p.$$

据此，定义 E_p 为质点与该保守力相关的势能，或称质点在保守力场中的势能，显然这是质点的外(保守力)势能.

如果体系中每个质点都受保守外力的作用，那么，每个质点都具有相应的外势能，它们的总和即为体系的外势能 $E_p^{(e)}$，所有保守外力的合功等于体系的外势能的减量.

$$A_{保外} = E_{p0}^{(e)} - E_p^{(e)}.$$

如果体系中存在保守内力，保守内力的合功决定于体系中各质点的相对位置变化，即

$$A_{保内} = E_{p0}^{(i)} - E_p^{(i)},$$

其中 $E_p^{(i)}$ 为由体系内各质点相对位置决定的函数，将 $E_p^{(i)}$ 定义为体系的内势能.上式表明，体系的保守内力的合功等于内势能的减量.

体系的总势能等于外势能与内势能的和：

$$E_p = E_p^{(e)} + E_p^{(i)}.$$

于是，作用于体系的所有保守力(外保守力和内保守力)的总功等于体系的势能的减量(即增量的负值)：

$$A_{保} = E_{p0} - E_p = -(E_p - E_{p0}). \tag{4.34}$$

当质点在保守外力场中运动时，质点具有与该保守力相关的势能，属于质点的外势能.如以地球为参照系，在地面上运动的物体具有重力势能 $E_p = mgh$，人造卫星具有引力势能 $E_p = -\dfrac{GMm}{r}$.

当两小球由轻弹簧连接，在地面附近做任意运动时，以两个小球和弹簧组成体系，则两小球各具有重力势能：m_1gh_1 和 m_2gh_2 外，体系还具有与弹性内力相关的内势能$\dfrac{1}{2}kx^2$(x 为弹簧的形变量).这时，体系的势能为

$$E_p = mgh_1 + m_2gh_2 + \frac{1}{2}kx^2,$$

其中前两项为外势能，第三项为内势能.

当体系在外保守力作用下运动时，以该保守力的施力物为参照系(如果可当作惯性系的话)，引入体系的外保守力势能具有简便之优点.

根据以上观点，在质点组动能定理(4.9)式中，将 $A_外$ 和 $A_内$ 中属于保守力的功都用相应的势能(外势能和内势能)的变化来表示，并移到等式的右端，便得功能原理：

$$A_{非保} = (E_k + E_p) - (E_{k0} + E_{p0}), \tag{4.35}$$

其中 $A_{非保}$是作用于体系的一切非保守力(包括外力和内力)的功的总和，势能 $E_p =$

$E_p^{(i)}+E_p^{(e)}$ 为体系的内势能与外势能之和.

(3) 讨论

关于势能的上述两种观点,每一种都有相当多的教材采用.它们都能够根据自己采用的观点,前后一致地描述经典力学的规律,处理力学问题.

1) 两种观点的主要差别.

两种观点的主要区别表现在是否定义外势能这一点上.第一种观点强调一个力的功与参照系选取有关,而一对力的合功与参照系选取无关这一事实,不主张用一个作用力做功的性质来定义保守力,强调用一对力的合功的性质来定义保守力.因此,势能总是与一对相互作用的保守力相联系,是物体系的势能,不存在一个质点的势能;常说的"质点的重力势能",只是"质点与地球组成体系的势能"的简称.第二种观点认为,如果在选定的参照系中,作用于质点的力(或场力)做功与路径无关,这个力就是保守力,就可以定义质点与该保守力相关的(或在该保守力场中的)势能.因此在质点动力学中就引入质点的势能的概念,并把它作为一个准确的概念.

第一种观念所指的势能仅为内势能,具有对参照系变换的不变性.

第二种观点中的外势能是对特定的参照系而定义的,也就是说,在所选取的参照系中,如果此力做功与路径无关,就可在此参照系中定义出与此力相关的势能.如果参照系变换,在新的参照系中外势能就可能不再具有意义①.这时,相应外力的功必须具体计算,而完全有可能写不成位置函数之差.所以,按这种观点势能就不具有对参照系变换的"不变性".然而,具体力学问题总是在选定参照系中做具体讨论的,实际上动能也是依赖于参照系而定的,也不具有与参照系选取无关的性质.因此,根据选定的参照系引入体系的外势能也不会在观念上和逻辑上发生问题.应用这种观点,可在许多力学问题中直接研究体系在外保守力场中的运动,而不必把所考察的体系扩大到包括产生保守力的施力物,这样可以使对问题的叙述简练而仍保持严格性.

2) 虽然观点不同,但对于解决力学问题具有同等效力.

所谓内力、外力依赖于力学体系的组成.如果我们扩大所考察的体系,使它包括以保守力相互作用的全部物体,例如研究抛体运动和研究人造卫星绕地运动时,我们以抛体和地球,人造卫星和地球组成的体系为研究对象,那么,相应的保守力(如重力、万有引力)的势能就是体系的内势能,而不存在外势能.于是,我们就采用了第一种观点及相应的功能原理的表述(4.33)式.如果我们只把在保守力场中运动的物体作为研究的体系,如以地球为参照系,以抛体和人造卫星作为研究的对象,我们仍可以定义该物体的与保守外力相关的势能,这就是所考察体系的外势能.于是我们就采用了第二种观点及相应的功能原理表述(4.35)式.

在以保守力相互作用的两个物体中,如果一个物体的质量远大于另一个(如地球

① 恒定的均匀力场除外.

之于人造卫星)，因而我们可以把这个物体近似地作为惯性参照系，讨论另一个物体的运动. 这时，认为该保守力的势能是属于两物体组成体系(内势能)的抑或认为势能是属于运动物体的外势能，只要选取相同的零势能位置，势能的数值相同，应用也是等效的，只是看法不同而已.

7. 势能为零的位置是否在所有的情况下都可以任意选定?

根据势能的定义(4.12)式，初、末位置(或相对位置)的势能之差具有确定意义——等于体系从初位置变化到末位置的过程中.保守力所做的功. 对势能函数 E_p 加上任一常数 C，(4.12)式仍然成立. 这就是说，势能函数可以相差一个常数而不影响物理实质. 因此，为了确定在任一位置的势能值，就应首先确定一个势能为零的位置——称为势能的零位. 当势能的零位选定以后，任一位置的势能等于将体系从该位置沿任一路径移动到零势能位置的过程中保守力所做的功. 若以 O 代表零势能位置，那么，在任一位置 M 处，体系的势能可用式表为

$$E_p = \underset{(\text{沿任一路径})}{\int_M^O} \boldsymbol{F}_{保} \cdot \mathrm{d}\boldsymbol{r} = -\underset{(\text{沿任一路径})}{\int_O^M} \boldsymbol{F}_{保} \cdot \mathrm{d}\boldsymbol{r}. \tag{4.36}$$

零势能位置 O 的选取原则上具有任意性. 选取不同的零势能位置，势能值相差一个常数. 在应用上，对一些保守力势能的零势能位置选择已习惯形成一种约定. 如弹性势能选平衡位置处为零势能位置，引力势能选无穷远处为零势能位置等. 按这种约定，弹性势能表达式为$\frac{1}{2}kx^2$，引力势能为$-G\frac{m_1m_2}{r}$.

下面讨论几个有关的具体问题.

(1) 弹性势能恒为正吗?

现在我们根据任意给定的零势能位置，来讨论弹性势能的表达式. 用 x 表示弹簧的绝对形变量($x>0$ 表伸长，$x<0$ 表缩短). 规定 $x=x_0$ 处为弹性势能的零势能位置. 根据(4.36)式可知在弹簧形变量为 x 时，弹性势能的值为

$$E_p = \int_x^{x_0}(-kx)\mathrm{d}x = \frac{1}{2}kx^2 - \frac{1}{2}kx_0^2. \tag{4.37}$$

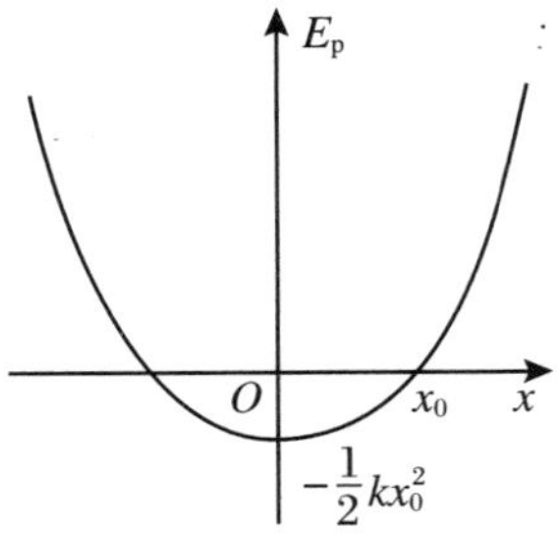

图 4.9

由此可见，弹性势能是 x 的二次函数，其势能曲线为抛物线，如图 4.9 所示. 由(4.37)式和势能曲线可看出，在$|x|<x_0$ 的范围内，$E_p<0$，弹性势能有负值，当 $x=0$ 时弹性势能有最小值，为$-\frac{1}{2}kx_0^2$. 由此可见，弹性势能可以有负值，且当选择不同零势能位置时，其极小值也是不同的. 但是，无论怎样选择零势能位置，弹性势能的最小值都对应于形变为零的状态. 这反映了弹性势能的重要特点. 如果

把这个具有最小值的位置选作为零势能位，即取 $x_0=0$，这就是通常采用的弹性势能的表达式：

$$E_p = \frac{1}{2}kx^2. \tag{4.38}$$

在这种情形下，无负势能出现. 采用上述这种习惯用法时可以不必重复声明零势能位，但在概念上却不能因此而绝对化，错误地认为“弹性势能恒为正值”.

在某些情况下，另外选取弹性势能的零势能位反而可以简化问题，这时应根据(4.37)式，由选定的零势能位置，求出任一位置的弹性势能表达式.

(2) 竖直悬挂的弹簧振子的势能

如图 4.10 所示，质量为 m 的质点悬挂在轻弹簧上，弹簧的劲度系数为 k.

选择质点的平衡位置为坐标原点 O，竖直向下为坐标轴 y 的正向，求质点对平衡位置 O 发生位移 y 时，小球的总势能值.

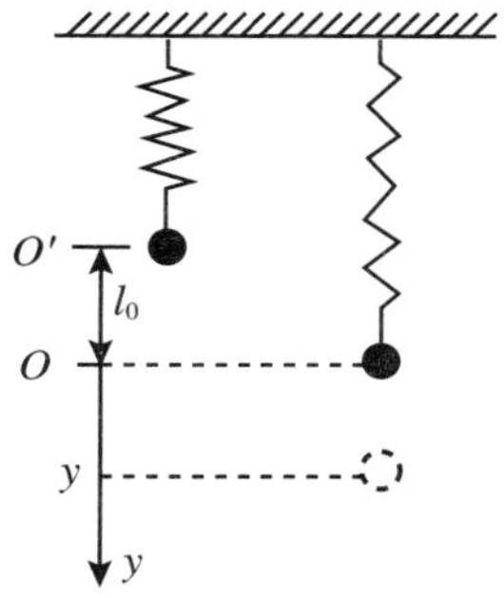

图 4.10

显然，质点受重力和弹力作用，两者都是保守力. 质点的势能为重力势能和弹性势能之和. 下面将按零势能位置的两种不同选择，确定质点的总势能.

1) 以弹簧无形变时质点的位置 O' 为重力势能和弹性势能的零势能位置.

由于质点受重力作用，故在平衡位置处弹簧已伸长 $l_0=\frac{mg}{k}$. 将这个平衡位置选取为坐标 Oy 的原点 O，故在 $y=0$ 处，弹簧具有 l_0 的伸长量. 当质点的坐标为 y 时，它比零势能位置低 $y+l_0$，这时质点的重力势能为

$$E_{p(重)} = -mg(y+l_0). \tag{4.39}$$

弹性势能为

$$E_{p(弹)} = \frac{1}{2}kl^2, \tag{4.40}$$

其中 l 为当小球坐标为 y 时，弹簧的绝对伸长量 $l=l_0+y$. 故弹性势能为

$$E_{p(弹)} = \frac{1}{2}k(l_0+y)^2 = \frac{1}{2}ky^2 + \frac{1}{2}kl_0^2 + kl_0y \tag{4.41}$$

(注意：这时 y 不表示弹簧的绝对形变量). 于是，质点的总势能为

$$E_p = E_{p(弹)} + E_{p(重)} = -mg(y+l_0) + \frac{1}{2}ky^2 + \frac{1}{2}kl_0^2 + kl_0y,$$

应用平衡条件 $mg=kl_0$，可简化上式为

$$E_p = \frac{1}{2}ky^2 - \frac{1}{2}kl_0^2. \tag{4.42}$$

2) 以 $y=0$ 处(m 的平衡位置)为零势能位置时的情况.

当质点坐标为 y 时，

$$E_{p(重)} = -mgy = -kl_0 y, \tag{4.43}$$

$$E_{p(弹)} = \int_{y+l_0}^{l_0} (-ky)\mathrm{d}y = \frac{1}{2}k(y+l_0)^2 - \frac{1}{2}kl_0^2$$

$$= \frac{1}{2}ky^2 + kl_0 y. \tag{4.44}$$

质点的总势能为

$$E_p = E_{p(重)} + E_{p(弹)} = \frac{1}{2}ky^2. \tag{4.45}$$

比较(4.42)式和(4.45)式，显见后一式简单.(4.45)式表明当选择质点的平衡位置为零势能位置时，总势能的表达式好比一个水平放置的弹簧的弹性势能表达式.重力作用相当于使弹簧的原长增长了 $l_0 = \dfrac{mg}{k}$.在以后处理悬挂于弹簧一端的重物的振动时，采用后一种方式选取零势能位置，即应用总势能表达式(4.45)将带来方便.

8. 重力势能辨析

地面附近物体的重力就是地球对该物体的引力.考虑到"地面附近"这个条件，略去引力随高度的微小改变，同时略去在物体大小线度内指向地心的引力线之间的微小夹角，认为地面附近物体的重力为一恒力，即 $W = mg$，其中 $g = \dfrac{GM}{R^2}$，R 为地球平均半径，M 为地球质量.做这一简化，大大有利于研究地面物体的一般运动，与这一简化相对应的是引力势能简化为重力势能，这使得重力势能与引力势能相比具有它的特点，下面从教学角度讨论两个问题.

(1) 重力势能与引力势能的表达式为何完全不同

当物体高度 z 远小于地球半径 R 时，可略去引力随高度的变化，认为 $r = R + z \approx R$.在引力势能中如果取这一近似 $r = R + z \approx R$，则地面附近的引力势能似乎应当是

$$E_p^{(引)} = -G\frac{Mm}{R+z} \approx -\frac{GMm}{R} = -mgR,$$

与重力势能 $E_p^{(重)} = mgz$ 相比，形式完全不同，是怎么回事呢?

根据势能的定义，当高度变化时，视作恒力的重力做功，相应的势能是要变化的.而 $R + z \approx R$ 这个条件，在忽略力随高度变化的同时，也略去势能随高度的变化，在概念上就完全错了，因此，为了如实地反映物体对地面的高度不同引力势能不同，在引力势能的表达式中，不能简单使用 $R + z \approx R$ 这一条件，应当将上式化为 $E_p^{(引)} = -mgR(1 + z/R)^{-1}$，再将 $(1 + z/R)^{-1}$ 展为幂级数，应用近似条件 $z/R \ll 1$，从而略去 z/R 二次方以上的项，得到

$$E_p^{(引)} = mgz - mgR. \tag{4.46}$$

即使这样,也与常见的重力势能表达式不同.

原来,常用的引力势能 $E_p^{(引)}=-\frac{GMm}{r}$ 和重力势能 $E_p^{(重)}=mgz$ 的零势能位置选择是截然不同的.引力势能的表达式是基于选择无穷远处($r=\infty$)为零势能位置,而作为恒力的重力势能是选择 $z=0$ 处,即地面处为零势能位置的.既然零势能位置不同,当然就不可能从 $E_p^{(引)}=-G\frac{Mm}{r}$ 出发而得出 $E_p^{(重)}=mgz$.

不难证明,只要把引力势能的零点选在地面上,即令 $r=R$ 处 $E_p^{(引)}=0$,再应用近地条件,就可以将引力势能简化为重力势能.现证明如下:

根据势能定义,当取 $r=R$ 处,$E_p^{(引)}=0$ 时,距地心为 $r(>R)$处的引力势能为

$$E_p^{(引)}=\int_r^R\left(-G\frac{Mm}{r^2}\right)\mathrm{d}r=GMm\frac{r-R}{Rr}.$$

令 $r=R+z$,z 为物体到地面的高度,则得

$$E_p^{(引)}=m\left(\frac{GM}{R^2}\right)\frac{z}{1+z/R}=mgz\frac{1}{1+z/R},$$

考虑到物体在地面附近这个条件$\frac{z}{R}\ll 1$,$(1+z/R)^{-1}\approx 1-\frac{z}{R}$,可得

$$E_p^{(引)}=mgz=E_p^{(重)}. \tag{4.47}$$

可见,常用的重力势能是考虑到近地条件,并选择地面为零势能位置时的引力势能.

(2) 恒定重力场中物体的势能可以在相对于地面运动的参照系中定义

许多作者指出,由于相互作用的一对保守力的总功只决定两个物体的相对位置,并与参照系的选择无关,因此势能是以保守力相互作用的物体系的势能,根据这种观点,重力势能表达式 $E_p=mgz$ 中,z 必须是物体对地面(或对地静止的基准面)的高度.但是,对恒定力场来说,只要在恒定力场成立的空间内,在任何参照系中(当然为了应用牛顿定律,应是惯性系),都可以使用该恒力势能的概念,而势能值只与物体在该参照系中的位置有关,而与相对于场源(地球)的位置无关.证明如下:设

$$\boldsymbol{F}=\text{恒矢量}\quad(\text{如重力}),$$

对于任意选定的参照系,有

$$\underset{(\text{沿任一路径})}{\int_{\boldsymbol{r}_0}^{\boldsymbol{r}}}\boldsymbol{F}\cdot\mathrm{d}\boldsymbol{r}=\boldsymbol{F}\cdot\int_{\boldsymbol{r}_0}^{\boldsymbol{r}}\mathrm{d}\boldsymbol{r}=(-\boldsymbol{F}\cdot\boldsymbol{r}_0)-(-\boldsymbol{F}\cdot\boldsymbol{r}). \tag{4.48}$$

也就是说,在物体沿任何路径运动中,恒力对物体做的功,只取决于物体在该参照系中的初末位置($\boldsymbol{r}_0$ 和 $\boldsymbol{r}$).于是可定义物体的势能

$$E_p=-\boldsymbol{F}\cdot\boldsymbol{r}. \tag{4.49}$$

显然上面证明中,功只是作用于物体的恒力在物体沿任一路径中所做的功,而不是一对相互作用力的功的和,$\boldsymbol{r}_0$ 和 $\boldsymbol{r}$ 是物体在任意选定的参照系中的位置,而与产生该恒力的物体(如地球)的相对位置无关.由此可见,在恒定力场中,可以不管场源位置而定义势能.

以重力势能而言,承认这一点可以在谈到物体的重力势能时,不必强调"实际上是物体和地球组成的体系的势能"这一点.这不仅在概念上来得简明,在应用中则更为方便灵活.现举一例以说明之.

例 4 在地面附近,以速率 u 竖直匀速上升的升降机中,从高 h 的天花板上掉下质量为 m 的小球.求小球落到升降机地板上时相对于地板的速率.

解法 1 以升降机为参照系,重力是保守力.设以地板为零势能位置,则小球的重力势能为

$$E_p = mgz, \qquad ①$$

其中 z 是小球对地板的高度.忽略空气阻力,掉下的小球只受保守力作用,机械能守恒.设小球从 $z = h$ 处开始,掉到地板时相对于升降机的速率为 v,则有

$$\frac{1}{2}mv^2 = mgh, \qquad ②$$

得

$$v = \sqrt{2gh}.$$

在此解法的势能表达式中,z 并不表示小球相对于地面的高度,与相对于地球的位置无关.

解法 2 采用重力势能是物体与地球组成的物体系的势能的观点,以小球-地球组成体系为研究对象,并以地面为参照系,重力势能为

$$E_p = mgz. \qquad ③$$

其中 z 是物体对地面的高度(或物体相对于固定在地面上的某零势能位置的高度),如图 4.11 所示.

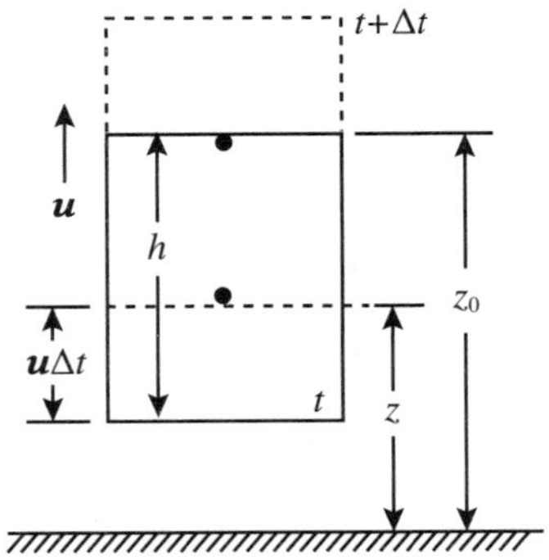

图 4.11

初始,小球对地高度为 z_0;触及地板时,高度为 z,经历时间为 Δt.初始时,小球的速度(对地)为 u、方向向上;触地板时,小球对地的速度为 $V = u - v$,其中 v 是小球相对于升降机的速度.由机械能守恒,可得

$$mgz_0 + \frac{1}{2}mu^2 = mgz + \frac{1}{2}m(u - v)^2,$$

$$mg(z_0 - z) = \frac{1}{2}mv^2 - muv. \qquad ④$$

由于在小球下落的时间 Δt 内,升降机上升了 $u\Delta t$(见图 4.11),故有

$$z_0 - z = h - u\Delta t,$$

将此式代入④中,得

$$mgh - mgu\Delta t = \frac{1}{2}mv^2 - muv. \qquad ⑤$$

又由于小球对地做初速为 u 的竖直上抛运动,故有

$$V = u - g\Delta t$$

或

$$u - v = u - g\Delta t, \tag{⑥}$$

即

$$v = g\Delta t. \tag{⑦}$$

将⑦式代入⑤,得到

$$mgh = \frac{1}{2}mv^2,$$

$$v = \sqrt{2gh}. \tag{⑧}$$

由此例可见,对这样一个简单问题,如用机械能守恒求解,而坚持"重力势能决定于物体对地球的相对位置,属于物体地球组成的体系"这种观点,便会使解决问题变得烦琐.如果根据具体情况,在恒力场有效的空间内恰当确定一个惯性参照系,在其中选定零势能位置,直接使用物体的势能这一概念,道理不失严谨,却可以在应用中更为方便、灵活.

9. 从能量转化和守恒定律看内力总功的意义

能量转换和守恒定律是自然界最普遍的守恒定律之一,对于一个孤立的系统(即与外界无相互作用的系统),能量转化和守恒定律可以用机械能与其他一切形式的能量之间的转化和总量守恒来表述,其表述为

$$\Delta E = -\Delta\varepsilon. \tag{4.50}$$

其中 E 表示孤立系统的机械能,ε 表示其他一切形式的能量的总和,上式表示,在一个孤立系统内,机械能的增量等于其他一切形式能量的减量.

实验证实,在一个孤立系统内,一切非机械形式的能量的增量 $\Delta\varepsilon$ 决定于系统内部的物理过程,与参照系的选择无关.

孤立系统的机械能与其他形式的能量之间是通过什么过程互相转化呢?根据功能原理,对于孤立系统 $A_{外}$ 等于零,故有

$$A_{非保内} = \Delta E, \tag{4.51}$$

即系统内所有非保守内力的总功等于机械能的增量.

再比较(4.50)与(4.51)式可知:孤立系统内部非保守力的总功等于系统内非机械的其他一切形式的能量的减量,即

$$A_{非保内} = -\Delta\varepsilon. \tag{4.52}$$

系统内非保守内力的总功等于所有成对的非保守内力之功的总和.前面早已讨论过,非保守内力的总功 $A_{非保内}$ 只决定于非保守内力的性质和内部的物理过程,与参照系的选取无关.这和 $\Delta\varepsilon$ 与参照系的选择无关的这个实验事实相吻合.

根据以上分析可见,孤立系统内机械能与非机械的其他形式的能量的转换是通

过非保守内力做功来完成的．而且，非保守内力总功的负值是孤立系统的机械能量转化为非机械的其他形式能量的量度．

在一个“复杂系统”内，如果系统内包含有热学过程、化学过程乃至于生命现象，内部作用是极其复杂的，各种形式的运动相互转换，各种形式的能量随之相互转换．但是，只要系统的机械能发生变化，就总是伴随着机械功．描述机械能变化规律的动能定理和功能原理仍然是适用的．在这样的系统中（如果系统与外界无能量变换），机械能与一切其他形式的能量之间的相互转化仍然是通过非保守内力做功实现的，而且这种转化的量度是非保守内力总功的负值．例如，60 kg 的人从地面最初曲体开始跳起，其重心升高 $h=1.5$ m（以地球和人组成体系，为一封闭体系）．在此过程中体系的机械能增量为 $mgh=1\times9.8\times1.5$ J $=14.7$ J．于是，可以断定在跳跃过程中，人体内部肌肉的非保守力做的机械功的总和也应为 14.7 J，人体内部生物化学能中有 14.7 J 通过内力做功而转换成为机械能①．对于其他非机械的、不同形式的能量之间的转化及其转化的方式，则不属于力学规律所能解决的．

如果孤立系统内没有非保守力做机械功，那么系统内不会发生机械能与其他形式能量的转化（非机械的其他不同形式能量之间的转化是可能的，这种转化不是通过机械功来完成的，如生物体内的代谢过程）．这种系统称为孤立的保守系统．在孤立的保守系统中，机械能的两种形式——动能和势能可以相互转化，但其总量守恒．动能和势能的转化是通过保守内力做功的过程来完成的．

由于孤立系统以及孤立的保守系统不存在外界作用，故对任何参照系而言，都无外界做功或不与外界交换能量．系统中只存在内部的相互作用，而内部相互作用的总功又是与参照系选取无关的．所以，孤立系统的能量守恒，以及孤立的保守系统中的机械能守恒是绝对的，也就是说不依参照系的不同选取而破坏这种守恒．

对于非孤立的（开放）系统，由于存在着外界作用，而外力对系统做的功与参照系的选取有关，故只有在特定的参照系中，外力的功或外力与非保守内力的合功才等于零．因此，应当具体分析在选定的参照系中，系统的机械能是否守恒．在一个参照系中机械能守恒的开放系统，在另一个参照系中机械能不一定守恒．例如，弹簧振子水平放置在小车的光滑地板上，弹簧的一端固定在小车的前壁上．振子以一定振幅相对于车振动着．同时，我们使小车在水平面内保持恒定的速度．显然，如果以小车为参照系，车前壁作用于弹簧振子系统的力不做功，弹簧振子的机械能守恒．但是如果以地为参照系，车前壁作用于弹簧的力要做功，这时，弹簧振子的机械能便不守恒了．在这个例子中，弹簧振子受车前壁的作用力是外力，弹簧振子就是一个开放系统，只有在小车参照系中机械能才守恒．

---

① 这里不考虑心脏的脉动和血液的流动中做的机械功．

10. 摩擦力做功和摩擦生热

大家都很熟悉摩擦生热现象,摩擦生热是由于摩擦力做功的结果.但究竟是相互摩擦的哪一个物体受的摩擦力做功的结果呢?还是相互作用的一对摩擦力做功的结果呢?现在我们来讨论这个问题.

(1) 作用于给定物体的摩擦力做功的效应是改变受力物体的动能

我们讨论一个简单的例子:在一辆相对于地面保持恒速 u 运动的车厢中,一木块质量为 m,以初速 v_0 相对于车厢地板向前滑动,经过距离 l 后静止在车厢内,如图 4.12 所示,设木块与车厢地板间的摩擦系数为 μ.我们分别选取三个不同的惯性系,讨论作用在木块上的摩擦力的功及其效应.

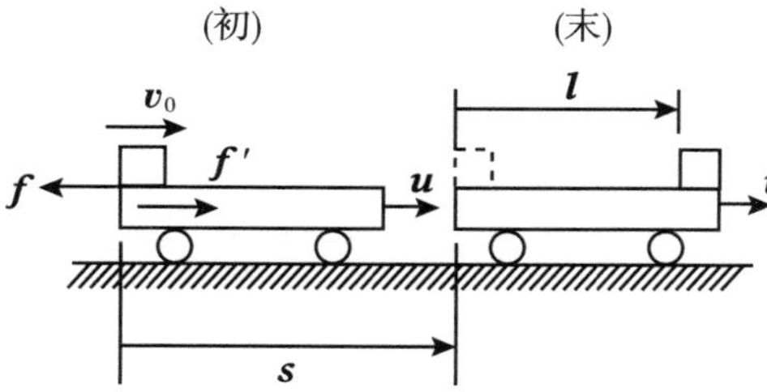

图 4.12

1) 以车厢为参照系.

作用于木块上的摩擦力的方向与位移方向相反,大小为 $f=\mu mg$.由于只有摩擦力做功,故根据动能定理,有

$$-\mu mgl = 0-\frac{1}{2}mv_0^2,$$

$$\mu mgl = \frac{1}{2}mv_0^2. \tag{4.53}$$

2) 以地面为参照系.

如图 4.12 所示,木块的位移等于车的位移 $\boldsymbol{s}$ 与木块相对于车的位移 $\boldsymbol{l}$ 之和 $\boldsymbol{s}+\boldsymbol{l}$,方向与摩擦力 $\boldsymbol{f}$ 的方向相反.木块的初速为 v_0+u,末速为 u,故应用动能定理,有

$$-\mu mg(s+l) = \frac{1}{2}mu^2-\frac{1}{2}m(v_0+u)^2. \tag{4.54}$$

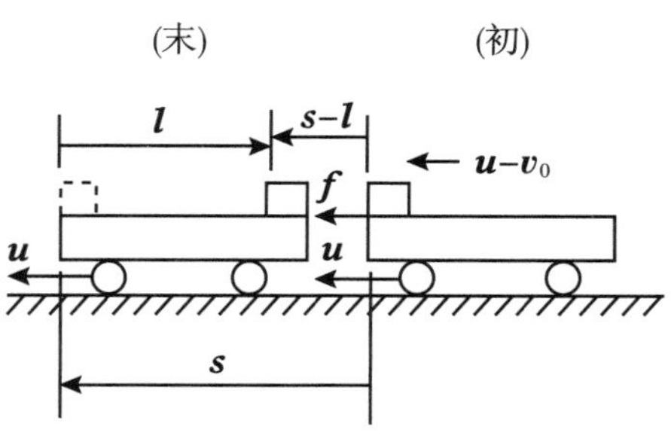

图 4.13

3) 以沿同方向,对地以速度 $2u$ 匀速行驶的另一辆汽车为参照系(仍是惯性系).

图 4.13 表示出在这个参照系中车厢的速度 u(向左)以及车厢和木块的位移方向(设 $u>v_0$).木块的初速为 $u-v_0$,末速(与车相对静止)为 u.故在此参照系中应用动能定理,得

$$\mu mg(s-l) = \frac{1}{2}mu^2-\frac{1}{2}m(u-v_0)^2. \tag{4.55}$$

在这个参照系中摩擦力做正功.

从以上讨论可见:对于不同的惯性参照系,摩擦力对木块做功的数值(包括正负号),以及木块的动能及其变化都是不同的.但是,对每一个惯性系,动能定理都成立.而且,由于在每种情况下都只有摩擦力做功,故以上讨论清楚表明:对于每一个惯性系,一个摩擦力做功的效应都是改变受力物体的动能.

为了确信以上三式都是正确的,我们做如下分析:应用车和木块组成的体系的动量定理可以证明,①

$$\mu mgs = mv_0 u, \tag{4.56}$$

应用此式于(4.54)和(4.55)式中,最后都可得出(4.53)式,即

$$l = \frac{v_0^2}{2\mu g}. \tag{4.57}$$

这表明:尽管对于不同的惯性系,根据在该惯性系中的动能定理表明的摩擦力的效应都可以得到结论(4.57)式,即木块在车厢中相对滑动的距离决定于最初的相对速度 v_0 和摩擦系数 μ.这表明了上述过程的物理实质.从不同惯性系中摩擦力做功的效应[(4.53)～(4.55)式]可得出相同的结果[(4.57)式],这一点证明了在任一惯性系中,一个摩擦力的效应都是改变受力物体的动能.这里一点也没有涉及“生热”的问题②.

(2) 一对摩擦力的合功是摩擦生热的量度

在上面所述的不同参照系中,车厢作用于木块的摩擦力做功的数值不同.但是,如果同时计算木块反作用于车厢的摩擦力做的功,那么这一对摩擦力的合功恒等于 $-\mu mgl$,在任何参照系中都是相同值.现在我们将说明,一对摩擦力的合功的效应是“生热”,而且合功的数值正好是摩擦生热的量度.下面分两种情况讨论.

1) 孤立系统中的摩擦生热.

我们讨论由两个相互摩擦的物体组成的物体系,在运动过程中,没有外力对这个体系做功(视为孤立系统).物体 A 质量为 M,最初静止于光滑水平面上,物体 B 质量为 m,与 A 的上表面(亦是水平的)接触,并以初速 v_0 运动,然后 A,B 两者在相互施

---

① 以地为参照系,车厢受木块反作用的摩擦力 f',方向向右(图 4.12).现车厢保持恒速 u,加速度为零,故车厢还必须受大小 $f' = \mu mg$,方向水平向左的外力 F.这个力 F 是木块和车厢组成的体系在水平方向受到的外力.设水平向右为坐标轴的正向,应用体系的动量定理,有

$$-\mu mg \cdot t = (m + M)u - [Mu + m(v_0 + u)],$$

其中 M 为车厢的质量,t 是木块从相对速度 v_0 变到相对静止时所经历的时间间隔.上式化简为

$$\mu mgt = mv_0.$$

又由于在时间 t 内车厢在地面上的位移 $s = ut$,故得

$$\mu mgs = mv_0 u.$$

如选取以速度 $2u$ 同向运动的汽车为参照系,同样可得上式.

② 由于“生热”的量,即体系内能的增量或温度升高,对于参照系的变换是不变量,而对给定物体的摩擦力的功值却依赖于参照系的选取,可见一个摩擦力的功与体系的“生热”之间没有直接的联系.

加的摩擦力作用下运动.经过一段时间 t,B与A达到相对静止,这时两者的速度都为 v.设在这段时间中,B在A上相对滑动的距离为 l,A相对于地运动的距离为 s,如图4.14所示.在这个过程中,A,B之间的相互作用的滑动摩擦力的大小为 $f=\mu mg$.根据问题5中的讨论,体系的一对滑动摩擦力(非保守力)的合功为

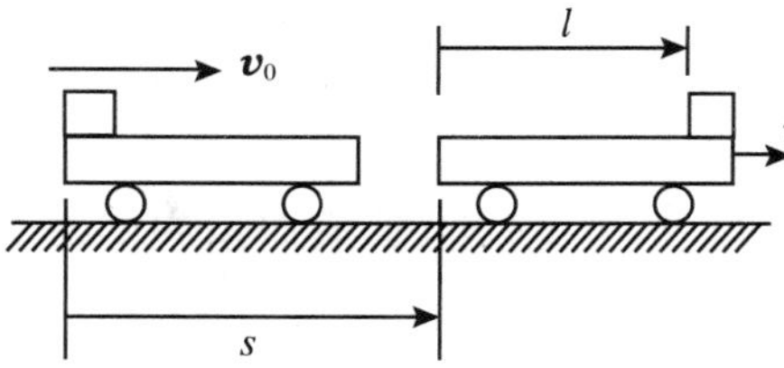

图 4.14

$$A_{摩}=-\mu mgl. \tag{4.58}$$

由于无外力做功,也无其他内力做功,根据质点组动能定理,A,B组成的体系的动能增量为

$$\Delta E_k=-\mu mgl. \tag{4.59}$$

根据孤立系统的能量守恒和转换定律,即问题9中(4.50)式,有

$$\Delta\varepsilon=-\Delta E_k=\mu mgl, \tag{4.60}$$

其中 $\Delta\varepsilon$ 为体系中一切非机械的能量的增量,在这里,它就是体系内能的增量(假定体系是与外界绝热的),其宏观表现为两物体温度升高.这就是所谓的"摩擦生热".

一对摩擦力的合功 $-\mu mgz$ 是不依赖于参照系的选取的,也就是对参照系的变换应当是一个不变量.这与内能的增量——温度升高不依赖于参照系的选择这一实验事实相吻合.所以,由于系统内的一对滑动摩擦力做功的结果,使一定量的机械能转换成为内能,这个量就等于摩擦力的合功的绝对值.

2) 开放系统的摩擦生热.

我们讨论这样一个例子:一人的两手各执一木块,相互接触,在水平面内,用力摩擦.设摩擦过程中两手各用等大反向的恒力,且沿接触面方向的分力的大小正好等于滑动摩擦力的大小 f.因此,两木块在相对滑动中,保持匀速运动——动能不变.

设两木块相对于惯性系的位移方向与各自受的外力同方向,大小各为 s_1 和 s_2,因此两木块相对滑动的距离 $l=s_1+s_2$,以两木块为体系,由于机械能不变,故有

$$A_{外}+A_{摩内}=0,$$

其中,$A_{外}$ 是我们两手对木块做功的总和,$A_{摩内}$ 是两木块相互作用的一对滑动摩擦力的合功,所以有

$$A_{外}=-A_{摩内}=fl.$$

同时由于两木块内能增加(假定两木块与外界绝热),内能增加的量和前面讨论的一样,等于一对滑动摩擦力的合功的绝对值(即 $\Delta\varepsilon=fl$).在这个例子中,体系的机械能没有变化,一对摩擦力做功使体系的内能增加,这个内能增加是什么转换来的呢?显然不是由体系的机械能转换来的.合理的解释是:我们手臂肌肉通过手用力克服摩擦力对木块做机械功 $A_{外}(=-A_{摩内})$,将我们体内的生物化学能量转换成为两

木块体系的内能增量.

综上所述,一个摩擦力做功的效应是改变物体的动能,与参照系有关;一对摩擦力做的功的和(合功)则与参照系选择无关,合功的绝对值正是“生热”或系统内能增加的量度.“摩擦生热”或体系内能的增加通过摩擦力做功(合功)由体系的机械能转换而来;也可由其他形式的能量通过外力克服摩擦力(一对摩擦力)做功的形式转化而来;或者上面两种转换形式兼而有之.

根据本章第5个问题中讨论的一对摩擦力的合功的计算方法知道,以地面为参照系,固定表面作用于滑动物体的摩擦力做的功就等于相互作用的一对摩擦力的合功.因此通常说固定表面作用于滑动物体的摩擦力做功使相应数量的机械能转换成为内能(摩擦生热),这种说法也是正确的.

11. 功能原理作为过程规律的特点及应用中应注意的问题

(1) 过程规律的特点

从表述形式看,力学规律有两种类型,一类是瞬时性规律,另一类是有关力学过程的规律.前者表示有关力学量之间的瞬时关系,如牛顿第二定律表示力与加速度之间的瞬时关系;后者表示力学体系在经历的状态变化过程中,有关力学量之间遵从的规律,表示某一状态量的变化与相应的过程量之间的关系.如功能原理、机械能守恒定律、动量守恒定律、动能定理、动量定理及角动量定理、角动量守恒定律等都属于过程的规律.这里,我们以功能原理(包括机械能守恒定律)为例,讨论过程规律的特点及应用中应注意的问题.

过程规律与瞬时规律之间有着密切的联系.在经典力学体系中,过程规律是对牛顿第二定律的相应积分而得到的.如将牛顿第二定律对空间积分,便得到质点的动能定理;将动能定理推广到力学体系,并建立势能概念后,就得到功能原理.可见,牛顿第二定律是功能原理的基础.力学体系中每一个质点在每一时刻的运动都遵从牛顿第二定律,正是以此为基础,形成力学体系在力学过程中的功能关系.

另一方面,一经建立了新的力学量(如功和能),并得到有关过程的规律,它便具有了新的意义,这就是:

1) 过程规律着眼于力学体系的整体和过程的全局.

如功能原理所表示的是力学体系整体的机械能(状态量)的变化,与变化过程中一切非保守力做的总功(过程量)之间的等量关系.它只从功和能的角度表明体系在状态变化过程中应遵从的规律性.虽然力学体系的每一局部在每一时刻都必然满足瞬时性的牛顿第二定律,但是功能原理只承认这个基础,而不做具体论述.除体系的机械能和过程中非保守力的功之外,功能原理不涉及其他问题.对于体系的每一局部在各时刻的运动等细节(包括运动方向、时间、轨迹等),功能原理没有给出限制.也没有提供信息.下面的方框图 4.15 表示功能原理作为过程规律的这一特点.

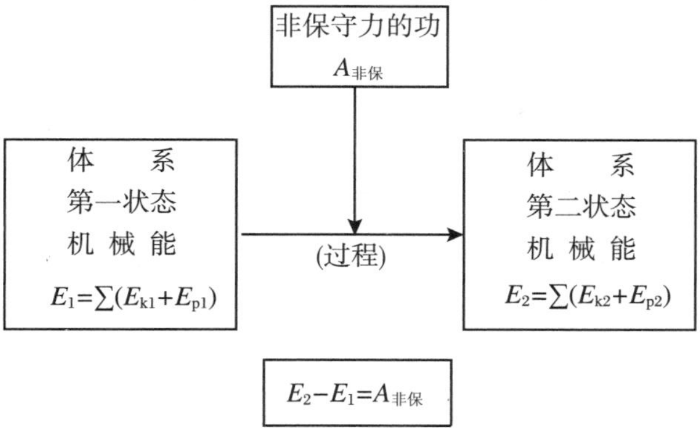

图 4.15

例如,从高为 h_0 的楼顶以速率 v_0 抛出质量为 m 的物体,已知落地时的速率为 v.应用功能原理,很容易求出物体在整个过程中阻力对它做的功为 $A_{阻}=\frac{1}{2}mv^2-\left(\frac{1}{2}mv_0^2+mgh\right)$.这属于过程整体的特征,功能原理只能做到这一步.对于物体运动轨迹,落地时的速度方向,落地点的坐标,运动所用的时间等细节,都不能从功能原理中得出答案.这些细节,只有在给出抛射角、阻力的规律以后,应用牛顿第二定律才能确定.

又如,从高 h_0 的楼顶以速率 v_0 抛出物体,如不计阻力,求物体落到某一高度 h 时的速率 v.这里给出了过程的特点——无非保守力做功,于是由机械能守恒,可立即求出

$$v=\sqrt{v_0^2+2g(h_0-h)}.$$

对于不同的抛射角,有不同的轨道、飞行时间、速度方向,上式皆成立.机械能守恒不过问这些运动的细节,只对在高度 h 处的速率 v 做出了规定.对于不同的抛射角,牛顿定律确定了不同的轨道和相应的其他运动特征.但是,机械能守恒以及得出的速率表示式对于无数个有不同轨道的抛体运动都是成立的.

由此可见:功能原理只是从功和能的关系方面表示一切过程必须遵从的规律.当过程的功能关系给定时,可能容纳许多可能的具体过程.如果要确定体系运动状态和过程的细节,功能原理便无能为力了,这时就必须依赖进一步的条件,应用瞬时规律——牛顿第二定律才能解决.

2) 过程规律中涉及的一些力学状态量,如能量、动量,已经从机械运动扩展到其他物质运动形式中,从而拓宽了描述过程的相应规律的适用范围.

例如,随着热功当量的确立,人们认识到能量是物质运动的共同的量度,从而发

现了包含热现象在内的更普遍的功能关系——热力学第一定律.在现代物理中普遍地使用能量、动量、角动量概念,相应的三个守恒定律已成为普遍适用的自然定律,远远超出了牛顿定律的适用范围.

因此,当力学教学从牛顿定律进入功和能、动量等内容时,学生面临着掌握新的一类力学规律,即有关过程规律.这时,不仅要接受新概念,而且还要接受处理物理问题的新思想、新方法.在这部分教学中要有意识地引导学生认识两类规律的辩证关系和它们的特点,这对力学及整个物理学习都是很有意义的.

(2) 应用功能原理(包括机械能守恒)要注意的问题

充分把握功能原理作为过程规律的特点及与瞬时规律的关系,明确它能解决和不能解决的问题,是在应用功能原理时必须明确的.下面将通过几个例题来说明与此有关的问题.

1) 一定的功能关系(包括机械能守恒)只从功能的角度给出了一类可能运动的共同特征.要确定物体在给定条件下的具体运动细节,就必须配合使用瞬时性的牛顿第二定律.

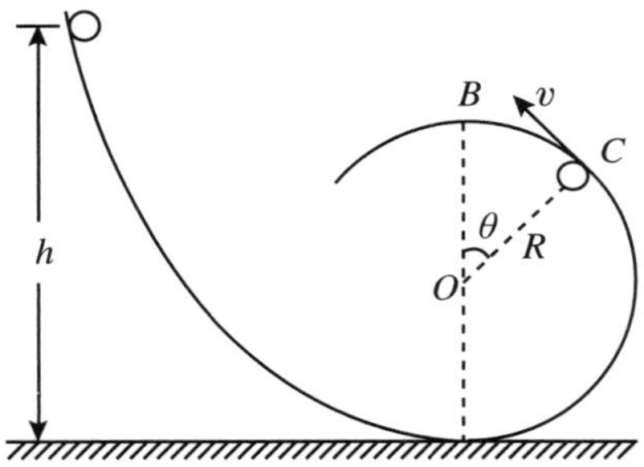

图 4.16

例 5 如图 4.16 所示,小球从静止开始自高 h 处沿光滑轨道下滑,进入半径为 R 的竖直圆形轨道(不计空气阻力).问最初高度 h 至少要多高,小球才能够通过圆轨道的顶点 B?

解 题目给出了小球经历的过程的特征——无非保守力做功.因此在小球运动过程中机械能守恒.设在轨道上任一点 C(如图示)速率为 v.则由机械能守恒可得

$$mgh = \frac{1}{2}mv^2 + mgR(1 + \cos\theta), \qquad ①$$

如果小球能够达到 B 点,则有

$$mgh = \frac{1}{2}mv_B^2 + mg \cdot 2R, \qquad ②$$

得

$$v_B = \sqrt{2g(h - 2R)}.$$

可见:从功能关系的角度看,小球在 B 点的速率取决于最初的高度 h.小球有可能到达 B 点的条件是

$$h \geqslant 2R. \qquad ③$$

只要从最初高度 $h = 2R$ 释放小球,就有可能到达 B 点($v_B = 0$),而不违反机械能守恒定律.

但是,在给定的轨道对小球运动施加约束的具体条件下,是否只要满足条件③,

小球就能实现沿导轨运动到达 B 点呢？这不是机械能守恒所能够解决的.必须具体分析轨道对小球运动的约束情况，根据瞬时性的动力学规律才能解决.

现在我们分析小球在轨道上任一点 C 时的动力学规律.小球受重力和轨道的约束力 N（假定指向圆心方向为正），则由牛顿第二定律有

$$mg\cos\theta + N = m\frac{v^2}{R}. \quad ④$$

显然，当小球沿导轨上升时，θ 减小，v 减小，而 $mg\cos\theta$ 增大.因此根据上式，N 将随 θ 的减小而减小.如果速度 v（决定于 h）不是足够大，以至在某一位置（半径与竖直方向夹角为 θ'）时有

$$mg\cos\theta' = m\frac{v^2}{R}, \quad ⑤$$

则在此点有 $N=0$.如果小球在经过此点以后还要继续沿圆轨道上升（$\theta<\theta'$），则根据④应有 $N<0$.这就是说，除非在此点以后轨道对小球作用的约束力离心向外，小球才有可能继续沿轨道上升.反之，如果轨道不能提供向外的约束力以阻止小球向内侧脱离轨道，那么，在重力作用下小球将改做抛体运动.这以后，尽管机械能仍保持守恒，但却不再沿圆形轨道运动，显然也就到不了 B 点.

由此看来，小球在一定条件下能否到达 B 点，还依赖于小球受轨道约束的具体情况.下面分别讨论两种不同截面的轨道：

a）槽形的或由两个平行光滑细杆弯成的轨道.这种轨道只能约束小球不向外离开轨道，而不能限制小球向内脱离轨道.因此轨道各点能加于小球的约束力 N 只能指向圆心（即 $N\geqslant0$）.如果小球沿圆形轨道到达 B 点，则由牛顿第二定律有

$$mg + N = m\frac{v_B^2}{R}, \quad ⑥$$

其中 $N\geqslant0$.由此约束条件限制的小球沿圆周运动到达 B 点的瞬时动力学关系是

$$mg \leqslant \frac{mv_B^2}{R}. \quad ⑦$$

将⑦与机械能守恒式②联立，即求得能使小球通过 B 点，最初高度 h 应满足的条件：

$$h \geqslant \frac{5}{2}R. \quad ⑧$$

b）轨道由刚好能容纳小球的光滑圆管弯成.在这种情况下，圆形轨道对小球的约束使小球不可能向任何方向脱离轨道.也就是说，这种轨道对小球施加的约束力可以指向内侧，也可以沿离心方向指向外侧，即 N 可正也可负.对于任一速率 v（包括等于零的情况），轨道施加的约束力 N 都可取适当值以保证④成立.在顶点 $B(\theta=0)$，有

$$mg + N = m\frac{v_B^2}{R}. \quad ⑨$$

对于任一速率 v_B，轨道约束力 N 均能取适当值以保证上式成立.对于小球刚到 B 点就静止的情况（$v_B=0$），按上式有 $N=-mg$（即约束力竖直向上，大小等于球的重

量)，圆管截面的轨道能够对小球提供这样的约束力.由此可见，小球沿由光滑圆管弯成的轨道能到达最高点 B 的条件是：在 B 点的速率 $v_B \geqslant 0$. 于是根据②可知，小球在最初高度 h 只需满足 $h \geqslant 2R$ 就可以了.

从这个题目的分析中可看出：对于不同截面形状的轨道，结果是完全不同的.差别不在于机械能守恒的应用，而是由于不同轨道对小球的约束不同.这表明，机械能守恒只能提供物体在任意的两个状态中的机械能(包括高度 h 和速率 v)的信息.对于物体运动细节(如力与加速度等)，就必须从物体在轨道中每一点必须满足的瞬时动力学规律中寻求答案.

2) 如果已经给定了力的规律和初始条件，过程的功能关系随之确定.在编制题目时，必须保证两者协调，避免因强调过程规律而忽视在给定过程中每一时刻应遵守的动力学规律.

下面分析两个错例.

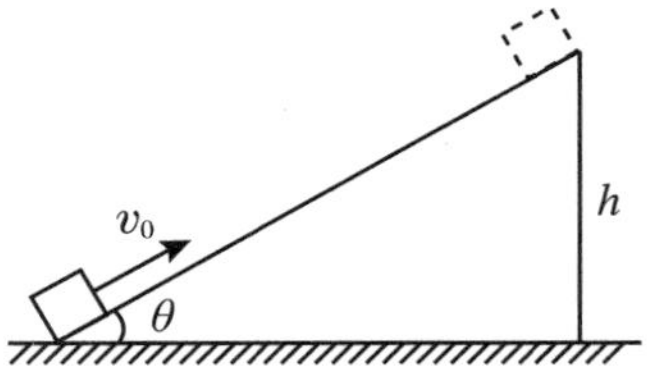

图 4.17

例 6 如图 4.17 所示，一个物体沿斜面底部以 $v_0 = 10$ m/s 向斜面上方冲去，然后又从斜面上滑下，滑到底部时速率已变为 $v_f = 8$ m/s. 已知斜面倾角 $\theta = 30^\circ$，物体与斜面间的滑动摩擦系数 μ 为 0.1.求物体冲到最高点处的高度.

解法 1 设物体到达最高处的高度为 h. 应用功能原理得

$$\frac{1}{2}mv_f^2 - \frac{1}{2}mv_0^2 = -2\mu mg\cos\theta \cdot \frac{h}{\sin\theta}.$$

解得

$$h = \frac{v_0^2 - v_f^2}{4\mu g\cot 30^\circ} = \frac{10^2 - 8^2}{4 \times 0.1 \times 9.8 \times \sqrt{3}} = 5.3(\text{m}).$$

解法 2 由牛顿定律可求得物体向上做匀减速运动的加速度大小为

$$a = g(\sin 30^\circ + \mu\cos 30^\circ).$$

再根据匀变速直线运动的公式，可求出物体到达最高处的高度为

$$h = \frac{v_0^2}{2g(1 + \mu\cot 30^\circ)} = \frac{100}{9.8 \times 2(1 + 0.1 \times \sqrt{3})} = 4.35(\text{m}).$$

为什么两种解法得出不同的结果呢?

显然，这是由于题目中给定的已知数据不能自洽.发生这种错误的原因则是值得认真加以分析的.

题目中限定物体沿斜面做直线运动，摩擦系数 μ 和斜面倾角 θ 既已给定.则物体受力规律也就确定了.这时，只要给出初始速度 v_0，物体在任一时刻的速度和高度都应由 μ, g, θ, v_0 所决定，绝对不能再随意地给出物体滑到某一位置的速度值(即动能和势能).本题却不恰当地给出了与上述条件不自洽的滑回出发点处的速率 $v_f = 8$ m/s.

实际上，按已知的 μ，θ，v_0 值算出滑回斜面底部的速率应为 8.4 m/s，两者矛盾.

原题意在练习功能原理的应用. 即便如此，给出了初、末态的 v_0 和 v_f，可以确定的只是过程中摩擦力做的功为 $A_f=\frac{1}{2}mv_f^2-\frac{1}{2}mv_0^2$. 如果题目只要求求出 A_f，不涉及过程的细节，这时，随便给定 v_0，v_f 都是可以的(当然必须是 $v_0>v_f$). 然而这个题目却要求求出 h，并且还给出了 μ 的值，这就规定了过程的细节，v_0，v_f 的值也就不能随意假定，而必须慎重处理.

根据题意，物体沿斜面做上升和下降的运动. 而"上升"和"下降"两段物体受力的规律并不相同. 在"上升"中重力沿斜面的分量与摩擦力同方向，而"下降"中二者恰相反. 所以，当给定 v_0 和 v_f 后，上升的最高点高度 h 与摩擦系数 μ 之间的关系应由上升和下降两段的动力学规律确定，即由

$$v_0^2 = 2g(\sin\theta + \mu\cos\theta)\frac{h}{\sin\theta}, \quad ①$$

$$v_f^2 = 2g(\sin\theta - \mu\cos\theta)\frac{h}{\sin\theta} \quad ②$$

两个式子决定. 也就是说，当给出 v_0 和 v_f 以后，μ 和 h 应由上面两个式子联立求解而得出. 如果将原题所给出的已知条件 $v_0=10$ m/s 和 $v_f=8$ m/s 代入上两个式子，可求得 $\mu=0.127$(而不是题中给出的 0.1)，$h=4.18$ m. 可见，原题的问题出在主观地给定了摩擦系数的值.

可能还有人会说：既然已经根据 v_0 和 v_f 求出了 A_f，而对于全过程有

$$A_f = -2\mu mg\cos\theta\cdot\frac{h}{\sin\theta}, \quad ③$$

我们怎么不可以任意给定一个 μ 值(如 $\mu=0.1$)，而根据此式来求出 h($h=5.3$ m)呢?

这种意见是不正确的. 要知道③只是表明：功 A_f 等于摩擦力 $\mu mg\cos\theta$ 与路程 $\frac{2h}{\sin\theta}$ 的乘积的负值. 这是由功的定义得到的，它并不涉及具体的运动规律. 如果只是练习功的定义和计算，则上面的意见是可行的. 但是，现在已经涉及了物体沿斜面运动这样一个具体问题. 过程中每一时刻的细节由动力学规律——牛顿第二定律所确定，因此 μ 和 h 应由①和②来确定，而不能只根据③来任意给定.

例 7 如图 4.18 所示，有一小球拴在弹簧(不计重量)的一端，弹簧另一端固定，这个弹簧的原长为 $l_0=0.8$ m，起初弹簧在水平位置，并保持原长；然后释放小球，让它落下，当弹簧过铅直位置时，被拉长成 $l=1$ m. 求该时刻的小球速度. (答案：3.83 m/s)

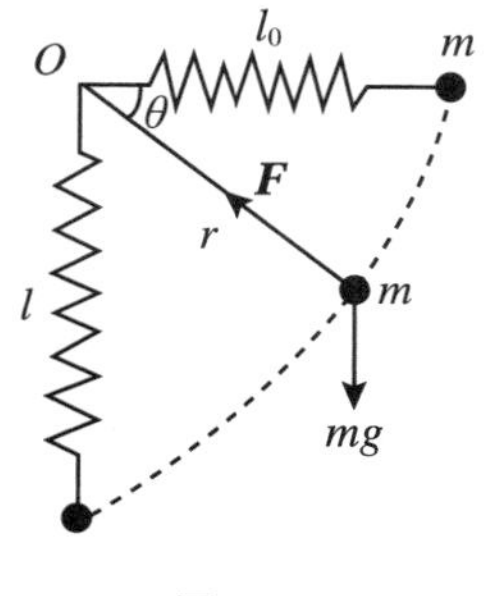

图 4.18

误解(根据给出的答案推测的解法) 设小球质量为 m，弹簧劲度系数为 k；当弹簧摆到铅直位置时，小球的速度为 v. 由功能原理可得

$$mgl = \frac{1}{2}k(l - l_0)^2 + \frac{1}{2}mv^2. \quad ①$$

当弹簧在竖直位置时，小球的速度沿水平方向，由动力学基本方程的法向分量式，有

$$k(l - l_0) - mg = \frac{mv^2}{l}. \quad ②$$

解上两个式子可得

$$v = \sqrt{gl\frac{l + l_0}{2l - l_0}} = 3.83\ \text{m/s}.$$

分析 1）上述解法中认定“当弹簧在竖直位置时，小球的速度沿水平方向”是无根据的，因而动力学方程式②不成立．这个题目正是基于这种错误的判断而出现的．

2）这个题目即使将已知条件补充够（如给定 m 和 k 值）也超出了普通力学的范围．

最初静止的小球在弹力和重力作用下，在铅直平面做平面运动．在平面极坐标 (r, θ) 中的动力学方程为

$$m\left[\frac{\mathrm{d}^2 r}{\mathrm{d}t^2} - r\left(\frac{\mathrm{d}\theta}{\mathrm{d}t}\right)^2\right] = mg\sin\theta - k(r - l_0), \quad ③$$

$$m\left(r\frac{\mathrm{d}^2\theta}{\mathrm{d}t^2} + 2\frac{\mathrm{d}r}{\mathrm{d}t}\cdot\frac{\mathrm{d}\theta}{\mathrm{d}t}\right) = mg\cos\theta. \quad ④$$

功能原理式①是小球动力学方程的一个积分．可用它代替上两个式子中之一，与另一式联立求解．但是，上面的两个微分方程不可能求出解析解答，只能求出数字解．

可见，该题目放在普通力学中作为功能原理的练习是不妥当的．何况题中 m，k 都未给出，即使采用数字解，也是不可能的．

3）在发现了如分析 1）中提出的问题后，将题目进行修改．补充给定 m，k 的值，求小球的速度 v．于是只根据功能原理式①，就可以求解．那么，经这样修改的题目是否就好了呢？

也不好．理由是：既然 m，k 给定，小球受力规律和初值都给定了，那么，在以后的任一时刻，小球的速度 v 和距离 r 都应由 m，k 和运动初值根据方程式③和④来确定．现在，给出当 $\theta = \frac{\pi}{2}$（弹簧竖直）时，弹簧长度 $l = 1$ m，求 v．出现的问题是：在 m，k 都已知数据情况下，“当 $\theta = \frac{\pi}{2}$ 时，$l = 1$ m”是否真实？出题者是以数字积分解出的结果为依据，还是以实验结果为依据呢？于是，又可能出现前面那一个题目中的问题：为了应用功能原理，而不顾已给定受力规律和运动初值的物体的真实运动，随意假定功和能的数值．这样的题目显然在科学性上是经不住检验的．

通过上面两个错例的分析可见，应该明确功能原理作为过程规律的特点，它能解决什么问题以及它与瞬时性的牛顿第二定律的关系．避免因强调功能原理的应用，而

忽视了在一个具体过程中由运动初值和受力规律所规定的因果联系.如果不涉及具体过程的细节,只是练习功能原理的应用,可以任意给定初、末机械能求非保守力的功,或者相反.但是一旦给定了过程的细节(如受力规律、约束条件、初值等),就切不可再随意给定功和能的数值,以免造成矛盾.这对于常常编制物理习题的教师,更是不可忽视的.

第 5 章　动量和角动量

基本内容概述

5.1　质点的动量　动量定理

动量的大小等于质点质量与速度大小的乘积，方向与速度的方向相同，动量矢量记为

$$\boldsymbol{p} = m\boldsymbol{v}. \tag{5.1}$$

力在 t_0 到 t 时间内的冲量(矢量)等于力矢量在该时间间隔内对时间的积分，记为

$$\boldsymbol{I} = \int_{t_0}^{t} \boldsymbol{F}\mathrm{d}t. \tag{5.2}$$

其中 $\boldsymbol{F}\mathrm{d}t$ 表示力在微小时间 $\mathrm{d}t$ 内的冲量，称为力的元冲量.

如果力矢量 $\boldsymbol{F}$ = 恒矢量，则冲量

$$\boldsymbol{I} = \boldsymbol{F}(t - t_0), \tag{5.3}$$

即恒力的冲量等于力与时间的乘积，方向与力的方向相同.

质点的动量定理　在一段时间内，质点动量的增量等于作用于质点的合力在该时间内的冲量，表为

$$\boldsymbol{p} - \boldsymbol{p}_0 = \boldsymbol{I} \tag{5.4}$$

或

$$m\boldsymbol{v} - m\boldsymbol{v}_0 = \int_{t_0}^{t} \boldsymbol{F}\mathrm{d}t.$$

如只限于平面问题，可在平面上建立直角坐标系，动量定理在平面直角坐标系中的分量式为

$$\begin{cases} mv_x - mv_{0x} = \int_{t_0}^{t} F_x \, \mathrm{d}t, \\ mv_y - mv_{0y} = \int_{t_0}^{t} F_y \, \mathrm{d}t. \end{cases} \tag{5.5}$$

5.2　质点组的动量定理　动量守恒定律

5.2.1　质点组的动量定理

质点组(或力学体系)的动量的增量等于作用于质点组的合外力①的冲量.用式子表示为

$$\sum_i m_i \boldsymbol{v}_i - \sum_i m_i \boldsymbol{v}_{0i} = \int_{t_0}^{t} \sum_i \boldsymbol{F}_i \, \mathrm{d}t. \tag{5.6}$$

其中 $\sum_i m_i \boldsymbol{v}_i$ 表示质点组中所有质点的动量的矢量和,称为质点组的动量, $\sum_i \boldsymbol{F}_i$ 为合外力.

5.2.2　动量守恒定律

如果作用于质点组(或力学体系)的合外力等于零,则该质点组的动量保持不变.即

$$\left.\begin{aligned} &\text{如果} \quad \sum_i \boldsymbol{F}_i = \mathbf{0}, \\ &\text{则} \quad \sum_i m_i \boldsymbol{v}_i = \sum_i m_i \boldsymbol{v}_{0i} = \text{恒矢量}. \end{aligned}\right\} \tag{5.7}$$

如果作用于质点组的合外力不为零,但沿某一方向(如 x 轴方向)的分量为零,则质点组的动量沿这个方向的分量将保持不变,这个原理称为沿某一方向的动量守恒,用式子表示为

$$\left.\begin{aligned} &\text{如果} \quad \sum_i F_{ix} = 0, \\ &\text{则} \quad \sum_i m v_{ix} = \sum_i m v_{i0x} = \text{恒量}. \end{aligned}\right\} \tag{5.8}$$

质点及质点组的动量定理和动量守恒定律表明,力学体系内部的相互作用

① 指所有外力的矢量和.

力——内力——只能改变体系内各质点的动量,而不能影响体系的(总)动量.

5.3 质点组的质心 质心运动定理

5.3.1 质心的定义

质点组的质量中心(即质心)是一个几何点,它的位置矢量 $\boldsymbol{r}_C$ 与各质点的位矢 $\boldsymbol{r}_i$ 之间的关系为

$$\boldsymbol{r}_C = \frac{\sum_i m_i \boldsymbol{r}_i}{\sum_i m_i},$$

它的分量式,即质心坐标公式为

$$\begin{cases} x_C = \dfrac{\sum_i m_i x_i}{\sum_i m_i}, \\ y_C = \dfrac{\sum_i m_i y_i}{\sum_i m_i}, \\ z_C = \dfrac{\sum_i m_i z_i}{\sum_i m_i}. \end{cases} \tag{5.9}$$

两个质点体系的质心位于两个质点的连线上,到两个质点的距离与两个质点的质量成反比.

刚体的质心相对于刚体有确定的位置.密度均匀的物体的质心就在物体几何形状的中心处.如果这种物体有对称面、对称轴,则质心就在对称面、对称轴上.如均匀球体(或球壳)的质心位于球心,均匀圆柱体的质心位于对称中心,等等.

质心和重心是两个不同的概念,但是,对地面上的一般物体,质心与重心重合.

5.3.2 质心的运动

当质点组运动时,质心的位置也随之变化,称为质心的运动.质心运动的速度 $\boldsymbol{v}_C$、加速度 $\boldsymbol{a}_C$ 和各质点的速度、加速度的关系是

$$\boldsymbol{v}_C = \frac{1}{m}\sum_i m_i \boldsymbol{v}_i, \tag{5.10}$$

$$\boldsymbol{a}_C = \frac{1}{m}\sum_i m_i \boldsymbol{a}_i. \tag{5.11}$$

其中 $m = \sum_i m_i$，表示质点组的总质量.根据(5.10)式有

$$m\boldsymbol{v}_C = \sum_i m_i \boldsymbol{v}_i, \tag{5.12}$$

即质点组的总动量 $\left(\sum_i m_i \boldsymbol{v}_i\right)$ 等于质点组的质量与质心速度之积.后者相当于把质点组的质量集中在质心处(成一个质点)并具有质心速度为 $\boldsymbol{v}_C$ 时所具有的动量，故称之为质心的动量.所以(5.12)式表明:质点组的动量等于质心的动量.

5.3.3 质心运动定理

质心的加速度与作用于质点组的合外力成正比，与质点组的质量成反比，方向与合外力的方向相同.用式子表示为

$$\sum_i \boldsymbol{F}_i = m\boldsymbol{a}_C, \tag{5.13}$$

用 $\mathrm{d}t$ 乘上式两端可得

$$\sum_i \boldsymbol{F}_i \mathrm{d}t = \mathrm{d}(m\boldsymbol{v}_C),$$

再将上式从 t_0 到 t 积分，可得

$$\int_{t_0}^{t} \sum_i \boldsymbol{F}_i \mathrm{d}t = m\boldsymbol{v}_C - m\boldsymbol{v}_{C0}. \tag{5.14}$$

此式表明:合外力的冲量等于质心动量的增量.这就是用质心概念来表述的质点组的动量定理.

从(5.13)和(5.14)式很容易得到用质心概念来表述的动量守恒定律:当合外力为零时，质心的速度不变，即如果

$$\sum_i \boldsymbol{F}_i = \boldsymbol{0},$$

则

$$\boldsymbol{v}_C = \boldsymbol{v}_{C0} = \text{恒矢量}. \tag{5.15}$$

5.4 两体碰撞问题(见问题讨论5)

5.5 角动量 力矩

5.5.1 质点对定点的角动量(或动量矩)

质点对定点的角动量等于从定点向质点引的矢径与质点动量的矢量积,用式表为

$$\boldsymbol{L} = \boldsymbol{r} \times m\boldsymbol{v}. \tag{5.16}$$

角动量 $\boldsymbol{L}$ 是矢量,其方向与 $\boldsymbol{r}$ 和 $\boldsymbol{v}$ 组成的平面垂直,指向按 $\boldsymbol{r},\boldsymbol{v},\boldsymbol{L}$ 的顺序由右手螺旋法则规定(即当右手螺旋从 $\boldsymbol{r}$ 方向绕小于 180° 的角向 $\boldsymbol{v}$ 方向转动时,螺旋前进的方向),如图5.1所示.角动量的大小

$$L = |\boldsymbol{L}| = rmv\sin\theta, \tag{5.17}$$

其中 θ 为矢径 $\boldsymbol{r}$ 与 $\boldsymbol{v}$ 的夹角.从图5.1可看出,L 等于以 $\boldsymbol{r}$ 和 $m\boldsymbol{v}$ 为邻边组成的平行四边形的面积.

如果限于讨论平面运动,质点对平面上定点 O 的角动量的方向恒与平面垂直.因此在规定了与平面垂直的正指向后,就可以用正负号来表示角动量的方向.通常规定当质点绕 O 点做反时针旋转时,对 O 点的角动量为正,反之为负,如图5.2所示,因此,质点对运动平面上的定点 O 的角动量可用代数量表示为

$$L = \pm mrv\sin\theta = \pm mvd. \tag{5.18}$$

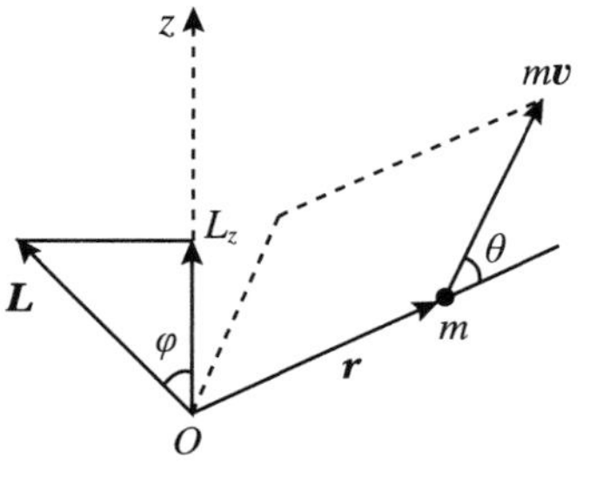

图5.1

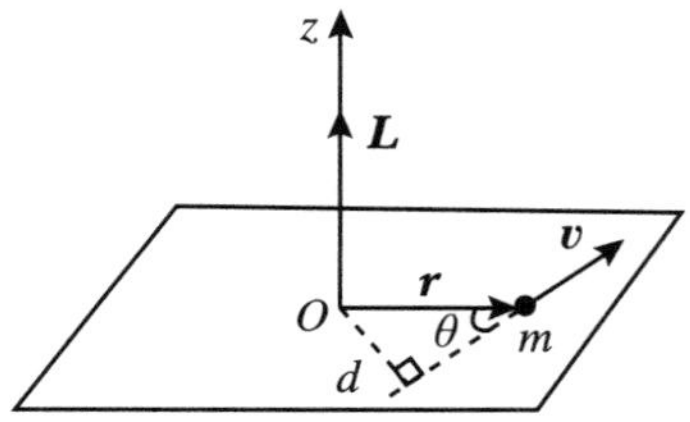

图5.2

式中 $d = r\sin\theta$ 为质点的速度作用线到 O 点的距离,“±”号的选取决定于转向.

5.5.2 质点对定轴的角动量

质点对 z 轴的角动量就是质点对轴上任一点 O 的角动量矢量在该轴上的分量,

记为

$$L_z = L\cos\varphi. \tag{5.19}$$

其中 φ 为对 O 点的角动量矢量 $\boldsymbol{L}$ 与 z 轴的夹角，如图 5.1 所示.

如果质点绕轴转动，其速度就在与轴垂直的平面（称为转动平面）内. 这时，质点对 z 轴的角动量的数值为

$$L_z = \pm mvd,$$

其中 d 为速度作用线到轴的垂直距离.

5.5.3　力对点的矩（力矩）

力 $\boldsymbol{F}$ 对给定点 O 的矩等于从 O 点引向力的作用点的位置矢量 $\boldsymbol{r}$ 与力矢量 $\boldsymbol{F}$ 的矢积. 用式表为

$$\boldsymbol{M}_O(\boldsymbol{F}) = \boldsymbol{r} \times \boldsymbol{F}. \tag{5.20}$$

力矩符号 $\boldsymbol{M}_O(\boldsymbol{F})$ 中括号内的 $\boldsymbol{F}$ 表示力，下标表明对之取矩的定点 O（称为矩心），如图 5.3 所示. 在力和矩心十分清楚而不会引起混乱的情况下，常把力矩简写为 $\boldsymbol{M}$. 力矩的效果是使物体绕定点的转动状态发生变化.

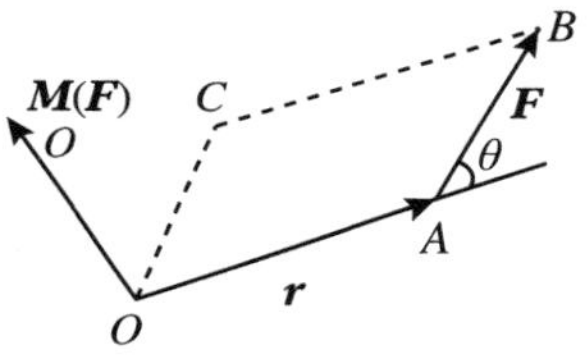

图 5.3

对定点的力矩是一个矢量，方向与 $\boldsymbol{r}$ 和 $\boldsymbol{F}$ 组成的平面垂直，指向由右手螺旋法则确定，如图 5.3 所示. 力矩的大小为

$$M = rF\sin\theta,$$

其中 r 为矩心到力作用点的距离，θ 为矢径 $\boldsymbol{r}$ 与力 $\boldsymbol{F}$ 的夹角.

5.5.4　力对轴的矩

力对轴（z 轴）上任一点 O 的力矩在该轴上的分量即为力对轴的矩，记为 M_z，如图 5.4 所示.

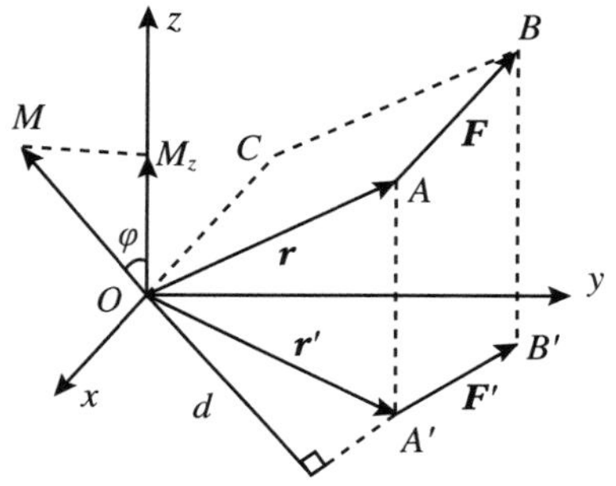

图 5.4

$$M_z = M\cos\varphi, \tag{5.21}$$

式中 φ 为力 F 对 O 点的力矩 M 与 z 轴的夹角. 力对轴的矩的指向由 M_z 的正负号决定. 当 $\varphi < \dfrac{\pi}{2}$ 时，M_z 为正，表示力对 z 轴的矩与 z 轴正方向一致；当 $\varphi > \dfrac{\pi}{2}$ 时，M_z 为负，表示 M_z 与 z 轴的方向相反；当 $\varphi = \dfrac{\pi}{2}$ 时，M 与 z 轴垂直，$M_z = 0$，这时，$\boldsymbol{r}$

与 $\boldsymbol{F}$ 组成的平面与 z 轴共面.所以,当力 $\boldsymbol{F}$ 与 z 轴共面时(包括 $\boldsymbol{F}$ 与 z 轴平行和相交两种情形),力对轴无矩.

可以证明,力对轴的矩的上述定义与常用的对轴的力矩的如下定义是等价的,即力 $\boldsymbol{F}$ 对轴的力矩的大小等于该力在与轴垂直的平面上的分力 $\boldsymbol{F}'$ 的大小与力 $\boldsymbol{F}'$ 的作用线到轴的距离 d(力臂)之乘积(见图 5.4).考虑到对轴的力矩 M_z 的方向,将 M_z 表为

$$M_z = \pm F'd. \tag{5.22}$$

按习惯规定:当由 r' 到 F' 的转向为反时针方向时,M_z 取正号,反之取负号.

如果我们限于讨论平面问题,所有力都共面(为平面力系),则平面上任一力 $\boldsymbol{F}$ 对平面上给定点 O 的力矩与平面垂直.根据(5.22)式它也就是该力对过 O 点并与平面垂直的轴的力矩.所以在平面问题中,常将对与平面垂直的轴的力矩,称作对该轴与平面的交点的力矩.

5.6 角动量定理 角动量守恒

5.6.1 质点对定点的角动量定理

作用在质点上的合力对定点的矩等于质点对该定点的角动量对时间的导数,表示为

$$\boldsymbol{M} = \frac{\mathrm{d}\boldsymbol{L}}{\mathrm{d}t} = \frac{\mathrm{d}}{\mathrm{d}t}(\boldsymbol{r} \times m\boldsymbol{v}). \tag{5.23}$$

将此矢量方程向通过定点的轴 Oz 投影,得质点对定轴的角动量定理

$$M_z = \frac{\mathrm{d}}{\mathrm{d}t}L_z, \tag{5.24}$$

即合力对轴的矩等于质点对该轴的角动量的变化率.

应当注意,力矩、角动量都是对于给定的点或轴而定义的.角动量定理也是相对于定点(或轴)的.但由于它是由牛顿定律导出的,故在角动量定理中,定点或轴都应当是固定在惯性系上的.

5.6.2 角动量守恒定律

如果作用于质点的合力对定点 O 无力矩,则质点对该点的角动量不变.即如果

$$\boldsymbol{M} = \boldsymbol{0},$$

则有

$$\boldsymbol{r} \times m\boldsymbol{v} = \text{恒矢量}. \tag{5.25}$$

角动量守恒表示矢量 $\boldsymbol{L} = \boldsymbol{r} \times m\boldsymbol{v}$ 的大小和方向都不变. $\boldsymbol{L}$ 的方向与 $\boldsymbol{r}$ 和 $\boldsymbol{v}$ 构成的平面垂直,它的方向不变,表明 $\boldsymbol{r}$ 和 $\boldsymbol{v}$ 构成的平面是一个定平面. 所以,当质点对定点的角动量守恒时,质点必做平面运动,运动平面由定点和速度矢量决定.

角动量大小不变,即

$$L = |\boldsymbol{r} \times m\boldsymbol{v}| = mrv\sin\theta = \text{常数}. \tag{5.26}$$

由于质点的矢径 $\boldsymbol{r}$ 在极短时间 $\mathrm{d}t$ 内扫过的面积为

$$\mathrm{d}A = \frac{1}{2}rv\,\mathrm{d}t\sin\theta,$$

所以,$\boldsymbol{r}$ 在单位时间扫过的面积(称为面积速度)等于

$$\frac{\mathrm{d}A}{\mathrm{d}t} = \frac{1}{2}rv\sin\theta = \frac{L}{2m}. \tag{5.27}$$

可见,面积速度等于质点角动量除以 2 倍质量. 角动量的大小不变,表明面积速度不变.

综上所述,质点对定点的角动量守恒时,质点在包括 O 的平面上运动,并且对 O 点的面积速度守恒. 这就是角动量守恒的几何意义.

问题讨论

1. 动量和动能——机械运动的两种量度

动量这一概念是法国自然哲学家笛卡儿(1596～1650)提出来的. 在哲学上笛卡儿是二元论者,他认为世界是由物质和运动组成的,同时精神也是实体. 他还认为只要利用广延(物质)、运动、上帝这些"自明的"观念作为出发点,就可以用演绎法达到认识世界的目的. 他是根据这样的哲学思想来论证物质运动守恒的:"上帝创造了广延,并把运动放进宇宙,此后就听其自然地进行. 所以,宇宙中运动的总量必定是个常数."用什么来量度物质的运动呢? 笛卡儿主张用物质(指物质的大小,那时还没有质量的概念)与速度之乘积作为运动量的量度. 他说:"当一部分物质以两倍于另一部分物质的速度运动,而另一部分物质却是这一部分物质的两倍时,我们应该认为这两部分物质具有等量的运动,并且认为当一个部分的运动减少时,另一部分的运动就相应地增加."这里初步形成了动量概念和动量守恒的思想. 笛卡儿认为物质间的作用归纳为挤压和碰撞. 他进行实验并总结出他的七条碰撞定律. 但由于他没有赋予动量以矢量性,也不了解弹性和非弹性碰撞等概念,因此他的碰撞定律多数是错的,只有两

条属于对完全弹性碰撞交换速度和完全非弹性碰撞的描述是正确的.

惠更斯于1668～1669年间对碰撞的研究使动量这个概念进一步完善.他赋予动量以矢量性.同时,发现了完全弹性(称为刚性)碰撞中,动量守恒和活力(mv^2)守恒的规律.

牛顿在1687年发表的《自然哲学的数学原理》中,明确定义了动量这个概念,并用它来表述他的第二定律.这样,质量、动量和力就成为力学中的三个基本的物理量.

1686年,德国人莱布尼茨对笛卡儿关于用mv来量度运动的主张提出了非议.认为应当用活力mv^2来量度运动(见第4章问题1).

同时莱布尼茨也看到,笛卡儿提出的用mv量度运动在某些情况下是适用的,例如在杠杆、滑轮等简单机械装置中研究平衡问题的场合.因此,在1695年他又提出"运动的力"有两种量度,一种是"死力",一种是"活力"."死力"即相对静止的物体间的力,它可用物体的质量与该物体由静止转入运动时所获得的速度的乘积来量度,所以mv是"死力"的量度.而"活力"由mv^2来量度.物体正是由于自身具有"活力",才成为活动的、永不静止的.而且在自然界真正守恒的东西正是总的"活力".因此应用mv^2来量度运动.

莱布尼茨提出活力mv^2作为运动的量度,打破了把mv看作运动的唯一量度的传统,引发了对两种量度的争论,促进了对运动的量度问题的研究.不少著名的物理学家如伯努利、欧拉等参加了这场争论.经过半个世纪,法国人达朗贝尔(1717～1788)在1743年发表的《动力学论》一书的序中指出了两种量度的等价性,认为争论是一场"咬文嚼字"的争论,宣布对争论做出"最后的判决".他指出,当物体受到在一瞬间(Δt)就足以使运动停止的障碍时,物体克服障碍的能力与物体的动量成正比.而当物体受到阻碍做减速运动经过一段距离而停止下来时,阻碍作用由那段距离表现出来,这种作用与活力mv^2成正比.所以,mv和mv^2都是"运动的力"的量度,只是它们适用于不同的情况.

达朗贝尔的"判决"指出了两种量度的有效性,同时接触到了"动量的变化与力和作用时间有关,而活力的变化与力和物体运动距离有关"这一正确的认识.

在不同的运动形式的相互转化、能量守恒和转化定律发现以前,不可能认识动量和动能作为机械运动的两种量度的意义和它们本质的区别.达朗贝尔的"判决"是形式上的.从现在的观点来看,只是从对动量定理和动能定理的模糊认识去看动量和活力mv^2的区别.因此,直到19世纪中叶,自然科学家仍然没有从两种量度之争的混乱中摆脱出来.

直到19世纪下半叶,能量概念和能量转化和守恒定律确立以后,恩格斯根据当时自然科学的成就,于1880～1881年间写了《运动的量度——功》一文(《自然辩证法》,1955年版,第62页),详细论述并分析了两种量度之争的历史,最后给出了这一争论的科学总结.恩格斯指出:"机械运动确实有两种量度,每一种量度适用于某个界限十分明确的范围之内的一系列现象.如果已经存在着的机械运动保持机械运动的形态而进行传递,那么它是依照质量和速度的乘积这一公式而进行传递的.但是,如果机械运动是这样传递,即它作为机械运动而消失,并以位能、热、电等等形态重新出现——如果它转变为另一种形态的运动,那么这一新形态的运动的量就同原来运动着物体的质量和速度平方的乘积成正比.一句话,mv 是以机械运动来量度的机械运动;$\frac{1}{2}mv^2$ 是以机械运动所具有的变为一定量的其他形态的运动的能力来量度的机械运动.而如我们所知道的,这两种量度因为性质不相同,所以并不互相矛盾."

恩格斯关于动量和动能作为机械运动的两种量度的论断可以从两个物体的非弹性碰撞的动量和动能方程来理解.质量分别为 m_1 和 m_2 的两物体,碰前的速度分别为 v_{10},v_{20},碰后的速度分别为 v_1 和 v_2.根据动量守恒和能量守恒有

$$m_1 v_{10} + m_2 v_{20} = m_1 v_1 + m_2 v_2, \tag{5.28}$$

$$\frac{1}{2}m_1 v_{10}^2 + \frac{1}{2}m_2 v_{20}^2 = \frac{1}{2}m_1 v_1^2 + \frac{1}{2}m_2 v_2^2 + \Delta\varepsilon, \tag{5.29}$$

式中 $\Delta\varepsilon$ 为碰撞过程中非机械的能量的增量,如内能的增量.

将(5.28)式改写成

$$m_1 v_{10} - m_1 v_1 = m_2 v_2 - m_2 v_{20}, \tag{5.30}$$

这表明,在碰撞中一物体的动量减少量必等于另一物体的动量增加量,而与非机械的其他运动形式(如热运动内能增量 $\Delta\varepsilon$)是否出现无关.这就说明,机械运动保持机械运动形式的传递是以动量来量度的,"动量是以机械运动来量度的机械运动".

将(5.29)式改写成

$$\left(\frac{1}{2}m_1 v_{10}^2 + \frac{1}{2}m_2 v_{20}^2\right) - \left(\frac{1}{2}m_1 v_1^2 + \frac{1}{2}m_2 v_2^2\right) = \Delta\varepsilon. \tag{5.31}$$

这个方程表明,当有其他运动形式变化时,体系的动能减少量等于其他形式能量(内能)的增量.如果两个球碰后都静止,即$\frac{1}{2}m_1 v_1^2 + \frac{1}{2}m_2 v_2^2 = 0$,则

$$\frac{1}{2}m_1 v_{10}^2 + \frac{1}{2}m_2 v_{20}^2 = \Delta\varepsilon.$$

这表明,当机械运动因相互作用而消失时,体系的初动能转变为内能,初动能$\left(\frac{1}{2}m_1 v_{10}^2 + \frac{1}{2}m_2 v_{20}^2\right)$就表述了体系的机械运动转变成为其他运动形式的能力.因此,动能"是以机械运动所具有的转变为一定量的其他形态的运动的能力来量度的机械运动".

2. 动量概念的发展　动量和动能的关系

在 19 世纪中随着热力学和电磁学的发展，能量概念便从机械能拓宽到包括热运动、电磁运动的能量，从而确立了普遍的能量转化和守恒定律．然而动量却仍限于机械运动的动量．从 20 世纪初开始，随着近代物理的兴起，动量概念的定义域被拓宽了，它的意义也大为丰富了．在近代物理学中，动量和能量作为密切联系的两个基本守恒量，具有十分重要的地位．下面介绍从经典力学到近代物理，动量概念的发展以及它和能量的关系．

(1) 经典力学中实物粒子的动量，以及动量动能关系式

实物粒子的动量 $\boldsymbol{p}=m\boldsymbol{v}$ 是矢量，其变化决定于作用力的冲量．动量的数值与动能之间的关系为

$$E_{\mathrm{k}} = \frac{p^2}{2m}. \tag{5.32}$$

可见，对于任一给定的实物粒子，一定的动量对应一定的动能，一定的动能对应确定大小的动量，动能与动量的平方成正比．对于质量不同的质点，如果它们具有相同的动能，则它们动量大小的平方与其质量成正比；如果它们具有相同的动量，则动能与质量成反比．

(2) 电磁波的动量密度

根据麦克斯韦的电磁场理论，电磁波具有能量和动量．在真空中电磁波的能量以光速 c 传播．在单位时间内，通过与电磁波传播方向垂直的单位面积的能量称为电磁波的**能流密度矢量**(其方向与波传播方向相同)，也称为伍莫夫-坡印廷矢量：

$$\boldsymbol{S} = \boldsymbol{E} \times \boldsymbol{H}, \tag{5.33}$$

其中 $\boldsymbol{E}$ 为电磁波的电矢量，$\boldsymbol{H}$ 为磁矢量．

同时，电磁波具有动量．在单位体积内电磁波的动量称为**动量密度**，它的方向与波传播方向相同，大小与能流密度成正比，表为

$$\boldsymbol{g} = \frac{1}{c^2}\boldsymbol{S} = \frac{1}{c^2}(\boldsymbol{E} \times \boldsymbol{H}). \tag{5.34}$$

如果电磁波具有动量，当电磁波在某界面上反射时，会由于动量的变化而表现出对界面的冲力．光是电磁波，能否测出光被反射时对界面的压力，就成为检验电磁波是否具有动量的关键．列别捷夫于 1900 年在精妙的实验中测得了光压，从而证实了电磁波确实具有动量．

(3) 狭义相对论中的动量，动量-能量关系

狭义相对论动力学的两个基本结果，一个是质量-速度关系：

$$m = \frac{m_0}{\sqrt{1-\left(\frac{v}{c}\right)^2}}, \tag{5.35}$$

其中 m_0 为粒子的静止质量，c 为真空中的光速.

因此，粒子的动量为

$$\boldsymbol{p} = m\boldsymbol{v} = \frac{m_0\boldsymbol{v}}{\sqrt{1-\left(\frac{v}{c}\right)^2}}. \tag{5.36}$$

另一个重要结果是，粒子的能量与质量成正比：

$$E = mc^2. \tag{5.37}$$

静止粒子具有的能量称为静能，大小为

$$E_0 = m_0c^2. \tag{5.38}$$

因此，粒子的动能

$$E_{\mathrm{k}} = E - E_0 = (m-m_0)c^2. \tag{5.39}$$

将(5.35)式代入(5.39)式并用二项式定理可得

$$\begin{aligned} E_{\mathrm{k}} &= m_0c^2\left(1+\frac{1}{2}\frac{v^2}{c^2}+\frac{3}{8}\frac{v^4}{c^4}+\cdots\right)-m_0c^2 \\ &= \frac{1}{2}m_0v^2+\frac{3}{8}m_0\frac{v^4}{c^2}+\cdots \end{aligned} \tag{5.40}$$

可见，对于 $v\ll c$ 的经典情况，动能 $E_{\mathrm{k}}\simeq\frac{1}{2}m_0v^2$.

根据相对论的动量和能量表示(5.36)和(5.37)式可得动量-能量关系式：

$$E^2 = p^2c^2 + m_0^2c^4, \tag{5.41}$$

$$E = c\sqrt{p^2+m_0^2c^2}. \tag{5.42}$$

或再根据(5.39)式可得

$$E_{\mathrm{k}} = c\sqrt{p^2+m_0^2c^2} - m_0c^2. \tag{5.43}$$

这就是相对论中粒子动能和动量的关系式. 在研究高速粒子运动中，此式有广泛的应用.

(4) 光子的动量和能量

1900 年，普朗克在解释黑体辐射实验规律时，划时代地提出量子假说，以后在解释光电效应、原子的稳定性和原子光谱中得到证实. 普朗克的量子假说成为量子物理学的开端. 从此，人们认识到光(电磁辐射)具有粒子性，频率为 ν 的光由能量为

$$E = h\nu \tag{5.44}$$

的能量子——光子组成. 其中 $h=6.67\times10^{-34}$ J·s，称为普朗克常量. 在真空中，光子以光速 c 运动，其静止质量为零.

根据狭义相对论的质-速公式(5.35)式，当速度 v 趋近于光速 c，静止质量 m_0 趋

于零时，光子的惯性质量仍可以是有限值.设

$$\lim_{\substack{v\to c\\ m_0\to 0}}\frac{m_0}{\sqrt{\left(1-\frac{v^2}{c^2}\right)}}=\mu,$$

则光子的惯性质量为 $m=\mu$.应用狭义相对论的质-能公式(5.37)式和粒子的动量公式(5.36)式，可得光子的能量和动量应分别为

$$E=\mu c^2,$$

$$p=\mu c.$$

将相对论的上述结果与量子论关于光子能量的结果(5.44)式比较，可得光子的质量为

$$m=\mu=\frac{h\nu}{c^2}, \tag{5.45}$$

光子的动量为

$$p=\frac{h\nu}{c}=\frac{h}{\lambda}=kh, \tag{5.46}$$

式中 λ 为光波长，$k=\frac{1}{\lambda}$为波数(在波线上，单位长度所包括的波数).

(5.44)～(5.46)三式反映了光的波粒二象性的统一.

根据(5.44)和(5.46)式，容易得出光子的能量和动量的关系：

$$E=pc, \tag{5.47}$$

这与在相对论的能量-动量关系式(5.42)中，令静止质量 $m_0=0$ 时所得的结果相同①.光子的能量、动量以及它们之间的关系已为康普顿效应等实验所证实(见本章问题讨论 3).

3. 动量守恒定律是自然界的普遍定律

(1) 动量守恒是自然界的普适定律

我们已经知道动量守恒的思想最早是由笛卡儿提出来的.通过惠更斯等人的实验研究，完善了物体的机械动量概念，并使动量守恒作为一个实验定律而在力学中占有一定的地位.牛顿在发表他的三大定律的同时，以质心运动守恒的形式表述了动量守恒定律.但直到 19 世纪，动量守恒仍局限为经典的机械动量守恒.

① 如果把电磁波看成由能量为 $E=h\nu$、动量为 p 的光子组成的光子流(速度为 c).设单位体积的光子数为 n，则能流密度

$$S=nh\nu c,$$

动量密度为

$$g=np.$$

再根据电磁波的 S 与 g 的关系式(5.34)式，也可得到光子的能量和动量的关系：$E=pc$.

如在上一个问题中所讨论的，随着电动力学和近代物理学的发展，动量这个概念从机械的经典形式扩展到其他运动形式中，与此同时，动量守恒定律也逐渐拓宽它的适用范围．近代物理的实验证明，动量守恒和能量守恒是包括所有物质运动形式在内的普遍适用的自然定律．当各种物质运动形式相互转化时，不仅不同形式的能量之间相互转化，而且不同形式的动量之间也相互转化．普遍意义的动量守恒是孤立体系内包括各种形式的动量的总和守恒．

例如，康普顿散射实验发现，当一列单色的X射线束被轻元素的电子散射时，散射的X射线的波长变长，并依赖于散射角．对这个现象，只要承认X射线(光子)具有能量 $h\nu$ 和动量$\frac{h\nu}{c}$，应用普遍形式的能量守恒和动量守恒定律，就能够得出与实验符合的结果．

如图5.5所示，设入射光子的能量为 $h\nu$，动量为 $h\nu/c$，散射光子的能量和动量分别为 $h\nu'$和 $h\nu'/c$，散射角为 α，电子(静止质量为 m_0)的反冲角为 β，v 为电子反冲速度，m 为反冲电子的相对论质量．按照能量守恒定律，有

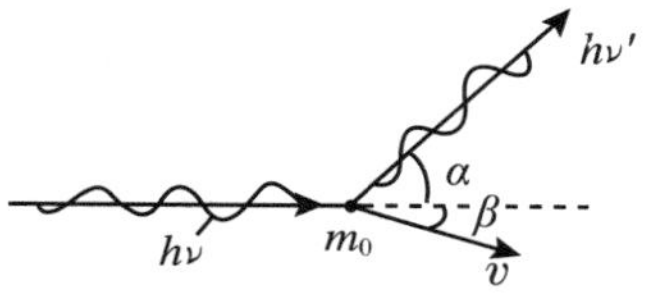

图5.5

$$h\nu + m_0c^2 = h\nu' + mc^2. \tag{5.48}$$

应用关系式

$$c = \lambda\nu = \lambda'\nu',$$

其中 λ 和λ'为入射光和散射光的波长，上式可改写为

$$mc = \frac{h}{\lambda} - \frac{h}{\lambda'} + m_0c,$$

两边平方，整理后得

$$(m^2 - m_0^2)c^2 = \frac{h^2}{\lambda^2} + \frac{h^2}{\lambda'^2} - \frac{2h^2}{\lambda\lambda'} + 2m_0c\left(\frac{h}{\lambda} - \frac{h}{\lambda'}\right). \tag{5.49}$$

又根据动量守恒定律有

$$\begin{cases} \dfrac{h\nu}{c} = \dfrac{h\nu'}{c}\cos\alpha + mv\cos\beta, \\ 0 = \dfrac{h\nu'}{c}\sin\alpha - mv\sin\beta, \end{cases} \tag{5.50}$$

经整理后可得

$$m^2v^2 = \frac{h^2}{\lambda^2} - \frac{2h^2}{\lambda\lambda'}\cos\alpha + \frac{h^2}{\lambda'^2}. \tag{5.51}$$

又由

$$m^2c^2 = \frac{m_0^2c^2}{1 - \dfrac{v^2}{c^2}},$$

得

$$m^2 v^2 = (m^2 - m_0^2)c^2. \tag{5.52}$$

记住这个关系式，再比较(5.49)式与(5.51)式可看出，这两个式子的右端相等. 经计算可得

$$\Delta\lambda = \lambda' - \lambda = \frac{h}{m_0 c}(1 - \cos\alpha). \tag{5.53}$$

代入 h，m_0 和 c 的数值，可得散射光波长的增量与散射角的关系为

$$\Delta\lambda = 0.024\,2(1 - \cos\alpha)(\text{Å}).$$

这便是由能量和动量守恒定律所得的理论结果，它完全被康普顿散射实验所证实.

此例表明，在经典力学不适用的范围内，动量守恒和能量守恒定律仍是完全适用的. 在这里，动量和能量的概念一样，已经从经典的机械动量大为拓宽，成为各种运动形式的共同量度了.

(2) 怎样认识经典力学中的动量守恒

既然动量守恒必须包括一切形式的动量，而在通常的碰撞问题中，应用动量守恒时，又只计入了经典的实物粒子的动量，没有计入与可能出现的其他形式运动相应的动量，这是不是意味着用错了呢?

为了弄清这个问题，我们应知道，真理都是相对的，物理学上的实验定律都是在它的适用范围内成立的. 经典力学本身就是更普遍的相对论力学在速度远小于光速情况下的近似，它作为描述通常物体的机械运动规律，是足够精确的. 在经典力学范围内，体系内部在相互作用过程中可能出现的非机械的其他形式的动量与机械动量 mv 相比很小，可以忽略不计. 因此，在实验测量的精确度范围内，实物物体的经典动量守恒是准确成立的.

如在实物球的完全非弹性碰撞中，设质量为 m 的球以速度 v_0 与质量为 $2m$ 的球做完全非弹性碰撞. 应用动量守恒即可求出复合球的速度 $v = \frac{1}{3}v_0$，进而求出此碰撞中机械能即动能减少. 损失的动能转换成复合球的内能增加：$\Delta\varepsilon_{内} = \frac{1}{3}mv_0^2$. 可见入射球的动能的$\frac{2}{3}$转换成了内能增加，是不可忽略的. 依相对论，这就相当于复合球的质量增加了 $\Delta m = \frac{\Delta\varepsilon_{内}}{c^2} = \frac{mv_0^2}{3c^2}$，因而具有相应的动量. 复合球的动量则应为$(3m + \Delta m)v$. 但是由于实物球的碰撞中$\left(\frac{v_0}{c}\right) \ll 1$，$\left(\frac{v_0}{c}\right)^2$ 更是二阶无限小量，完全可以略而不计. 所以认为碰后复合球的质量仍为 $3m$，动量为 $3mv$ 是正确的.

所以，我们不能因为动量概念的扩展，而对实物粒子的碰撞问题也不敢用经典力学中的动量守恒定律. 我们应该根据具体问题的性质，决定在应用动量守恒时，将动量的概念使用到何种层次. 如在光子的康普顿散射中，我们自然必需使用相对论的动

量关系式以及光子(电磁辐射)的动量.而在常规物体的一般碰撞中,就只需用力学中通常形式的动量(mv)及其守恒.

(3) 动量守恒和牛顿第三定律

在一般力学教材中,根据体系内力是成对出现的作用和反作用力,遵守牛顿第三定律,从而导出体系的动量定理,进一步得到动量守恒.这样做,把动量守恒建立在牛顿定律基础上,成为牛顿力学体系的一个组成部分,系统性强,也便于讲授.

但是,我们已经提到,牛顿第三定律并不是普遍适用的自然定律,它是建立在超距作用的有心力相互作用的基础上的.而动量守恒定律则是普遍适用的自然定律,在牛顿第三定律不适用的场合,它仍然成功地为各种实验所证实.

可见,动量守恒定律并不是以牛顿第三定律作为基础的,它是更普遍适用的定律,只是在牛顿力学体系内,它们可以相互导出.因此,在进行这部分教学时,应当明确这种关系,强调动量守恒作为自然界普遍适用的实验定律的地位,避免造成"它是牛顿第三定律的导出结果"这样的错误认识.

4. 正确理解动量定理应注意的问题

(1) 动量定理是牛顿第二定律对时间积分的结果,是关于力学过程的规律

由牛顿定律

$$\boldsymbol{F} = m\boldsymbol{a} = \frac{\mathrm{d}(m\boldsymbol{v})}{\mathrm{d}t},$$

两端对时间积分得动量定理

$$\int_{t_0}^{t} \boldsymbol{F}\,\mathrm{d}t = \int_{t_0}^{t} \mathrm{d}(m\boldsymbol{v}) = m\boldsymbol{v} - m\boldsymbol{v}_0.$$

可见,力的冲量表示作用于质点的力从 t_0 到 t 时间间隔中的积累.动量定理表明力的时间积累(冲量)效应是改变受力质点的动量.这里,动量是描述质点动力学状态的状态量,而冲量则与从 t_0 到 t 时刻的过程相联系,是一个过程量.

因此,动量定理与牛顿定律相比有其特殊的意义,这就是:它不再是瞬时性的动力学规律,而是一个过程规律.动量定理只看重质点在两个状态的动量和状态变化过程中力的冲量,而不涉及从初态变化到末态的具体细节.关于外界的作用,则只看重力的时间积累——冲量.力的大小、方向以及时间的长短可以各不相同,只要冲量 $\int_{t_0}^{t} \boldsymbol{F}\,\mathrm{d}t$ 相同,其效果——动量的改变——就相同.正因为这一特点,在打击、碰撞等问题中广泛地应用动量定理.

(2) 动量定理是一个矢量规律

动量和力的冲量都是矢量.动量定理定量地表示动量矢量的改变量与冲量的定

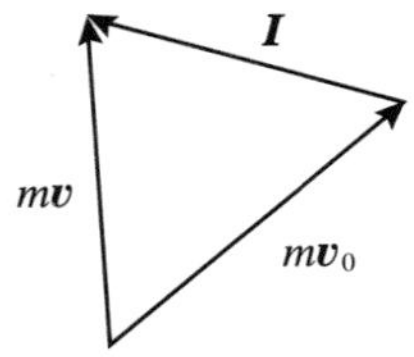

图 5.6

量关系，如图 5.6 所示.

处理矢量方程有两种方法.

一是几何法.就是根据 $m\boldsymbol{v}$，$m\boldsymbol{v}_0$ 和 $\boldsymbol{I}$ 这三个矢量构成的矢量三角形(如图 5.6)，用几何学方法求解——已知其中的任意两个矢量，可求第三个矢量.

另一方法是解析法.这就是建立直角坐标系，将矢量方程中各量向坐标轴投影而得分量方程.如果限于讨论平面问题，可建立平面直角坐标系 Oxy，动量定理沿两个坐标轴的分量式为

$$\begin{cases} mv_x - mv_{0x} = \int_{t_0}^{t} F_x\,\mathrm{d}t(=I_x), \\ mv_y - mv_{0y} = \int_{t_0}^{t} F_y\,\mathrm{d}t(=I_y). \end{cases}$$

在使用动量守恒定律的分量式时，注意分量 v_x，I_x 等是代数量.其正负号表示其相应分量与坐标轴方向相同或相反.

(3) 冲量是力矢量对时间的积分而不是力乘时间

在最初讲冲量时，常以恒力为例，得出恒力的冲量等于力乘时间这一结果.这种很局限的结果如果形成思维定势又不注意纠正，就会妨碍正确建立冲量概念.

在一般情况下，冲量矢量

$$\boldsymbol{I} = \int_{t_0}^{t} \boldsymbol{F}\,\mathrm{d}t$$

是一个矢量积分，即是时间间隔 $t-t_0$ 中，无数个元冲量的矢量和，如图 5.7 所示.每一元冲量 $\boldsymbol{F}\,\mathrm{d}t$ 与该时刻的力矢量方向一致.不同时刻力矢量的方向不同，$\boldsymbol{F}\,\mathrm{d}t$ 的方向也不同.冲量 $\boldsymbol{I}$ 便由把无数个 $\boldsymbol{F}\,\mathrm{d}t$ 组成的多边折线封闭成多边形的有向线段表示.可见，$\boldsymbol{I}$ 的方向与任何时刻的力的方向都可能无共同之处.

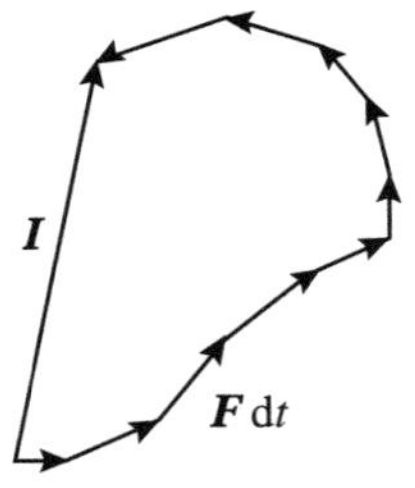

图 5.7

那么，如何确定冲量的大小和方向呢?

1) 如果已知力的变化规律，则用积分法求 $\boldsymbol{I}$.

对平面问题，已知 $\boldsymbol{F}=\boldsymbol{F}(t)$，即已知其两个分量对时间的变化规律

$$F_x = F_x(t), \quad F_y = F_y(t).$$

于是分别用定积分求力的冲量沿两个坐标轴的分量

$$I_x = \int_{t_0}^{t} F_x\,\mathrm{d}t, \quad I_y = \int_{t_0}^{t} F_y\,\mathrm{d}t.$$

冲量的大小和方向(由与 x 轴的夹角 θ 表示)可确定为

$$I = \sqrt{I_x^2 + I_y^2},$$

$$\theta = \arctan \frac{I_y}{I_x}.$$

2）如果已知受力质点的动量变化，则应用动量定理求冲量 $\boldsymbol{I}$.

$$\boldsymbol{I} = m\boldsymbol{v} - m\boldsymbol{v}_0.$$

例 1　长为 l 的不可伸长绳约束质量为 m 的小球在光滑水平面上沿逆时针方向做匀速圆周运动，速率为 v. 求小球从正东的 A 点转到正北的 B 点的 $\frac{1}{4}$ 周期时间内，绳拉力的冲量.

解法 1　根据定义求冲量. 如图 5.8 所示，设 OA 方向为 x 轴，OB 方向为 y 轴. 并以小球在 A 点时作为计时起点，到达 B 点的时间为 $t_B = \frac{1}{4}\frac{2\pi l}{v} = \frac{\pi l}{2v}$. 设在 t 时刻半径与 Ox 轴的夹角为 θ，则有

$$\theta = \omega t = \frac{v}{l}t.$$

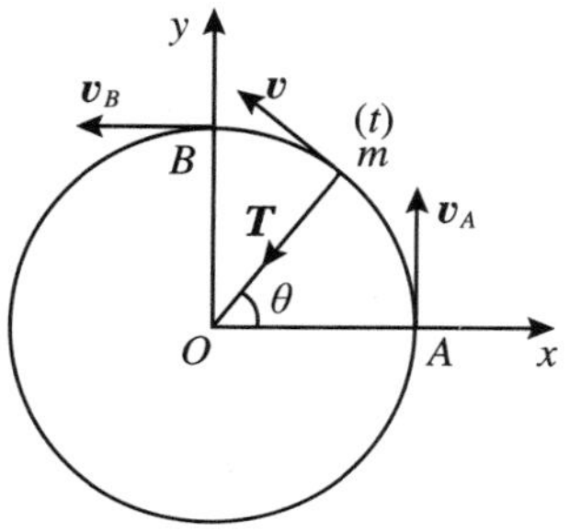

图 5.8

绳的拉力大小 $T = \frac{mv^2}{l}$，方向时时改变. 在 t 时刻拉力沿两个坐标轴的分量为

$$T_x = -T\cos\theta = -T\cos(\omega t),$$
$$T_y = -T\sin\theta = -T\sin(\omega t).$$

根据冲量的定义，在 t 从 0 到 $t_B = \frac{\pi l}{2v}$ 时间内，拉力的冲量沿两个坐标轴的分量为

$$\begin{aligned} I_x &= \int_0^{t_B} T_x \mathrm{d}t = -T\int_0^{t_B}\cos(\omega t)\mathrm{d}t \\ &= -\frac{T}{\omega}\sin(\omega t_B) = -\frac{mv^2}{l}\cdot\frac{l}{v}\sin\left(\frac{v}{l}\cdot\frac{\pi l}{2v}\right) \\ &= -mv. \end{aligned}$$

$$\begin{aligned} I_y &= \int_0^{t_B} T_y \mathrm{d}t = -T\int_0^{t_B}\sin(\omega t)\mathrm{d}t \\ &= \frac{T}{\omega}[\cos(\omega t_B) - 1] = -\frac{mv^2}{l}\cdot\frac{l}{v}\left[1 - \cos\left(\frac{v}{l}\cdot\frac{\pi l}{2v}\right)\right] \\ &= -mv. \end{aligned}$$

所以，冲量的大小

$$I = \sqrt{I_x^2 + I_y^2} = \sqrt{2}mv.$$

冲量 I 与 x 轴的夹角

$$\theta = \arctan\frac{I_y}{I_x} = \arctan 1 = 225^\circ \quad (45^\circ \text{不合题意}).$$

即冲量的方向为向南偏西 45°.

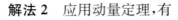

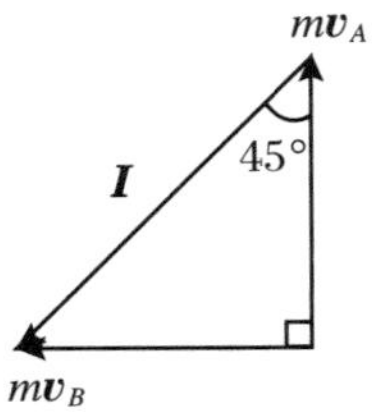

图 5.9

解法 2 应用动量定理,有

$$\boldsymbol{I} = m\boldsymbol{v}_B - m\boldsymbol{v}_A.$$

由于 $v_A = v_B$, $\boldsymbol{v}_A \perp \boldsymbol{v}_B$. 由矢量三角形可知

$$I = \sqrt{(mv_A)^2 + (mv_B)^2} = \sqrt{2}mv,$$

方向如图 5.9 所示,指向南偏西 45°.

比较上面两种解法可见,当已知质点的动量变化时,应用动量定理求合力的冲量是十分简便的.

5. 力的两种平均值

动量定理和动能定理分别表明了作用于质点的力对时间和对空间路程的积累效应. 也就是说,力对时间的积分——冲量和力沿路程的积分——功都是有重要物理意义的力学量. 因此,可以按求平均值的方法引进力对时间的平均值和力对运动路程的平均值. 在高中物理中也涉及了这两种平均力.

(1) 对时间的平均力

按数学上求平均值的方法,在 t_0 到 t 时间内,变力 $\boldsymbol{F}$ 对时间的平均值为

$$\overline{\boldsymbol{F}}(t) = \frac{1}{t - t_0}\int_{t_0}^{t} \boldsymbol{F}\mathrm{d}t = \frac{\boldsymbol{I}}{\Delta t}, \tag{5.54}$$

其中 $\boldsymbol{I}$ 为力的冲量. 再应用动量定理,设该力对质点 m 引起的动量变化为 $\Delta(m\boldsymbol{v}) = m\boldsymbol{v} - m\boldsymbol{v}_0$,则有

$$\overline{\boldsymbol{F}}(t) = \frac{m\boldsymbol{v} - m\boldsymbol{v}_0}{t - t_0} = \frac{\Delta(m\boldsymbol{v})}{\Delta t}. \tag{5.55}$$

可见,对时间的平均力矢量等于冲量除以时间,或等于受该力作用的质点单位时间的动量变化.

(2) 力对路程的平均值

力对路程的平均值要稍复杂一点. 由于功的定义为

$$A = \int_{(l)} \boldsymbol{F}\cdot\mathrm{d}\boldsymbol{r}, \tag{5.56}$$

其中元功 $\mathrm{d}A = \boldsymbol{F}\cdot\mathrm{d}\boldsymbol{r}$ 为力与元位移之标量积,改写为

$$\boldsymbol{F}\cdot\mathrm{d}\boldsymbol{r} = F\cos\theta\mathrm{d}l = F_\tau\mathrm{d}l, \tag{5.57}$$

其中 $\mathrm{d}\boldsymbol{l}$ 为元位移 $\mathrm{d}\boldsymbol{r}$ 所对的轨道曲线的元弧长,θ 为力 $\boldsymbol{F}$ 与 $\mathrm{d}\boldsymbol{r}$ 的夹角,$F\cos\theta = F_\tau$ 为力沿轨道的切向分量. 所以力沿路径 l(总长度为 l)的功表为

$$A = \int_{(l)} F_\tau\mathrm{d}l, \tag{5.58}$$

即功等于切向力 F_τ 沿质点运动曲线的线积分. 我们定义切向力沿路径 l 的平均

值——平均切向力为

$$\overline{F}_\tau = \frac{1}{l}\int F_\tau \mathrm{d}l = \frac{A}{l}. \tag{5.59}$$

即平均切向力等于力沿路径做的功除以路径的长度.

常常在直线运动中使用平均力概念，这时，沿该直线 x 方向的力 $F(x)$ 对位移 $x-x_0$ 的平均值为

$$\overline{F}(\Delta x) = \frac{1}{x-x_0}\int_{x_0}^{x} F(x)\mathrm{d}x. \tag{5.60}$$

再根据动能定理，可根据受力质点的动能变化求出力对路程的平均值

$$\overline{F}(\Delta x) = \frac{\Delta E_\mathrm{k}}{x-x_0} = \frac{\frac{1}{2}mv^2 - \frac{1}{2}mv_0^2}{\Delta x}. \tag{5.61}$$

(3) 两种平均力的比较

从上面两种平均力的定义可见，它们是根据力对空间和时间的两种不同的积累效应来引入的，它们不仅是数学的定义，而且具有确切的物理意义：在一定的时间内对时间的平均力与真实力等冲量；而在一定的质点运动中，对路径的平均（切向）力与真实力等功．因此，在与质点动量变化相关的问题中，可粗略地把真实力用对时间的平均力来简化；在与质点动能变化有关的问题中，则可用力对运动路径的平均值.

由此可见，两种平均力的意义不同，不是一回事，在一般情况下，二者是不相等的.

例如，在第 3 章中讨论过的以初速 v_0 在阻尼介质中运动的物体，设阻力与速度成正比：

$$F = -\gamma v, \tag{5.62}$$

可解出其运动规律为

$$v = v_0 \mathrm{e}^{-\frac{\gamma}{m}t}, \tag{5.63}$$

$$x = \frac{mv_0}{\gamma}\left(1-\mathrm{e}^{-\frac{\gamma}{m}t}\right). \tag{5.64}$$

当 $t\to\infty$ 时，$v\to 0$，而 $x\to x_\mathrm{m} = \dfrac{mv_0}{\gamma}$. 因此，在时间 $t=0$ 到 $t=\infty$ 的整个时间内，阻力对时间的平均值为

$$\begin{aligned}\overline{F}(t) &= \lim_{t\to\infty}\frac{1}{t}\int_0^t -\gamma v_0 \mathrm{e}^{-\frac{\gamma}{m}t}\mathrm{d}t \\ &= \lim_{t\to\infty}\frac{mv-mv_0}{t} = 0.\end{aligned} \tag{5.65}$$

而阻力对路程的平均力为

$$\overline{F}(x) = \frac{1}{x_\mathrm{m}}\int_0^{x_\mathrm{m}} F\mathrm{d}x = \frac{1}{x_\mathrm{m}}\left(0-\frac{1}{2}mv_0^2\right) = -\frac{1}{2}\gamma v_0. \tag{5.66}$$

可见受阻力($F=-\gamma v$)作用的物体从初速 v_0 直到它静止下来的过程中($t\to\infty$),对时间的平均阻力等于零,而对路程的平均阻力等于 $-\frac{1}{2}\gamma v_0$,即为最大阻力的一半.

在直线运动中,设质点的位移为 Δx,相应的时间间隔为 Δt,初速、末速分别为 v_0 和 v.容易证明作用于质点的力的两种平均值相等的条件(不论从 v_0 到 v 的中间变化情况如何)是

$$\Delta x=\frac{1}{2}(v_0+v)\Delta t. \tag{5.67}$$

匀变速直线运动满足这个条件,所以对于匀变速运动,或把物体的运动简化为匀变速运动以后,作用于质点的两种平均力相等.

在高中物理的力学部分,常有应用动能定理或动量定理求变力的平均力的问题.作为教师,一方面要明确由于力变化的复杂性,力对时间和对路程的平均值一般是不相同的;另一方面也要知道在什么条件下[条件(5.67)式],两种平均力相等.

例如,已知质量为 m 的子弹以初速 v_0 射入墙壁深为 l,求墙壁对弹头的平均阻力.这个题目,根据质点的动能定理可立即求得平均阻力的大小为

$$\overline{F}_{阻}=\frac{\frac{1}{2}mv^2-0}{l}=\frac{mv_0^2}{2l}.$$

如果题中还要求"子弹射入墙壁所经历的时间".对于这个问题,容易出现的解法是:根据动量定理

$$\Delta t=\frac{mv_0}{F_{阻}}=\frac{2l}{v_0}$$

或直接应用匀变速运动的公式求出这个结果.

但是,认真分析就会发现,后一问题的解缺少一个基本假定,就是"假定弹头在所求出的平均阻力 $\overline{F}_{阻}$ 作用下做匀减速运动".要知道,这个假定并不是自然的或必然的.因为在实际上,子弹射入的时间与深度之间完全可能不满足 $\Delta t=2l/v_0$ 这一关系.应该说这个结果本身只是我们的假定或是对这个问题的一种简化模型:认定两种平均阻力是相等的,认定子弹射入的时间与路程满足匀变速运动的规律.所以,这个题目中根据 l,v_0 求出的 Δt 不能经受实验的检验,它只是在我们心目中的假定条件下所求的结果.

从这一段讨论中可以得出的结论是,在中学物理未深入讨论这两种平均力差异的情况下,为了不造成两种平均力相同这样概念上的错觉,应尽量避免可能混用两种平均力的情况出现.这就是:用动能定理求平均力的题目中,最好不出现与求时间有关的问题;反之在要求用动量定理求时间平均力的题目中,最好不出现与路程有关的问题.否则,就应当明确给出"质点在所求出的平均力作用下,以平均加速度 $\overline{F}/m$ 做匀变速运动"这个假定条件.

6. 给出相对运动情况时，应用动量守恒定律应注意的问题

(1) 守恒式中各物体的速度应当是对同一惯性参照系的速度

动量守恒定律在任一惯性系中成立，因此，必须相对于给定的惯性参照系来计算各物体(质点)的动量，各物体的速度应是相对于给定的参照系的速度，这本是十分明显的事情.但是，当问题中给出一物体相对于另一运动物体的相对速度时，就往往会忽视这个问题而出现差错.我们分析一个例题.

例 2 在静止水面上漂浮有一质量为 M 的平板船，船尾有一质量为 m 的电动运货车，开始时船和车都静止.现在，运货车相对于船以速度 u 向船头运动，求这时船对水面的速度.

误解 1 设船的速度为 V.由于船和运货车组成的体系在水平方向不受外力，故动量守恒，有

$$mu + MV = 0, \qquad ①$$

解得

$$V = -\frac{m}{M}u, \qquad ②$$

负号表示船的运动方向与货车运动方向相反.

这个解显然是错的，错在哪里？错在动量守恒式①不对.在①中左端的两项，一项是车相对于船的动量 mu，第二项是船相对于水的动量 MV.两个物体分别相对于两个不同参照系的动量之和有什么意义呢？它肯定不是体系对任一参照系的总动量.这个解法的错误正是忽视了应用动量守恒定律必须要相对于同一选定的惯性参照系来计算各物体的动量.

上题的正确解法是：

设货车开动后，船和货车相对于水的速度分别为 V 和 v，规定从船尾指向船头为坐标轴正方向，则系统动量守恒式写为

$$mv + MV = 0. \qquad ③$$

又根据速度合成定理，有

$$v = u + V. \qquad ④$$

联立解③和④，得

$$V = -\frac{mu}{m + M}, \qquad ⑤$$

负号表示船速方向与坐标轴正方向相反.

误解 2 还可能有这样的解法.

由动量守恒，可得

$$mu + (m + M)V = 0, \quad ⑥$$

解得

$$V = -\frac{m}{m + M}u.$$

这个结果与正确解法的结果相同，那么，解法是否正确呢？

这个解法结果虽对，但在物理概念和分析上是不正确的. 为了明白道理，只需分析⑥式. ⑥式的意义是："货车相对于船的动量（mu）与货车和船一起以速度 V 在水上运动时相对于水的动量$(m+M)V$ 之和，等于体系开始时相对于水的总动量". 这里，不仅⑥的左端是相对于两个不同参照系的动量，而且，当货车开动以后，还把车与船合为一体为 $m+M$，并令它们以速度 V 运动. 这就连最基本的隔离体法都忘了，更是没有道理的. 因此，⑥作为动量守恒表达式，在概念上是混乱的.

可能有人会说，⑥不就是把④代入③得到的吗？怎么不对呢？

的确，将④代入③得⑥. 但是③与④有明确的物理意义，是遵照物理规律列出的等式. ③是体系动量守恒的准确表达式，④是相对运动的速度合成定理在此题中的正确表达式，它们是彼此独立的两个物理定律. ⑥只是两个式子联立解算过程中的一个过渡方程，它不单独表示任何一个原理. 所以说，只根据动量守恒并直接写出⑥，在概念和物理分析思路上就不正确了.

这个题目的两种误解都很可能在学生中出现，在教学中应引起足够的重视. 从此例分析中，可得出这样的结论：

建立动量守恒方程式必须相对于选定的一个惯性参照系. 式中各物体的速度必须是相对于这个惯性系的速度（绝对速度）；在出现物体之间的相对运动速度的情况下，还应当用相对运动的速度合成定理，建立各物体的速度与相对速度的关系，然后联立求解.

(2) 当两个物体相互作用而产生相对运动时，怎样处理相对速度，正确应用速度合成定理

先分析一个题目.

例 3 质量为 M 的人拿着质量为 m 的物体以初速 v_0，沿仰角 θ 方向跳远. 当人到达最高点时，他沿水平方向向后以相对速度 u 抛出物体. 问此人因抛出物体而使跳远的水平距离增加多少？

误解 人到最高时，速度沿水平方向，大小为 $v_0\cos\theta$. 水平向后抛出物体后，人的水平速度变为 v，物体对地的速度为 v'. 由动量守恒可得

$$mv' + Mv = (m + M)v_0\cos\theta. \quad ①$$

又根据速度合成定理，有

$$v' = v_0\cos\theta - u. \quad ②$$

由以上两个式子可得出人抛物后的水平速度

$$v = v_0\cos\theta + \frac{m}{M}u, \qquad ③$$

因抛出物体，人的水平速度的增量为

$$\Delta v = v - v_0\cos\theta = \frac{m}{M}u, \qquad ④$$

落地点的水平距离的增量为

$$\Delta x = \Delta v \cdot T = \frac{m}{M}uT, \qquad ⑤$$

其中 T 为从顶点落地的时间，根据抛体规律，有

$$T = \frac{v_0\sin\theta}{g},$$

将上式代入⑤，得增加的水平距离为

$$\Delta x = \frac{muv_0}{Mg}\sin\theta. \qquad ⑥$$

分析 此题解得正确吗？动量守恒式①是正确的，但②有误. ②是相对运动的速度合成定理，其中 v'是物体在被抛出后对地的速度，u 为物体相对于人的速度，方向向后，而 $v_0\cos\theta$ 则是人在未抛出物体之前的速度. 从形式上看，绝对速度 v'等于牵连速度与相对速度 $-u$ 之和，似乎正确. 其实，却忽略了一个基本事实：人抛物的过程(很短)中，人和物的速度都有变化，物体被抛出的瞬间，人的速度已经从 $v_0\cos\theta$ 变成了 v，物体的速度从 $v_0\cos\theta$ 变成了 v'. 这时，物体对人才具有 u 的相对速度. 也就是说，相对速度 u 是刚被抛出的物体对于抛出过程结束时的人的相对速度. 所以，牵连速度不应是 $v_0\cos\theta$，而应是 v，相对运动的速度合成定理的正确表述应是

$$v' = v - u, \qquad ⑦$$

用⑦代替误解中的②后，解出的结果为

$$\Delta x = \frac{muv_0}{(m+M)g}\sin\theta. \qquad ⑧$$

由此可见，有相对运动发生时，应注意正确判断给出的相对速度是在什么时刻，相对于什么物体的，正确的列出相对运动的速度合成定理表达式，再与动量守恒式联立，以求解出正确结果.

7. 从小船跳上岸，为什么比从大船跳上岸费劲？

这是一个要联合应用动量守恒和功能原理才能准确回答的问题.

我们假定大船与小船到岸的距离相等，且船的甲板与岸同高. 人从船头跳到岸边要越过一定的水平距离，故起跳时相对于静止参照系(岸)的速度大小和方向都有一定的要求. 设相对于岸起跳速率为 v_0，仰角为 θ 时，人刚好能落到岸边. 因此，不论从

大船或小船上，人跳离船时在水平方向都具有向着岸方向的动量（相对于岸）

$$p = mv_0\cos\theta,$$

其中 m 为人的质量.根据水平方向的动量守恒定律，不论是大船还是小船在人跳离后都具有大小等于 p、沿离岸方向的反冲动量.

应用动量和动能的关系式，人跳离后，大船和小船将具有动能，其值分别为

$$E_{k1} = \frac{p^2}{2M_1};$$

$$E_{k2} = \frac{p^2}{2M_2}.$$

式中的下标"1"和"2"分别代表大船和小船，M_1 和 M_2 分别为大船和小船的质量.由于 $M_1 > M_2$，故有

$$E_{k2} > E_{k1}.$$

也就是说，人如分别从大、小船上跳到岸边，小船获得的反冲动能大于大船所得到的动能.

船得到的动能从哪里来？在人跳离的过程中，人和船构成的体系无外力做功.根据动能定理，在跳离过程中，人和船获得的动能都是由人体内的生物化学能通过人体内力做功而转化来的.设人从大、小船上跳到岸边，在起跳过程中内力做的功分别为 A_1 和 A_2，根据力学体系的动能定理可得

$$A_1 = \frac{1}{2}mv_0^2 + E_{k1},$$

$$A_2 = \frac{1}{2}mv_0^2 + E_{k2}.$$

由于 $E_{k2} > E_{k1}$，故 $A_2 > A_1$.这就表明，人从小船跳上岸应当做的功（A_2）大于从大船跳上岸应当做的功（A_1），也就是从小船跳上岸更费劲一些.

8. 两体碰撞问题

两体碰撞是指两个运动物体（或粒子），由于短暂时间的相互作用，而使运动状态发生变化的物理过程.实物球之间的碰撞是常见的现象.做热运动的分子之间的碰撞是分子动力论的基本前提之一，它构成热现象的基础.粒子与核的碰撞、基本粒子之间的碰撞，为这些微观粒子之间的相互作用和结构的研究提供实验依据，而且这类碰撞还常常导致新粒子的出现.所以，碰撞问题在物理学中具有一定的重要性.不同物体或粒子之间的碰撞，虽然相互作用性质各不相同，但是都遵守共同的规律.

(1) 两体碰撞所遵从的共同规律

两体碰撞问题只考虑相碰的两体，没有第三体作用，或第三体的作用（体系的外

力）与碰撞过程中体系的内力相比可以忽略不计，相碰的两体近似地组成孤立体系．因此，在碰撞过程中两体体系的动量守恒，能量守恒．

设两体质量分别为 m_1 和 m_2，在碰撞前的速度分别为 $\boldsymbol{v}_{10}$ 和 $\boldsymbol{v}_{20}$，碰后速度为 $\boldsymbol{v}_1$ 和 $\boldsymbol{v}_2$，并假设在碰撞中没有声波和电磁辐射（或不计这些辐射）．那么，动量守恒式为

$$m_1\boldsymbol{v}_{10} + m_2\boldsymbol{v}_{20} = m_1\boldsymbol{v}_1 + m_2\boldsymbol{v}_2. \tag{5.68}$$

体系的能量守恒表达式为

$$\frac{1}{2}m_1v_{10}^2 + \frac{1}{2}m_2v_{20}^2 = \frac{1}{2}m_1v_1^2 + \frac{1}{2}m_2v_2^2 + \Delta\varepsilon, \tag{5.69}$$

式中 $\Delta\varepsilon$ 为碰撞中两个物体内部能量的增量（包括实物的内能和粒子内部激发能的增量），它是由体系的机械能转化而来的，因此 $\Delta\varepsilon$ 又表示机械能的减少量．如果，$\Delta\varepsilon=0$，那么碰撞中不发生机械能与其他形式能量的转化，机械能守恒．这种碰撞称为弹性碰撞；如果 $\Delta\varepsilon\neq0$，表示机械能将发生转化，称为非弹性碰撞，$\Delta\varepsilon$ 即等于机械能的损失量．

（2）实物球的正碰　恢复系数

正碰又称作一维碰撞，碰撞前后两个球保持在同一直线上运动．如果沿此直线规定一个坐标轴的方向，则动量守恒由分量式表示为

$$m_1v_{10} + m_2v_{20} = m_1v_1 + m_2v_2. \tag{5.70}$$

碰撞过程遵守的能量方程式（5.69）中，$\Delta\varepsilon$ 不仅与两个实物球的组成材料有关，还与两个球碰前的初始状态有关．因此，除非已经给定 $\Delta\varepsilon$，直接使用能量方程无助于求解碰撞问题．

幸好，由实验总结出的牛顿碰撞定律给我们提供了方便．牛顿碰撞定律表明：实物碰撞后的分离速度与碰前相互接近的速度成正比．比例系数称为恢复系数，记作 e，它只与两个实物的组成材料性质有关，用式子表示为

$$\frac{\text{分离速度}}{\text{接近速度}} = e. \tag{5.71}$$

e 是一个由实验测定的常数，常见的几类材料的恢复系数见表 5.1．

表 5.1

材料	玻璃与玻璃	铅与铅	铁与铅	钢与软木
e	0.93	0.20	0.12	0.55

所谓分离速度和接近速度是指两个球在分离或接近时，在接触面法线方向的相对速度的大小．对于正碰，v_2-v_1 即为碰后的分离速度，$v_{10}-v_{20}$ 即为碰前的接近速度，如图 5.10 所示．因此，对于正碰，牛顿碰撞定律表示为

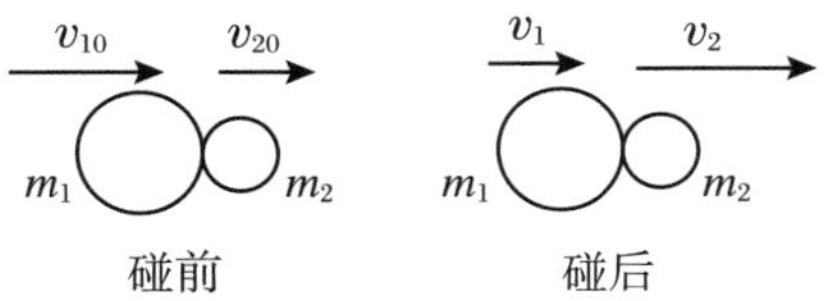

图 5.10

$$\frac{v_2 - v_1}{v_{10} - v_{20}} = e. \tag{5.72}$$

只要查出两个实物球的恢复系数的实验测定值，应用(5.70)和(5.72)式，可求解两个球碰后的速度：

$$\begin{cases} v_1 = v_{10} - \dfrac{(1+e)m_2(v_{10} - v_{20})}{m_1 + m_2}, \\ v_2 = v_{20} - \dfrac{(1+e)m_1(v_{20} - v_{10})}{m_1 + m_2}. \end{cases} \tag{5.73}$$

再根据能量方程式(5.69)，即可得出碰撞过程中机械能的损失(转化为两个物体的内能)与恢复系数和碰撞接近速度之间的关系为

$$\Delta\varepsilon = \frac{1}{2}(1 - e^2)\frac{m_1 m_2}{m_1 + m_2}(v_{10} - v_{20})^2. \tag{5.74}$$

一般物体的碰撞，恢复系数在 0 与 1 之间，也就是说，总是伴随着机械运动向热运动的转化，$\Delta\varepsilon$ 就是这种转化的量度. 一个特殊情况是 $e=0$，根据(5.72)式，有 $v_1 = v_2$，即碰后两个物体合在一起运动而不分离，称为完全非弹性正碰. 根据(5.74)式，这种碰撞中机械能损失最大，为

$$\Delta\varepsilon_{\mathrm{m}} = \frac{1}{2}\frac{m_1 m_2}{m_1 + m_2}(v_{10} - v_{20})^2. \tag{5.75}$$

另一个特殊情况是 $e=1$，这时，没有机械能向其他形式能量的转化，机械能守恒. 通常称这种碰撞为完全弹性正碰. 这时，分离速度等于接近速度.

$$v_2 - v_1 = v_{10} - v_{20}. \tag{5.76}$$

这个式子为一次方程，用它来代替能量方程，与动量守恒式(5.70)联立求解，会带来方便.

一般而言，实物间的碰撞总有机械能损失，即 e 总是小于 1 的. 对于 e 很接近 1 的那些物体，碰撞中机械能损失很小，于是将它忽略不计，认为碰撞是完全弹性的. 所以对于实物的碰撞问题，完全弹性碰撞是一个理想的模型.

(3) 非对心碰撞(斜碰)

做非对心碰撞的两个物体在碰撞前后的速度不共线，但在一个平面内，故称为二维碰撞. 二维碰撞所遵守的基本规律仍由(5.68)(5.69)式表示，只是在平面上建立坐标系以后，动量守恒的矢量式(5.68)可由其两个分量式表示.

如果碰撞是完全弹性的，并且是由运动的质点(称入射质点)m_1 去碰撞原来静止的质点 m_2(称为靶)，即 $v_{10} \neq 0$ 而 $v_{20}=0$，这时，以 v_{10} 的方向为 x 轴，则动量守恒和机械能守恒表示为

$$\begin{cases} m_1 v_{10} = m_1 v_1 \cos\alpha + m_2 v_2 \cos\beta, \\ 0 = m_1 v_1 \sin\alpha - m_2 v_2 \sin\beta, \\ \dfrac{1}{2} m_1 v_{10}^2 = \dfrac{1}{2} m_1 v_1^2 + \dfrac{1}{2} m_2 v_2^2. \end{cases} \tag{5.77}$$

其中 α，β 为 m_1 和 m_2 在碰后的运动方向与 x 轴（v_{10} 的方向）的夹角，α 称为入射质点的偏转角（或散射角），β 称为靶的反冲角（图 5.11）.

在方程组（5.77）中，共三个独立方程式，但含有决定两个球碰后速度的四个参量 v_1，α；v_2，β. 因此必须在这四个量中给出一个量（如实验测出 α 或 β），才能解出碰后两个球的运动状态.

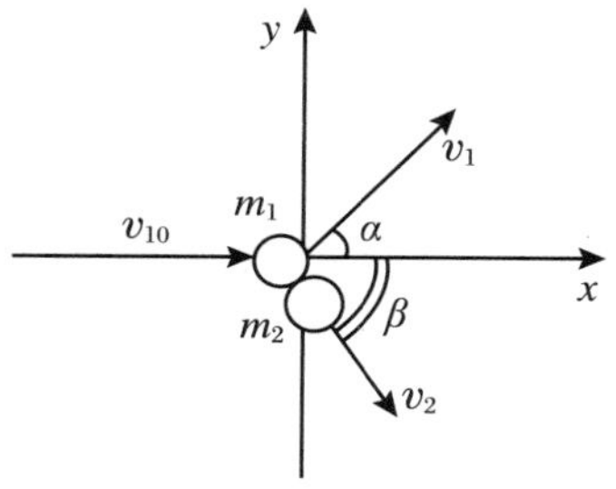

图 5.11

从方程组（5.77）中消去 v_{10}，v_1 和 v_2，可得 α 和 β 满足的关系式为

$$\tan\alpha = \frac{\sin 2\beta}{\dfrac{m_1}{m_2} - \cos 2\beta}. \qquad (5.78)$$

这个关系也可理解成入射粒子的偏转角 α 随靶的反冲角 β 而变化的函数关系式. 从物理上分析可知，靶（m_2）的反冲角 β 不可能大于 $\frac{\pi}{2}$，$\sin 2\beta$ 是恒正的，而 $\cos 2\beta$ 则可正可负，因此可得以下结论：

1）当入射粒子质量小于靶的质量，即 $\frac{m_1}{m_2} < 1$ 时，$\tan\alpha$ 可正可负，还可能为无穷大 $\left(当 \frac{m_1}{m_2} - \cos 2\beta = 0 时\right)$. 所以，入射粒子的偏转角可在 0 到 π 中取值. 即入射粒子可能被反弹回去，不存在偏转角的极大值.

2）当入射粒子质量大于靶的质量，即 $\frac{m_1}{m_2} > 1$ 时，$\tan\alpha$ 恒为正，故 α 只在第一象限，入射粒子不可能有大于 $\frac{\pi}{2}$ 的偏转角. 在这种情况下，根据（5.78）式应用微分求极值的方法可求出入射粒子的最大偏转角 α_m 由质量 $\frac{m_2}{m_1}$ 决定如下：

$$\cos\alpha_m = \sqrt{1 - \left(\frac{m_2}{m_1}\right)^2}. \qquad (5.79)$$

3）当入射粒子与靶的质量相等，即 $\frac{m_2}{m_1} = 1$ 时，由（5.78）式可证明：

$$\alpha + \beta = \frac{\pi}{2}, \qquad (5.80)$$

这种情况下，两个粒子碰后运动方向相互正交（这个结果也可以直接从方程组（5.77）中令 $m_1 = m_2$ 而得到）.

作为教师应熟悉以上的结果，以避免在编制这类题目时，出现违反上述结论的数据.

9. 质心坐标系在碰撞问题中的应用

(1) 质心坐标系及其特点

所谓质心坐标系是指原点取在质点组的质心处、随质心一起平动的坐标系.两体碰撞问题中,两体组成的质点组动量守恒.故其质心相对于静止惯性系——如研究碰撞的实验室,又称作实验室坐标系——做匀速直线运动.所以,在两体碰撞问题中,质心坐标系也是一个惯性系.

我们知道对于任一给定的参照系,质点组的动量等于质心的动量:

$$\sum_{i=1}^{n} m_i \boldsymbol{v}_i = \left(\sum_{i=1}^{n} m_i\right)\boldsymbol{v}_{\mathrm{C}}. \tag{5.81}$$

这里的 $\boldsymbol{v}_i$ 是质点 m_i 的速度,$\boldsymbol{v}_{\mathrm{C}}$ 是质点组质心的速度.又在质心坐标系中,质心总静止于原点位置,速度为零($v'_{\mathrm{C}}=0$),故质点组在质心坐标系中的总动量恒等于零.即

$$\sum_{i=1}^{n} m_i \boldsymbol{v}'_i = \left(\sum_{i=1}^{n} m_i\right)\boldsymbol{v}'_{\mathrm{C}} \equiv \mathbf{0}, \tag{5.82}$$

其中 $\boldsymbol{v}'_i$ 表示质点在质心坐标系中的速度.(5.82)式反映一切质心坐标系的共同特点.因此,质心坐标系又叫作"**零动量坐标系**".在这个坐标系中,发生碰撞的两球,在碰前和碰后的总动量相等且等于零.即有

$$\begin{matrix}\text{碰前} \\ \text{碰后}\end{matrix}\quad \begin{cases} m_1 \boldsymbol{v}'_{10} + m_2 \boldsymbol{v}'_{20} = \mathbf{0}, \\ m_1 \boldsymbol{v}'_1 + m_2 \boldsymbol{v}'_2 = \mathbf{0}, \end{cases} \quad \text{或} \quad \begin{cases} m_1 \boldsymbol{v}'_{10} = - m_2 \boldsymbol{v}'_{20}, \\ m_1 \boldsymbol{v}'_1 = - m_2 \boldsymbol{v}'_2, \end{cases} \tag{5.83}$$

可见,在质心坐标系中相碰两球在碰前和碰后的动量都等大反向.

(2) 质点在质心坐标系与实验室坐标系(静止惯性系)中的速度的变换关系

我们以两球对心碰撞为例,给出两个球相对于质心坐标系和实验室坐标系的速度的关系式.

设质量分别为 m_1 和 m_2 的两个球碰前在实验室坐标系中的速度为 v_{10} 和 v_{20},两个球体系的质心的速度为 v_{C},用"$'$"表示在质心坐标系中的量.根据质心的定义和相对运动的速度合成定理有

$$v_{\mathrm{C}} = \frac{m_1 v_{10} + m_2 v_{20}}{m_1 + m_2}, \tag{5.84}$$

$$v'_{10} = v_{10} - v_{\mathrm{C}} = \frac{m_2}{m_1 + m_2}(v_{10} - v_{20}), \tag{5.85}$$

$$v'_{20} = v_{20} - v_{\mathrm{C}} = \frac{-m_1}{m_1 + m_2}(v_{10} - v_{20}). \tag{5.86}$$

(3) 质点组在实验室坐标系和质心坐标系中的动能、折合质量

根据速度的变换式,不难求出两个球体在实验室坐标系中的动能 E_{k} 与在质心坐

标系中的动能之间的关系式：

$$E_k = E'_k + \frac{1}{2}(m_1 + m_2)v_C^2. \tag{5.87}$$

即两球体系在静止的实验室坐标系中的动能 E_k 等于它们相对于质心坐标系中的动能 E'_k 与质心在实验室坐标系中的动能 $\frac{1}{2}(m_1 + m_2)v_C^2$ 之和.(5.87)式即为有名的柯尼希定理.显然由于在质心坐标系中 $v'_C = 0$，故与所有可能选取的参照系相比，在质心坐标系中两体系统的动能最小，等于 E'_k，它就是两个质点相对质心运动的动能：

$$E'_k = \frac{1}{2}m_1 v_{10}'^2 + \frac{1}{2}m_2 v_{20}'^2.$$

应用(5.85)和(5.86)式可得

$$E'_k = \frac{1}{2}\frac{m_1 m_2}{m_1 + m_2}(v_{10} - v_{20})^2 = \frac{1}{2}\frac{m_1 m_2}{m_1 + m_2}(v'_{10} - v'_{20})^2, \tag{5.88}$$

式中 $v_{10} - v_{20}$ 和 $v'_{10} - v'_{20}$ 都是两个球的相对速度(球1相对于球2的速度).令

$$\mu = \frac{m_1 m_2}{m_1 + m_2}, \tag{5.89}$$

称之为**折合质量**.则(5.88)式改写为

$$E'_k = \frac{1}{2}\mu(v_{10} - v_{20})^2 = \frac{1}{2}\mu(v'_{10} - v'_{20})^2. \tag{5.90}$$

可见，两球体系在质心坐标系中的动能，等于用折合质量 μ 代替一个小球(m_1)的质量后，这个小球相对于另一个小球(m_2)运动的动能.

(4) 在质心坐标系中的弹性正碰

用 v'_{10}，v'_1 和 v'_{20}，v'_2 分别表示两球碰前和碰后在质心坐标系中的速度.碰撞中动量守恒和机械能守恒表达式为

$$\begin{cases} m_1 v'_{10} + m_2 v'_{20} = 0, \\ m_1 v'_1 + m_2 v'_2 = 0. \end{cases} \tag{5.91}$$

$$\frac{1}{2}m_1 v_{10}'^2 + \frac{1}{2}m_2 v_{20}'^2 = \frac{1}{2}m_1 v_1'^2 + \frac{1}{2}m_2 v_2'^2. \tag{5.92}$$

根据守恒表达式(5.91)和(5.92)，可得

$$\begin{cases} v'_1 = -v'_{10}, \\ v'_2 = -v'_{20}. \end{cases} \tag{5.93}$$

可见，在质心坐标系中，相碰两个球分别以大小等于碰前的速率反弹.这个结果对称而且简单，反映了研究碰撞问题采用质心坐标系的优点.

图5.12(a)画出了在实验室坐标系中入射球 m_1 以速度 v_{10} 与静止的球($v_{20} = 0$)发生弹性正碰的情况.图5.12(b)是这一碰撞在质心坐标系中的情况.图中从上到下

各排表示相隔一定时间两个球和质心的位置，质心用“◦”表示.

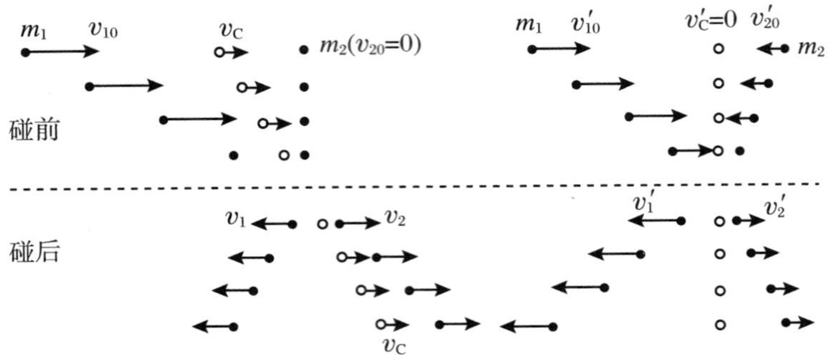

图 5.12

(5) 在质心坐标系中的非弹性正碰

设恢复系数为 e，则由碰撞定律有

$$\frac{v'_2 - v'_1}{v'_{10} - v'_{20}} = e. \tag{5.94}$$

应用零动量坐标系（质心坐标系）中的动量守恒式(5.90)，容易解出：

$$\begin{cases} v'_1 = -ev'_{10}, \\ v'_2 = -ev'_{20}. \end{cases} \tag{5.95}$$

图 5.13 表示出这一结果$\left(\text{图中令 } e = \dfrac{1}{2}\right)$.

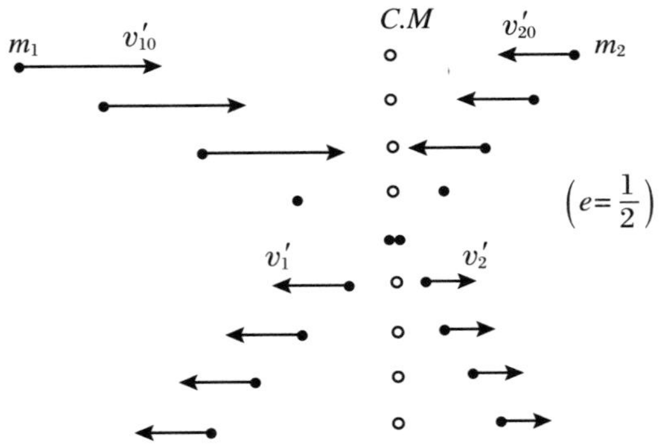

图 5.13

在碰撞中的机械能损失为

$$\begin{aligned} -\Delta E'_k &= \left(\frac{1}{2}m_1 v'^2_{10} + \frac{1}{2}m_2 v'^2_{20}\right) - \left(\frac{1}{2}m_1 v'^2_1 + \frac{1}{2}m_2 v'^2_2\right) \\ &= (1-e^2)\left(\frac{1}{2}m_1 v'^2_{10} + \frac{1}{2}m_2 v'^2_{20}\right) \\ &= (1-e^2)E'_{k0}. \end{aligned} \tag{5.96}$$

可见，机械能损失等于碰前二球体系在质心坐标系中的动能 E'_{k0} 的 $1-e^2$ 倍.

根据(5.89)式，E'_{k0} 可用折合质量表示为

$$E'_{k0}=\frac{1}{2}\mu(v'_{10}-v'_{20})^2.$$

所以，损失的机械能，或碰撞中转化为其他形式的能量为

$$\Delta\varepsilon'=-\Delta E'_k=\frac{1}{2}(1-e^2)\frac{m_1m_2}{m_1+m_2}(v'_{10}-v'_{20})^2. \tag{5.97}$$

由于碰前二球的相对速度(接近速度)与坐标系选择无关，即 $v'_{10}-v'_{20}=v_{10}-v_{20}$，故上式可用二球碰前在实验室坐标系中的速度 v_{10} 和 v_{20} 表示. 从这个例子也可看出，在非弹性碰撞中，二球体系机械能的损失或内能的增量是与参照系选择无关的. 质心坐标系中的机械能损失 $-\Delta E'_k$，也就是实验室坐标系中的机械能损失.

从(5.96)式我们还可得到

$$e^2=\frac{E'_k}{E'_{k0}}. \tag{5.98}$$

即恢复系数的大小决定于在质心坐标系中碰撞后的动能与碰前的动能之比值，恢复系数的平方 e^2 表示出在质心坐标系中碰撞后的动能与碰撞前相比恢复的程度. 当 $e=1$ 时，动能完全恢复，是为完全弹性碰撞；当 $e=0$ 时，在质心坐标系中的动能全部损失，是为完全非弹性碰撞.

由于在质心坐标系中的碰撞具有简单和对称的优点. 所以，在处理两体碰撞问题时，我们可先变换到质心坐标系中，得出在质心坐标系中的碰撞结果，再利用速度合成定理，将结果变换到静止的实验室坐标系中去.

例 4　质量为 m 的长方形箱子放在光滑的水平地面上. 箱内有一质量也为 m 的小滑块，滑块与箱底间无摩擦. 开始时，箱子静止不动，滑块以速率 v_0 从箱子的 A 壁向 B 壁处运动，与 B 壁碰撞. 假定滑块与二壁碰撞的恢复系数为 $e=\sqrt[4]{\frac{1}{2}}$. 求：

1) 要使滑块和箱子这一系统损耗的动能不超过初始动能的 40%，滑块与箱壁间最多碰撞几次?

2) 从滑块开始运动到刚完成上述次数的碰撞期间，箱子的平均速度是多大?

解法 1　以地面为参照系求解.

1) 据题意，滑块开始运动后，将相继与箱子 B 壁和 A 壁发生碰撞. 每次碰后二者的速度都将发生变化. 用 v_i 和 u_i 分别表示滑块和箱子在第 i 次碰后的速度. 对每次碰撞，系统的动量守恒，并且遵守碰撞定律. 为求出 v_i 和 u_i，下面用归纳法列出任意的第 i 次碰撞中动量守恒和碰撞定律的表达式.

第一次碰撞($i=1$)：

$$\begin{cases} mv_1+mu_1=mv_0, & \text{(动量守恒)}\\ u_1-v_1=ev_0. & \text{(碰撞定律)}\end{cases}$$

将第二个式子改写为

$$v_1 - u_1 = (-e)v_0.$$

第二次碰撞($i=2$):

$$\begin{cases} mv_2 + mu_2 = mv_1 + mu_1 = mv_0, \\ v_2 - u_2 = e(u_1 - v_1) = (-e)^2 v_0, \end{cases}$$

设第 n 次碰撞($i=n$):

$$\begin{cases} mv_n + mu_n = mv_0, \\ v_n - u_n = (-e)^n v_0. \end{cases} \quad ①$$

则第 $n+1$ 次($i=n+1$)碰撞应有

$$mv_{n+1} + mu_{n+1} = mv_n + mu_n,$$
$$v_{n+1} - u_{n+1} = e(u_n - v_n).$$

将①代入上两个式子,得

$$\begin{cases} mv_{n+1} + mu_{n+1} = mv_0, \\ v_{n+1} - u_{n+1} = (-e)^{n+1} v_0. \end{cases} \quad ②$$

可见,对任意的第 i 次碰撞,动量守恒和碰撞定律的表达式为

$$mv_i + mu_i = mv_0, \quad ③$$
$$v_i - u_i = (-e)^i v_0. \quad ④$$

由③和④两个式子可解出

$$v_i = \frac{1}{2}[1 + (-e)^i]v_0, \quad ⑤$$

$$u_i = \frac{1}{2}[1 - (-e)^i]v_0. \quad ⑥$$

第 i 次碰撞后系统的动能

$$E_{ki} = \frac{1}{2}mv_i^2 + \frac{1}{2}mu_i^2$$
$$= \frac{1}{4}mv_0^2(1 + e^{2i}). \quad ⑦$$

与初始动能$\left(E_{k0} = \frac{1}{2}mv_0^2\right)$相比,经过第 i 次碰撞系统一共损失的动能为

$$-\Delta E_{ki} = E_{k0} - E_{ki} = \frac{1}{2}mv_0^2 - \frac{1}{4}mv_0^2(1 + e^{2i})$$
$$= \frac{1 - e^{2i}}{2}E_{k0}. \quad ⑧$$

损失的动能与初始动能的比率为

$$\eta_i = \frac{-\Delta E_{ki}}{E_{k0}} = \frac{1}{2}(1 - e^{2i}). \quad ⑨$$

由题意,要求 $\eta_i \leqslant 40\%$,即

$$\frac{1}{2}(1-e^{2i})\leqslant 0.4. \tag{10}$$

将 $e=\sqrt[4]{\frac{1}{2}}$ 代入上式解出

$$i\leqslant 4.64, \tag{11}$$

由于 i 只能是整数，故 i 最大只能是 4，即要使系统损耗的动能不超过初始动能的 40%，滑块与箱壁最多碰撞 4 次[当 $i=4$ 时，$\eta_i=\frac{1}{2}(1-e^8)=0.375<40\%$；而当 $i=5$ 时，$\eta_i=\frac{1}{2}(1-e^{10})=0.412>40\%$].

2）求在四次碰撞期间箱子的平均速度.

设四次碰撞经历的时间为 T，箱子对地面的位移为 s，则箱子对地的平均速度为

$$\overline{v}=\frac{s}{T}. \tag{12}$$

下面求 T 与 s.

用 $\Delta t_i(i=0,1,2,3)$ 表示从第 i 次碰撞到第 $i+1$ 次碰撞所经历的时间，并设 L 为 A，B 两壁之间的距离. 由于第 i 次碰撞后，滑块相对于箱子的速度为 $v_{ri}=e^iv_0$（碰撞定律），故有

$$\Delta t_i=\frac{L}{v_{ri}}=\frac{L}{e^iv_0}. \tag{13}$$

所以，从开始（$i=0$）到第 4 次碰撞，所经历的时间

$$T=\sum_{i=0}^{3}\Delta t_i=\frac{L}{v_0}+\frac{L}{ev_0}+\frac{L}{e^2v_0}+\frac{L}{e^3v_0}$$

$$=\frac{L}{e^3v_0}(1+e+e^2+e^3). \tag{14}$$

用 Δs_i 表示从第 i 次碰撞到第 $i+1$ 次碰撞中，箱子对地的位移，有 $\Delta s_i=u_i\Delta t_i$，其中 u_i 可由⑥式算出，故箱子的总位移为

$$s=\sum_{i=0}^{3}\Delta s_i=u_0\Delta t_0+u_1\Delta t_1+u_2\Delta t_2+u_3\Delta t_3$$

$$=\frac{L}{2}\left(1+\frac{1}{e}+\frac{1}{e^2}+\frac{1}{e^3}\right)=\frac{L}{2e^3}(1+e+e^2+e^3). \tag{15}$$

将⑭⑮代入⑫，求出从开始到第 4 次碰撞期间箱子的平均速度：

$$\overline{v}=\frac{s}{T}=\frac{v_0}{2}. \tag{16}$$

解法 2 应用质心坐标系来求解.

1）求碰撞次数.

滑块和箱子组成的系统对地的动能等于质心的动能 $\frac{1}{2}(2m)v_C^2$ 与相对于质心坐

标系的动能 E'_k之和. 又由于系统的动量守恒，质心对地的速度 $v_C = \frac{1}{2}v_0 =$ 常数，故质心对地的动能不变，碰撞损失的能量只是系统在质心坐标系中的动能. 下面先求第 i 次碰撞后系统在质心坐标系中的动能 E'_{ki}.

根据碰撞定律，第 i 次碰撞后，滑块与箱子之间的相对速度大小为

$$v_{ri} = e^i v_0. \tag{17}$$

由于在质心坐标系中，滑块与箱子的动量总是等大反向，又因二者的质量相等，故二者的速度总是等大反向，速度相等，都等于相对速率的一半，故 i 次碰后，滑块和箱子相对于质心的速率为

$$v'_i = u'_i = \frac{1}{2}v_{ri} = \frac{1}{2}e^i v_0. \tag{18}$$

所以，系统在质心坐标系中的动能为①

$$\begin{aligned} E'_{ki} &= \frac{1}{2}mv'^2_i + \frac{1}{2}mu'^2_i \\ &= \frac{1}{4}e^{2i}mv_0^2. \end{aligned} \tag{19}$$

根据前面的说明，在第 i 次碰撞后系统的动能损耗为

$$\begin{aligned} -\Delta E_{ki} &= -\Delta E'_{ki} = E'_{k0} - E'_{ki} \\ &= \frac{1}{4}mv_0^2 - \frac{1}{4}me^{2i}v_0^2 = \frac{1}{4}(1-e^{2i})mv_0^2. \end{aligned} \tag{20}$$

与解法 1 中的⑧式结果相同，以后的解算与解法 1 中的以下各式相同.

2）求四次碰撞期间箱子对地的平均速度.

在第 4 次——偶数次——碰撞时，在质心坐标系中滑块与箱子的位置回复到初始位置，故对质心坐标系的位移为零. 所以从开始到第 4 次碰撞，箱子对地的位移和平均速度等于质心对地的位移和平均速度. 现已知质心对地的速度不变，大小为 $v_C = \frac{1}{2}v_0$. 所以，从开始到第 4 次碰撞这段时间的平均速度为

$$\bar{v} = v_C = \frac{1}{2}v_0.$$

比较上述两种解法可看出，在处理这类碰撞问题时，适当采用质心坐标系会带来方便，大为简化解算过程. 但是，掌握质心坐标系存在着一定的难度，不作为中学教学中的要求. 但教师对此有适当了解，有利于主动地驾驭教材和因材施教地指导学生学习.

---

① 应用折合质量概念$\left(\mu = \frac{m \cdot m}{m+m} = \frac{1}{2}m\right)$，和问题 9 的(5.90)式可直接写出系统在质心坐标系中的动能：

$$E'_{ki} = \frac{1}{2}\mu v_{ri}^2 = \frac{1}{4}me^{2i}v_0^2.$$

10. 在有连续的质量流动情况下，怎样应用动量定理和动量守恒定律？

火箭从喷嘴不断喷出高速燃气；水力采矿时，水柱连续地冲到煤层上；竖直的落链有越来越多的部分连续地停落在地面上——这些都是有连续的质量流动的问题．与离散的两体问题不同，这类问题的特点是不能明确划分为可当作质点的研究对象．在应用动量定理时，要注意选定研究的体系由什么组成．体系可能包括接受流动物质或流出流动物质的基体，以及在 $\mathrm{d}t$ 时间内流进或流出的那一小部分流动体．确定体系后，再分别考虑 t 时刻它们处于什么状态，$t+\mathrm{d}t$ 时刻又处于什么状态（对于未选作体系组成部分的其他物体和流动物质，只考虑它们对体系的作用而不考虑其运动状态）．求出 t 和 $t+\mathrm{d}t$ 时刻体系的动量 $p(t)$ 和 $p(t+\mathrm{d}t)$，然后再应用动量定理．下面用几个例子来说明．

例 5　当货车正以匀速 v 前进时，沙子从固定的漏斗中落进货车，如图 5.14 所示．已知每秒落到货车中的沙子质量为 $\dfrac{\mathrm{d}m}{\mathrm{d}t}$，如不计轨道的摩擦，求需用多大的水平力才能保持货车以速度 v 匀速前进．

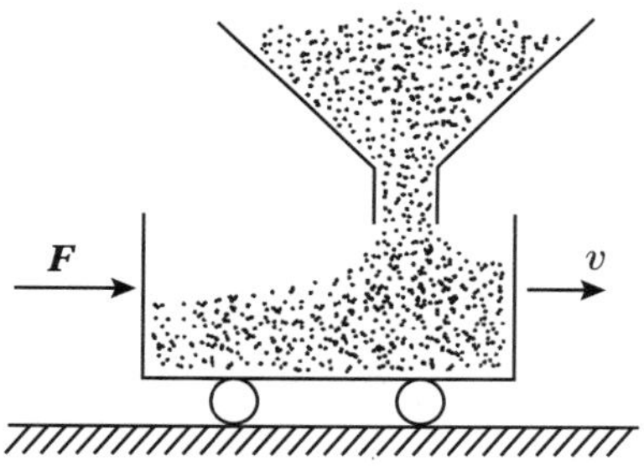

图 5.14

解　以货车（t 时刻质量为 m）和从 t 到 $t+\mathrm{d}t$ 的时间 $\mathrm{d}t$ 内落入货车的沙子（质量为 $\mathrm{d}m$）为一个体系，考查体系沿水平方向的动量变化．

在 t 时刻，由于将要落入货车的沙子无水平速度，故体系沿水平方向的动量为

$$p(t)=mv.$$

在 $t+\mathrm{d}t$ 时刻，货车的速度仍为 v，已落入车内的沙子 $\mathrm{d}m$ 也具有同样的速度（和车一起运动），所以体系的动量为

$$p(t+\mathrm{d}t)=(m+\mathrm{d}m)v.$$

设水平推力为 F，则根据动量定理，有

$$F\mathrm{d}t=p(t+\mathrm{d}t)-p(t)=(m+\mathrm{d}m)v-mv=\mathrm{d}m\cdot v.$$

由此解出水平推力为

$$F=v\frac{\mathrm{d}m}{\mathrm{d}t}.$$

即必须加的水平推力等于货车的速度与每秒落进货车的沙子的质量之乘积．

例 6　大量的小球粒从高 h 处以每秒 n 粒（$n\gg1$）的流量不断地自由落到台秤秤盘内．每粒小球的质量为 m，落到秤盘内即静止．试求从小球开始落入秤盘中以后的 t 秒时，台秤所指的力是多大？

解 以 t 秒时已经落在秤盘中的小球粒和从 $t \sim t+\mathrm{d}t$ 的时间 $\mathrm{d}t$ 内将要落在盘中的小球粒组成体系，作为研究对象，考察体系的动量变化. 以竖直向上为正方向.

t 时刻：已落入盘中静止的小球粒质量为 $M = nmt$；即将落入盘中的小球粒质量为 $\mathrm{d}M = nm\mathrm{d}t$，速度大小为 $v = \sqrt{2gh}$. 故体系的动量为

$$p(t) = \mathrm{d}M \cdot v = -nm\sqrt{2gh} \cdot \mathrm{d}t,$$

式中负号表示方向竖直向下.

$t+\mathrm{d}t$ 时刻：$\mathrm{d}M$ 已经落入盘内并静止，故体系的动量为零，

$$p(t+\mathrm{d}t) = 0.$$

设盘对体系竖直向上的作用力为 F，体系受的重力为 $(M+\mathrm{d}M)g = nmgt + nmg\mathrm{d}t$. 这两个力即是体系所受的外力. 根据体系的动量定理有

$$[F-(M+\mathrm{d}M)g]\mathrm{d}t = p(t+\mathrm{d}t) - p(t).$$

将已求出的各量代入得

$$F\mathrm{d}t - nmgt\mathrm{d}t - nmg(\mathrm{d}t)^2 = nm\sqrt{2gh} \cdot \mathrm{d}t.$$

略去二级小量 $[nmg(\mathrm{d}t)^2]$，得

$$F\mathrm{d}t = (nmgt + nm\sqrt{2gh})\mathrm{d}t,$$

所以

$$F = nm(gt + \sqrt{2gh}).$$

根据牛顿第三定律，小球粒受秤盘的压力大小亦由上式表示. 所以 t 时刻台秤所指示的力的大小为 $nm(gt+\sqrt{2gh})$.

11. 火箭的运动

现代火箭技术的发展，对于极其广泛的科学技术领域产生了深刻的影响，使人类飞向月球和其他行星的梦想成为现实. 现代火箭包含着众多学科的尖端科技问题. 然而，如果不去讨论这些科学技术问题，只研究火箭推进的基本动力学原理，那么，它和我们祖先最早发明的“冲天炮”一样，是应用动量守恒这一基本定律的.

火箭由火箭壳体[包括各种仪器设备和载荷（如弹头或卫星、乘员等）]和燃料（包括燃烧剂和助燃剂）组成. 燃料在燃烧室中燃烧，产生高温高压的燃气，通过喷口向后喷出，同时，给火箭主体以反冲. 如果不计空气阻力和重力（假定火箭在无重力的空间运动），并把火箭和由它喷出的燃气组成一个系统，那么，这个系统的动量守恒. 火箭主体向后以高速推出燃气. 燃气对火箭施以向前的反推力. 对系统而言，这是内部的相互作用，不改变系统的总动量. 然而对火箭主体来说，燃气反冲产生向前的推力，使之不断加速.

下面我们根据动量守恒定律，得出火箭运动的基本方程.

设在任一时刻 t,火箭主体(包括在以后的 $\mathrm{d}t$ 时间内即将燃烧的燃料在内)的质量为 m,对于选定的惯性参照系的速度为 v;在 $t+\mathrm{d}t$ 时刻,由于已燃烧的喷气已经喷出,火箭主体的质量变为 $m'=m+\mathrm{d}m$(由于喷出燃气,$m'<m$,故主体质量的增量为负,$\mathrm{d}m<0$),速度变为 $v+\mathrm{d}v$.在时间 $\mathrm{d}t$ 内喷出的燃气质量为 $m-m'=-\mathrm{d}m$,喷出的燃气相对于火箭主体的速度为 u,方向向后,则在 $t+\mathrm{d}t$ 时刻,燃气相对于选定惯性系的速度为 $v+\mathrm{d}v-u$.由于火箭主体和喷出的燃气所组成体系的动量守恒,所以

$$mv=(m+\mathrm{d}m)(v+\mathrm{d}v)+(-\mathrm{d}m)(v+\mathrm{d}v-u), \tag{5.99}$$

化简为

$$m\mathrm{d}v=-u\mathrm{d}m. \tag{5.100}$$

这就是火箭在无重力空间中运动的基本微分方程式.式中喷射相对速度 u 与燃料的化学性质和喷口的形状有关,对一定的火箭是一个常数.由于燃料不断燃烧并喷射出去,m 和 v 都是随时间而变化的.下面根据(5.100)式讨论火箭的推力和收尾速度.

(1) 火箭的推力

用时间 $\mathrm{d}t$ 去除(5.100)式两端,得

$$m\frac{\mathrm{d}v}{\mathrm{d}t}=-u\frac{\mathrm{d}m}{\mathrm{d}t}, \tag{5.101}$$

式中 m 为 t 时刻火箭主体的质量,$\frac{\mathrm{d}v}{\mathrm{d}t}$即为 t 时刻的加速度.与牛顿第二定律比较,上式的右端就是由喷出的燃气反作用于火箭主体的力,称为火箭的推力:

$$F_{推}=-u\frac{\mathrm{d}m}{\mathrm{d}t}=u\left|\frac{\mathrm{d}m}{\mathrm{d}t}\right|, \tag{5.102}$$

$\frac{\mathrm{d}m}{\mathrm{d}t}$是火箭主体质量的增加率.由于是不断喷出质量,故$\frac{\mathrm{d}m}{\mathrm{d}t}<0$,所以$\left|\frac{\mathrm{d}m}{\mathrm{d}t}\right|$表示火箭主体的质量减小率.燃料燃烧后的产物从喷口喷出,使主体质量减小,故$\left|\frac{\mathrm{d}m}{\mathrm{d}t}\right|$也就是燃料的消耗率.(5.102)式表明火箭的推力等于喷射相对速度和燃料的消耗率之乘积.

阿波罗月球火箭(三级土星 V 火箭)第一级的平均喷射相对速度 $u=2.8\ \mathrm{km/s}$,平均燃料消耗率$\left|\frac{\mathrm{d}m}{\mathrm{d}t}\right|=1.33\times10^4\ \mathrm{kg/s}$.由(5.102)式可算出它的推力平均为

$$F_{推}=2.8\times10^3\times1.33\times10^4=37.2\times10^6(\mathrm{N}).$$

实际上,土星 V 一级火箭的推力从起飞时的 34×10^6 N 增加到熄火时的 40.4×10^6 N.阿波罗火箭初始质量(包括载体和燃料)为 $m_0=2.94\times10^6$ kg.所以,在开始沿竖直方向起飞时,火箭的加速度为

$$a_0=\frac{1}{m_0}(F_{推}-m_0g)\approx1.76\ \mathrm{m/s^2}.$$

(2) 收尾速度

将(5.100)式改写为

$$dv = -u\frac{dm}{m}. \tag{5.103}$$

设火箭开始发动时的初始质量为 m_0,速度为 v_i;当燃料耗尽,火箭发动机停止工作(熄火)时,火箭壳体的质量为 m_s,速度——收尾速度——为 v_f.对(5.103)式积分:

$$\int_{v_i}^{v_f} dv = -u\int_{m_0}^{m_s}\frac{dm}{m},$$

得

$$v_f = v_i + u\ln\frac{m_0}{m_s}. \tag{5.104}$$

这就是在无重力和阻力的空间中火箭的收尾速度公式.静止开始发动,则 $v_i = 0$,收尾速度为

$$v_f = u\ln\frac{m_0}{m_s}. \tag{5.105}$$

这表明火箭的收尾速度与喷射相对速度和质量比$\frac{m_0}{m_s}$的自然对数成正比.

阿波罗月球火箭第一级点火时总质量 $m_0 = 2.94\times10^6$ kg,熄火时的质量 $m_s = 0.79\times10^6$ kg(这二者之差即为第一级火箭的燃料质量 2.15×10^6 kg),喷射相对速度 $u = 2.8$ km/s.根据(5.105)式算出第一级火箭的收尾速度为

$$v_f = 2.8\ln\frac{2.94}{0.79} = 3.68\ \text{km/s}.$$

这是假定无重力和阻力情况下的计算值,实际上第一级火箭不能忽略重力和阻力的影响.土星V火箭第一级的工作时间是 $t_1 = 161$ s.如果假定它保持竖直飞行,并计入恒定的重力作用(仍不计阻力).则在第一级熄火时的速度为

$$v_f' = 2.8\ln\frac{2.94}{0.79} - gt_1 = 2.1\ \text{km/s}.$$

但是,阿波罗月球火箭的第一级是沿着曲线飞行的(当离地高为67 km时,火箭离发射点水平距离为93 km),重力的影响比竖直飞行小一些.实际上第一级火箭熄火时的速度为2.75 km/s.

从(5.105)式可知,为了提高火箭的收尾速度,应从两方面着手.一是研制新型的燃料以提高燃气的喷射速度 u.一般通过化学反应(燃烧)过程可能达到的喷射速度的最高限度约为5 km/s.这对常见的宏观物体的运动来说,速度已经很高了,但是比起带电粒子在电场中的运动来说则是非常低的.因此为了大大提高火箭速度,人们共同期望发射离子火箭,甚至光子火箭(光帆).从火箭喷口向后喷射高速的离子或具极限速度的光子.但是,由于离子或光子的质量喷射率太小,以致推力也非常之小,离子火箭或光帆仍只是人们的幻想.

提高火箭收尾速度的另一途径是提高质量比，但是由于收尾速度与质量比的对数成正比，故这一途径也要受到限制．下面列出收尾速度（用喷射相对速度 u 来表示）与质量比的关系（如表5.2）．

表 5.2

v_f	u	$2u$	$3u$	$4u$
m_0/m_s	2.7	7.4	20.1	54.5
$(m_0-m_s)/m_s$	1.7	6.4	19.1	53.5

（表中第三行是燃料装载量与火箭壳体质量的比值）

从表中可见要使收尾速度达到喷射速度的三倍，质量比就为20.1，这就是说，燃料的质量应当是火箭壳体质量的19.1倍！这是不可能做到的．试想通常用作容器的煤油桶，当满载煤油时，油与桶的质量比也不超过10，更何况火箭壳体除装燃料外，还有其他载荷（如仪器、弹头、待发射的卫星等）．土星V火箭第一级的质量比仅为$\dfrac{2.99}{0.79}=3.72$，就足以说明提高质量比的实际困难．

（3）多级火箭

采用多级火箭可以在一定程度上解决提高质量比所面临的实际困难，从而达到提高最后一级火箭的收尾速度．

多级火箭由几个单级火箭组合而成．开始，第一级火箭工作时，其余各级火箭及火箭的有效载荷都属于这一级火箭的载荷．当第一级火箭熄火后，这级火箭的壳体自动脱离，然后第二级火箭点火，在第一级达到的速度基础上，继续推动以后各级加速运动……假定各级火箭的燃料相同，喷射相对速度 u 相同，并不计重力和阻力，则当最后一级火箭熄火时的速度为

$$v = u\ln\left(\frac{m_{01}}{m_{s1}}\cdot\frac{m_{02}}{m_{s1}}\cdot\cdots\cdot\frac{m_{0n}}{m_{sn}}\right), \tag{5.106}$$

其中 m_{01} 为第一级点火时火箭的质量，m_{s1} 为第一级火箭熄火时的质量；m_{02} 为第一级火箭壳脱离以后，第二级火箭点火时的质量，m_{s2} 为第二级火箭熄火时的质量……

由于每一级火箭的质量比$\dfrac{m_{0i}}{m_{si}}$都大于1，看来似乎只要增多火箭的级数，就可以增大最后的收尾速度．但是，火箭级数的增加又会带来新的困难，这就是，由于以后各级火箭的质量都包括在前一级火箭的主体质量 m_s 中，要增加级次同时又保证前级火箭有一定的质量比，就必须有更大的燃料装载量，不仅技术困难，而且经费也十分昂贵．例如，m_{s1} 除包括第一级火箭的壳以外，还包括以后各级的总质量，因此增加级次，势必增大 m_{s1}．这样，要保证第一级有一定的质量比，那么 m_{01} 必须更大，第一级的燃料用量（$m_{01}-m_{s1}$）也就要更大．所以，多级火箭的级数也不是可以无限增多的．现代发射地球卫星和星际飞行器，多采用三级火箭作为动力．

第 6 章　万有引力及在引力作用下的运动

基本内容概述

6.1　行星运动定律(开普勒定律)

第一定律　行星沿椭圆轨道绕日运动,太阳在椭圆的一个焦点上.

第二定律　随着行星的绕日运动,太阳与行星的连线在相等的时间内扫过相等的面积,即面积速度保持恒定.

第三定律　行星绕日运动的周期(T)的平方与其椭圆轨道的半长轴(a)的立方成正比,即

$$\frac{T^2}{a^3} = \text{恒量}, \tag{6.1}$$

并且此恒量对太阳系的所有行星都是相同的.(在万有引力定律发现以后,知道这一恒量与太阳的质量 M_s 有关,为$\dfrac{4\pi^2}{GM_s}$,G 是引力常量)

6.2　万有引力定律

任何两个物体之间都存在着相互吸引的作用,称为**万有引力**.两质点之间的引力方向沿两个质点的连线,引力的大小与这两个质点的质量乘积成正比,与它们之间的距离平方成反比,这就是**万有引力定律**.用数学式表示为

$$F = G\frac{m_1 m_2}{r^2}. \tag{6.2}$$

比例系数 G 称为**引力常量**,是一个基本物理常数,其数值为

$$G = 6.67 \times 10^{-11}\ \mathrm{m^3/(s^2 \cdot kg)}.$$

应用积分法可以证明:均匀球壳、均匀球体或由许多不同密度的均匀球壳组成的球体,对球外质点或球体的引力相当于把质量集中在球心处而成的质点之间的引力,由(6.2)式表示,其中 r 从球心算起.

均匀球壳对位于球壳内任一位置的质点的引力等于零.

半径为 R、质量为 M 的均匀球体,对于球内一质点(m)的引力沿球心与质点的连线,大小与质点到球心的距离 r 成正比,其数学表达式为

$$F = G\frac{Mm}{R_e^3}r \quad (r \leqslant R_e). \tag{6.3}$$

地球的半径为 $R_e = 6\ 370$ km,如果把地球看作均匀球体,单位质量的物体($m = 1$ kg)在地球内、外受地球的引力大小随 r 而变化的关系由图 6.1 表示.图中 $g = \frac{GM}{R_e^2}$ 为地面物体的重力加速度.

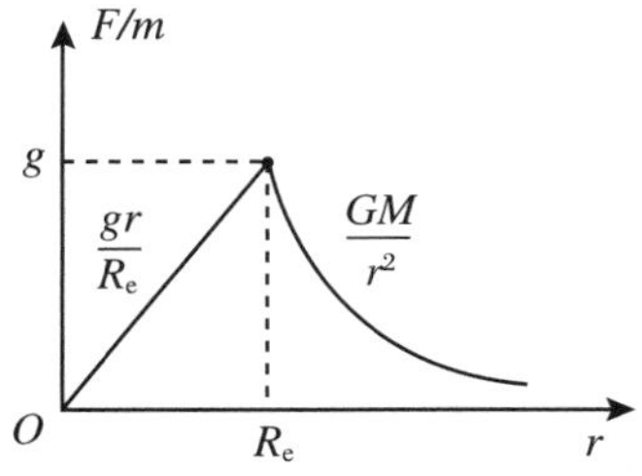

图 6.1

6.3 万有引力势能

设两质点之间的距离为无穷大($r = \infty$)时,引力势能为零,那么,当两个质点相距为 r 时,两质点组成的体系的引力势能为

$$E_p = -G\frac{Mm}{r}. \tag{6.4}$$

如果讨论一物体(质点)在地球之外相对于地球的运动,为简便,可认为物体具有引力势能,其表达式仍为(6.4)式,其中 r 为物体到地心的距离,M 和 m 分别为地球和物体的质量.

6.4 物体在中心天体的引力作用下的运动

行星绕日运动,航天飞行器被火箭送到预定轨道后的运动都是物体(m)在巨大天体的万有引力作用下的运动.我们把巨大天体(M)的中心称为引力中心,并作为惯性坐标系的原点,讨论物体在引力作用下绕引力中心的运动规律.

6.4.1 动力学特征

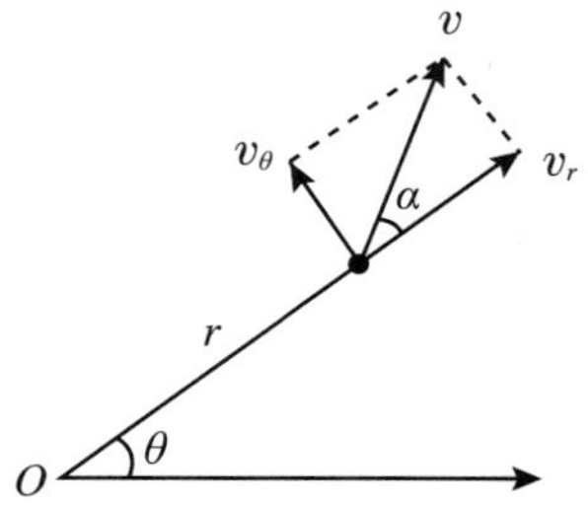

图 6.2

由于物体受的引力恒指向中心,引力对天体中心 O 的力矩为零,故物体对引力中心的角动量守恒.又由于引力是保守力,故机械能守恒.

以 O 为原点,在物体运动的平面上建立平面极坐标系,如图 6.2 所示.在极坐标系中,物体速度沿径向和与径向垂直的方向的分量为

$$v_r = \dot{r} = v\cos\alpha,\quad v_\theta = r\dot{\theta} = v\sin\alpha. \tag{6.5}$$

式中 α 为速度 v 与矢径 r 的夹角.

物体对 O 点的角动量守恒和机械能守恒的数学表达式分别为

$$mr^2\dot{\theta} = L_0, \tag{6.6}$$

$$\frac{1}{2}m(\dot{r}^2 + r^2\dot{\theta}^2) - G\frac{mM}{r} = E_0. \tag{6.7}$$

式中的 L_0 和 E_0 分别为物体绕天体运动的角动量常数和机械能常数.以上两个式子就是以运动守恒形式表示的运动微分方程.只要已知 L_0 和 E_0,解出以上两微分方程式就可求出物体的运动规律.

6.4.2 轨道

由(6.6)式得

$$\dot{\theta} = \frac{L_0}{mr^2}. \tag{6.8}$$

又有

$$\dot{r} = \frac{\mathrm{d}r}{\mathrm{d}\theta}\cdot\dot{\theta} = \frac{L_0}{mr^2}\frac{\mathrm{d}r}{\mathrm{d}\theta}. \tag{6.9}$$

将这两个式子代入(6.7)式,即得 r 对 θ 的一阶微分方程:

$$\frac{\mathrm{d}r}{\mathrm{d}\theta} = \frac{r}{L_0}\sqrt{2mE_0r^2 + 2Gm^2Mr - L_0^2}, \tag{6.10}$$

这就是物体绕天体运动的轨道微分方程式.积分上式,并适当建立极坐标,使 $\theta = 0$ 时,r 有最小值,便得到物体的轨道方程:

$$r = \frac{p}{1 + \varepsilon\cos\theta}. \tag{6.11}$$

上式中的

$$p = \frac{L_0^2}{GMm^2}, \tag{6.12}$$

$$\varepsilon = \sqrt{1 + E_0 \frac{2L_0^2}{G^2M^2m^3}}. \tag{6.13}$$

轨道方程(6.11)式是二次曲线的极坐标方程,可见物体在引力作用下运动的轨道(简称引力轨道)是以引力中心为焦点的二次曲线.决定二次曲线类型和形状的量是偏心率 ε 和焦点参数 p,这两个量与中心天体及绕天体运动的物体的质量、能量常数 E_0 和角动量常数 L_0 有关,分别由(6.12)和(6.13)两个式子表示.

二次曲线分椭圆、抛物线和双曲线三类:当偏心率 $\varepsilon<1$ 时,为椭圆;$\varepsilon=1$ 时,为抛物线;$\varepsilon>1$ 时为双曲线.在(6.13)式中,由于$\frac{2L_0^2}{G^2M^2m^3}$恒为正数,故偏心率 ε 这个重要的几何参数比 1 大、比 1 小还是等于 1,取决于能量常数是正、是负还是为零:

如果 $E_0<0$,则 $\varepsilon<1$,轨道为椭圆;

如果 $E_0=0$,则 $\varepsilon=1$,轨道为抛物线;

如果 $E_0>0$,则 $\varepsilon>1$,轨道为双曲线.

图 6.3 分别画出这几种不同类型的轨道.

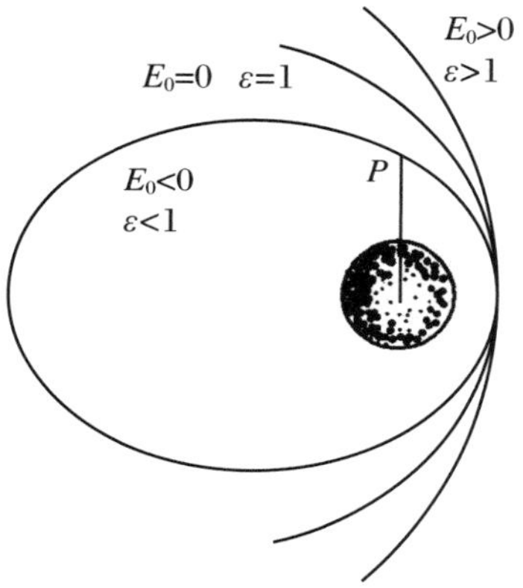

图 6.3

物体的机械能为动能与引力势能之和:

$$E_0 = \frac{1}{2}mv^2 - G\frac{Mm}{r}, \tag{6.14}$$

已约定距中心天体无穷远处($r=\infty$)引力势能为零.

当 $E_0<0$ 时,如果物体要到达无穷远处,那么按(6.14)式,在 $r=\infty$ 处,它的动能应为负值.但动能不可能为负值,故这是不可能的.这表明,当 $E_0<0$ 或 $\frac{1}{2}mv^2<G\frac{Mm}{r}$时,物体的动能不足以使它克服引力做功而冲出引力作用范围之外,它只能在有界的椭圆轨道上绕中心天体运动.行星绕日运动和人造卫星绕地运行就属于这种情形.

当 $E_0=0$ 时,$\frac{1}{2}mv^2=G\frac{Mm}{r}$,表明物体恰好具有克服引力做功而从 r 处冲出引力作用范围的动能,到达距天体无穷远处时,动能已耗尽,动能、势能都等于零.无界的抛物轨道就是这种物体的运行轨道.据此,可算出物体从 r 处脱离中心天体引力作用所必需的最小速度,即逃逸速度(见下一节内容).

当 $E_0>0$ 时,表明物体的动能很大,克服引力做功到达无穷远处后,尚剩余可观的动能.无界的双曲线轨道属于这种情形.

6.5 三种宇宙速度

6.5.1 第一宇宙速度

在近地(r = 地球半径 R_e)圆形轨道运动的地球卫星的运转速度叫作**第一宇宙速度**.

对圆轨道,偏心率 $\varepsilon=0$,由(6.11)和(6.12)两个式子得

$$r = p = \frac{L_0^2}{GMm^2}. \tag{6.15}$$

设圆轨道的速度为 v,则角动量 $L_0 = mrv$,将此代入上式,得圆形轨道的环绕速度为

$$v = \sqrt{\frac{GM}{r}}. \tag{6.16}$$

在地面附近的圆形轨道,半径 $r = R_e = 6\ 370\ \text{km}$,代入上式,即得第一宇宙速度:

$$v_1 = \sqrt{\frac{GM}{R_e}} = 7.9\ \text{km/s}. \tag{6.17}$$

6.5.2 第二宇宙速度、逃逸速度

从距中心天体 r 处,发射一物体,使之能逃离中心天体的引力作用而到达无穷远处所需的最小速度,称为对该天体的**逃逸速度**,记为 v_{esc}. 这时,物体相对于中心天体的轨道为抛物线,根据

$$E_0 = \frac{1}{2}mv_{esc}^2 - G\frac{Mm}{r} = 0,$$

得

$$v_{esc} = \sqrt{\frac{2GM}{r}}, \tag{6.18}$$

其中 M 为中心天体的质量.

从地面附近发射物体,使能逃逸地球引力作用而到达地球引力范围之外所需的最小速度,即从地面发射的对地球的逃逸速度,称为**第二宇宙速度**. 将上式中的 r 取为地球半径 R_e,M 取为地球的质量,即求得第二宇宙速度的值为

$$v_2 = \sqrt{\frac{2GM}{R_e}} = \sqrt{2}\,v_1 = 11.2\ \text{km/s}. \tag{6.19}$$

6.5.3　第三宇宙速度

从地面发射一物体，使之能脱离太阳的引力范围，到达太阳系以外的最小速度，称为**第三宇宙速度**.第三宇宙速度的值为

$$v_3 = 16.6\ \text{km/s}. \tag{6.20}$$

计算第三宇宙速度的过程如下：首先，应用(6.18)式算出在地球绕日轨道上对太阳的逃逸速度(以太阳为参照系)：

$$v'_{esc} = \sqrt{\frac{2GM_s}{r_e}} = 42.1\ \text{km/s}. \tag{6.21}$$

其中 r_e 为地球绕日轨道的半径，$r_e = 1.5\times10^8$ km. M_s 为太阳质量，$M_s = 2.0\times10^{30}$ kg.

再算出地球绕日运动的速度即公转速度：

$$v_e = \sqrt{\frac{GM}{r_e}} = 29.8\ \text{km/s}. \tag{6.22}$$

根据速度合成，如果使发射体脱离地球引力时相对于地球的速度方向与地球绕日运动的方向一致，并设这时发射体到太阳的距离仍等于地球轨道的半径 r_e，那么，要使发射体具有对太阳的逃逸速度 $v'_{esc} = 42.1$ km/s，它相对地球的速度(以地球为参照系)应为

$$u = 12.3\ \text{km/s}. \tag{6.23}$$

因此，发射体相对于地球的总能量(即能量常数)应为

$$E_0 = \frac{1}{2}mu^2.$$

设在地面上($r = R_e$)发射如此能量的发射体，所需的速度为 v_3，则由能量守恒可得

$$\frac{1}{2}mv_3^2 - G\frac{mM}{R_e} = \frac{1}{2}mu^2. \tag{6.24}$$

解得

$$\begin{aligned} v_3 &= \sqrt{u^2 + \frac{2GM}{R_e}} = \sqrt{12.3^2 + 11.2^2}\ \text{km/s} \\ &= 16.6\ \text{km/s}, \end{aligned} \tag{6.25}$$

这就是第三宇宙速度.

问题讨论

1. 万有引力定律是怎样建立起来的?

万有引力定律是牛顿在1687年出版的《自然哲学的数学原理》这部历史性著作中,同运动定律一起公之于世的.在经典力学适用的广阔天地里,它是普遍适用的少数几个自然定律之一.牛顿的运动定律和万有引力定律的发现,是人类科学史上第一次伟大的综合.同发现三大运动定律一样,牛顿发现万有引力定律既有前人工作的基础,又凝聚着牛顿本人的伟大智慧.

(1) 引力思想的萌芽和发展

还在开普勒发现行星运动定律以前,以研究磁铁著称的英国医生吉尔伯特从磁力模型推测太阳系的所有天体是通过磁力维系在一起的.他认为引力中心不是几何点,而是具体的物质,引力随物质的增加而增加,引力是相互作用的.他还认为,潮汐是月球与海水的磁引力的结果.

德国科学家开普勒在研究他的老师丹麦天文学家第谷的丰富天文观察资料的基础上,于1609年出版了《新天文学》一书,书中提出了行星运动第一、第二定律;十年后又出版了《世界的和谐》一书,书中提出了第三定律.这样就正式建立起了以他的名字命名的行星运动三定律.虽然这三个定律只是运动学规律,但开普勒也从动力学的角度思索过产生这种运动规律的原因.他认为,维持行星运动的力来自太阳,并在行星运动的平面内沿切线方向作用于行星.他受吉尔伯特的影响,认为引力就是太阳发出的磁力流.他断言:两个物体如同两个磁铁一样相互吸引.在《新天文学》一书中他也分析到重力是同类物体倾向连接的企图,它与磁力的吸引相类似.这只是以引力来解释行星运动的猜想.

在开普勒行星运动定律公布以后,是什么神奇的力量使行星绕日做椭圆运动呢?这个问题吸引着许多学者,推动了行星运动动力学方面的研究.

著名的法国自然哲学家笛卡儿于1644年提出"漩涡说",他否认物体之间可以发生超距作用,认为只有通过物质的接触才能发生作用.宇宙间的一切作用无非是物质的挤压和碰撞.他认为宇宙充满着不可见的流质"以太",太阳周围的以太绕太阳做漩涡式的运动,它所产生的漩涡压力吸卷着行星,使行星倾向于太阳,这就表现为引力.惠更斯虽然于1673年提出了向心加速度公式,这对最后发现万有引力定律有很大的作用,但是,惠更斯十分赞同笛卡儿的主张.他在1669年用碗中的水被搅起漩涡能把涂蜡的砂石聚向碗心的实验来支持笛卡儿的学说.漩涡学说是把天体的运动归结为力学问题的一次尝试，特别是把引力现象看作物体间的接触作用，因而容易被人理解和接受，故“漩涡”学说是牛顿以前颇有影响的引力理论.

1645 年，法国天文学家布里阿德提出假设：“开普勒力的减小和离太阳的平方成反比.”这算是第一次提出与距离平方成反比的思想. 1666 年，伽利略的学生，比萨大学的教授波勒利提出太阳对行星施以重力，它是距离的幂的某种函数.

在英国，为研究引力问题，英国皇家学会于 1661 年成立了一个专门的委员会. 胡克、雷恩和哈雷在引力问题的研究中都做出了很大的贡献.

胡克已觉察到引力与地面物体的重力有同样的本质，他进行了实验，企图找出物体重力随离地心距离而变化的关系，没有得出结果，但他想到了这个问题. 在 1674 年胡克提出了三条假设. 这就是：①一切天体都具有倾向其中心的吸引力，它不仅吸引其本身的各部分，并且还吸引在其作用范围内的其他天体. ②天体未受其他使其倾斜的作用力前保持直线运动不变. ③离吸引中心越近，引力越大，至于此力在什么程度上依赖于距离的问题，在实验中还未解决，一旦知道了这一关系，天文学家就很容易解决天体运动的规律了.

1679 年，胡克、哈雷和雷恩根据开普勒三定律和惠更斯的向心力公式，并假定行星轨道是圆周，证明了太阳对行星的引力与距离的平方成反比. 1680 年胡克在给牛顿的一封信中问到：如果引力反比于距离平方，行星的轨道将是什么？ 1684 年，胡克、哈雷和雷恩一起倡议加强对此问题的研究. 雷恩悬赏要求以平方反比关系证明椭圆轨道的结论. 哈雷于 1684 年 5 月专程到剑桥向牛顿提出这一问题. 牛顿说早已完成这个证明，但未找到这份手稿. 过了几月，于 1685 年初牛顿将证明给了哈雷. 后来，在哈雷的热情劝告和资助下，1687 年牛顿发表了他的名著《自然哲学的数学原理》.

可见到了 17 世纪 80 年代，引力定律的诞生已迫在眉睫. 英国几位学者的提倡和讨论，更促进了这一进程. 历史需要一位伟人来完成最终揭示引力定律的任务，牛顿当之无愧地担负了这一重任.

(2) 在发现万有引力定律中牛顿的独特贡献

牛顿针对胡克与他争平方反比定律的发明权这件事，声明他在 1666 年已基本上发现了向心力定律和平方反比定律. 据推测，牛顿是在 1665～1666 年间避免流行的瘟疫，回到故乡那段时间开始引力问题的思考的. 他可能从布里阿德的著作中了解到平方反比关系这一思想，并从圆形轨道出发证明了平方反比关系. 从 1666 年到 1684 年哈雷访问牛顿以前，牛顿的研究似乎没有什么进展，这可能是由于对光学和微积分的研究占用了他的大部分时间，此外还因为牛顿的治学态度十分严谨. 在比较月球的向心加速度和地面物体的重力加速度时，因地球半径数值不精确，致使结果不满意. 另外，在计算星体距离时，可否把星体看作质量集中于中心的一个质点，这个问题的证明也没有做出来. 因此，牛顿一直没有发表他的研究成果，直到 1684 到 1685 年，这两个困难都已解决(后一困难是用牛顿自己发明的微积分解决的)，牛顿才在哈雷、胡克等人的推动下又积极开展引力的研究.

在发现万有引力定律中,牛顿的独特贡献是:

首先,牛顿基于他的伟大的直觉和深刻的洞察力,从苹果落地之类的地面现象联想到天上的月亮星辰.他在1665或1666年开始考虑到重力会延伸到月球的轨道,通过对月球运动的分析把月下运动与月上运动统一起来思考.尽管地面附近物体的运动(落体和抛体)与月球的运转在形式上完全不同,牛顿却看出它们其实受相同性质的引力作用.他根据平抛运动规律,提出在高山上沿水平抛出一个物体,初始速度越大,抛得越远.由于地球是一球形,设想抛出速度足够大时,抛出物体受重力作用的下落运动将变成绕地球的旋转运动.在人造卫星上天以前近300年,这是何等高超绝妙的设想!牛顿把地上物体受的重力与绕地旋转的月球受的力统一起来,证明了引力是万有的.这是发现万有引力定律的重要思想基础.

第二,牛顿证明了平方反比的引力规律必然导致行星的椭圆轨道运动.根据圆形轨道得出的平方反比关系是否是引力的普遍规律,必须在能否解释行星的椭圆轨道这一点上受到检验.胡克、雷恩和哈雷做不到这一点,只有牛顿成功地做到了.这是什么原因呢?因为这必须靠数学解析的力量,当时只有牛顿才具备这个能力.牛顿用他发明的"流数术"即微积分和他的运动定律,不仅从行星的椭圆轨道得出引力的平方反比规律,而且从引力的平方反比定律证明了行星的椭圆轨道.此外,在计算引力时,距离能否从行星和太阳的中心算起这个问题,也是牛顿应用数学解析的力量给予解决的.因此,应该说是牛顿所具有的数学解析力量使他最后完成了平方反比定律的科学论证,使平方反比定律作为"行星力"的普遍规律而被人们接受.

第三,牛顿超越同辈科学家之处还在于,他在平方反比定律的基础上,把向心力与物体的质量 m 联系起来:引力同物体的质量 m 到引力中心的距离 r 平方成正比,即

$$F \propto \frac{m}{r^2},$$

再根据他发现的作用反作用定律,引力中心也要受到物体同样大小的引力,它也应与引力中心的质量 M 与 r^2 之比值成正比,即

$$F \propto \frac{M}{r^2}.$$

把以上两点结合起来得到引力与相互吸引的两个物体的质量之乘积成正比,与它们的距离的二次方成反比:

$$F \propto \frac{Mm}{r^2},$$

写成等式为

$$F = G\frac{Mm}{r^2}.$$

根据行星运动的第三定律证明式中的比例系数 G 对太阳和所有物体之间的引力是相同的，牛顿从引力的万有性和统一性出发，指出对所有物体之间的引力，G 都是相同的常数，称为万有引力常量.

至于万有引力常量 G 的数值，牛顿当时并不知道. 100 年以后，在实验物理上贡献卓著的卡文迪许于 1797 至 1798 年，用改进了的扭秤第一次测出了 G 的数值.

由上述可见，开普勒行星运动定律的发现促进了行星动力学的研究，牛顿在他的前辈和同辈科学家的基础上，并在他们的启发和推动下，科学地、完整地发现了万有引力定律，从而完成了历史上关于力的第一次统一. 牛顿得益于超越同辈的科学直觉和深刻的洞察力以及高超的数学解析能力，他在物理思想和数学能力方面高出同辈学者，所以在万有引力定律前面理应署上牛顿的名字.

2. 关于"质量"的进一步讨论

(1) 牛顿对质量的定义

牛顿在《自然哲学的数学原理》中，从当时在自然科学中流行的机械唯物主义的物质观出发，引入"物质的量"这个概念. 他说"物质的量就是被确定为比例于其密度和体积的物质本身的量度". 实际上在牛顿那里，物质的量和质量是同义的. 同时，牛顿又是一位原子论者，他认为各种物质是由各种不同的物质粒子(原子)构成的：某一物质体积越大，物体内原子排列越密，物体所含物质粒子就愈多，物质的量也就越大. 而构成物质的原子具有一些不变的固有属性，如不可入性、惯性、引力等，因此牛顿认为物体所含物质的量与物体的惯性成正比，也与物体对其他物体的引力成正比. 这样，质量这一概念出现在牛顿第二定律中，同时，也出现在他的引力定律中.

牛顿似乎注意到了物质的惯性和引力性这两种性质都与质量有关. 他曾用不同材料的物体做单摆进行实验，试图找到表现惯性性质的质量与表现引力性质的重力之间的关系，并最后得出结论："质量与重量成正比". 这表明牛顿认识到物体的质量与地球作用于物体的引力之间的基本关系. 但牛顿当时并没有明确提出惯性质量和引力质量，也没有对在第二定律和万有引力定律中出现的质量加以区分.

牛顿以后的许多年，人们认为质量就是物质的量，就是物体所含物质的多少. 直到 19 世纪下半叶，一批具有深刻思想的物理学家(其中最著名的是马赫)才用批判的眼光审查整个牛顿力学的基础. "物质的量"这个笼统而抽象的定义才被建立在实验操作基础上的"惯性质量"和"引力质量"所取代.

(2) 惯性质量和引力质量

在牛顿定律中，质量是作为物体惯性大小的量度，称为惯性质量. 惯性是物质固有的属性，它的大小表示出物体运动状态改变的难易程度. 因此表示力与加速度关系的牛顿第二定律就可作为质量的操作型定义的依据. 马赫在 1867 年发表的《关于质量的定义》中，提出用两个物体经过相互作用所获得的加速度的负比值作为它们的质量反比这一定义方法.1876年，麦克斯韦提出用一个确定的力先后对两个物体施加作用时它们所获得的加速度的比值作为它们质量反比这一定义.现在一些教科书中讲质量的定义就基本上是按麦克斯韦的方法.

在万有引力定律中的质量，与物体的惯性无关，反映物体具有引力的性质，称为引力质量.引力质量的操作型定义可以完全不涉及物体的惯性性质，不依据运动定律，它完全可以根据万有引力定律做出.例如两个物体先后放在与第三物体（如地球）相同的相对位置处时，用它们与第三物体的引力大小之比值作为它们的引力质量之比，来定义引力质量.

可见，在牛顿运动定律和万有引力定律中的质量分别为惯性质量和引力质量.它们分别作为物质的两个不同的属性——惯性和引力性的量度.那么，在牛顿第二定律和引力定律中，采用同一个质量是否正确？惯性质量和引力质量之间有什么关系呢？这促使人们通过实验去研究这个问题.

(3) 惯性质量和引力质量成正比

牛顿的万有引力定律和牛顿运动定律中质量是相同的（隐含有惯性质量＝引力质量），而用这两个定律在描述行星运动并从理论上预言海王星和冥王星的成功，就意味着这两种质量是相同的.牛顿虽然没有正式提出惯性质量和引力质量概念，但他仔细地对摆动周期进行研究，可以说对相同摆长、不同摆球的摆动周期的研究是证明这两种质量相等的最早实验.下面我们从原理上介绍这个实验.

设单摆摆长为 l，摆球的惯性质量为 m_i，引力质量为 m_G，则在小角近似下，单摆的运动微分方程为

$$m_i\ddot{x} = -m_G g \cdot \frac{x}{l}.$$

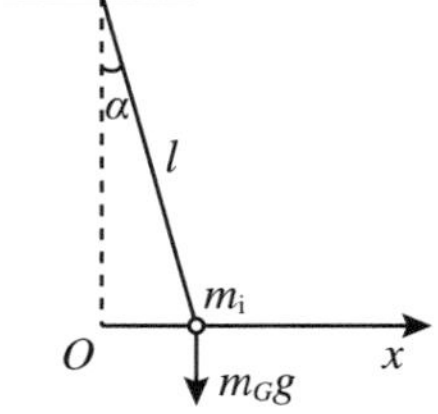

图 6.4

其中 x 为摆球对平衡位置的位移，$\ddot{x}$ 为位移对时间的二阶导数，表示加速度，如图 6.4 所示.解出摆球做简谐振动的周期为

$$T = 2\pi\sqrt{\frac{l}{g}}\sqrt{\frac{m_i}{m_G}}.$$

采用不同的材料做成的不同质量的摆球，保证相同的摆长，实验的结果是摆动周期全都相同.这就证明，对所有摆球，m_i 与 m_G 的比值相等，即

$$\frac{m_i}{m_G} = 普适常数.$$

摆动实验的精度是不高的.后来，不少人设计了更精确的实验来判明 m_i/m_G 是否为一个普适常数，其中最有名的是匈牙利物理学家厄阜在1890年的实验.他的实验装置是一个很灵敏的扭秤.先使扭丝没有扭转，下面悬一根均匀横梁，两端安有小

球 A 和 B,让横梁保持水平(图 6.5(a)).图 6.5(b)是一示意图,表示未安上小球 A 和 B 时,水平横梁(即扭秤臂)相对于固定在地上的观察者 C 的位置,并假定扭秤处于地球上面向太阳的一侧.然后,把两个引力质量相等而材料不同的小球 A 和 B 分别安放在横梁的两端(图 6.5(c)),由于 $m_{AG}=m_{BG}$,它安上以后,横梁仍保持水平(因为地球对 A 和 B 的引力是相等的).

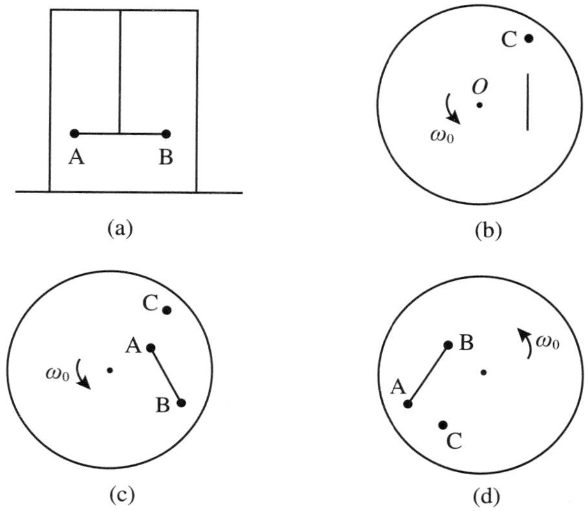

图 6.5

如果 A,B 二球的惯性质量不相同,设 $m_{Ai}>m_{Bi}$,那么,两球随地绕日运动所需的向心力大小不同.设 $m_{Ai}\dfrac{v^2}{r}>m_{Bi}\dfrac{v^2}{r}$($v$ 为绕日运动的程度,r 为到太阳的距离).然而太阳对二球的引力相等,于是 A 将向远离太阳的方向偏离,横梁就会转动,使扭丝扭转,如图 6.5(c)所示.直到扭丝扭转后通过横梁朝着太阳方向施于 A 的力、背离太阳方向施于 B 的力分别与太阳的引力叠加以后,等于各自的向心力为止.这样,在地面上的观察者 C 看来,扭丝横梁应沿逆时针方向偏转.

过了 12 小时以后,由于地球自转,扭秤处于地球上远离太阳的位置(图 6.5(d)).这时,根据上述相同的理由,惯性质量大的 A 仍将朝着远离太阳方向偏转,而在地球上的观察者 C 却看到扭丝横杆向着顺时针方向偏转.于是,观察者将观察到扭丝横杆以 24 小时为周期的振动.

但是,厄阜的实验在其误差范围内没有观察到扭丝杆的任何偏转和摆动.这就表明,A,B 二球绕日运动的向心力都恰好等于太阳对它们的引力,即

$$m_{Ai}\cdot\frac{v^2}{r}=G\frac{M_{日}}{r^2}\cdot m_{AG},$$

$$m_{Bi}\cdot\frac{v^2}{r}=G\frac{M_{日}}{r^2}\cdot m_{BG}.$$

这就证明了每个物体的惯性质量与引力质量之比为一恒量：

$$\frac{m_{Ai}}{m_{AG}} = \frac{m_{Bi}}{m_{BG}} = \text{恒量}.$$

引力质量相同的任何物体，它们的惯性质量也一定相同.

厄阜实验的精度为 10^{-8}. 后来狄克与他在普林斯顿大学的合作者对这个实验加以改进，在 1964 年把实验精度提高到 10^{-10}，1971 年又提高到 10^{-11}，即在精度为 10^{-11} 时各物体的惯性质量与引力质量之比是一常数. 他们的实验是到目前为止精确度最高的著名物理实验之一.

既然 m_i 与 m_G 成正比，只要取适当的单位，就可使二者相等：

$$m_i = m_G.$$

因此，人们通常就不再区分它们. 质量这一词既表示引力质量，也表示惯性质量. 也就是说，物质的两种固有属性——惯性和引力性，都用质量这个物理量来量度.

引力质量等于惯性质量这个结论在经典力学中一开始就得到公认，表面上看似乎很简单，可是，爱因斯坦看出这个结论具有深刻意义. 他认为两种质量相等表明惯性和引力性是物质的同一物理性能在不同场合的表现. 在此基础上爱因斯坦提出"等效原理"，把引力质量与惯性质量相等这一结论作为发展广义相对论的重要基础.

(4) 现代科学中的"物质的量"

自从明确质量是物质的惯性和引力性这两种属性的量度以后，质量作为"物质的量"的定义就已成为历史.

另一方面，在现代科学如化学、分子物理学、固体、半导体物学等领域中，参与作用的(或所考察的)物质的多少常常直接与组成物质的粒子(原子、分子等)的数目的多少有关，相比之下使用力学中的质量反而并不方便. 因此，逐渐形成了现代科学中的"物质的量"这一概念. 1971 年国际计量大会通过的国际单位制中，"质量"和"物质的量"都被规定为基本量(共七个基本量)，并规定"摩尔"作为"物质的量"的单位. 摩尔的定义是："① 摩尔是一物系的物质的量，该物系中所包含的结构粒子与 0.012 kg 碳 12 的原子数目相等；② 在使用摩尔时应指明结构粒子，它可以是原子、分子、离子、电子以及其他粒子，或是这些粒子的特定组合体."

由此可见，现代科学中的物质的量就是指粒子数，并以 0.012 kg 碳 12 中的原子数目(即阿伏伽德罗常量 $N_A = 6.023 \times 10^{23}\ \text{mol}^{-1}$)为单位表示. 1 mol 的氧气和 1 mol 的氮气，它们分别指 N_A 个氧气分子和 N_A 个氮气分子组成的物系，它们含有相同的分子数目，即具有相同的物质的量. 但是它们的质量却不同，分别为 0.032 kg 和 0.028 kg.

以摩尔为单位的物质的量，回避了具体的物质属性(如惯性、引力性等)，而只反映该物系的结构粒子的数目，因而是以纯粹数量来表示物质的多少. 在许多物理过程和化学过程中用以摩尔为单位的物质的量去描述物质的多少，才能准确地反映过程的本质.例如,在同温同压下,物质的量相同的任何气体的容积相等(阿伏伽德罗定律),就是采用物质的量的一个突出的例子.在这里,质量却不能反映问题的本质.

由此可见,应该彻底抛弃质量作为表示物质的量或表示“所含物质的多少”这样的定义,并正确理解用“摩尔”为单位的“物质的量”的意义.

3. 人造地球卫星的轨道和运动特点

当发射体在动力火箭熄火并进入引力轨道的速度大于第一宇宙速度、小于第二宇宙速度时,发射体成为沿着一个椭圆轨道绕地转动的人造地球卫星.地心在轨道的一个焦点上,如果取从地心指向轨道近地点的射线为极轴,那么轨道的极坐标方程为

$$r = \frac{p}{1+\varepsilon\cos\theta}. \tag{6.26}$$

轨道的参数 p 和 ε 与卫星进入轨道时的角动量 L_0 和能量 E_0 之间的关系为

$$p = \frac{L_0^2}{GMm^2}, \tag{6.27}$$

$$\varepsilon = \sqrt{1 + E_0\frac{2L_0^2}{G^2M^2m^3}}. \tag{6.28}$$

设卫星进入椭圆轨道时到地心的距离为 r_0,速度为 v_0,速度与矢径之间的夹角为 α_0,如图 6.6 所示,那么 L_0 和 E_0 由 r_0, v_0, α_0 决定:

$$L_0 = mr_0v_0\sin\alpha_0, \tag{6.29}$$

$$E_0 = \frac{1}{2}mv_0^2 - G\frac{Mm}{r_0}. \tag{6.30}$$

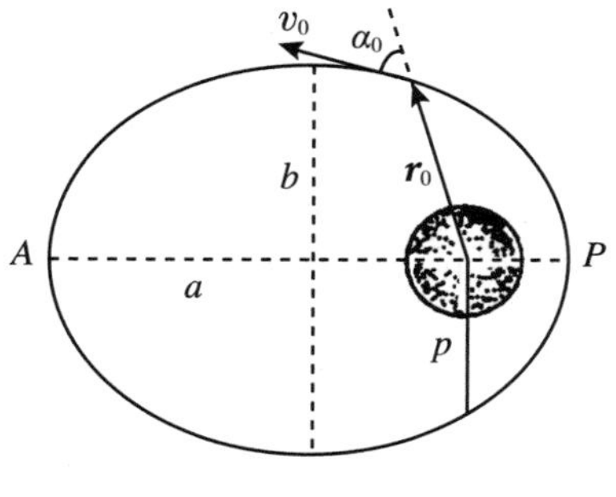

图 6.6

下面我们介绍表征卫星轨道的一些几何参数与物理参数 L_0 和 E_0 的关系,以及卫星运动的一些特征.

(1) 近地点和远地点

卫星的椭圆轨道上离地最近的点 P 称为近地点,离地最远的点 A 称为远地点.近地点与远地点的连线就是椭圆的长轴.根据轨道方程(6.26)式,近地点处的极角 $\theta_P = 0$,近地点与地心的距离为

$$r_P = \frac{p}{1+\varepsilon}. \tag{6.31}$$

远地点处的极角为 $\theta_A = \pi$,远地点与地心的距离为

$$r_A = \frac{p}{1-\varepsilon}. \tag{6.32}$$

分别用 r_P 和 r_A 减地球的半径 R_e，便得近地点和远地点的高度 h_P 和 h_A 为

$$h_P = r_P - R_e, \tag{6.33}$$

$$h_A = r_A - R_e. \tag{6.34}$$

我国第一颗人造地球卫星的近地点高度为 439 km，远地点高度为 2 384 km. 根据这个数据，我们就可以应用以上四式求出我国第一颗人造卫星的偏心率 ε 和焦点参数 p 为

$$\varepsilon = \frac{r_A - r_P}{r_A + r_P} = 0.125,$$

$$p = r_P(1+\varepsilon) = 7\ 660\ \text{km}.$$

(2) 半长轴和半短轴

椭圆的两个对称轴分别叫作长轴和短轴，焦点在长轴上. 设半长轴长为 a，半短轴长为 b. 由于长轴的长度等于近地点与远地点之间的距离，应用(6.31)和(6.32)式可得

$$a = \frac{1}{2}(r_P + r_A) = \frac{p}{1-\varepsilon^2}. \tag{6.35}$$

将 p 和 ε 由物理参数 L_0 和 E_0 决定的公式(6.27)和(6.28)式代入上式，可得半长轴与物理参数之间的关系式：

$$a = -\frac{GMm}{2E_0}. \tag{6.36}$$

式中 M 为地球质量($M = 5.9\times 10^{24}$ kg)，m 为卫星的质量，E_0 为卫星进入椭圆轨道时的总机械能，是负值(这是相对于地心坐标系的能量，由于地球自转，相对于地面的能量 E_0' 与 E_0 稍有差别).

再根据椭圆的几何学公式

$$p = b^2/a,$$

可以得出半短轴由物理参数决定的公式：

$$b = \sqrt{ap} = \frac{L_0}{\sqrt{2m\,|\,E_0\,|}}. \tag{6.37}$$

从(6.36)和(6.37)式可见，卫星椭圆轨道的半长轴决定于卫星的质量和发射总能量 E_0，与角动量常数 L_0 无关；半短轴则还与进入轨道时对地心的角动量 L_0 有关.

在最后一级火箭熄火时达到的速度 v_0 的大小和对地心的距离 r_0 确定后，总能量 E_0 以及半长轴 a 就随之确定. 但是，v_0 和 r_0 的夹角 α_0 不同，直接影响角动量常数 $L_0(= mr_0v_0\sin\alpha_0)$，从而使轨道的半短轴不同. 当半长轴确定以后，半短轴的长度 b 决定椭圆的偏心率$\left(\varepsilon = \dfrac{\sqrt{a^2-b^2}}{a}\right)$，也就决定椭圆的形状. b 越大，偏心率越小，椭圆就越接近圆形；反之，b 越小，偏心率越大，椭圆就越扁. 如果控制火箭使火箭熄火、卫星进入轨道时的速度与矢径垂直($\boldsymbol{v}_0 \perp \boldsymbol{r}_0$)，$\alpha_0 = \dfrac{\pi}{2}$，则对于确定的 r_0 和 v_0，有

最大的角动量 L_0，因而半短轴也最大. 如果 v_0 大于第一宇宙速度，那么，卫星进入轨道这一点就是近地点，如图 6.7 中的轨道(1)所示. 如果 $\boldsymbol{v}_0$ 与 $\boldsymbol{r}_0$ 不垂直，$\alpha_0 \neq \frac{\pi}{2}$，那么，轨道变得较扁，进入轨道处将不是近地点，近地点的高度将比进入轨道处的高度还低，如图 6.7 中的轨道(2). 由此可见，为了使卫星在相同发射能量的条件下有尽可能大的近地点高度，应该尽可能保证 $\alpha_0 = \frac{\pi}{2}$.

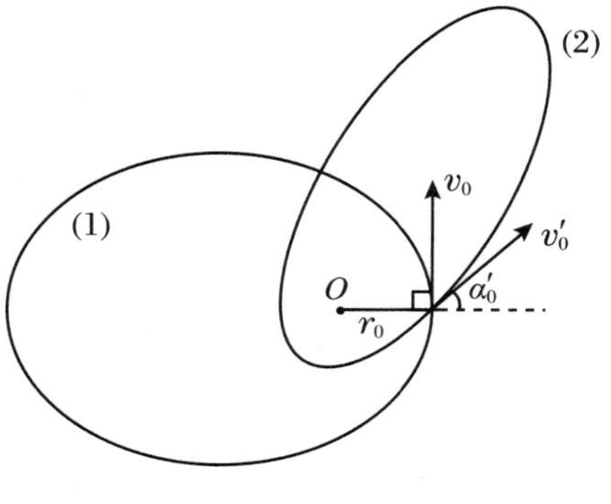

图 6.7

(3) 卫星的速度

设卫星到地心距离为 r 处的速度为 v，根据机械能守恒有

$$E_0 = \frac{1}{2}mv^2 - G\frac{Mm}{r}. \tag{6.38}$$

由(6.36)式知，总机械能决定于椭圆的长轴长度 $2a$，

$$E_0 = -\frac{GMm}{2a}. \tag{6.39}$$

从上两个式子解出卫星速度 v 与 r 的关系式：

$$v = \sqrt{GM\left(\frac{2}{r} - \frac{1}{a}\right)}. \tag{6.40}$$

应用此式可以求卫星在轨道上任一点的速度值.

根据角动量守恒，卫星在近地点的速度 v_P 最大，而在远地点的速度 v_A 最小，它们之间的关系为

$$v_P r_P = v_A r_A. \tag{6.41}$$

将 $r = r_P$ 代入(6.30)式即可确定近地点速度：

$$v_P = \sqrt{\frac{GM(2a - r_P)}{ar_P}} = \sqrt{\frac{2GMr_A}{(r_P + r_A)r_P}}. \tag{6.42}$$

应用上式可算出我国第一颗人造地球卫星的近地点速度为

$$v_P = 8.1\ \text{km/s},$$

远地点速度为

$$v_A = \frac{r_P}{r_A}v_P = 6.3\ \text{km/s}.$$

(4) 卫星运行时间的计算和运转周期

根据角动量守恒式

$$mr^2\dot{\theta} = L_0,$$

得

$$dt = \frac{m}{L_0} r^2 d\theta. \tag{6.43}$$

将轨道方程代入上式并积分，即求得卫星从 $\theta(t_1) = \theta_1$ 运动到 $\theta(t_2) = \theta_2$ 所经历的时间间隔 $\Delta t = t_2 - t_1$：

$$\begin{aligned}\Delta t &= \int_{t_1}^{t_2} dt = \frac{m}{L_0}\int_{\theta_1}^{\theta_2} \frac{p^2 d\theta}{(1 + \varepsilon\cos\theta)^2} \\ &= \sqrt{\frac{p^3}{GM}}\int_{\theta_1}^{\theta_2} \frac{d\theta}{(1 + \varepsilon\cos\theta)^2}.\end{aligned} \tag{6.44}$$

卫星绕椭圆轨道运行一周所需的时间为运转周期.极角 θ 从 0 到 2π，即为一周，上式令 $\theta_1 = 0, \theta_2 = 2\pi$，完成积分即得运行周期

$$T = \sqrt{\frac{4\pi^2}{GM}} a^{3/2}. \tag{6.45}$$

运行周期也可以用椭圆面积 πab 除以面积速度 $\left(\frac{1}{2}r^2\dot{\theta} = \frac{L_0}{2m}\right)$ 而求得.将(6.45)式整理为

$$\frac{T^2}{a^3} = \frac{4\pi^2}{GM}, \tag{6.46}$$

即周期的平方与半方轴的立方之比为一常数，此常数由地球(中心天体)的质量决定，(6.46)式与开普勒第三定律相同.这表明卫星绕地运行和行星绕日公转都是引力作用下的运动，它们的运动规律具有相同的特点.

(5) 轨道倾角

人造卫星对地心的角动量守恒，表明卫星做定平面运动.定平面的方位对于惯性系是不变的.另一方面，地球自转，相对于惯性系来说也是角动量守恒的.所以，地球的自转轴的方向不变，与地轴垂直的赤道平面也就保持不变的方位.既然卫星轨道平面和地球的赤道平面的方位相对于惯性系都保持不变，故卫星轨道平面与地球的赤道平面之间就保持不变的夹角 φ.轨道平面与赤道平面的夹角 φ 就叫作卫星的轨道倾角(图 6.8).人造卫星的轨道倾角由末级火箭熄火、卫星进入轨道时的位置和速度方向决定.

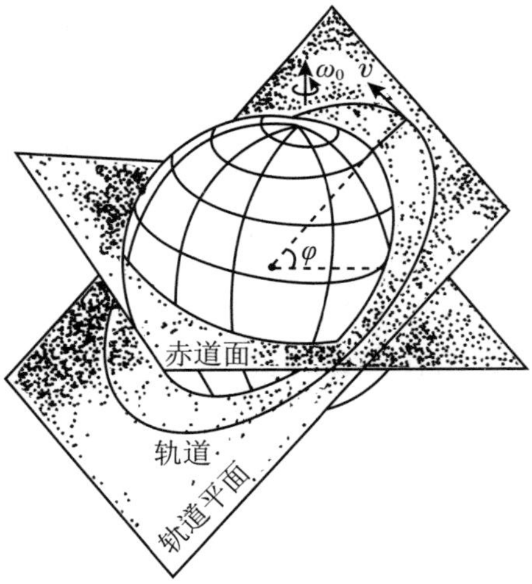

图 6.8

由于人造卫星在其轨道平面内以一定的周期做椭圆运动，而地球不停地绕地轴

旋转，所以，人造卫星将按一定的规律相继出现在地球南北纬度 φ 之间的不同地区上空．轨道倾角越大，地表面上能见到卫星的区域也就越宽．轨道倾角是人造卫星的一个重要的特征．

以上所讨论的总能量 E_0 和初速度 v_0 都是在轨道平面上相对于惯性系的总能量 E_0 和初速度 v_0．只要轨道半长轴相同，不同倾角的同质量卫星的总能量都相同．但是，卫星是在地表面上发射的，地表面在绕地轴旋转，不是惯性系．因此，发射时实际消耗的能量 E'（即相对于地面的能量）与轨道上卫星的总能量 E_0 是不同的．通过惯性系与旋转系的坐标变换，可证明如果由西向东顺地球自转方向发射卫星，可利用地球自转而节省能量（$E'<E$）．轨道倾角越小能量越省．所以，如果发射同样形状的椭圆轨道卫星，只是轨道倾角不同，虽然它们具有相同的总能量（对惯性系），但发射时所耗的能量 E'将不同．发射大倾角的卫星将耗费较大的能量．

（6）在地面附近的抛体运动

在地面附近的抛体运动，由于运动的空间尺度远小于地球半径，可把引力当作恒定的重力，物体具有恒定的重力加速度，做抛物线运动．这是一种相当好的近似．实际上，由于抛出物体的初速度远小于第一宇宙速度，轨道仍是椭圆，只是它的偏心率很接近于 1，并且，轨道的最高点是远地点，而近地点是在物体不能到达的地球内部接近地心处，如图 6.9 所示．物体以初速 v_0 在地面上 B 点被抛出，它将沿椭圆轨道经过远地点 A 落到地面上的C 点．当 v_θ 与第一宇宙速度相比很小时，沿椭圆曲线段$\overset{\frown}{BAC}$的运动十分接近熟知的抛物线运动．我们做以下计算．

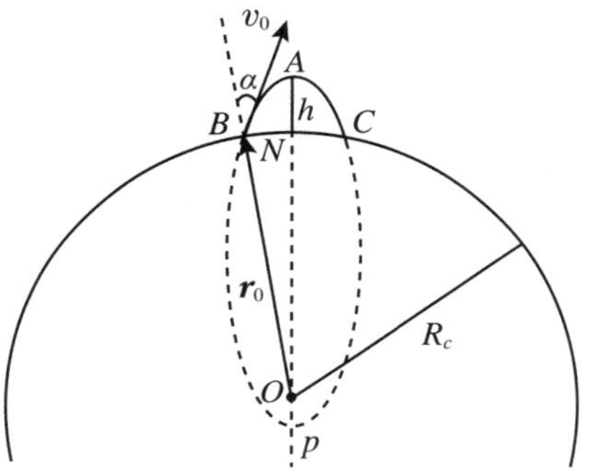

图 6.9

如果物体从 B 点抛出时的速率为 v_0，与地球半径 OB 的夹角为 α，它的总机械能和角动量常数分别为

$$E_0 = \frac{1}{2}mv_0^2 - \frac{GMm}{R}, \tag{6.47}$$

$$L_0 = mRv_0\sin\alpha = mRv_0\cos\theta, \tag{6.48}$$

其中 θ 为 v_0 与水平面的夹角．设 $2a$ 为椭圆轨道的长轴长度，它比地球半径长出一小量 H，有 $2a=R+H$，$H\ll R$．根据(6.39)式物体的总能量

$$E_0 = -\frac{GMm}{2a} = -\frac{GMm}{R}\left(1+\frac{H}{R}\right)^{-1}$$

$$\approx -\frac{GMm}{R} + \frac{GMm}{R}\cdot\frac{H}{R}. \tag{6.49}$$

由(6.47)和(6.49)式可求出

$$H \approx \frac{v_0^2 R^2}{2GM} = \frac{v_0^2}{2g}, \tag{6.50}$$

其中

$$g = \frac{GM}{R^2}$$

为地面附近的重力加速度.由(6.50)式算出的 H 等于最高点 A 到地面的高度 h 与地心到近地点的距离 $OP(=r_P)$之和.将(6.31)式代入(6.27)式,可得

$$OP = \frac{p}{1+\varepsilon} = \frac{1}{1+\varepsilon}\frac{L_0^2}{GMm^2}.$$

由于轨道偏心率很大,近似为 1,将 $\varepsilon \approx 1$ 和 L_0 的表达式(6.48)代入上式,得

$$OP \approx \frac{R^2 v_0^2 \cos^2\theta}{2GM} = \frac{v_0^2\cos^2\theta}{2g}. \tag{6.51}$$

所以,最高点 A 到地面的高度

$$h = H - OP = \frac{v_0^2}{2g}(1-\cos^2\theta) = \frac{v_0^2\sin^2\theta}{2g}. \tag{6.52}$$

这与我们通常计算抛体射高的公式相同.

如果 v_0 竖直上抛,椭圆轨道退化为一通过地心的有界直线段 OA,$\varepsilon=1$,直线段的两端既是焦点,又分别是远地点和近地点.故 $r_P=0$,$H=h\approx\frac{v_0^2}{2g}$.这也与我们在上抛运动中算出的结果相同.

以上计算表明,地面抛体运动严格说来是椭圆运动,但在 v_0 很小(与 v_1 相比),因而在 $\varepsilon\approx 1$ 的情况下,按我们在运动学中抛体运动的方法来处理,是十分好的近似.

但是,当 v_0 可以与第一宇宙速度 v_1 相比的情形下,如发射洲际弹道导弹,当火箭停止工作后,在引力作用下的自由飞行阶段的运动轨道,就必须如实地作为椭圆轨道,并由导弹进入轨道时的 r_0 和 v_0(包括 α_0 角)来决定轨道的具体形状和运动规律.

4. 通信卫星及其发送

我国在 1984 年 4 月 8 日成功地发射了试验通信卫星,接着于 1985 年和 1986 年接连发射了通信卫星,使我国成为少数几个有能力发射这种卫星的国家之一,表明我国空间技术的进步.这里对通信卫星及发射轨道做一扼要的介绍.

(1) 通信卫星的特点

通信卫星是在地球赤道平面上,与地球同步绕地心运转的地球卫星(又叫同步卫星).它“停留”在地球赤道某选定地区的上空(相对于地面静止),而且停在很高的高空,使地球表面的很大部分(约 1/3)都在它的“视野”内.从它发射的电信信号可以在

很广的地区直接接收，只要在赤道上选择三四个地区的高空“安置”这种卫星，就可以做到全球范围的通信.

要做到与地球自转同步，卫星绕地心转动的角速度应始终等于地球自转的角速度 ω_0（$=7.27\times10^{-5}$ rad/s）. 根据(6.8)式，卫星绕地心的角速度为

$$\dot{\theta} = \frac{L_0}{mr^2}, \tag{6.53}$$

其中 L_0 为角动量常数. 可见，要求 $\dot{\theta}$ 不变，r 必须为常数. 所以，电视通信卫星的轨道必须是圆形轨道，即轨道偏心率 $\varepsilon=0$.

设圆形轨道通信卫星的半径为 r_c，则环绕速度为

$$v = \sqrt{\frac{GM}{r_c}}. \tag{6.54}$$

再根据通信卫星的角速度$\left(\dot{\theta}=\frac{v}{r_c}\right)$应等于地球自转角速度 ω_0 这一要求：

$$\sqrt{\frac{GM}{r_c^3}} = \omega_0 = 7.27\times10^{-5}\ \text{rad/s}, \tag{6.55}$$

可以算出通信卫星的圆形轨道半径为

$$r_c = \left(\frac{GM}{\omega_0^2}\right)^{1/3} = 4.22\times10^4\ \text{km}, \tag{6.56}$$

通信卫星到地面的高度为

$$h_c = r_c - R = 3.59\times10^4\ \text{km}. \tag{6.57}$$

绕地心转动的速度值为

$$v = \sqrt{\frac{GM}{r_c}} = 3.07\ \text{km/s}. \tag{6.58}$$

(2) 发送通信卫星的方法

要把同步通信卫星安放在赤道选定的地区约 35 900 km 的高空，要求最后一级火箭停止工作时，恰好在这个位置上，而且运动方向与地球自转方向一致并与到地心的连线垂直，对地心的速度恰好等于 3.07 km/s. 这无疑需要强大的动力火箭和高超的火箭控制技术，还需要对发送过程和轨道进行合理设计和精确计算.

发射同步通信卫星的方案大体上有两种，一种是直接发射：在赤道上垂直向上发射，直至所要求的高度（h_c）时控制火箭向正东转 90°，并使速度达到要求值(3.07 km/s)，同步卫星即发送完毕.

另一类是采用轨道转移的方法发射同步卫星. 从节省动力的角度来看，以德国科学家霍曼命名的双切轨道（或半椭圆转移轨道）最佳. 其基本思想是分阶段将卫星送入同步轨道（图6.10）. 首先，将卫星送入轨道倾角为零（与赤道平面重合）的、半径为 r_0 的近地圆形轨道Ⅰ. 卫星连同余剩的几级运载火箭在这个圆轨道上运转，等待进

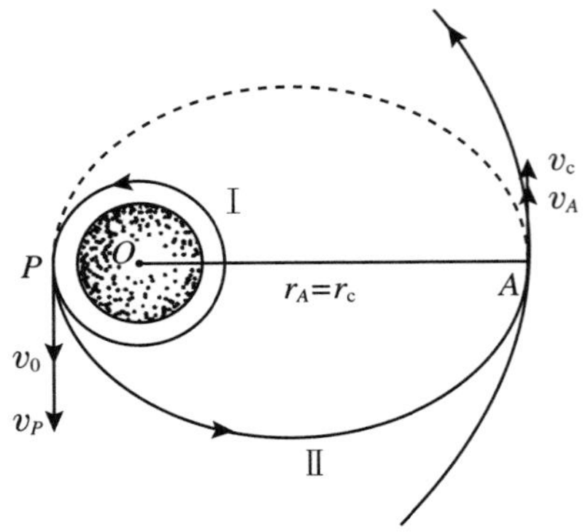

图 6.10

入转移轨道.这个圆形轨道称为停泊轨道.卫星在停泊轨道上的环绕速度为 v_0.第二加速段是在停泊轨道的选定点 P 启动火箭,沿切线加速,使卫星进入椭圆轨道Ⅱ.要求这个椭圆轨道的近地点就是与停泊轨道相切的 P 点,而远地点 A 到地心的距离恰好等于同步卫星的轨道半径 r_c.在这一加速段中,卫星的速度由 v_0 增为轨道Ⅱ的近地点速度 v_P.第三阶段是当卫星连同后级火箭沿转移轨道Ⅱ做无动力运行到椭圆轨道的远地点 A 时,开动末级动力火箭,使卫星沿轨道切线加速,在短时间中从转移轨道Ⅱ的远地点速度 v_A 增加到同步卫星的环绕速度 v_c.至此,同步卫星的发射工作便已完成.

假定停泊轨道的半径为 $r_0 = 6\,500$ km,则在停泊轨道上的环绕速度为

$$v_0 = 7.82\ \text{km/s}.$$

由于椭圆转移轨道的近地点的矢径长 $r_P = r_0$,而远地点矢径长为 $r_A = r_c = 4.22\times 10^4$ km,根据问题 3 的(6.42)式,可求得卫星在转移轨道的近地点速度和远地点速度

$$v_P = \sqrt{\frac{2GMr_A}{(r_P + r_A)r_P}} = 10.29\ \text{km/s},$$

$$v_A = v_P r_P / r_A = 1.58\ \text{km/s}.$$

下面我们计算在每一个动力加速段对每千克负载(卫星)所消耗的能量(不计阻力损耗).

第一动力段(发射圆轨道卫星)每千克的耗能量为

$$\begin{aligned} E_1 &= \frac{1}{2}v_0^2 - \frac{GM}{r_0} - \left(-\frac{GM}{R_C}\right) \\ &= \frac{1}{2}v_0^2 + \frac{GM}{R_C^2}\left(\frac{r_0 - R_C}{r_0}\right)R_C \\ &= \frac{1}{2}v_0^2 + gR_C\left(1 - \frac{R_C}{r_0}\right) = 31.8\times 10^6\ \text{J/kg}. \end{aligned}$$

第二动力段($v_0 \rightarrow v_P$)每千克的耗能量为

$$E_2 = \frac{1}{2}(v_P^2 - v_0^2) = 22.4\times 10^6\ \text{J/kg}.$$

第三动力段($v_A \rightarrow v_c$)每千克的耗能量为

$$E_3 = \frac{1}{2}(v_c^2 - v_A^2) = 3.6\times 10^6\ \text{J/kg}.$$

发射同步卫星的全过程中每千克需消耗的能量为

$$E = E_1 + E_2 + E_3 = 57.8 \times 10^6 \ \text{J/kg}.$$

由于在高空阻力可以忽略不计,可以证明无论用什么方式从地面把每千克的卫星送到同步轨道,不管直接发送还是用半椭圆转移轨道,所需要的能量都是 57.8×10^6 J/kg.

但是,发射同步卫星的总能量消耗的情况就与发射方式有关了.在前两个动力加速段中,投入工作的火箭不仅把卫星,而且还把工作火箭的壳以及以后各级火箭一起送到预定的轨道上,所消耗的能量等于所有负载的机械能增量.因此,为了节省能量,希望尽可能在低轨道区域加足能量,使动力燃料的大部分用在低轨道区域,沉重的动力火箭壳也在低轨道区脱离,使最后到达同步轨道高度的最后一级火箭尽可能地减轻重量.从上面计算中可看出,霍曼半椭圆转移轨道在第三动力段中使卫星从 v_A 加速到 v_c 时,每千克负载所消耗的能量为 3.6 MJ,只占全部耗能量的 6.2%;应产生的速度增量 $\Delta v = v_c - v_P = 3.07 - 1.49 = 1.58$(km/s),也是比较小的.因此,末级动力火箭的重量也就不必很大.从而减轻了第二加速段中的负载重量,达到尽量省能量的目的.严格的计算可定量地证明,霍曼半椭圆轨道是节省能量的最佳轨道.

我国发送的同步通信卫星就是采用霍曼半椭圆转移轨道的方法.但是,由于我们的发射场不在赤道地区,因此,还要增加从我们的发射场把卫星连同待用火箭发送到赤道平面上的停泊轨道这一阶段.

5. 到外层行星的星际航行轨道

现代航天技术已经实现了星际航行.1977 年 8 月起程的宇宙飞船代表地球人类对其他星球的美好祝愿和期待,探视了太阳系的外层行星,并奔向茫茫宇宙.我们以飞向天王星为例,介绍到达外层行星的飞船的航行轨道问题.

(1) 霍曼椭圆轨道

要在地面上发射一个飞船,使它成为太阳的一个人造行星,它的椭圆轨道在近日点与地球绕日轨道相切,在远日点与天王星绕日轨道相切,那么,只要恰当地选择发射时机,就能使这个飞船沿椭圆轨道到达远日点时刚好与天王星相遇,如图 6.11 中的虚线椭圆所示.这种在近日点和远日点分别与地球和天王星轨道相切的椭圆轨道叫霍曼双切椭圆轨道.

下面我们计算飞向天王星的霍曼双切椭圆轨道的参数以及飞到天王星需要的时间.

以天文单位(AU)为长度单位①,霍曼双切椭圆轨道的近日点和远日点矢径(以太阳为原点)大小分别为

① 1 天文单位为地球公转轨道平均半径,即 1 AU = 1.495×10^8 km.天王星到太阳的平均距离为 19.2 AU.

$$r_P = r_e = 1\ \text{AU};\quad r_A = 19.2\ \text{AU}.$$

根据问题3中的(6.31)和(6.32)两个式子可求出轨道的偏心率和焦点参数为

$$\varepsilon = \frac{r_A - r_P}{r_A + r_P} = 0.9,$$

$$p = \frac{2r_P r_A}{r_P + r_A} = 1.9\ \text{AU}.$$

轨道方程为(极轴以太阳中心为原点指向近日点)

$$r = \frac{1.9}{1 + 0.9\cos\theta}. \tag{6.59}$$

椭圆轨道半长轴长度

$$a = \frac{1}{2}(r_P + r_A) = 10.1\ \text{AU}. \tag{6.60}$$

设 T 为飞船沿椭圆轨道运行的周期,根据开普勒第三定律有

$$\frac{T^2}{T_e^2} = \left(\frac{a}{r_e}\right)^3,$$

式中 $T_e = 1$ 年,为地球公转的周期,r_e 为地球轨道的半长轴.由于地球轨道的偏心率很小($\varepsilon = 0.017$),近似为圆形轨道,故半长轴即为平均半径 $r_e = 1$ AU.由此可求出飞船沿霍曼双切椭圆轨道的周期:

$$T = T_e\left(\frac{a}{r_e}\right)^{3/2} = \left(\frac{10.1}{1}\right)^{3/2} \approx 32(\text{年}).$$

飞船从飞离地球(t_0)到达天王星轨道(t)为半周期,故从发射至到达天王星的飞行时间为

$$t - t_0 = 16\ \text{年}.$$

由此可见,按霍曼双切椭圆轨道直飞天王星,要花费16年的时间.这样的时间显得长了些,能否快一点呢?回答是,能.但必须放弃霍曼轨道而采用借助于大行星加速的轨道.

(2) 利用大行星加速的轨道

从地球轨道向外到天王星、海王星等外层行星,中间排列着木星和土星两个大行星.木星的质量为地球质量的318.5倍,绕日运转轨道的平均半径为 $r_J = 5.2$ AU;土星的质量为地球的95.3倍,轨道的平均半径为 $r_{st} = 9.5$ AU.它们绕日公转的转向与地球相同.如果让星际飞船按一定的轨道从大行星的"后面"邻近大行星的地方绕过大行星,那么,由于大行星的巨大引力,将会沿行星公转方向加速飞船,使飞船在离开这个大行星时,具有更大的速度,这样就可能缩短到达外层行星(如天王星)的时间.

下面介绍通过木星加速的、飞向天王星的星际航行轨道.将整个航程分为三个阶段:从地球到木星(如图6.11中Ⅰ段);绕过木星(如图6.11中Ⅱ段);飞向天王星(如

图 6.11 中Ⅲ段). 图中的 E,J,U 分别表示地球、木星和天王星. 并且假定飞船在 $r=r_J$ 处进入木星引力范围;在绕木星运动的这一阶段中不计太阳对飞船的引力,只考虑木星对飞船的引力;在其余阶段,则只考虑太阳的引力.

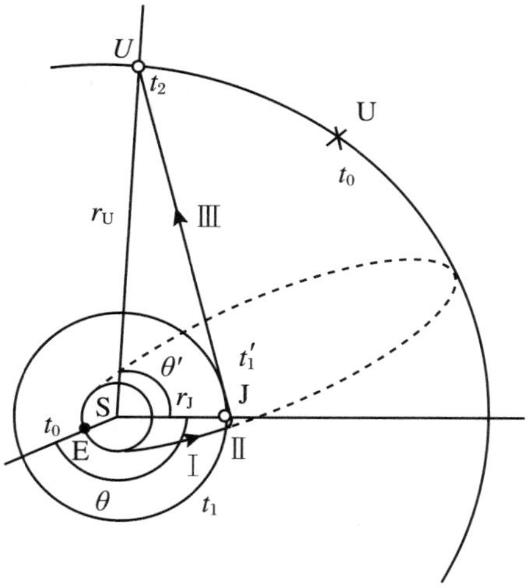

图 6.11

第一阶段:**沿椭圆轨道到达木星**.

假定飞船沿着到天王星的霍曼双切椭圆轨道飞向木星,轨道方程为

$$r=\frac{1.9}{1+0.9\cos\theta}(\mathrm{AU}).\qquad(6.61)$$

飞船近日点矢径就是地球轨道半径,$r_P=r_e=1$ AU,在近日点的速度也就是飞船脱离地球时相对于太阳的速度,根据本章问题 3 中(6.40)式可得其大小为

$$v_P=\sqrt{GM_S\left(\frac{2}{r_e}-\frac{1}{a}\right)}=\sqrt{\frac{2GM_S}{r_e}}\sqrt{\left(\frac{1}{r_e}-\frac{1}{2a}\right)r_e}$$
$$=v_{esc}\sqrt{\left(\frac{1}{r_e}-\frac{1}{2a}\right)r_e},$$

式中 $v_{esc}=42$ km/s 为在地球轨道上对太阳的逃逸速度,a 为霍曼椭圆轨道的半长轴长度. 前面已算出 $a=10.1$ AU,代入上式,可求出飞船的近日点的速度为

$$v_P=41\ \mathrm{km/s}.\qquad(6.62)$$

适当地选择发射时间(t_0),使飞船沿此椭圆轨道运动到木星绕日轨道处时(t_1),它正好在木星"后面"的邻近处,这时

$$r=r_J=5.2\ \mathrm{AU},\qquad(6.63)$$

由轨道方程(6.60)式算出此时的极角(见图 6.11)

$$\theta=135^\circ.$$

根据问题 3 中(6.44)式可求出飞船从离地球至到达木星"后面"邻近处所用的时间为

$$t_1-t_0\approx1.3\ 年.\qquad(6.64)$$

第二阶段:**绕过木星,飞船被加速**.

木星在它自己的轨道上绕日运动,轨道半径 $r_P=5.2$ AU,周期 $T_J=11.9$ 年,可求出它对太阳的环绕速度为

$$v_J=\frac{2\pi r_P}{T_J}=\frac{2\times3.14\times5.2\times1.495\times10^8}{11.9\times365\times86\,400}$$
$$\approx13(\mathrm{km/s}).\qquad(6.65)$$

我们假定飞船在邻近木星进入木星引力范围以后，就在木星引力作用下运动（不计太阳的引力），并以木星为参照系（可看作惯性系）分析飞船相对于木星的运动.下面先求出飞船进入木星轨道邻近时，相对于木星的速度.

飞船邻近木星时，对太阳的矢径 $r_i = r_J$，相对于太阳的速度为 v_i，如图 6.12 所示.设 v_i 与木星绕日速度 v_J 方向之间的夹角为 β.应用绕日椭圆轨道上的运转速度公式[见问题 3 中(6.40)式]，可算出飞船速度 v_i 的大小为

$$v_i = \sqrt{GM_S\left(\frac{2}{r_i} - \frac{1}{a}\right)} \approx 16\ \text{km/s}. \tag{6.66}$$

由于木星轨道近似为圆轨道，故 $v_i\cos\beta_i$ 即为飞船速度 v_i 与径向 r_i 正交的分量，飞船对太阳的角动量为 $mr_iv_i\cos\beta_i$.又由于飞船在进入木星引力范围以前，对太阳的角动量守恒（或面积速度不变），故有

$$r_Pv_P = r_Jv_i\cos\beta_i,$$

式中 r_Pv_P 为飞船近日点的角动量.由此可求出

$$\cos\beta_i = \frac{r_Pv_P}{r_Jv_i} = \frac{1\times 41}{5.2\times 16} \approx 0.493. \tag{6.67}$$

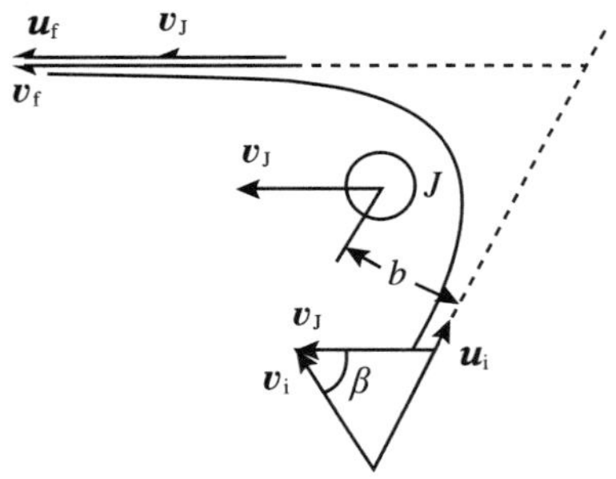

图 6.12

根据速度合成定理，飞船进入木星引力范围时相对于木星的速度

$$\boldsymbol{u}_i = \boldsymbol{v}_i - \boldsymbol{v}_J.$$

它们组成矢量三角形如图 6.12 所示.相对速度的大小为

$$u_i = \sqrt{v_i^2 + v_J^2 - 2v_iv_J\cos\beta_i}.$$

将上面计算出的 v_i，v_J 和 $\cos\beta_i$ 的值代入，求得飞船进入木星引力范围时，相对于木星的速度大小为

$$u_i = 14.7\ \text{km/s}. \tag{6.68}$$

可见，在木星参照系中，飞船的总能量 $E' = \frac{1}{2}mu_i^2 > 0$，故飞船在木星引力作用下的运动轨道为以木星中心为焦点的双曲线.

又由于木星对飞船的作用是引力（保守力），故在木星坐标系中，飞船的机械能守恒.由此可判断飞船沿双曲线离开木星时，相对于木星的速度 $\boldsymbol{u}_f$ 的大小仍为 14.7 km/s.

如果通过精确的计算，选择好发射时机(t_0)，保证飞船进入木星引力范围时对木星的相对速度 $\boldsymbol{u}_i$ 所在的直线（即双曲线轨道的渐近线）到木星中心的距离 b（称为瞄准距离）恰到好处，就可以使飞船绕木星双曲轨道的另一条渐近线与木星轨道的切线平行，即飞船离开木星时的相对速度 $\boldsymbol{u}_f$ 与 $\boldsymbol{v}_J$ 平行同向，如图 6.12 所示.这样，飞船

离开木星引力范围时,相对于太阳的速度与木星的绕日轨道相切,而大小为

$$v_f = v_J + u_f = 13 + 14.7 = 27.7(\mathrm{km/s}). \tag{6.69}$$

比较在木星轨道上($r = r_J$)对太阳的逃逸速度

$$v'_{esc} = \sqrt{\frac{2GM_s}{r_J}} = 18.5\ \mathrm{km/s},$$

可见,飞船绕过木星后,对太阳的速度大大地超过对太阳的逃逸速度.由此可判断,飞船绕过木星后,因木星引力而加速了,此后它将沿着一条双曲线轨道向天王星飞去.这双曲线以太阳为焦点,与木星绕日轨道相切处为双曲线的顶点.

第三阶段:**飞向天王星**.

由前面已知飞船离开木星后以 v_f 速度沿双曲线轨道绕日运动,我们首先建立双曲线轨道方程.

以太阳指向木星的方向为极轴,则双曲线轨道方程应为

$$r = \frac{p'}{1 + \varepsilon'\cos\theta'}. \tag{6.70}$$

已知近日点矢径 $r_P = r_J = 5.2\ \mathrm{AU}$,飞船在近日点的速度为 $v_P = v_f = 27.7\ \mathrm{km/s}$.所以,飞船对太阳的角动量常数为

$$L'_0 = mr_P v_P = mr_J v_f.$$

根据(6.12)式,双曲线的焦点参数

$$p' = \frac{L'^2_0}{GM_S m^2} = \frac{r_J^2 v_f^2}{GM_S}. \tag{6.71}$$

又由于木星的环绕速度

$$v_J = \sqrt{\frac{GM_S}{r_J}} = 13\ \mathrm{km/s},$$

故

$$GM_S = r_J v_J^2.$$

代入(6.70)式,算出

$$p' = r_J\left(\frac{v_f}{v_J}\right)^2 = 5.2\times\left(\frac{27.7}{13}\right)^2 = 23.6\ (\mathrm{AU}). \tag{6.72}$$

将 $\theta' = 0$,$r = r_P = 5.2\ \mathrm{AU}$ 和 p' 的计算值代入(6.70)式,可确定双曲线轨道的偏心率

$$\varepsilon' = \frac{p'}{r_P} - 1 = 3.54. \tag{6.73}$$

将(6.73)和(6.72)式代入(6.70)式,得到飞船从木星(t'_1)飞向天王星的轨道方程为

$$r = \frac{23.6}{1 + 3.54\cos\theta'}(\mathrm{AU}). \tag{6.74}$$

当飞船到达天王星绕日轨道时,

$$r_U = 19.2\ \mathrm{AU}.$$

代入(6.73)式,求出极角

$$\theta' = \arccos 0.0647 = 86°17'.$$

应用问题3中的(6.44)式,可算出从木星(t_1')到天王星(t_2)的时间

$$t_2 - t_1' = \sqrt{\frac{p'^3}{GM_S}}\int_0^{\theta'} \frac{d\theta}{(1+\varepsilon'\cos\theta)^2} = 3.7(\text{年}). \qquad (6.75)$$

根据更精确的轨道计算,可更准确地算出到达木星的时刻 t_1,离开木星的时刻 t_1'和到达天王星轨道的时刻 t_2.这样就可以根据木星和天王星的运动规律,选择发射飞船的时间,以保证在 t_1 时刻,飞船以所要求的瞄准距离 b 进入木星引力范围,并且在时刻 t_2 在天王星轨道上的预定地点与天王星相遇,达到考察天王星的目的.

与从地球飞向木星的时间 $t_1 - t_0$ 以及离开木星飞向天王星的时间 $t_2 - t'$相比,绕过木星的时间 $t_1' - t$ 很小,可以不计,那么,按上述轨道,从发射飞船到飞至天王星上空所需的时间约为

$$\Delta t \approx (t_1 - t_0) + (t_2 - t_1') = 5\text{年}.$$

可见,采用木星加速飞船的轨道,可以大大地缩短到天王星的时间.

第 7 章　刚体的平衡和运动

基本内容概述

刚体是大小和形状保持不变的物体.可以把刚体看成一个特殊的由无穷多质元(质点)组成的质点组,这个质点组中任何两个质点之间的距离保持不变.刚体是实物的一种理想模型.当物体大小形状的变化很小,可以忽略不计,或大小形状的变化对所讨论问题无关时,可以将物体简化为刚体.

本章讨论刚体平衡和刚体动力学的基本问题.

7.1　力矩平衡条件

7.1.1　合力矩定理

如果平面力系存在合力 $\boldsymbol{R}$(即该力系可以由一个力——合力——等效),则该力系中各力 $\boldsymbol{F}_i$ 对平面上任一给定点 O 的力矩 $M_O(\boldsymbol{F}_i)$的和,等于力系的合力对该点的力矩 $M_O(\boldsymbol{R})$,即若

$$\boldsymbol{R} = \sum_i \boldsymbol{F}_i,$$

则有

$$M_O(\boldsymbol{R}) = \sum_i M_O(\boldsymbol{F}_i). \tag{7.1}$$

7.1.2　有固定转轴的物体的平衡条件

可绕固定轴转动的物体的平衡条件是:作用于物体上的各力对轴的力矩的代数

和等于零,即

$$\sum_i M_i = M_1 + M_2 + \cdots + M_n = 0. \tag{7.2}$$

其中 M_i 表示力 F_i 对定轴的力矩.

7.2　平面平行力的合成　力偶

7.2.1　平面平行力的合成

根据合力矩定理可以证明:

(1) 两个同向平行力的合力的大小等于两个分力的大小之和,方向与两个分力的方向相同.合力的作用线内分两个分力作用点的连线,到两个分力作用点的距离与两个分力大小成反比,如图 7.1 所示.$\boldsymbol{F}$ 表示合力,$\boldsymbol{F}_1$,$\boldsymbol{F}_2$ 表示两个分力.有

$$\begin{cases} F = F_1 + F_2, \\ \dfrac{AC}{BC} = \dfrac{F_2}{F_1}. \end{cases} \tag{7.3}$$

(2) 大小不等的两个反向平行力的合力,大小等于两个分力之差,方向与较大分力的方向相同,合力的作用线外分两个分力作用点连线,到两个分力作用点的距离与两个分力的大小成反比,如图 7.2 所示,有

$$\begin{cases} F = F_2 - F_1, \\ \dfrac{AC}{BC} = \dfrac{F_2}{F_1}. \end{cases} \tag{7.4}$$

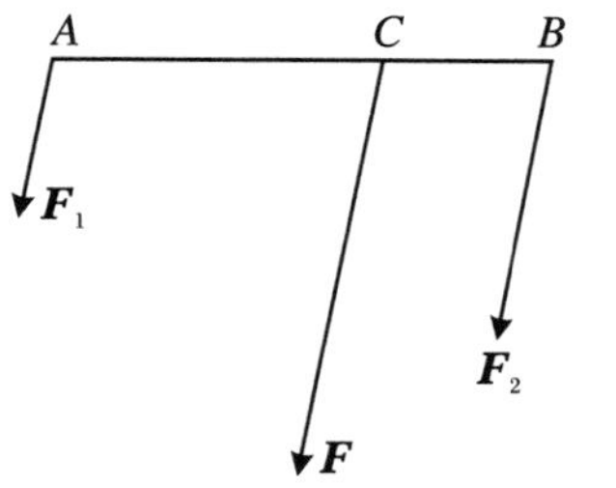

图 7.1

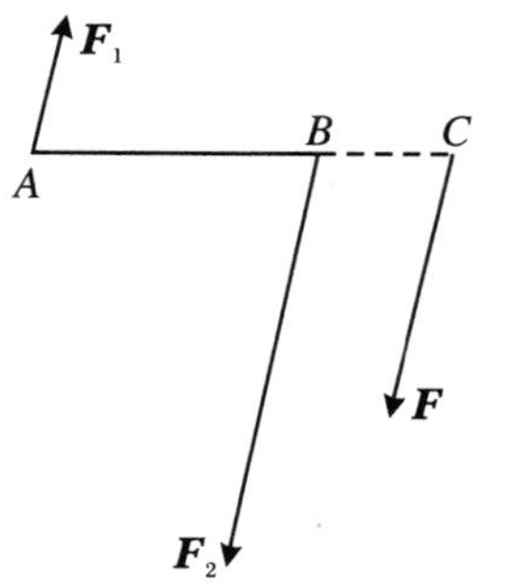

图 7.2

7.2.2　平面力偶

1. 定义　两个等大、平行、反向并不共线的两个力所组成的力系称为力偶. 如图 7.3 所示，$\boldsymbol{F}$ 和 $\boldsymbol{F}'$ 组成一力偶，记为力偶$(\boldsymbol{F},\boldsymbol{F}')$.

力偶不可能由一个力等效，它不存在合力，故力偶是一个不能再简化的基本力系. 力偶的效应是引起物体的转动.

力偶$(\boldsymbol{F},\boldsymbol{F}')$中两个力作用线之间的距离 d 称为力偶臂. 力偶引起物体转动的效应不仅与两个力的大小有关，还与力偶臂的大小有关.

2. 力偶矩　力偶$(\boldsymbol{F},\boldsymbol{F}')$中任一力的大小 F 与力偶 d 之乘积并冠以适当的正负号，称为力偶矩，用 $m(F,F')$ 表示，即

$$m(F,F') = \pm Fd. \tag{7.5}$$

其中正号表示力偶的转向为逆时针；负号表示转向为顺时针.

不难证明，力偶$(\boldsymbol{F},\boldsymbol{F}')$中两个力对力偶平面上的任一点的力矩之和等于力偶矩，故力偶使物体转动的效应由力偶矩表征. 在同一平面上力偶矩相等的两个力偶等效. 可以在平面内改变力偶的位置，或同时改变力偶中力和力偶臂的大小，只要力偶矩不变，就不改变力偶的效应. 所以，力偶常用它的力偶矩 m 来代表，如图 7.4 所示.

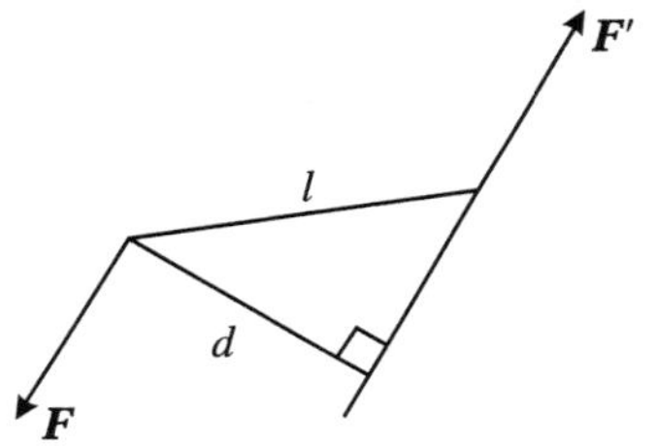

图 7.3

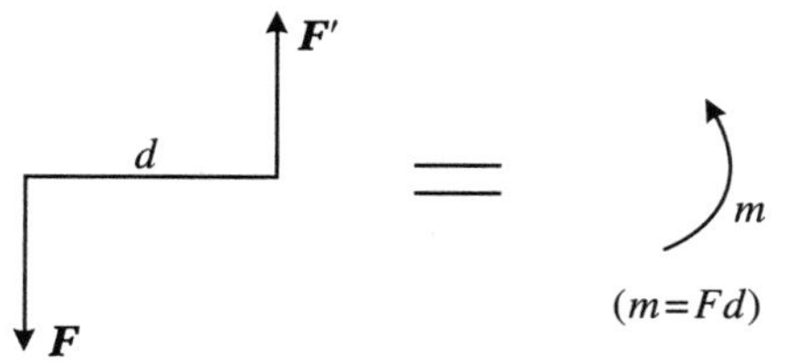

图 7.4

3. 平面力偶系的合成和平衡　平面内任意多个力偶可以合成一个力偶；合力偶的力偶矩等于各分力偶的力偶矩的代数和. 表示为

$$m = \sum_i m_i.$$

平面内任意多个力偶组成的力偶系平衡的必要和充分条件是：各力偶矩的代数和为零.

$$\sum_i m_i = 0. \tag{7.6}$$

7.3 力系的简化

7.3.1 力的平移

把作用于物体上的力离开作用线平移，将改变该力对任一给定轴的力矩，从而改变力使物体转动的效应，故不能把力随意平移. 要把力平移而又不改变原力的效应，必须遵从以下规则：

把力离开作用线平移到任一给定点(P)，必须附加一力偶，该力偶的力偶矩等于原力对 P 点的力矩.

这就是说，平移后的力与附加力偶之和与原力等效.

证明 欲将作用于 A 点的力 $\boldsymbol{F}_{(A)}$ 平移到 P 点而不改变力的效应(等效平移)，我们在 P 点加上方向与 $\boldsymbol{F}_{(A)}$ 平行，大小等于 $\boldsymbol{F}_{(A)}$ 的一对平衡力 $\boldsymbol{F}_{(P)}$ 和 $\boldsymbol{F}'$，如图 7.5(b) 所示. 根据加减平衡力系公理，有

$$\boldsymbol{F}_{(A)} \xlongequal{\text{等效于}} \boldsymbol{F}_{(A)} + \boldsymbol{F}_{(P)} + \boldsymbol{F}'.$$

由于 $\boldsymbol{F}_{(A)}$ 和 $\boldsymbol{F}'$ 等大平行反向且不共线，此两个力组成力偶($\boldsymbol{F}_{(A)}$，$\boldsymbol{F}'$). 所以

$$\boldsymbol{F}_{(A)} \xlongequal{\text{等效于}} \boldsymbol{F}_{(P)} + (\boldsymbol{F}_{(A)}, \boldsymbol{F}'). \tag{7.7}$$

即将力 $\boldsymbol{F}_{(A)}$ 等效平移到 P 点，得力 $\boldsymbol{F}_{(P)}$ 和一力偶(图 7.5(c))，此力偶的力偶矩

$$m(\boldsymbol{F}_{(A)}, \boldsymbol{F}') = \boldsymbol{F}_{(A)} \cdot \boldsymbol{d},$$

为原力 $\boldsymbol{F}_{(A)}$ 对 P 点的力矩. 至此，力平移的规则已得到证明.

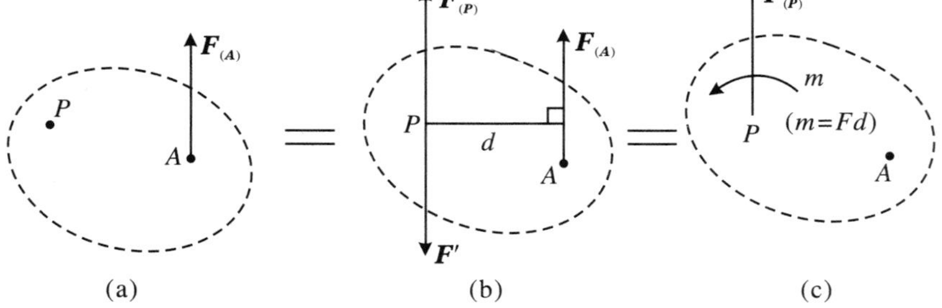

图 7.5

7.3.2　平面任意力系向平面上任一点 O 简化

根据力平移的规则，将平面任意力系中的每一个力 $\boldsymbol{F}_i(i=1,2,\cdots,n)$ 向 O 点做等效平移，得到汇交于 O 点的一共点力系和一力偶系. 共点力系的合力等于力系中各力的矢量和，即

$$\boldsymbol{R}=\sum_i \boldsymbol{F}_i. \tag{7.8}$$

称为原力系的**主矢**. 力偶系的合力偶矩等于原力系中的各个力对 O 点的力矩的代数和，即

$$M=\sum_i m_O(\boldsymbol{F}_i), \tag{7.9}$$

称为原力系的**主矩**.

也就是说，平面任意力系可向平面上任一点 O(称为简化中心)简化. 最后简化为一主矢 $\boldsymbol{R}$ 和主矩 M，如图 7.6 所示.

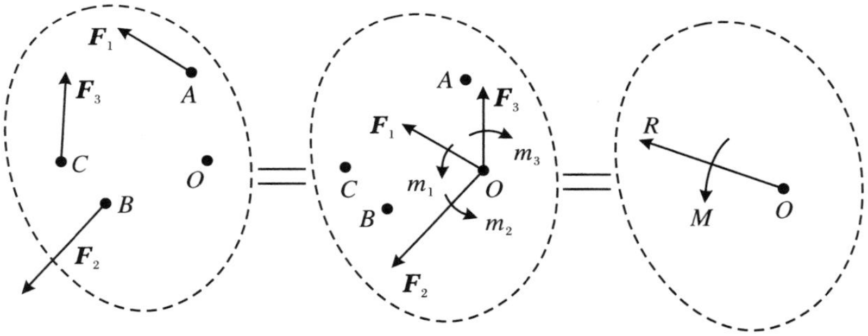

图 7.6

根据(7.8)和(7.9)两个式子可知，主矢 $\boldsymbol{R}$ 与简化中心 O 的选取无关，而主矩 M 则依 O 点的选取而定. 有以下几种特殊情况：

(1) 如果对简化中心 O，主矩 $M=0$，而 $\boldsymbol{R}\neq\boldsymbol{0}$，则原力系为汇交于 O 点的共点力系，这时，主矢 $\boldsymbol{R}$ 即为原力系的合力.

(2) 如果主矢 $\boldsymbol{R}=\boldsymbol{0}$，但 $M\neq 0$，则原力系等效于一个力偶，其力偶矩为 M. 由于平面力偶可以在平面上任意变换位置而不改变力偶矩，所以，在这种情况下力偶矩(主矩 M)不随简化中心的不同而改变.

(3) 主矢和主矩都为零，这时力系与零等效，力系平衡.

7.3.3　平面任意力系的合力

当主矢 $\boldsymbol{R}=\boldsymbol{0}$ 而主矩 $M_O\neq 0$ 的情况下，原力系与一力偶等效，这时力系无合力

可言.

对于简化中心 O,如果 $\boldsymbol{R}\neq\boldsymbol{0}$ 而 $M_O=0$,则作用在 O 点的力 $\boldsymbol{R}$ 便是力系的合力.

如果对于简化中心 O,$\boldsymbol{R}'\neq\boldsymbol{0}$(这里把主矢记为 $\boldsymbol{R}'$)且 $M_O\neq0$(图 7.7(a))时,力系仍有合力.寻求合力及其作用线位置,可按以下步骤进行:把主矩 M_O 变换成由 $\boldsymbol{R}$ 和 $\boldsymbol{R}''$组成的力偶$(\boldsymbol{R},\boldsymbol{R}'')$,其中 $\boldsymbol{R}=\boldsymbol{R}'$,$\boldsymbol{R}''=-\boldsymbol{R}'$,力偶臂 $d=\dfrac{M_O}{R}$,如图 7.7(b)所示.

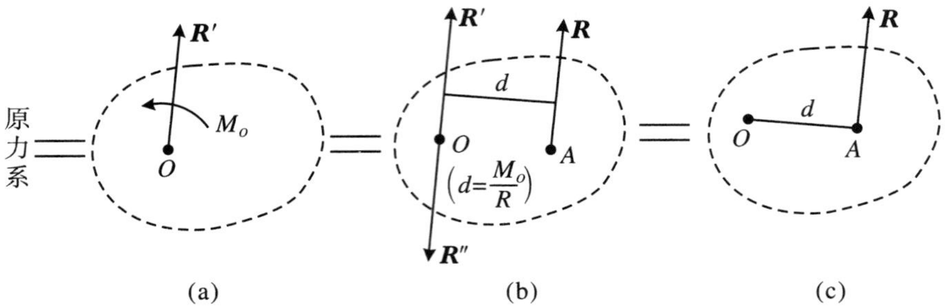

图 7.7

于是

$$\text{原力系}=\boldsymbol{R}'+\text{力偶}(\boldsymbol{R}'',\boldsymbol{R})=\boldsymbol{R}'+\boldsymbol{R}''+\boldsymbol{R}.$$

由于 $\boldsymbol{R}''=-\boldsymbol{R}'$,即 $\boldsymbol{R}''$和 $\boldsymbol{R}'$组成平衡力系.根据加减平衡力系公理,得

$$\text{原力系}=\boldsymbol{R}.$$

即 $\boldsymbol{R}$ 为原力系的合力(图 7.7(c)),它与主矢 $\boldsymbol{R}'$大小相等,方向相同,到 O 点的距离为

$$d=\frac{|M_O|}{R}.$$

由于 M_O 可正可负,故上式取绝对值$|M_O|$.当 $M_O>0$,即对简化中心 O 力偶是逆时针转向时,顺着 $\boldsymbol{R}'$的指向看去,合力 $\boldsymbol{R}$ 的作用线在 $\boldsymbol{R}'$的右边,距 O 点 $d=\dfrac{M_O}{R}$处,如图 7.7(c)所示.反之,当 $M_O<0$ 时,合力 $\boldsymbol{R}$ 的作用线在 $\boldsymbol{R}'$的左边,距 O 点 $d=-\dfrac{M_O}{R}$处.

综上所述,如果将平面任意力系向 O 点简化后,得 $\boldsymbol{R}'\neq\boldsymbol{0}$ 和 $M_O\neq0$,那么该力系的合力 $\boldsymbol{R}$ 与主矢 $\boldsymbol{R}'$的大小相等,方向相同;根据合力 $\boldsymbol{R}$ 对简化中心 O 的力矩应等于主矩 M_O 的原则确定合力作用线的位置.

7.4 平面任意力系的平衡条件和平衡方程

平面任意力系平衡的必要和充分条件是,力系的主矢以及对任一点的主矩都等于零.主矢 $\boldsymbol{R}=\sum_i \boldsymbol{F}_i=\boldsymbol{0}$,则力系中各力在 x 和 y 轴上的分量的代数和必同时为零,即 $\sum_i F_{ix}=0$, $\sum_i F_{iy}=0$;主矩为零,也就是力系中各力对任一给定点 O(简化中心)的力矩的代数和为零,即 $\sum_i M_O(\boldsymbol{F}_i)=0$. 所以,任意力系的平衡条件可写成以下形式:

$$\begin{cases}\sum_i F_{ix}=0,\\ \sum_i F_{iy}=0,\\ \sum_i M_O(\boldsymbol{F}_i)=0.\end{cases}\tag{7.10}$$

这就是**平面任意力系的平衡方程**.

平面任意力系平衡的充要条件,还可以用以下两种等效的平衡方程组来表示:

$$(\mathrm{a})\begin{cases}\sum_i F_{ix}=0,\\ \sum_i M_A(\boldsymbol{F}_i)=0,\\ \sum_i M_B(\boldsymbol{F}_i)=0.\end{cases}\tag{7.11}$$

且 A,B 两点的连线不与 x 轴正交.

$$(\mathrm{b})\begin{cases}\sum_i M_A(\boldsymbol{F}_i)=0,\\ \sum_i M_B(\boldsymbol{F}_i)=0,\\ \sum_i M_C(\boldsymbol{F}_i)=0.\end{cases}\tag{7.12}$$

且 A,B,C 三点不共线.

(7.10)~(7.12)式分别称为一矩式、二矩式和三矩式的平衡方程.

不论平面任意力系平衡方程组的哪种形式,都由三个独立方程组成.因此,在所有各力的分量和对矩心的力臂中,只能够求解三个未知量.解题时,可以任意选用一组方程.

7.5 刚体绕定轴转动　转动定律

7.5.1 刚体绕定轴转动

刚体绕固定轴转动时，刚体上的任一点都在通过该点并与转轴垂直的平面内做圆周运动. 在任一给定时间 Δt 内，每一点做圆周运动的角位移 $\Delta\theta$ 相同，故称作刚体的角位移 $\Delta\theta$. 每一点做圆周运动的角速度 ω 相同，故称 ω 为刚体绕定轴转动的角速度. 同样，各点绕轴转动的角加速度 β 亦相同，称之为刚体的角加速度. 刚体上任一点做圆周运动的速度 v、切向加速度 a_τ 和法向加速度 a_n 与该点到轴线的距离（半径）r、刚体的角速度 ω、角加速度 β 的关系为

$$v = r\omega, \tag{7.13}$$

$$a_\tau = r\beta, \tag{7.14}$$

$$a_\mathrm{n} = r\omega^2. \tag{7.15}$$

7.5.2 刚体绕定轴的角动量定理　转动定律

1. 刚体对定轴的角动量

刚体对定轴的角动量等于刚体各质元对轴的角动量的总和. 设质元为 Δm_i，半径为 r_i，速度为 v_i，则此质元对轴的角动量 ΔL_i 为

$$\Delta L_i = \Delta m_i v_i r_i = \Delta m_i r_i^2 \omega.$$

遍及组成刚体的所有质元求和，得刚体对定轴的角动量为

$$L = \sum_i \Delta L_i = \left(\sum_i \Delta m_i r_i^2\right)\omega.$$

式中将 ω 提出求和符号之外，是因为角速度 ω 对所有各个质元都相同. 令

$$I = \sum_i \Delta m_i r_i^2, \tag{7.16}$$

称为**刚体对定轴的转动惯量**. 则得

$$L = I\omega. \tag{7.17}$$

即绕定轴转动的刚体对轴的角动量等于转动惯量与角速度之乘积.

2. 对定轴的角动量定理　转动定律

根据质点组对定轴的角动量定理，作用于刚体的外力对定轴的合力矩 M，等于刚体对定轴的角动量的变化率，即

$$M = \frac{\mathrm{d}(I\omega)}{\mathrm{d}t}. \tag{7.18}$$

这就是刚体对定轴的角动量定理.也可写成

$$M\mathrm{d}t = \mathrm{d}(I\omega), \tag{7.19}$$

其中 $M\mathrm{d}t$ 称为**力矩的冲量**或外力对定轴的**冲量矩**.上式表明,外力合力矩的冲量等于角动量的增量.

由于刚体对定轴的转动惯量是一常数,所以(7.18)式又可改写成

$$M = I\beta. \tag{7.20}$$

即对轴的合力矩等于转动惯量与角加速度 β 之积.它对解决刚体定轴转动问题的重要性,就如同牛顿第二定律对解决质点运动问题一样,并且形式上亦相似,故又称(7.20)式为**转动定律**.

3. 转动惯量—— $I = \sum_i \Delta m_i r_i^2$

从转动惯量在转动定律中的地位看,它与质点动力学中质点的惯性质量相似.(7.20)式表明,转动惯量是刚体转动惯性大小的量度.与质量不同的是,转动惯量决定于组成刚体各质元的质量和它们对轴的分布(由 r_i 来表示这种分布).或者说转动惯量由刚体的质量、大小形状以及轴的位置几个因素来决定.下表列出几种质量均匀分布的规则刚体对特定轴线的转动惯量的计算公式(见表 7.1).

表 7.1

刚　　体	轴	转动惯量
薄壁圆环(或圆筒) (质量为 m,半径为 r)	通过中心与环正交的对称轴	mr^2
均匀实心圆盘或圆柱体 (质量为 m,半径为 r)	通过中心与母线平行的对称轴	$\frac{1}{2}mr^2$
长为 l、质量为 m 的均匀细杆	通过中点与杆垂直的轴	$\frac{1}{12}ml^2$
长为 l、质量为 m 的均匀细杆	通过一端点并与杆垂直的轴	$\frac{1}{3}ml^2$
质量为 m、半径为 r 的均匀实心球体	直径	$\frac{2}{5}mr^2$

7.6 转动动能 动能定理

7.6.1 定轴转动刚体的动能

刚体的动能等于各组成质元的动能之和.能够证明:刚体绕定轴转动的动能等于转动惯量与角速度平方之乘积的一半:

$$E_k = \frac{1}{2}I\omega^2. \tag{7.21}$$

7.6.2 动能定理

由于刚体内各质元间的距离保持恒定不变,故刚体内各质元间的相互作用力(刚体的内力)的总功等于零.根据质点组的动能定理,刚体动能的增量等于作用于刚体的外力的总功,即

$$A_{外} = \frac{1}{2}I\omega^2 - \frac{1}{2}I\omega_0^2, \tag{7.22}$$

其中 $A_{外}$ 为外力的功的代数和.

由于改变刚体转动状态的是外力对轴的矩,所以,外力对定轴转动刚体做的功可以表示为力矩的功.根据功的定义可以证明:外力 $\boldsymbol{F}$ 对转动刚体做的元功,等于该力对轴的矩 M 与刚体的元角位移 $\mathrm{d}\theta$ 之乘积:

$$\mathrm{d}A = M\mathrm{d}\theta. \tag{7.23}$$

刚体从 θ_1 转到 θ_2 的过程中,力矩 M 的功为

$$A = \int_{\theta_1}^{\theta_2} M\mathrm{d}\theta. \tag{7.24}$$

例如,轴承对转动轴的摩擦力矩为恒量 $-M_\mu$,则在刚体转动一周中,轴承的摩擦力矩的功为

$$A = \int_0^{2\pi} -M_\mu \mathrm{d}\theta = -2\pi M_\mu,$$

这也就是轴承的摩擦力所做的功.

7.6.3 机械能守恒

如果轴承无摩擦,所有外力都是保守力,则转动刚体的机械能保持不变.

如果外力是重力，则刚体具有重力势能

$$E_p = mgh_C,$$

其中 h_C 为刚体重心对零势能位置的高度. 在只有重力作用下做定轴转动的刚体，其机械能守恒式为

$$\frac{1}{2}I\omega^2 + mgh_C = \frac{1}{2}I\omega_0^2 + mgh_{C0}. \tag{7.25}$$

7.7 绕轴自由转动物体的角动量守恒

根据对轴的角动量定理，当外力矩为零时，刚体对轴的角动量保持不变.

$$I\omega = 恒量.$$

这一结论可推广到绕轴转动的可变形状的物体. 只要物体在任一时刻的转动状态可由确定的角速度 ω 来描述（物体上各点具有相同的角速度），那么此物体对定轴的角动量仍为 $L = I\omega$. 这里 $I = \sum_i \Delta m_i r_i^2$ 是一个可变的量. 根据质点组对定轴的角动量定理，如果外力矩为零，那么物体绕定轴转动的角动量守恒. 表为

$$I\omega = I_0\omega_0. \tag{7.26}$$

如果由内部作用使转动惯量变小，则角速度将增大. 花样滑冰运动员做高速旋转动作时，收回双臂（减小转动惯量）以增大转动角速度，就是应用这个道理.

7.8 滚　　动

与支承面保持接触的物体，既绕轴转动，同时该轴又运动着，这种复合运动就是滚动. 如轮沿地面滚动，足球的滚动等. 一般说来，滚动问题比较复杂，最简单的是均匀圆柱形刚体在支承面上的滚动. 这种情况下，刚体上的任一点总是保持在与一个固定平面平行的平面上运动. 这种运动称为平面平行运动（刚体的平面运动），我们就讨论这种属于平面平行运动的滚动. 例如车轮保持其轴与地面平行，并沿确定方向滚动时，轮上的任一点都保持在与一固定竖直面相平行的平面上运动.

7.8.1 运动的描述

滚动刚体的运动可以看作质心的平动和绕通过质心的转动合成. 质心的运动状

态由质心速度 $\boldsymbol{v}_C$ 和加速度 $\boldsymbol{a}_C$ 表示，绕质心的转动由角速度 ω 和角加速度 β 表示. 因此，v_C，a_C 以及 ω，β 四个量是描述圆柱体滚动的运动学量. 只要已知这四个量，刚体上任一点的运动就可由随质心的运动和绕质心的转动这二者合成.

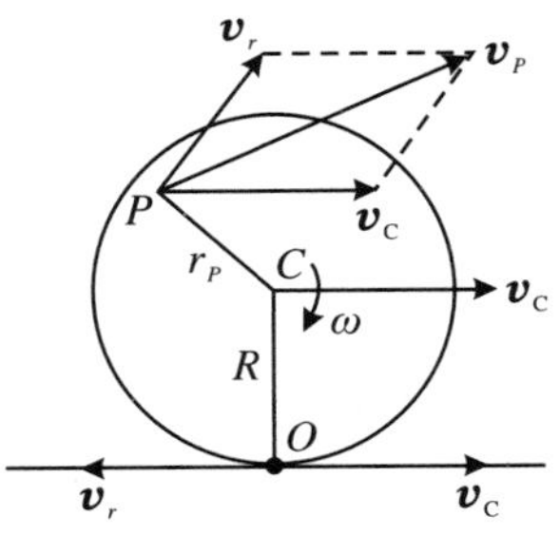

图 7.8

如图 7.8 所示，刚体上任一点 P 与通过质心的轴的距离为 r_P. 它的速度 $\boldsymbol{v}_P$ 为随质心运动的速度 $\boldsymbol{v}_C$ 和绕通过质心的轴的转动速度 $\boldsymbol{v}_r$（大小为 $r_P\omega$）的矢量和.

最能反映滚动特点的是刚体上与支承面接触点 O 的速度：O 点随质心运动和绕质心转动的两个分运动速度在一直线上. 前者向前大小为 v_C，后者向后大小为 $R\omega$（R 为圆柱形刚体的半径），所以，O 点的速度为

$$v_O = v_C - R\omega. \tag{7.27}$$

有三种不同的滚动情形：

（1）$v_C > R\omega$. 这时 O 点的速度方向与质心运动方向一致，刚体在滚动的同时，在支承面上向前滑动.

（2）$v_C < R\omega$. v_O 的方向与质心运动方向相反，刚体转动很快，而质心前进较慢，随着向前滚动的同时，接触点 O 相对于支承面向后滑动.

在以上两种情形时，称刚体做**有滑滚动**.

（3）$v_C = R\omega$. 这时 $v_O = 0$，即刚体与支承面的接触点的瞬时速度为零，不发生滑动. 称这种情形为**无滑滚动**或**纯滚动**.

$$v_C = R\omega \tag{7.28}$$

或

$$a_C = R\beta, \tag{7.29}$$

称为**纯滚动的条件**或**纯滚动的判据**.

7.8.2 动力学方程

我们讨论均匀的圆柱形刚体的滚动. 由于刚体形状对称又均匀，所以质心位于刚体的中心对称轴上.

由质心运动定理，得质心运动的动力学方程

$$\boldsymbol{F} = m\boldsymbol{a}_C, \tag{7.30}$$

其中 $\boldsymbol{F}$ 为作用于刚体的所有外力的矢量和.

对通过质心的对称轴，转动定律为

$$M = I_C\beta, \tag{7.31}$$

M 为作用于刚体的各外力对质心轴的合力矩，I_C 为绕过质心的对称轴的转动惯量.

以上两个式子就是解均匀圆柱形刚体滚动的动力学基本方程组.

如果刚体做纯滚动,则 a_C 和 β 之间还必须满足(7.29)式,所以应该用(7.29)~(7.31)三式联立求解纯滚动问题.

7.8.3 滚动的动能

刚体滚动动能等于质心动能与绕质心转动动能之和,即

$$E_k = \frac{1}{2}mv_C^2 + \frac{1}{2}I_C\omega^2. \tag{7.32}$$

质点组的功能原理可直接应用于滚动刚体,但要明确滚动动能由上式表示.

在应用功能原理时,要注意:纯滚动刚体与支承面接触处的速度总为零,没有滑动,所以固定支承面作用于刚体的静摩擦力是不做功的.

问题讨论

1. 支承面作用于物体的约束力的进一步讨论

支承面作用于物体的约束力是分布在接触面上的(称为面力).当我们不计物体的尺寸而把物体当作质点时,也同时忽略了约束力是分布于接触面上的这一事实,认为它集中作用于一点.当我们要计物体的尺寸,要考虑物体的转动时,就不能再把约束力简单地当作集中于一点的力,而应当如实地把它当作面力.这个面力在接触面上的分布情况依主动力、物体形状和接触面的方位而定,不一定是均匀分布的.我们应当具体分析,以便确定分布的面约束力的合力;或者根据力系简化的规则,将这分布的面约束力向接触面的某一点简化.下面讨论两个问题.

(1) 斜面作用于物体的支持力一定通过物体的重心吗?

当我们不计物体的大小尺寸,把它当作质点时,作用于物体的力自然也都汇交于一点.在这种情况下,常把物体当作重量集中在重心的质点,因此认为作用于物体(质点)的各力都通过物体的重心.图 7.9 表示在斜面上静止的物体(质点)的受力图,支持力 $\boldsymbol{N}$ 和静摩擦力 $\boldsymbol{f}$ 都从重心画起.

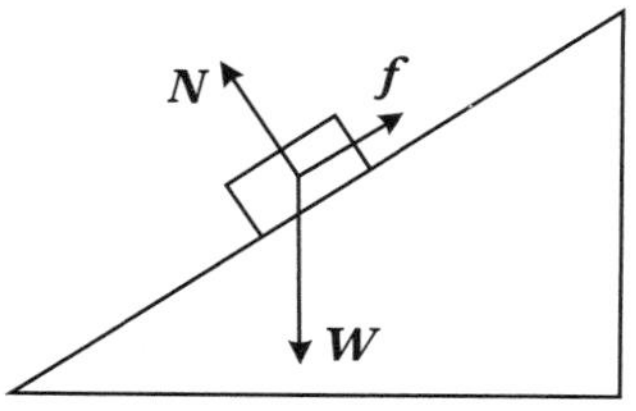

图 7.9

如果必须把物体作为有一定尺寸的刚体,而放弃质点模型,我们就不能够不加分析地认为作用在物体上的各力都通过物体的重心,而必须如实地表示各力的作用线.仍以在斜面上平衡的物体为例,重力 $\boldsymbol{W}$ 通过重心,静摩

擦力 $\boldsymbol{f}$ 在接触面上，这是明确的. 那么，斜面作用的法向约束力 $\boldsymbol{N}$（支持力）呢？$\boldsymbol{N}$ 的作用线能像图 7.10(a)中那样，通过物体的重心吗？

答案是否定的. 图 7.10(a)中 $\boldsymbol{N}$ 的作用线位置不对，理由如下：如果按图 7.10(a)中那样，那么，物体受不平行的三个力（$\boldsymbol{W}$，$\boldsymbol{f}$，$\boldsymbol{N}$）作用，此三力又不共点，这与物体平衡的前提相矛盾. 或者说，由于 $\boldsymbol{N}$ 与 $\boldsymbol{W}$ 汇交于重心，如以重心为简化中心，则主矩等于静摩擦力对重心的矩，这将引起转动，与物体静止的前提相违背. 所以，像图 7.10(a)那样认为 $\boldsymbol{N}$ 仍通过物体的重心是不正确的.

实际上，斜面作用于物体的法向反力分布在整个接触面上，而且，由于斜面倾斜，分布是不均匀的，如图 7.10(b)中的细箭矢所示. 这一分布力的合力为 $\boldsymbol{N}$，它的作用线靠近物体在斜面下方的边缘. 究竟 $\boldsymbol{N}$ 的作用线在什么位置呢？我们可根据三力平衡汇交定理来确定. 这就是：先确定重力 $\boldsymbol{W}$ 作用线与静摩擦力 $\boldsymbol{f}$ 作用线的交点 A，根据三力汇交定理，则 $\boldsymbol{N}$ 的作用线也必通过 A 点，如图 7.10(c)所示.

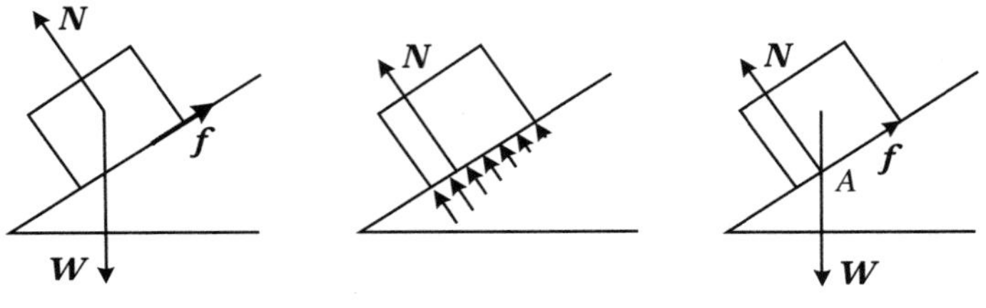

图 7.10

例 1 重为 W、边长为 n 的正方形平板 $ABCD$ 竖立于光滑水平面上. 平板的 A 角由不可伸长的绳拉着，绳与地成 60° 角，如图 7.11 所示. 今在平板 BC 边与重心等高处施以水平向右的力 $\boldsymbol{F}$. 要保持平板平衡，水平力 $\boldsymbol{F}$ 不能超过多大？

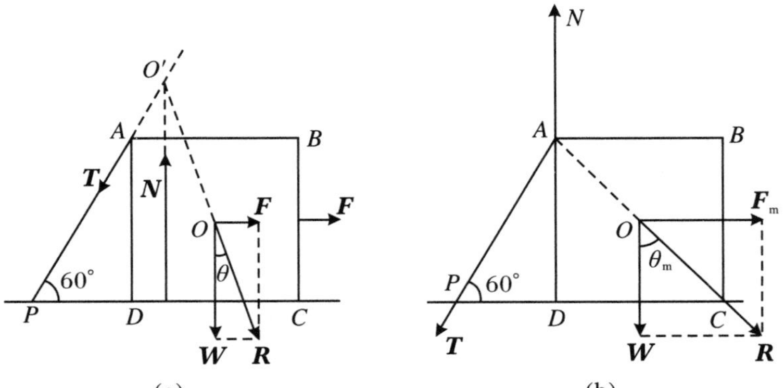

图 7.11

分析 平板所受的力有：重力 $\boldsymbol{W}$，水平力 $\boldsymbol{F}$，绳的拉力 $\boldsymbol{T}$，水平面法向约束力（分

布于接触面)的合力 $\boldsymbol{N}$. 其中 $\boldsymbol{W}$ 和 $\boldsymbol{F}$ 为已知的主动力. $\boldsymbol{T}$ 的方向已知. $\boldsymbol{N}$ 的方向竖直向上,但大小和作用线的位置都是未知的. 应用水平和竖直方向的力的平衡方程,容易求得 $T = F/\cos60^\circ = 2F$, $N = W + T\sin60^\circ = W + \sqrt{3}F$.

为确定 $\boldsymbol{N}$ 的作用线,将水平力 $\boldsymbol{F}$ 沿其作用线滑移到与重力作用线的交点 O,求出 $\boldsymbol{W}$ 和 $\boldsymbol{F}$ 的合力 $\boldsymbol{R}$. 用 $\boldsymbol{R}$ 代替 $\boldsymbol{W}$ 和 $\boldsymbol{F}$,于是平板受力简化为:主动力的合力 $\boldsymbol{R}$、绳的拉力 $\boldsymbol{T}$ 和水平面的法向约束力 $\boldsymbol{N}$,共三力. 根据三力平衡汇交定理,这三力应交于一点. 将 $\boldsymbol{T}$ 和 $\boldsymbol{R}$ 作用线延长交于 O' 点,它便是三力的汇交点. 由此可确定 $\boldsymbol{N}$ 的作用线位置,如图 7.11(a)所示. 显然,O' 点的位置,因而 $\boldsymbol{N}$ 作用线的位置,由 $\boldsymbol{R}$ 和 $\boldsymbol{W}$ 之间的夹角 θ 的大小而定. 当水平外力 $\boldsymbol{F}$ 增大时,$\boldsymbol{W}$ 与 $\boldsymbol{F}$ 的合力 $\boldsymbol{R}$ 与 $\boldsymbol{W}$ 的夹角 θ 增大($\tan\theta = F/W$),O' 点沿绳 PA 的延长线向 A 点靠拢,$\boldsymbol{N}$ 的作用线亦向 AD 边靠拢.

由于水平支承面的支持力 $\boldsymbol{N}$ 的作用线不可能在接触面 CD 之外,所以,当水平外力 $\boldsymbol{F}$ 增大到合力 $\boldsymbol{R}$ 与 PA 延长线的交点 O' 与 A 点重合,因而 $\boldsymbol{N}$ 的作用线与 DA 边重合时,水平支承面尚能(恰能)提供约束反力($\boldsymbol{N}$)使物体平衡;但如果 $\boldsymbol{F}$ 继续增大,使 O' 点移到 P、A 之间时,光滑支承面就不可能提供约束反力 $\boldsymbol{N}$ 以保持平板平衡了. 由此可知,当水平外力增大到 $\boldsymbol{F}_\mathrm{m}$,使 $\boldsymbol{F}_\mathrm{m}$ 与 $\boldsymbol{W}$ 的合力 $\boldsymbol{R}$ 的作用线通过 A 点时,平板处于临界平衡状态,这时水平面的法向约束反力集中于 D 点,如图 7.11(b)所示.

解 根据以上分析,设平板尚能保持平衡时,水平力的最大值为 $\boldsymbol{F}_\mathrm{m}$,这时,平板的受力图如 7.11(b)所示. $\boldsymbol{W}$ 与 $\boldsymbol{F}$ 的合力作用线通过 A 点.

由题意,O 点为正方形中心,故 $\boldsymbol{W}$ 与 $\boldsymbol{F}_\mathrm{m}$ 的合力 $\boldsymbol{R}$ 的作用线在正方形的对角线上,有 $\theta_\mathrm{m} = 45^\circ$,而 $\tan\theta_\mathrm{m} = \dfrac{F_\mathrm{m}}{W}$,由此得

$$F_\mathrm{m} = W\tan\theta_\mathrm{m} = W\tan45^\circ = W.$$

即临界平衡时,水平力的数值等于平板的重量. 所以,要保持平板平衡,水平外力 F 必须满足的条件是

$$F \leqslant F_\mathrm{m} = W.$$

(2) 在讨论刚体平衡时,处理支承面约束反力的一般方法

支承面作用于物体的法向反力和切向反力(摩擦力)都是分布在整个接触面上的(由于我们只讨论平面力系,故假定接触面是在力平面上的一窄带,或根据对称性可以把分布力当作平面力系),如图 7.12(a)所示. 在任一面元 $\Delta\sigma_i$ ($i = 1, 2, \cdots, n$),法向约束力为 ΔN_i,切向约束力为 Δf_i,如图 7.12(b)所示.

怎样处理分布于整个接触面的约束力 ΔN_i 和 Δf_i 呢? 我们应用力系简化的方法,在接触面上任选一点为简化中心,将所有力 ΔN_i 和 Δf_i 向简化中心做等效平移. 简化中心的选取可依具体情况而定. 我们选择物体与支承面接触的左端点 A 为简化中心. 将所有 ΔN_i 和 Δf_i 向 A 点平移后,得主矢 $\boldsymbol{R}$ 和主矩 M_A,如图 7.12(c)所示. 其中主矢即为分布于接触面各个面元上的法向约束力 ΔN_i 和切向约束力 Δf_i 的矢量

和,即

$$\boldsymbol{R} = \sum_i (\Delta \boldsymbol{N}_i + \Delta \boldsymbol{f}_i).$$

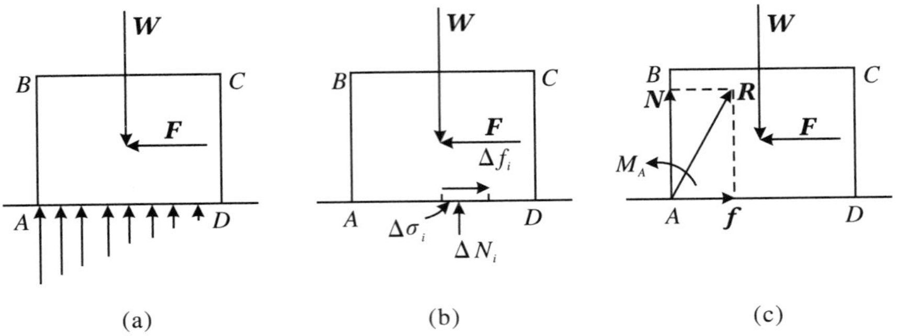

图 7.12

再将 $\boldsymbol{R}$ 沿法向和切向分解,得法向约束反力 $\boldsymbol{N}$ 和切向约束反力 $\boldsymbol{f}$(即摩擦力).主矩 M_A 等于各面元上的约束反力对 A 点的矩的代数和.由于各面元的切向反力 Δf_i 的作用线都通过 A 点,对 A 点无力矩,故 M_A 等于各面元的法向反力 $\Delta \boldsymbol{N}_i$ 对 A 点的力矩的代数和.又由于 ΔN_i 总是垂直于面元而指向物体的,因此对于图 7.12 中的 A 点,主矩应满足条件:$M_A \geqslant 0$(绕反时针方向,最小为零).

由此可见,支承面对物体的作用,总是可以用作用于一点 A 的单力 $\boldsymbol{R}$ 和一个力矩 M_A 来代替.下面再举一例,

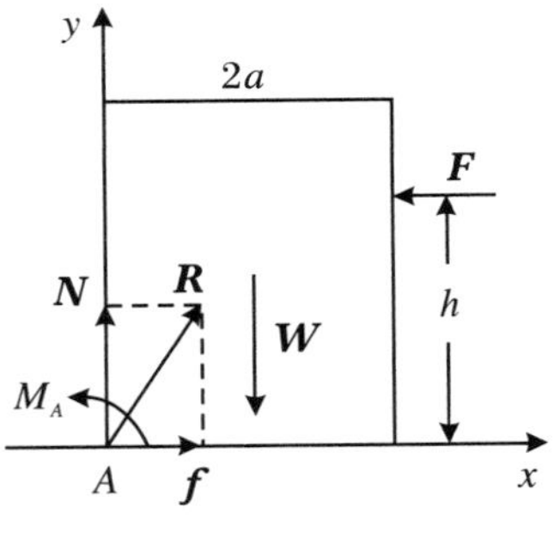

图 7.13

例 2 将宽为 $2a$、重为 W 的长方形木块竖直地放在粗糙平面上,然后用水平力 $\boldsymbol{F}$ 推它,如图 7.13 所示.当力 F 由零逐渐增大时,在什么条件下木块将滑动?在什么条件下将绕 A 边转动?设静摩擦系数为 μ,$\boldsymbol{F}$ 与水平面的距离为 h.

解 假定力 $\boldsymbol{F}$ 与物体重心处于图示的竖直面内,根据对称性,可作为平面力系处理.

首先,取 A 为简化中心,将支承面的约束反力简化为一单力 $\boldsymbol{R}$(两个分量为 N,f)及一力偶矩 M_A.只要木块静止,既不滑动,又保持与水平面接触,$\boldsymbol{R}$(N 和 f)和 M_A 应满足如下关系:

$$f \leqslant \mu N, \quad N \geqslant 0, \quad M_A \geqslant 0. \qquad ①$$

其中后两个条件表明:法向约束力 N 不可能竖直向下;接触面各面元的约束力对 A 点的矩不可能沿顺时针方向.

然后,将主动力($\boldsymbol{F}$ 和 $\boldsymbol{W}$)及约束力沿 x 轴、y 轴投影,并以 A 点为矩心,得平衡方程:

$$\begin{cases} f - F = 0, \\ N - W = 0, \\ M_A + hF - aW = 0. \end{cases} \qquad ②$$

将②解出 f,N 和 M_A,代入①,便得木块平衡时主动力 F 应满足的条件:

$$F \leqslant \mu W, \qquad ③$$

$$F \leqslant \frac{a}{h} W. \qquad ④$$

当 F 开始增加,数值尚小时,以上两个式子均能成立,木块保持静止.当 F 增大到③④两个式子中任何一个式子不满足时,平衡即被破坏.这里可能出现两种可能:

(1) 如果 $\mu < \frac{a}{h}$,那么当 F 逐渐增大时,③先被破坏.在临界情况,即当 $F = \mu W$ 时,由②④表明

$$F = \mu N, \quad M_A > 0.$$

这就是说,木块已处于临界摩擦状态,若 F 再增大,木块将滑动;但是,$M_A > 0$,表明接触面各面元上仍受向上的反力,木块仍保持与支承面接触.

(2) 如果 $\mu > \frac{a}{h}$,则④先被破坏.当 $F = \frac{a}{h} W$ 时,有

$$F < \mu N, \quad M_A = 0.$$

这表明此时摩擦力尚未达到最大极限,而木块除 A 点以外各面元已不受支承面的约束反力($M_A = 0$).因此,当 F 再增大时,木块将绕 A 点转动.

2. 为什么有时可以只对刚体的某一支点(而非固定轴)应用力矩平衡方程求解平衡问题?

如果物体有十分明确的固定转轴,应用对轴的力矩平衡方程解决平衡问题,在教学上不会有多大的困难,学生亦容易掌握.但是,出现必须选择物体的某一支点(并非固定的转轴)应用力矩平衡方程解决问题时,教学上就出现了难点.下面谈谈这方面的问题.

(1) 定轴的作用何在?

简单地说,固定的轴承限制了物体只能绕轴转动,作用于物体的各力对物体的效应只表现为使物体绕定轴转动.由于转动效应由力矩表征,所以,只要各力对轴的力矩平衡,各力的转动效应相互抵消,物体就达到平衡.

进一步说明如下:我们以轴所在位置 O 为简化中心,将作用于物体的各主动力向 O 点做等效平移,得一主矢 $\boldsymbol{R}$ 和主矩 M_O.由于轴受轴承约束,轴承总能提供足够的约束反力(通过 O 点)$\boldsymbol{N}$,使之与主动力主矢 $\boldsymbol{R}$ 平衡,以保证轴不发生平移.于是原作用于物体的主动力系加上轴承的约束反力 $\boldsymbol{N}$,等效于主矩为 M_O 的一个力偶.物体

要平衡,要求此力偶矩 M_O 等于零,而 M_O 正是原主动力的各力对 O 轴力矩的代数和. 主矩 $M_O=0$,就是力矩平衡方程 $\sum M_O(\boldsymbol{F}_i)=0$. 所以,只需由力矩平衡方程即可求解有固定轴的物体的平衡.

由此可见,绕固定轴转动物体的平衡只有一个平衡方程,是承认轴承加于物体的约束反力(作用线通过轴的被动力 $\boldsymbol{N}$)总能与主动力系的主矢相抵消这一前提. 实际上,这就是承认轴承能够完好地承担固定转轴这一事实.

(2) 对物体的某一支点应用力矩平衡方程

我们用一具体例子来说明这个问题. 如图 7.14(a)所示,长为 l、重为 W_1 的均质杆 AB 平放在桌上,A 端伸出桌边缘 O 点,并在 A 端固定一重为 W_2 的质点. 问:如果要使杆保持平衡,A 端伸出桌边的距离 $OA(=x)$ 不能超过多少?

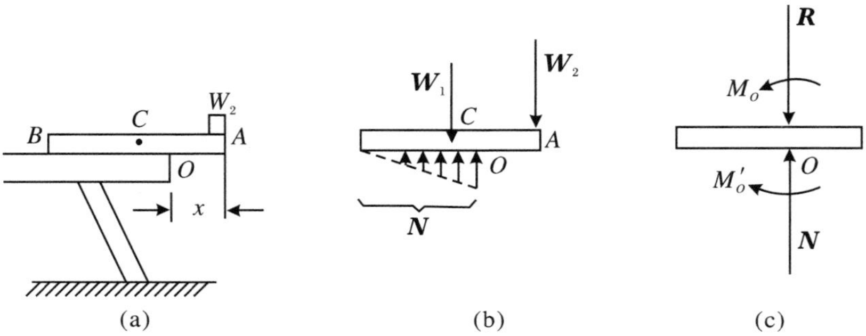

图 7.14

首先假定杆是平衡的. 这时,杆受的力有:主动力 $\boldsymbol{W}_1$ 和 $\boldsymbol{W}_2$;桌面施加的约束力是分布在接触面上的竖直向上的分布力 N,如图 7.14(b)所示. 将两个主动力 $\boldsymbol{W}_1$ 和 $\boldsymbol{W}_2$ 向 O 点平移,得主矢 $\boldsymbol{R}=\boldsymbol{W}_1+\boldsymbol{W}_2$ 和主矩 M_O;将分布于接触面的法向分布力向 O 点平移,简化为约束力主矢 $\boldsymbol{N}$ 和主矩 M'_O(图 7.14(c)). 由于分布力都是竖直向上的,故 M'_O 绕顺时针转向,即 $M'_O<0$. 杆平衡的充要条件是

$$W_1+W_2-N=0,\quad M_O+M'_O=0.$$

即

$$N=W_1+W_2, \tag{7.33}$$

$$-M'_O=M_O=W_1\overline{CO}-W_2\overline{AO}. \tag{7.34}$$

由此可见,约束力的主矢 $\boldsymbol{N}$ 与主动力的主矢 $\boldsymbol{R}$ 平衡;约束力对 O 点的矩 M'_O 与主动力对 O 点的力矩 M_O 平衡.

当 A 点伸出桌边缘的长度 $\overline{AO}=x$ 增大时,主动力对 O 点的力矩 $M_O=W_1\overline{OC}-W_2\overline{AO}=\left(\dfrac{l}{2}-x\right)W_1-W_2x$ 减小,因而约束力对 O 点的矩的数值 $|M'_O|$ 随之减少. 力矩 M'_O 总是绕顺时针转向的,即 $M'_O\leqslant 0$, $-M'_O\geqslant 0$. 所以根据(7.34)式,杆达到

平衡必须满足的条件是：$M_O = W\overline{CO} - W_2\overline{AO} \geqslant 0$ 或

$$W_1\left(\frac{l}{2} - x\right) - W_2 \cdot x \geqslant 0.$$

由此解出

$$x \leqslant \frac{W_1 l}{2(W_1 + W_2)}.$$

这就是杆平衡时，A 端伸出桌边缘的长度 x 应满足的条件.

如果 $x > \dfrac{W_1 l}{2(W_1 + W_2)}$，则 $W_2 x > W_1\left(\dfrac{l}{2} - x\right)$，主动力对 O 点的力矩 $M_O < 0$，绕顺时针转向.然而支承面不可能提供反时针转向的力矩与之平衡，所以杆将倾倒.

当 $x = OA = \dfrac{W_1 l}{2(W_1 + W_2)}$ 时，$M'_O = 0$，$M_O = 0$.杆尚能保持平衡，称之为临界平衡状态.这时，约束力的合力是作用于 O 点的支持力 $\boldsymbol{N}$，它的大小等于 $W_1 + W_2$.由于我们认定固定桌面的边缘能承受杆的重量，故 $N = W_1 + W_2$ 这一条件是不言而喻可以达到的.因此，临界平衡的条件只剩下主动力对 O 点的力矩平衡，即

$$W_1\overline{OC} - W_2\overline{OA} = 0.$$

在高中物理中对于非固定转轴的"支点"应用力矩平衡方程求解的问题，常常属于临界平衡问题.前面的分析说明了可以这样做的理由.归纳起来，能对某一"支点"应用力矩平衡方程求解问题的条件是：只要物体所受约束的情况允许将约束力集中于一支点（除此点以外的其他部分解除约束），且此支点能够提供足够的约束力以平衡主动力的主矢，这时，便可以只应用力矩平衡方程，求解物体的临界平衡问题.反之，如果支点不能提供足够的约束反力以平衡主动力的主矢，即使力矩平衡方程能满足，也不能保持平衡，见下例.

例 3 一根不计质量的细直杆两端 A，B 分别固定重量为 W 的质点，用一固定的楔形支座于杆的中点 C 支持杆.设支座与杆之间的静摩擦系数为 μ.要使杆平衡，杆与水平方位之间的夹角 θ 不能超过多大?

解 在这个题中，支座的约束力自然集中于 C 点.在杆处于任何方位时，主动力（A，B 两个质点的重力）对支点 C 的力矩总是平衡的.但是，支座 C 是否在杆取任何方位时都能提供足够的约束力，以平衡主动力的主矢，就应具体分析了.

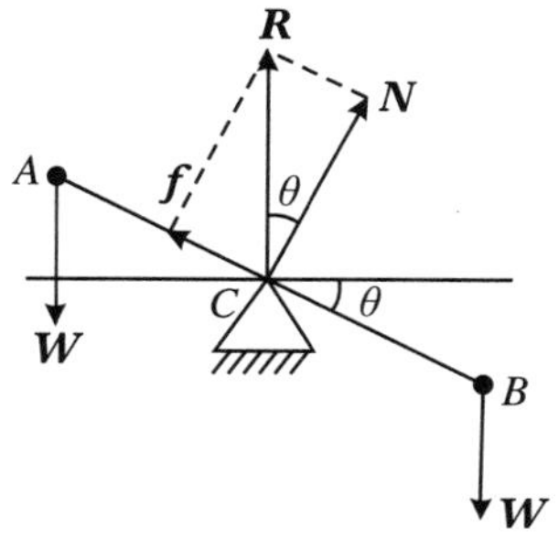

图 7.15

实际上，当杆与水平线夹角为 θ 时，支座作用于杆的总约束力 $\boldsymbol{R}$ 包括法向反力 $\boldsymbol{N}$ 和摩擦力 $\boldsymbol{f}$ 两个分力.要求总约束力 $\boldsymbol{R}$ 与主动力（$2\boldsymbol{W}$）平衡，$\boldsymbol{R}$ 必须竖直向上，因而 $\boldsymbol{R}$ 和杆与支座接触面的法线方向（即 $\boldsymbol{N}$ 的方向）之间的夹角亦为 θ，如图 7.15 所示.设在临界平衡时，杆与水平线之间的夹角为 θ_m，则有

$$\tan\theta_m = f_m / N = \mu,$$

即

$$\theta_{\mathrm{m}} = \arctan\mu = \varphi_{\mathrm{m}} \quad (摩擦角).$$

由此可见,只有当 $\theta \leqslant \theta_{\mathrm{m}} = \arctan\mu$ 时,即当 $\boldsymbol{R}$ 的作用线在摩擦锥内时,支座才能提供足够的反力 $\boldsymbol{R}$ 与主动力($2\boldsymbol{W}$)平衡.当 $\theta > \arctan\mu$ 时,杆与支座将发生滑动,杆不可能保持平衡.

对于杠杆等简单机械,应用对支点的力矩平衡方程作为计算的基础时,总是假定下述前提条件:支点能够产生足够的反力以平衡主动力(包括中学教材中所说的“动力”和“阻力”)的主矢,因而支点能够保持不动.

例 4 有 n 块长为 l、重量为 W 的木条叠放在桌面边缘,如图 7.16 所示,木条自上而下编号 $1,2,\cdots,i,\cdots,n$.每一块木条都相对于下面的木条向右伸出一定的长度,以保证所有木条都恰好保持平衡.求:第 i 块木条相对于第 $i+1$ 块木条向右伸出的长度为 d_i.

解 所有木条都恰能保持平衡(临界平衡)时,任一木条(第 i 块)对它上面木条(第 $i-1$ 块)的作用力(约束力)都集中在其右端点 A_i,而且它能够在此点对上面木条提供这样的作用,用以平衡所有上面的木条受的主动力[等于 $(i-1)W$],同时又保持自身的平衡(即不会绕下面一块木条的右端点转动).因此,它相对于下面的木条向右伸出的长度就受到限制(如图 7.14 中所讲的).

设第 i 个木条相对于第 $i+1$ 个木条向右伸出的长度为 d_i 时,它处于临界平衡状态.作用于它的主动力是:它自身的重量 W(作用于重心 C_i 处);它上面的 $i-1$ 块木条的重量产生的载荷,大小为 $(i-1)W$,方向竖直向下.根据上面所说,载荷 $(i-1)W$ 集中于 i 的右端点 A_i,如图 7.16(b)所示.下面的第 $i+1$ 块木条对它作用的约束力集中于 A_{i+1} 点(第 $i+1$ 个木条的右端点).所以,根据 i 的自重与载荷对支点 A_{i+1} 的力矩平衡方程,得

$$(i-1)W \cdot d_i = W\left(\frac{l}{2} - d_i\right).$$

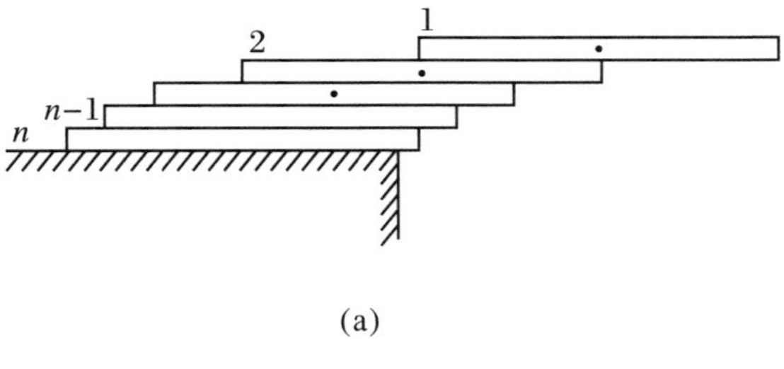

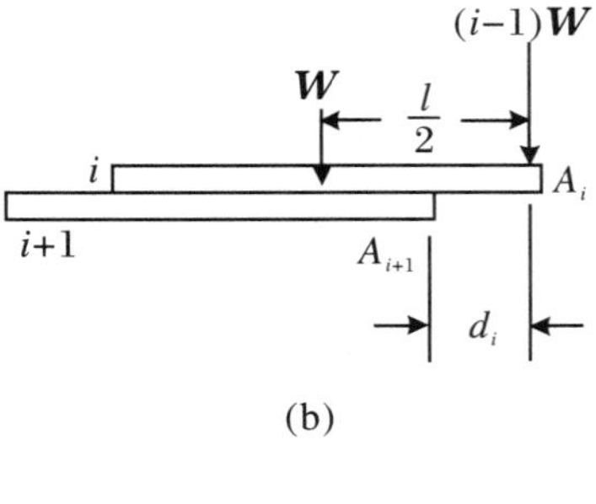

图 7.16

解得

$$d_i = \frac{l}{2i}.$$

这就是当所有木条恰能平衡时，第 i 个木条相对于下面的木条向右伸出的长度. 由此式可知，第一块木条伸出的长度 $d_1=\frac{l}{2}$，第二块伸出的长度为 $d_2=\frac{l}{2\times 2}=\frac{l}{4}$，第三块伸出的长度为 $d_3=\frac{l}{6}$……

3. 为什么攻螺丝时应两臂恰当配合，以求施一净力偶于扳手上？

"攻螺丝"是制作螺杆或螺母的钳工工艺. 例如我们要制作一个一定规格的螺母，便将预先按规格钻了圆孔的螺母件固定在虎钳上，然后选择符合规格的由硬质合金做成的丝攻，沿着圆孔轴线方向放入孔中，两手握住把手，同时均匀用力旋转丝攻. 丝攻突出的螺纹便在圆孔内壁上切削和挤压出相同规格的阴螺纹. 为了制出符合质量的螺母，要求两臂用力恰好等大反向，即在与轴线垂直的平面作用一净力偶在扳手上(图 7.17)，否则攻出的螺母将不符合要求.

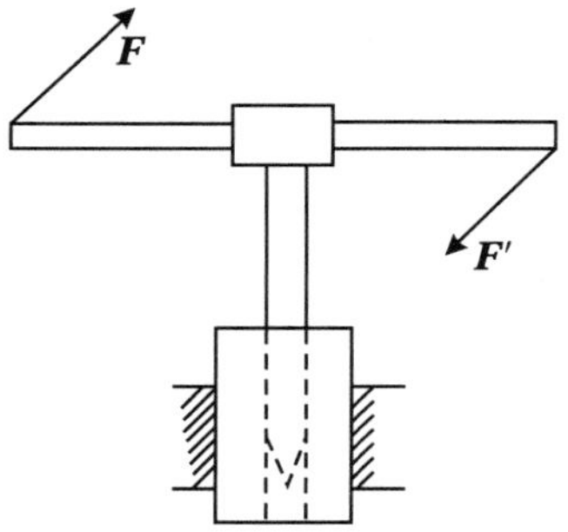

图 7.17

为什么必须如此用力呢？这是因为要求刻出的螺母，螺纹的深度处处均匀，这就要求丝攻和螺母孔的轴线保持重合；并要求丝攻与螺母壁之间各处有均匀的压力. 在与轴线垂直的平面内作用的力偶($\boldsymbol{F}$，$\boldsymbol{F}'$)，其效应是绕轴线的纯转动，不产生使螺杆轴移动的效应，正好符合上述工艺要求.

反之，如果两臂用力不恰当，以致不是作用一净力偶于把手上，势必不能达到工艺要求. 为了说明这点，我们分析一个极端的情况：用一只手推把手的一端 A(图 7.18)，即用力 $\boldsymbol{F}$ 转动丝攻螺杆，看看会发生什么情况.

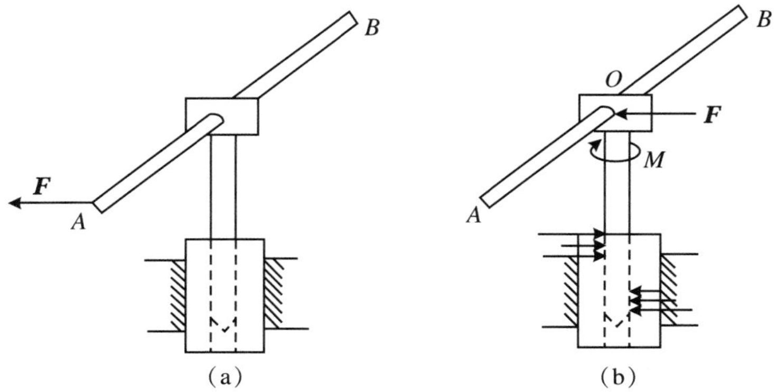

图 7.18

为了了解这个力 $\boldsymbol{F}$ 的效应,我们将它平移到螺杆轴线 O 点上,根据力等效平移的规则:把力 $\boldsymbol{F}$ 从 A 点平移到 O 点,应附加一力偶 M,此力偶的矩等于原力对轴的矩,即 $M=Fl$(l 为把手臂长),如图 7.18(b)所示.这表明,用一只手在 A 端用力转动螺杆的效应,与作用于轴上 O 点的力 $\boldsymbol{F}$ 和一力偶矩 M 相同.这个力偶矩代表作用于 A 点的原力使螺杆转动的效应.而作用于 O 点的力 $\boldsymbol{F}$ 将使螺母圆孔作用于螺杆的压力呈不均匀分布(图 7.18(b)),于是在压力大的地方刻出的螺纹深,在压力小的地方刻出的螺纹浅,这就会严重影响攻出的螺母的质量.

事实上,即使两手分别在 A,B 端同时沿不同方向用力,只要两个力大小不等,就必定出现作用于轴上的净力,都会在不同程度上影响工艺的质量.只有双手配合用力,刚好形成在垂直于轴的平面内的一个净力偶,才能完全避免作用于轴上的净力.

4. 刚体静力学问题的解答　例题

解决刚体平衡问题,总是以刚体的平衡方程为基础.如果属于平面任意力系问题,则应用方程组(7.10)式,或选用(7.11)和(7.12)中任一式.

关于静力学问题的解答步骤,可概括为:

1) 确定被考察平衡的物体.

2) 将被考察的物体隔离出来,分析物体的受力情况.所有加于该物体的约束均用相应的约束反力代替,做出物体受到的、包括主动力和约束反力在内的完整的受力图.

3) 建立坐标系,写出物体的平衡方程,并求解.

值得注意的是:坐标轴和简化中心(或矩心)的选取,以所得平衡方程易于求解为原则.

例 5　梯的平衡　有关静摩擦的问题

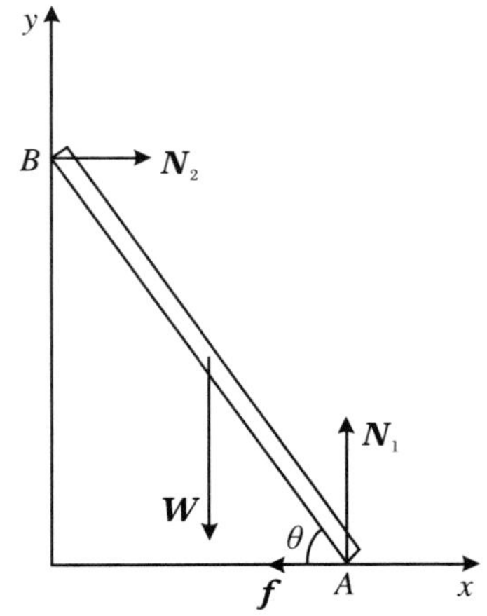

图 7.19

长为 l 的均匀梯重为 W,斜靠在竖直墙上.设梯下端与水平地面的静摩擦系数 $\mu=0.5$,不计梯上端与竖直墙壁的摩擦.求梯与地面的夹角 θ 满足什么条件时,梯才不会滑倒.

解法 1　梯受主动力 $\boldsymbol{W}$ 和竖直墙及水平地面的约束反力.光滑墙壁加于梯上端点 B 的约束力为 $\boldsymbol{N}_2$,粗糙地面加于梯的下端 A 的约束力为法向支持力 $\boldsymbol{N}_1$ 和切向约束力即静摩擦力 $\boldsymbol{f}$,梯的受力如图 7.19 所示.作用在梯上的四力组成平面力系,梯在此力系作用下平衡.

建立坐标系如图,沿两个坐标轴的力平衡方程的

分量式为

$$N_2 - f = 0, \quad ①$$

$$N_1 - W = 0. \quad ②$$

取 A 点为矩心,得力矩平衡方程:

$$W \cdot \frac{l}{2}\cos\theta - N_2 l\sin\theta = 0. \quad ③$$

解以上方程得

$$f = N_2 = W/(2\tan\theta), \quad ④$$

$$N_1 = W. \quad ⑤$$

梯平衡时,静摩擦力 f 必须满足条件:

$$f \leqslant f_m = \mu N_1. \quad ⑥$$

将解出的 f 和 N_1 代入上式得

$$\frac{W}{2\tan\theta} \leqslant \mu W,$$

$$\tan\theta \geqslant \frac{1}{2\mu}. \quad ⑦$$

代入已知数据 $\mu = 0.5$,得梯平衡时 θ 必须满足的条件:

$$\tan\theta \geqslant \frac{1}{2 \times 0.5} = 1, \quad 即 \quad \theta \geqslant 45^\circ.$$

解法2 把地面作用在梯下端 A 点的力用总约束力 $\boldsymbol{R}$ 代替,如图 7.20 所示(上解法中的 $\boldsymbol{N}_1$ 和 $\boldsymbol{f}$ 为 $\boldsymbol{R}$ 的两个正交分力),则梯受 $\boldsymbol{W}$,$\boldsymbol{N}_2$ 和 $\boldsymbol{R}$ 三力作用,其中 $\boldsymbol{W}$,$\boldsymbol{N}_2$ 的作用线是已知的. 根据三力汇交定理,梯平衡时这三力必共点,故 $\boldsymbol{R}$ 的作用线必通过 $\boldsymbol{W}$ 和 $\boldsymbol{N}_2$ 的作用线交点 O(如图 7.20 所示). 设 $\boldsymbol{R}$ 与地面之间的夹角为 φ,根据三力共点提供的几何条件可得出如下关系:

$$\tan\varphi = 2\tan\theta. \quad ⑧$$

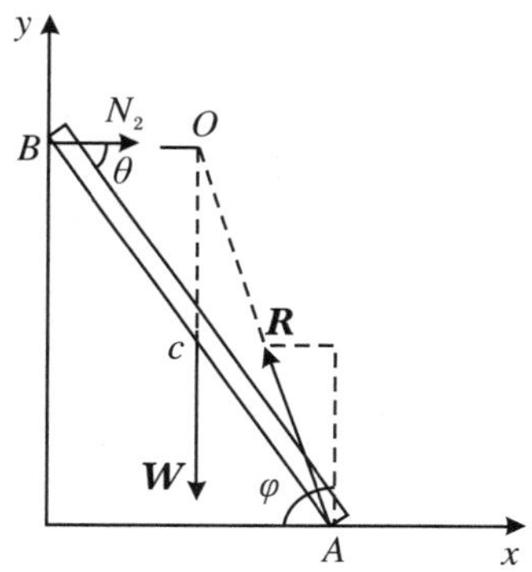

图 7.20

再应用共点力系的平衡方程得

$$N_2 - R\cos\varphi = 0,$$

$$R\sin\varphi - W = 0.$$

由以上三式可解出 R,φ 和 N_2 三个未知量. $R\cos\varphi$ 即为作用于 A 的静摩擦力 f,$R\sin\varphi$ 即为法向反力 N_1.

当梯平衡时,地对 A 端的总反力 $\boldsymbol{R}$ 不能超出摩擦锥,或 $\boldsymbol{R}$ 与竖直方向的夹角 $\frac{\pi}{2} - \varphi$ 不大于摩擦角 φ_m,即

$$\frac{\pi}{2}-\varphi \leqslant \varphi_m = \arctan\mu. \qquad ⑨$$

两边取正切,得

$$\tan\left(\frac{\pi}{2}-\varphi\right) = \cot\varphi \leqslant \mu,$$

即

$$\frac{1}{\tan\varphi} \leqslant \mu. \qquad ⑩$$

将⑧代入⑩,得梯平衡时 θ 角必须满足的条件:

$$\tan\theta \geqslant \frac{1}{2\mu} \quad 或 \quad \theta \geqslant \arctan\frac{1}{2\mu} = 45^\circ.$$

讨论 1) 解法 1 中,把地对 A 点的作用力 $\boldsymbol{R}$ 分解为两个正交分力 $\boldsymbol{N}_1$ 和 $\boldsymbol{f}$,这样,梯受共面而不共点的四力 $\boldsymbol{W}, \boldsymbol{N}_2, \boldsymbol{N}_1, \boldsymbol{f}$ 作用. 于是应用平面力系的平衡方程求解. 解法 2 中,用 $\boldsymbol{R}$ 代表地对 A 点的总反力,于是梯受三力作用而梯平衡,故此三力共点,这样可应用平面共点力系的平衡方程. 同时,三力共点的几何条件提供了一个关于 $\boldsymbol{R}$ 的方向的几何关系式⑧,作为补充方程式(可以证明,这个由三力共点而建立的几何关系相当于解法 1 中的一个力矩方程). 由此可见,只要我们正确掌握力系的等效变换的原则,可以按需要减少力系中力的数目,将有些看起来属于任意力系的平衡问题化为共点的三力平衡问题. 这时应根据三力共点的几何条件建立一个几何关系式,作为平衡方程式的补充方程.

2) 解法 1 是将物体所受的各力沿直角坐标分解,再应用任意力系的平衡方程组,是完全的解析法. 这种解法模式统一,使用方便. 解法 2 是将在某点对物体的作用合为一个力,以减少力的数目,以至能应用三力平衡汇交定理,寻找出力共点的几何条件,再应用共点力系的平衡方程组,这是不完全的解析法. 一般地说,后者不如前者划一和简便. 但是对于那些恰好要求解答物体平衡的几何方面的问题(如本题中的 θ 角),采用后一种方法直接建立有关的几何条件,寻求答案,仍不失为一种可选择的方案.

例 6 插入墙壁的棒的平衡

将 AB 棒的 A 端插入墙壁中,与墙的夹角为 α,如图 7.21 所示. 设棒总长为 a,插入部分长为 b,棒重为 W. 在 B 端,在棒所在的竖直面内沿着与棒垂直的方向加负载 P. 试求墙壁对棒的反作用.

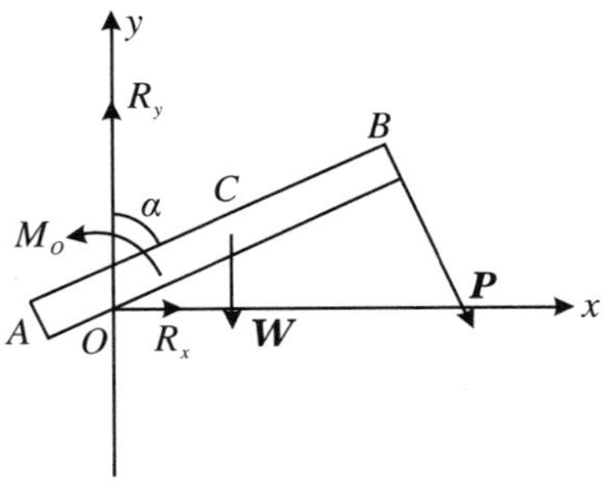

图 7.21

解 本题已知作用于棒的两个主动力共面,故为平面力系问题.

考察棒的平衡. 作用于棒的主动力为重力 $\boldsymbol{W}$ 和在 B 点加的负载 $\boldsymbol{P}$. 墙壁作用于插入部分的约束反力是面力,以棒和墙平面的交点 O 为简化中心,把墙孔对棒 AO 段的面布约束力简化为作用于O点的约束力$\boldsymbol{R}$(分量为R_x和R_y)与力偶矩M_O,如图7.21所示.于是,AB棒的平衡方程式为

$$\begin{cases} R_x + P\cos\alpha = 0, & ① \\ R_y - P\sin\alpha - W = 0, & ② \\ M_O - (a-b)P - \left(\dfrac{a}{2} - b\right)\sin\alpha \cdot W = 0. & ③ \end{cases}$$

③是以O点为矩心的力矩平衡方程,式中$a-b=\overline{OB}$,$\dfrac{a}{2}-b=\overline{OC}$.

上面的三个方程只包含三个未知数(R_x,R_y,M_O),解之得

$$R_x = -P\cos\alpha \quad (\text{负号表示方向与 } x \text{ 轴正方向相反}),$$

$$R_y = P\sin\alpha + W,$$

$$M_O = (a-b)P + \left(\frac{a}{2} - b\right)W \cdot \sin\alpha.$$

由此可知,墙对插入棒的作用相当于作用于O点的单力$\boldsymbol{R}$和一个力偶矩M_O.力$\boldsymbol{R}$的大小等于

$$R = \sqrt{R_x^2 + R_y^2} = \sqrt{P^2 + W^2 + 2PW\sin\alpha},$$

$\boldsymbol{R}$的方向与墙y轴的夹角为θ,

$$\theta = \arctan\frac{R_x}{R_y} = -\arctan\frac{P\cos\alpha}{P\sin\alpha + W},$$

负号表示$\boldsymbol{R}$的方向指向墙内.

例7 物体系的平衡

人字形折梯放在光滑地面上,如图7.22所示.重W的人站在梯子的AC边的中点F处,求地面在A,B两点的支持力以及绳DE的拉力.设梯两臂AC和BC的长为l,与地面的夹角为θ.两臂由在C点的光滑铰链连接,绳子系在靠近下端$\dfrac{1}{4}l$处的D,E两点.不计梯的自重.

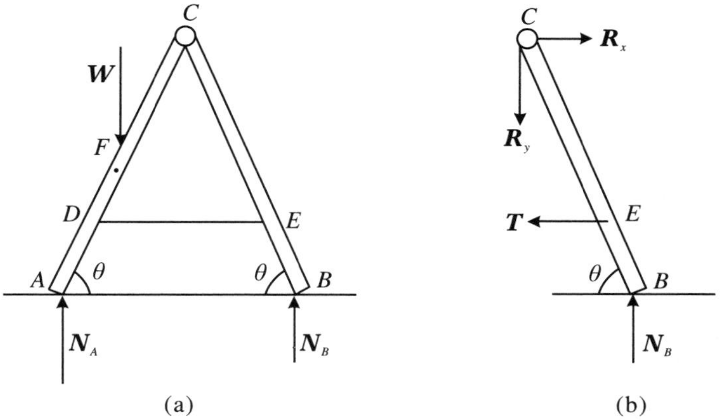

图7.22

解 先求地面在 A,B 两处对梯的支持力.这时,以梯和站在 F 点的人组成的整体为研究对象,作用于它的外力为重力 $\boldsymbol{W}$ 和光滑地面在 A,B 两处对梯的支持力,设为 $\boldsymbol{N}_A$ 和 $\boldsymbol{N}_B$.此三力组成共面的平行力系,如图 7.22(a)所示.平衡方程为

$$W - N_A - N_B = 0, \qquad ①$$

$$N_B(\overline{AC} + \overline{BC})\cos\theta - W \cdot \overline{AF} \cdot \cos\theta = 0. \qquad ②$$

②为对 A 点的力矩平衡方程.由上两个式子解出:

$$N_B = \frac{\overline{AF} \cdot W}{\overline{AC} + \overline{BC}} = \frac{\frac{1}{2}l}{2l}W = \frac{1}{4}W, \qquad ③$$

$$N_A = W - N_B = \frac{3}{4}W. \qquad ④$$

现在求绳子 DE 的拉力.绳子的拉力分别作用在 AC 和 BC 两边上,对整个梯子而言它是内力,故不出现在梯子整体的平衡方程中,因而不能从考察整梯平衡求出拉力.为了求出拉力,应该将梯从 C 点分割为 AC 和 BC 两部分:考察 BC 部分或 AC 部分的平衡(梯整体平衡,则其每一组成部分都平衡),使拉力作为所考察部分受到的外力出现在平衡方程式中.

我们以 BC 边为考察平衡的物体.它受的力有地面的支持力 N_B(已求出),绳的拉力 T,铰链 C 的约束力,其分量为 R_x 和 R_y,如图 7.22(b)所示.上述四力组成平面力系.在图示的坐标系中,选 C 点为矩心,力系的平衡方程为

$$R_x - T = 0, \qquad ⑤$$

$$R_y - N_B = 0, \qquad ⑥$$

$$N_B\overline{BC}\cos\theta - T\overline{EC}\sin\theta = 0. \qquad ⑦$$

仅由⑦即可求出绳的张力

$$T = \frac{\overline{BC}}{\overline{EC}}N_B\cot\theta = \frac{l}{\frac{3}{4}l} \cdot \frac{1}{4}W \cdot \cot\theta$$

$$= \frac{1}{3}W\cot\theta.$$

由⑤⑥还可求出铰链 C 的约束力

$$R_x = T = \frac{1}{3}W\cot\theta, \quad R_y = N_B = \frac{1}{4}W.$$

例 8　物体系的平衡　有关静摩擦的问题

长为 l 的均质平板 AB 和相同重量的圆筒平衡配置如图 7.23.圆筒左侧的竖直光滑挡板使圆筒保持与平板中心 C 点接触,平板的上端靠在光滑墙壁上.下端与粗糙水平地面的夹角为 θ.1) 求地面对板作用的支持力和静摩擦力;2) 设板与地面之间的摩擦系数 $\mu = 0.5$,要保证平板不会滑动,θ 角应在什么范围之内?

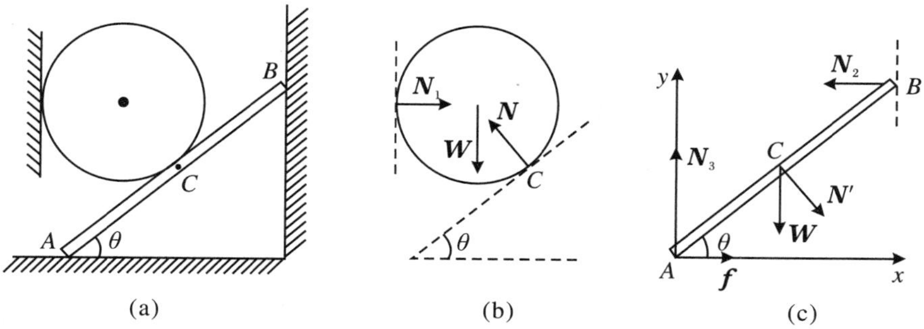

图 7.23

解　1）此题为物体系的平衡问题.解物体系的平衡,应分别将每一个物体隔离出来,分析它的受力,建立平衡方程;弄清各物体之间的联系,然后将每个物体的平衡方程式联立求解.本题给出的物体系由圆筒和平板组成.

圆筒所受的力如图 7.23(b)所示:重力为 $\boldsymbol{W}$;竖直挡板的法向约束力为 $\boldsymbol{N}_1$,方向水平向右;平板施于圆筒的法向约束力为 $\boldsymbol{N}$ 与平板正交,故与竖直线成 θ 角.此三力在竖直面内并汇交于筒心,其平衡方程式为

$$N_1 - N\sin\theta = 0, \quad ①$$

$$N\cos\theta - W = 0. \quad ②$$

平板所受的力如图 7.23(c)所示:重力为 $\boldsymbol{W}$,右壁的法向约束力为 $\boldsymbol{N}_2$,方向水平向左;圆筒对板的压力 $\boldsymbol{N}'$(即为 N 的反作用力,故有 $N' = N$);地面作用于 A 端的支持力 $\boldsymbol{N}_3$ 和静摩擦力 $\boldsymbol{f}$,设摩擦力 $\boldsymbol{f}$ 的方向为水平向右.这些力组成平面力系.在图示的坐标系中,并选定 A 点为矩心,平板的平衡方程式为

$$f + N\sin\theta - N_2 = 0, \quad ③$$

$$N_3 - W - N\cos\theta = 0, \quad ④$$

$$N_2 l\sin\theta - W \cdot \frac{l}{2} \cdot \cos\theta - N \cdot \frac{l}{2} = 0. \quad ⑤$$

联立以上五式,就 N_3 和 f 求解,得

$$N_3 = 2W, \quad ⑥$$

$$f = W\left(\cot\theta - \frac{1}{2}\tan\theta\right). \quad ⑦$$

由于静摩擦力 f 为两项之差,故有以下三种可能:

1°　如果 $\cot\theta > \frac{1}{2}\tan\theta$,即 $\tan\theta < \sqrt{2}$,$\theta < 54.7°$,有 $f > 0$.这表示静摩擦力的方向与假设的方向相同,即水平向右.

2°　如果 $\cot\theta < \frac{1}{2}\tan\theta$,即 $\tan\theta > \sqrt{2}$,$\theta > 54.7°$,有 $f < 0$.这表示静摩擦力的方向与假设的方向相反,即水平向左.

3° 如果 $\cot\theta=\frac{1}{2}\tan\theta$，即 $\tan\theta=\sqrt{2}$，$\theta=54.7°$，有 $f=0$. 这表示在此情况下，地面与平板之间无静摩擦力作用.

2）已知平板与地面的静摩擦系数为 $\mu=0.5$，故平板平衡时，静摩擦力 f 的大小 $|f|$ 应满足条件：

$$|f|\leqslant \mu N_3.$$

将⑥⑦代入上式，得

$$\left|\cot\theta-\frac{1}{2}\tan\theta\right|\leqslant 2\mu. \tag{8}$$

根据 f 的正负不同，亦即 $\cot\theta-\frac{1}{2}\tan\theta$ 的正负不同，分两种情况讨论.

1° $f>0$，$\cot\theta-\frac{1}{2}\tan\theta>0$，即 f 水平向右的情况. 由⑧得

$$\cot\theta-\frac{1}{2}\tan\theta\leqslant 2\mu,$$

即

$$\tan^2\theta+4\mu\tan\theta-2\geqslant 0.$$

将不等式左端的二次式分解，得

$$\left[\tan\theta-\left(-2\mu+\sqrt{4\mu^2+2}\right)\right]\cdot\left[\tan\theta+\left(2\mu+\sqrt{4\mu^2+2}\right)\right]\geqslant 0.$$

根据题意 $\tan\theta$ 为正数，故第二个因式恒大于零. 要不等式成立，第一个因式必不小于零，即

$$\tan\theta-\left(-2\mu+\sqrt{4\mu^2+2}\right)\geqslant 0.$$

解得

$$\tan\theta\geqslant\sqrt{4\mu^2+2}-2\mu,$$

将 $\mu=0.5$ 代入，得

$$\tan\theta\geqslant\sqrt{3}-1,\quad \theta\geqslant 36.2°.$$

联系问题 1）中的 1°，可知：当 $\theta<54.7°$ 时，静摩擦力方向向右，板相对于地面的滑动趋势向左. 再根据这里的讨论知：如果 $\mu=0.5$，要保持板平衡而不向左边滑动，θ 角不能小于 36.2°.

2° $f<0$，$\cot\theta-\frac{1}{2}\tan\theta<0$，即摩擦力水平向左，这时，

$$\left|\cot\theta-\frac{1}{2}\tan\theta\right|=-\left(\cot\theta-\frac{1}{2}\tan\theta\right)=\frac{1}{2}\tan\theta-\cot\theta,$$

故⑧为

$$\frac{1}{2}\tan\theta-\cot\theta\leqslant 2\mu,$$

即

$$\tan^2\theta - 4\mu\tan\theta - 2 \leqslant 0,$$

$$[\tan\theta - (2\mu + \sqrt{4\mu^2 + 2})] \cdot [\tan\theta - (2\mu - \sqrt{4\mu^2 + 2})] \leqslant 0.$$

由于 $\tan\theta$ 为正，故第二个因式 $[\tan\theta + (\sqrt{4\mu^2+2} - 2\mu)]$ 恒为正值. 要不等式成立，第一个因式必不大于零，即

$$\tan\theta - (2\mu + \sqrt{4\mu^2 + 2}) \leqslant 0,$$

解得

$$\tan\theta \leqslant 2\mu + \sqrt{4\mu^2 + 2},$$

代入 $\mu = 0.5$，得

$$\tan\theta \leqslant 1 + \sqrt{3}, \quad \theta \leqslant 69.9^\circ.$$

联系问题 1) 中的 2°，可知：当 $\theta > 54.7^\circ$ 时，$f < 0$，摩擦力方向向左，平板相对于地的滑动趋势向右. 由这里的讨论知：当 $\mu = 0.5$ 时，要保证板平衡而不向右边滑动，θ 角不能大于 69.9°.

综合以上两点，当 $\mu = 0.5$ 时，要保证平板不滑倒，平板与地面的交角 θ 必须满足：

$$36.2^\circ \leqslant \theta \leqslant 69.9^\circ.$$

5. 静力学不定问题介绍

在上一个问题中，我们举了一些应用平衡方程求解静力学问题的例子. 在这些例子中，出现的未知力都可以通过解平衡方程组而求出. 但在实际中会出现一些不可能只靠解静力学方程就能解出所有未知量的问题，这里做一个初步的介绍.

(1) 什么叫静不定问题

所谓静力学不定问题（简称静不定或超静定问题），是指问题中未知量的数目多于可以列出的独立的平衡方程式的数目，因而不可能只靠静力学方程求出解答，见下面几例.

例 9　用三根绳悬挂一根长为 l、重为 W 的棒，如图 7.24 所示. 求各绳的张力.

这就是一个典型的静不定问题. 因为这里出现了三个未知量 T_1，T_2 和 T_3，但能列出的独立的平衡方程式只有两个：

$$T_1 + T_2 + T_3 = W,$$

$$T_1 \cdot \overline{AC} + T_2 \cdot \overline{BC} = W \cdot \frac{l}{2}.$$

这两个方程不完备，不能求定三个未知量.

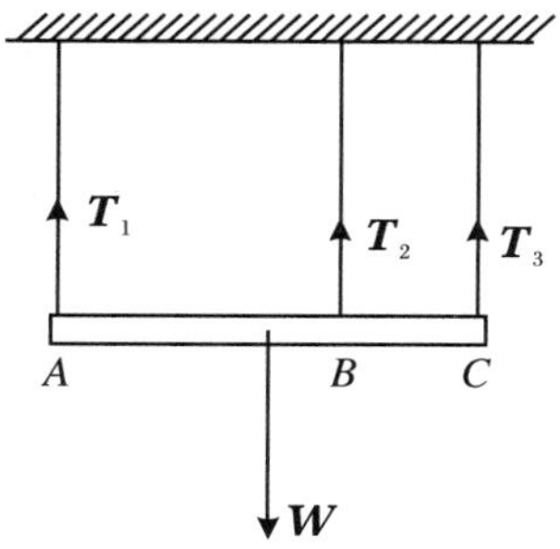

图 7.24

例 10 粗糙斜面上放一重为 $\boldsymbol{W}$ 的物体，同时用绳将这个物体系在斜面上端，如图 7.25 所示. 求绳的拉力 $\boldsymbol{T}$ 和斜面对物体的静摩擦力 $\boldsymbol{f}$. 由平衡方程只能列出与 $\boldsymbol{T}$ 和 $\boldsymbol{f}$ 有关的一个方程式：

$$T + f = W\sin\theta,$$

故不能求出这两个未知量，而只能求出二者之和.

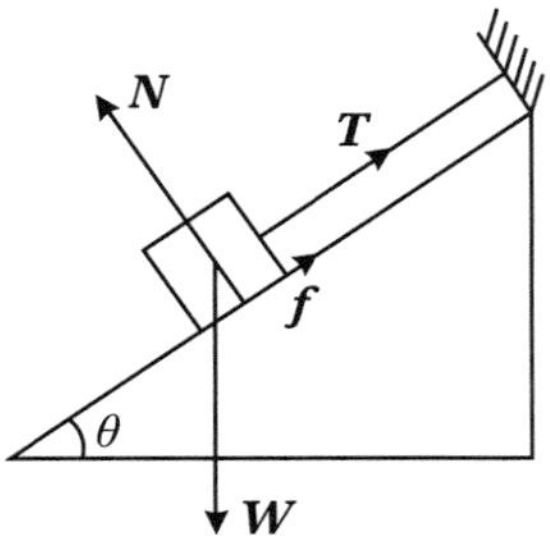

图 7.25

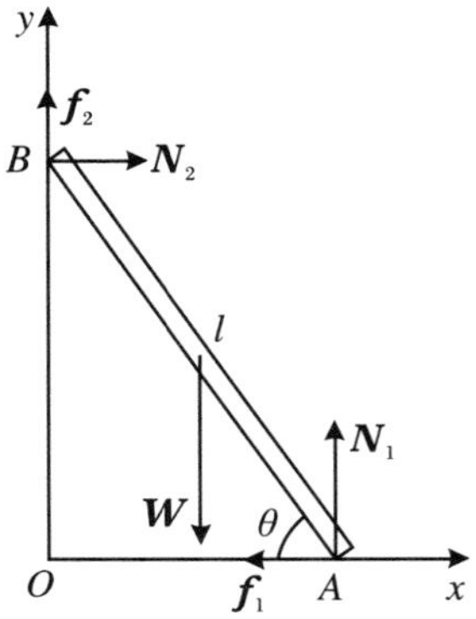

图 7.26

例 11 在问题 4 的例 5 中，如果考虑墙壁的摩擦，也属于静不定问题. 如图 7.26 所示，梯平衡时，受的五个力中有四个未知量，即 f_1, N_1, f_2, N_2，但仍只能建立三个独立的平衡方程式：

$$N_2 - f_1 = 0,$$
$$N_1 + f_2 - W = 0,$$
$$W \cdot \frac{l}{2}\cos\theta - N_2 \cdot l \cdot \sin\theta - f_2 \cdot l \cdot \cos\theta = 0,$$

不可能求出四个未知量. 所以这也是一个静不定问题.

(2) 解决静不定问题的原则

解静不定问题属于工程力学的问题，已超出静力学的范围. 一般说来，解静不定问题需要联合应用静力学平衡方程、有关的物理定律（如摩擦定律、胡克定律等）以及关于物体与物体相互约束中发生变形的几何关系——称作变形的协调条件.

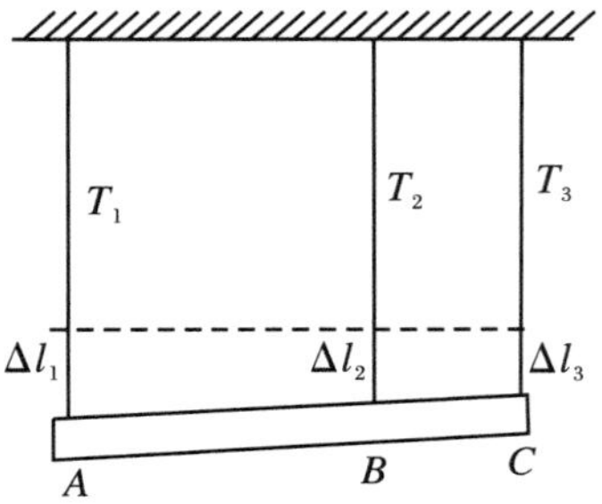

图 7.27

以例 9 的解法来说明上述原则. 假定平衡时三根绳子的伸长量分别为 $\Delta l_1, \Delta l_2, \Delta l_3$，如图 7.27 所示. 在杆仍保持直杆的假定下，杆的位置变为图中实线位置. 这三根绳的伸长量必须满足这样的几何关系：

$$\frac{\Delta l_1 - \Delta l_2}{\Delta l_2 - \Delta l_3} = \frac{\overline{AB}}{\overline{BC}}.$$

这就是此例中的变形的协调条件.

再假定绳子的变形是弹性的，根据胡克定律（属

于物理定律),有

$$T_1 = k_1\Delta l_1,$$
$$T_2 = k_2\Delta l_2,$$
$$T_3 = k_3\Delta l_3,$$

其中 k_1,k_2,k_3 为各绳的劲度系数(如三绳的材料相同,粗细长短都一样,则 $k_1 = k_2 = k_3$),应为已知量.

将变形的协调条件、物理定律的三个方程、前面例 9 中列出的两个平衡方程联立,就可以求解出 T_1,T_2,T_3(共六个方程,包含六个未知量 T_1,T_2,T_3 和 $\Delta l_1,\Delta l_2,\Delta l_3$).

上述原则只为一部分静不定问题提供了工程计算的方法,而并非万能.许多静不定问题的解决必须依赖于实验测定.

(3) 一般力学中怎样对待可能出现的静不定问题

在一般力学中,原则上应当避免静不定问题的出现.然而也有一些属于静不定的问题,在特殊情况下补充熟知的有关物理规律就可以求解.如果问题本身只要求求出表示某种不定解的关系,静不定问题也可能出现于初等力学的题目中.下面谈谈在中学教学中处理这类问题的意见.

1) 在讲解物体受力分析基础时,要避免出现静不定问题,以免搅乱学生的思想或让学生钻牛角尖.

例如,用挡板挡住放在斜面上的物体(图 7.28),要求分析挡板对物体的压力和斜面对物体的静摩擦力.这就是一个静不定问题.这里的压力和静摩擦力是不可能简单地分析清楚的.如果再以这题为例去讨论“相对滑动趋势”这类问题,就可能引导学生钻牛角尖.这样做的结果,就可能因问题的静不定的复杂性而影响学生正确掌握受力分析的基本方法.

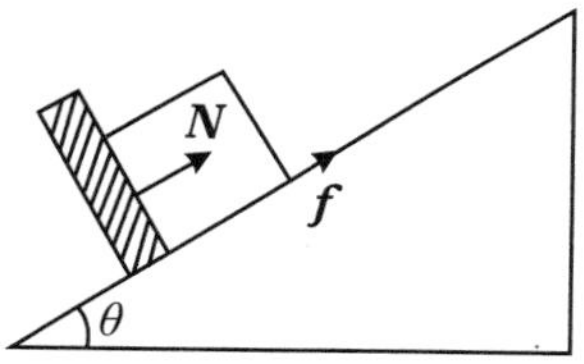

图 7.28

2) 如果出现了静不定问题的题目,应当明确,这只能在一定限度内求解,达到所提要求就算求解完毕.

如在上面的例 10 中,解绳的张力和静摩擦力之和,

$$T + f = W\sin\theta,$$

就是这个限度.如果还要进一步讨论,可应用静摩擦力满足的物理定律

$$|f| \leqslant \mu W\cos\theta$$

和绳的拉力的特点,求出拉力的范围:

$$0 \leqslant T \leqslant W(\sin\theta + \mu\cos\theta).$$

又如有这样一个题目:设门为均匀矩形板,宽为 a,重为 W,如图 7.29 所示.门由两个相距为 b 的固定圆柱铰链固结在墙上,求两个铰链对门的反力.

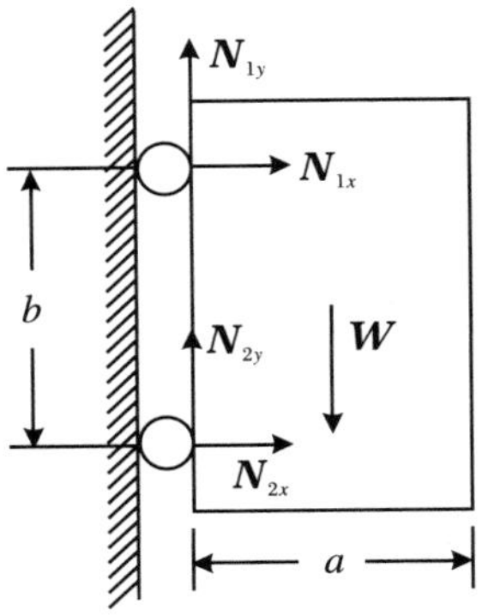

图 7.29

设两个铰链对门的反力的水平与垂直分量为 N_{1x}，N_{2x}，N_{1y}，N_{2y}. 有四个未知量，属静不定问题，应用平面力系的平衡方程可以得到

$$N_{1y} + N_{2y} = W,$$

$$N_{1x} = -\frac{a}{2b}W,$$

$$N_{2x} = \frac{a}{2b}W.$$

N_{1x} 为负值，表示上方铰链的水平反力与图示方向相反.

这里只能求出 N_{1y} 和 N_{2y} 之和等于 W，这就是限度，而不能再求出 N_{1y} 与 N_{2y} 分别为多少了.

为了避免这样的问题，可以在题目中明确：上面的固定铰链代之以在竖直方向对门无约束的光滑轴承，而下面用一固定铰链或用止推轴承. 这就保证在受力分析时不出现 N_{1y}（即 $N_{1y}=0$），于是问题就变成是静定的，可解出确定的结果：$N_{2y}=W$，$N_{1x}=-N_{2x}=\frac{-a}{2b}W$.

3）在有静摩擦力出现的一些静不定问题中，如只要求求出临界平衡条件，或求出平衡的范围，那么，要用静摩擦力满足的物理规律

$$f \leqslant \mu N$$

作为静力学方程的补充，从而求出解答. 上面的例 11 如果改为要求出梯与地面之间的夹角 θ 必须满足的条件（假定墙、地与梯之间的静摩擦系数相同，都为 μ），就可以在已建立的三个平衡方程的基础上，假定 $\theta=\theta_c$ 时，杆处于临界平衡，因而摩擦力为最大静摩擦力：

$$f_1 = \mu N_1,$$

$$f_2 = \mu N_2.$$

于是共有五个方程式，包含 f_1，N_1，f_2，N_2，θ_c 五个未知量，问题可解. 解出

$$\tan\theta_c = \frac{1-\mu^2}{2\mu}.$$

杆平衡不滑倒，要求 $\theta \geqslant \theta_c$.

说明：在给定 θ 角的梯平衡的一般问题中，静摩擦力为未知力（非临界平衡），只有假定不计墙壁的摩擦，问题才是静力学可以求定的. 这就是为什么在习题中一般都要假定"墙壁是光滑的"的原因.

6. 对滑轮转动效应的分析

在初等质点动力学习题以及力学实验中，常遇到绕过滑轮的绳连接两个物体的

问题.在这类情况下,常假定滑轮是光滑的,或不计质量的.现在我们如实地计入滑轮的转动,讨论滑轮的转动对绳两端所系物体运动的影响.然后再分析质点力学中对滑轮的简化假定,问题就清楚了.

(1) 绳与轮之间有足够的摩擦,足以保证绳在轮上不滑动的情形

设滑轮为一均质圆盘,质量为 m,半径为 r,轴对滑轮作用的摩擦力矩 M 为一恒量,如图 7.30 所示.求绳两端所系物体的加速度和绳的张力.

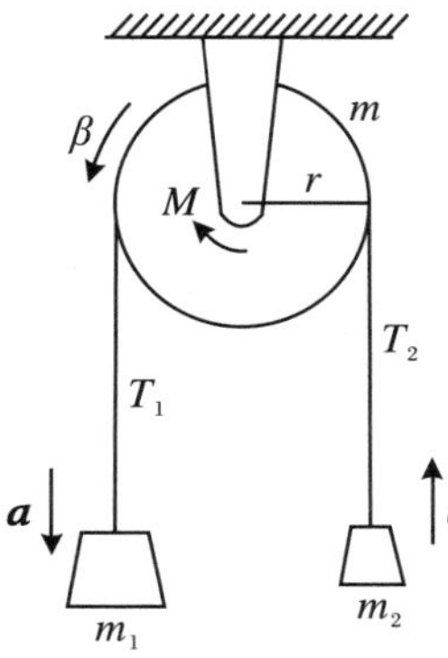

图 7.30

由于轮与绳之间不相对滑动,二者相互作用以静摩擦力,如第 1 章问题 6 的讨论,两绳张力 T_1 和 T_2 不相等,它们之差 $T_1 - T_2$ 等于绳对轮作用的静摩擦力.因此,使轮加速转动的动力矩就是绳对轮的静摩擦力矩,它等于两边绳的拉力的合矩.设轮的角加速度为 β(以逆时针转向为正),则轮的转动方程为

$$(T_1 - T_2)r - M = I\beta, \tag{7.35}$$

其中 I 为轮对轴的转动惯量,有

$$I = \frac{1}{2}mr^2. \tag{7.36}$$

再考虑 m_1 和 m_2 的运动,由于绳不可伸长,它们的加速度大小相同为 a,其动力学方程分别为

$$m_1 g - T_1 = m_1 a, \tag{7.37}$$

$$T_2 - m_2 g = m_2 a. \tag{7.38}$$

由于绳与轮之间无滑动,有

$$a = r\beta. \tag{7.39}$$

联立解以上五式,得

$$\begin{cases} a = \dfrac{(m_1 - m_2)g - M/r}{m_1 + m_2 + \dfrac{1}{2}m}, & (7.40) \\[2ex] T_1 = \dfrac{\left(2m_1 m_2 + \dfrac{1}{2}m_1 m\right)g + m_1 M/r}{m_1 + m_2 + \dfrac{1}{2}m}, & (7.41) \\[2ex] T_2 = \dfrac{\left(2m_1 m_2 + \dfrac{1}{2}m_2 m\right)g - m_2 M/r}{m_1 + m_2 + \dfrac{1}{2}m}. & (7.42) \end{cases}$$

根据以上计算结果,可知:

1) 如果滑轮的质量 m 与绳两端所系重物的质量 m_1 和 m_2 相比甚小而可以忽略

不计，并且，轴作用于轮的摩擦力矩与轮半径之比 M/r 和两个重物的重力之差 $(m_1-m_2)g$ 相比甚小可以忽略，那么，结果便与通常在质点力学中相应问题的解答相同，即

$$a=\frac{(m_1-m_2)g}{m_1+m_2},\quad T_1=T_2=\frac{2m_1m_2}{m_1+m_2}g.$$

这说明在质点力学解有滑轮参与的连接体问题中，或在力学实验中，如果认定滑轮是一个转动部件，而又不计转动的动力学效应，就应当满足上述两条件，即滑轮的质量和轴的摩擦都很小，可忽略不计.

2）如果在实验最后结果中，要分析轮的质量和摩擦力矩的影响，那么根据(7.40)式可以认为，在体系的惯性质量中附加实心盘状滑轮质量的一半，而将轴的摩擦矩等效于大小为$\frac{M}{r}$的阻力，因此，为了尽量减小轮的转动效应和轴摩擦的影响，办法是尽量减小轮的质量和增大轮的半径.

3）设轮与绳之间的静摩擦系数为 μ_s，则根据第1章问题10中的(1.39)式，要保持绳不在轮上滑动，两绳拉力之差不能超过最大传动力，即

$$T_1-T_2\leqslant T_1(1-e^{-\mu_s\pi}),\tag{7.43}$$

其中 π 为绳在轮上的包角.再应用(7.37)和(7.38)式可得出绳不滑动时，两物体加速度的限度为

$$a\leqslant\frac{m_1e^{-\mu_s\pi}-m_2}{m_1e^{-\mu_s\pi}+m_2}\cdot g=a_{\max}.\tag{7.44}$$

当由(7.40)式决定的加速度大于 $a_{\max}$ 时，绳将在轮上滑动，上面的讨论就失效.这时就应按下面的方法讨论物体的运动.

（2）绳在轮上有相对滑动的情形

如果绳在轮上有滑动，那么绳和轮之间的作用为滑动摩擦.设滑动摩擦系数为 μ.根据第1章问题讨论10，设绳的包角为 π，则轮两端绳的拉力 T_1 和 T_2 之差（即绳与轮之间的摩擦力）为

$$T_1-T_2=T_1(1-e^{-\mu\pi})\tag{7.45}$$

或

$$T_2=T_1e^{-\mu\pi}.$$

轮的转动方程为

$$T_1r(1-e^{-\mu\pi})-M=I\beta.\tag{7.46}$$

绳两端悬挂物的动力学方程为

$$m_1g-T_1=m_1a,\tag{7.47}$$

$$T_2-m_2g=m_2a.\tag{7.48}$$

这时，由于绳与轮间有相对滑动，a 与 β 之间没有确定的关系.从以上几式可解得

$$\begin{cases} a = \dfrac{m_1 e^{-\mu\pi} - m_2}{m_1 e^{-\mu\pi} + m_2} g, & (7.49) \\ T_1 = \dfrac{2m_1 m_2}{m_1 e^{-\mu\pi} + m_2} g. & (7.50) \end{cases}$$

分析以上结果可以看出：

1）当绳在轮上有滑动时，轴的摩擦力矩 M 对两个物体的加速度没有影响．影响加速度 a 的是两个物体的质量和绳与轮之间的摩擦系数．

2）当 $\mu \to 0$ 时，即认为轮是光滑的，与绳之间的摩擦可不计时，$a = \dfrac{m_1 - m_2}{m_1 + m_2} g$，$T_1 = T_2 = \dfrac{2m_1 m_2}{m_1 + m_2} g$，与质点力学中的结果相同．同时根据(7.46)式，有 $\beta = -\dfrac{M}{I}$．这表明如果轮开始有转动，则将做减速转动，直到角速度为零后摩擦力矩消失为止．通常滑轮一开始便是静止的，这时 $M = 0, \beta = 0$，轮不会发生转动．所以，根据这个分析，如果假定轮与绳是无摩擦的，那么，轮不会转动．这时，轮就失去轮的作用，把轮看成是有绳绕过的一根光滑的固定杆，效果是完全一样的．

3）如果绳绕过一固定杆或滑轮，绳与杆或轮边的滑动摩擦系数为 μ，那么，由(7.49)和(7.50)两个式子可见在绳有相对滑动的情况下，两边悬挂物的加速度，相当于把较重物体的惯性质量增大 $e^{-\mu\pi}$ 倍以后，不计杆或轮的摩擦时所求的值．

综上所述，在质点力学中使用滑轮连接又要不计滑轮转动的动力学效应时，可以给出两种预先的假定，一是不计轮的质量和轴的摩擦（认为绳和轮之间是有摩擦的，滑轮是转动着的）；二是不计滑轮与绳之间的摩擦．前者承认滑轮作为转动部件这一前提；后者则连这个前提也不要了，不是滑轮也是可以的．与实际情形做一比较，还是以前一种假定较为妥当．

7．飞轮起什么作用，为什么飞轮要做成边缘很厚的形状？

飞轮是一般机器中常见的构件，如许多用皮带传动的机器中，与动力机（电动机或热机）传动皮带连接的从动轮都附有一个很重的飞轮．飞轮为外缘加厚的圆盘状，飞轮的作用一是在负载变化或动力变化的情况下稳定转速，一是作为贮能的器件．这两种作用都要求飞轮有尽可能大的对轴的转动惯量，为此，应尽可能使其质量大而且质量尽可能分布在离轴较远的地方，这就是飞轮都做成边缘较厚的形状的原因．

为什么转动惯量大的飞轮能起到稳定转速的作用呢？这是因为转动物体具有保持转动状态不变的性质，称为转动的惯性，而转动惯性的大小由转动惯量来量度，根据转动定律 $M = I\beta$，当外力矩一定时，转动的角加速度 β 与转动惯量成反比．当机器的负载变化时，即使阻力矩在短时间内大大超过动力矩，由于转动惯量很大，飞轮的角加速度也是较小的，以至转动角速度不会发生明显的变化，例如，空气压缩机的活塞在压缩空气的冲程中负载很大，而吸气冲程时负载很小，这个负载是通过曲柄连杆机构以阻力矩的形式作用在皮带轮-飞轮上的.电动机通过皮带施加的传动力矩是一有限量(决定于皮带的松紧和摩擦系数)，如果不加飞轮，只靠皮带的传动力矩，很可能不足以克服压气冲程的阻力矩，即使可能，也将使机器在压气和吸气冲程中转速发生很明显的变化，加上大转动惯量的飞轮以后，情况就大为好转.在压气冲程中，靠已快速转动着的飞轮的很大的转动惯量，足以使机器照常转动(角速度变化很小)，完成压气冲程.而在吸气冲程中，也不会因负载突然减少，使转动明显加速.这样就可以保证空压机在全部工作中基本保持稳定的转速.

由于转动刚体的动能等于$\frac{1}{2}I\omega^2$，所以高速转动起来的飞轮因转动惯量 I 和角速度 ω 都很大而具有很大的转动动能.这个动能是由动力机械不断对飞轮做功而获得的.一旦飞轮高速转动，便贮备了$\frac{1}{2}I\omega^2$ 的动能，它可以根据需要，通过相应的传动机构释放出来，对外界做功.例如冲床工作时，冲头冲压工件的过程，要在短时间内做很大的功.如只靠电动机直接带动连杆机构使冲头冲压工件，电动机不可能在短时间内做那样大的功.但是加上飞轮以后，在冲头尚未工作的时间内，电动机对飞轮做功，使飞轮高速转动，具有很大的能量.当冲头冲压工件时，实际上是飞轮对冲头做功，飞轮将贮存的动能的一部分消耗在冲头克服工件阻力做功上，以完成冲压动作，而飞轮的转速的变化可以不很大.然后，电动机又对飞轮输入能量，恢复其转速，将很大的动能贮存起来，预备再次对外界做功.

又如我国某科研单位的飞轮发电机组，贮能飞轮是一个外径 1.5 m、重 45 kg 的圆柱形飞轮，设计转速达 1 475 rad/min，贮能达 10^8 J.飞轮由电动机带动，逐渐达到正常转速，贮存大量的能量.当需要输出能量，带动大功率的发电机时，转速在很短时间内从 1 475 rad/min 下降到 1 320 rad/min 左右.从而以极大的输出功率使脉冲式供电的大功率发电机组正常运转起来.

8. 使用打击工具的奥妙——打击中心

用锤锻打工件或用锄挖地时，如果“得法”，握锤柄或锄柄作为转动支点的手不会受到震伤.若不“得法”，手就很容易打起血泡，甚至震裂.所谓“得法”与“不得法”，区别何在？人们很容易想到是与手握柄松紧有关，这是有一定道理的，但更重要的是手握柄的位置是否恰当.如果位置恰当，在锤头打击工件或锄头触地时，手握处将几乎没有什么震动.这样，即便连续工作多次，手也不会受到震伤.为了说明这个道理，先就一般情况讲讲打击中心问题.

(1) 在打击过程中轴的附加压力

设有一可绕水平轴 O 转动的刚体静止于平衡位置上，刚体质心 C 到轴的距离为

h，质量为 m，对轴的转动惯量为 I. 在距轴 l 处的 P 点沿水平方向施加一个作用时间 Δt 很短而较大的打击力 $\boldsymbol{F}$，如图 7.31 所示. 现在我们求在打击过程中，因打击而产生的轴承作用于刚体的附加反力.

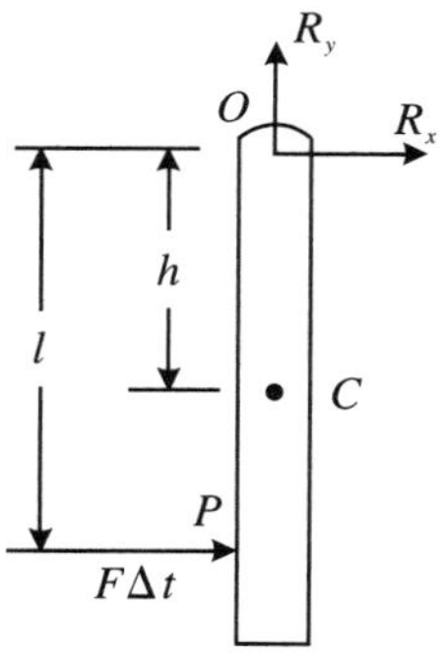

图 7.31

设在打击过程中，轴作用于刚体的反力设为 $\boldsymbol{R}$，其水平分量为 R_x，竖直分量为 R_y. 由于打击过程很短而打击力具有一定的冲量，故可认为在打击过程中，刚体的位置不变，而角速度和质心速度发生了有限的变化. 设打击后角速度为 ω，质心速度为 v_C，沿 x 方向. 根据对轴的角动量定理，有

$$Fl\Delta t = I\omega. \tag{7.51}$$

再由质心运动定理，得

$$(F + R_x)\Delta t = mv_C, \tag{7.52}$$

$$(R_y - mg)\Delta t = 0. \tag{7.53}$$

又根据运动学公式，得

$$v_C = h\omega. \tag{7.54}$$

从以上四式解得

$$R_y = mg, \tag{7.55}$$

$$R_x = F\left(\frac{mhl}{I} - 1\right) = F\left(\frac{l}{l_0} - 1\right), \tag{7.56}$$

其中

$$l_0 = \frac{I}{mh}.$$

可见，轴在与打击力垂直的竖直方向上的反力 R_y 等于刚体的重量，与打击以前相同. 由(7.56)式表示的 R_x 就是由打击而引起的轴的附加反力，它的方向和大小决定于打击力 F 以及打击点到轴的距离 l 与 l_0 之比值. 一般说来，R_x 与打击力有相同的数量级. 这个附加反力 R_x 的作用是使刚体在经受打击力的情况下保持 O 点不动，而刚体绕 O 轴做定轴转动.

(2) 打击中心

从(7.56)式可见，如果水平打击力的作用点 P 到轴 O 的距离等于 l_0，即

$$l = l_0 = \frac{I}{mh}, \tag{7.57}$$

则在打击过程中轴不出现附加的反力. 这点 P 称为刚体对于 O 轴的**打击中心**. 不出现轴对刚体的附加反力，表示当打击力作用在打击中心时，不需要轴的附加作用来保持刚体的轴的位置不变. 例如，在刚体 O 点做一挂钩，将刚体挂在一根水平的光滑金属丝上，在打击中心处，沿着金属丝的方向施以冲击力时，可以看到在冲击的短时间内挂钩不会在丝上滑动. 这说明如果打击力作用在打击中心处，不需要附加的反力来

保持轴的位置不变.

从(7.56)式可以看出,如果 $l>l_0$,即打击点比打击中心远离轴,则 R_x 与 F 同号,表示轴的附加反力的方向与打击力的方向相同;如果 $l<l_0$,即打击点比打击中心更靠近轴,则 R_x 与 F 反号,表示轴的附加反力与打击力的方向相反.

可以做一个简单的实验来证明上述结论.选一根均匀直杆,用大拇指和食指握住杆的上端,以握杆处作为转轴(或支点).设杆长为 L,均匀直杆对过端点的轴的转动惯量为 $I=\frac{1}{3}mL^2$,质心到端点的距离 $h=\frac{L}{2}$,根据(7.57)式算出打击中心在距固定端 $l_0=\frac{2}{3}L$ 处,将这点做出标记 P.我们用一小锤沿水平方向在标记处、标记 P 以上和以下打击杆,就会感到:当打在 P 点时,我们两指用力比起未打击时没有什么变化;当打在 P 点以下时,我们两指必须沿打击力方向用力才能保持上端固定;当打在 P 点以上时,两指必须沿打击力相反的方向用力才能保持上端固定.

打击中心又叫作**振动中心**.当刚体悬于 O 轴,在重力作用下做小角摆动时,近似为简谐振动.这种摆称为复摆,或物理摆,其振动周期为

$$T=2\pi\sqrt{\frac{l_0}{g}}\quad\left(l_0=\frac{I}{mh}\right).\tag{7.58}$$

与单摆周期比较可见,它相当于摆长为 l_0 的单摆的周期,所以又称 $l_0\left(=\frac{I}{mh}\right)$ 为复摆的等值单摆长.可以认为当刚体绕轴摆动时,其振动周期相当于把刚体质量集中在打击中心处所成单摆的周期,因此,打击中心又称为振动中心.

可以证明,打击中心(或振动中心)与轴(或支点)的位置是相互共轭的,也就是说:当以 O 点为轴时,P 点为相应的打击中心;反之,如果以 P 点为轴,则 O 点是相应的打击中心,就复摆来说,悬于 O 点时的摆动周期,与悬于 P 点时的摆动周期相同.这种摆叫作可倒摆,用可倒摆实验测出周期和 O 点与 P 点的距离 l_0,就可应用(7.58)式测出重力加速度 g.这是测 g 的一种较精确的方法.

(3) 使用打击工具的奥妙

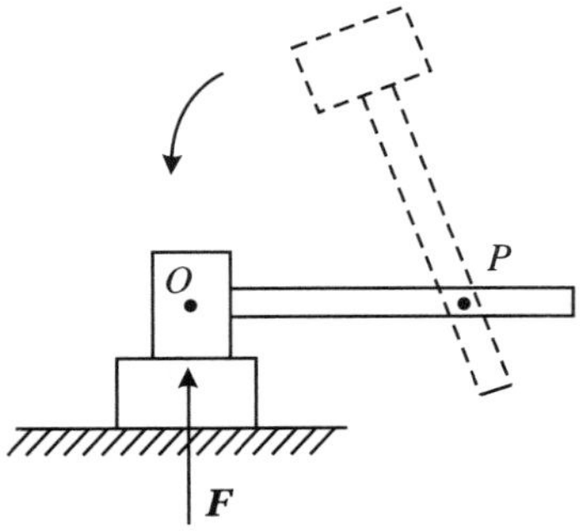

图 7.32

使用锤或锄等工具,在锤头(或锄头)碰击工件(或土地)时,是一种打击现象.这可以看作工件在锤头处施以打击力于锤,而手握柄处可看作锤的固定支点或转轴,如图 7.32 所示.打击力 F 的作用线通过锤上的 O 点,如果手握柄处 P 点正好是以 O 点为支点时的打击中心,那么,O 点也就是以 P 点为支点时的打击中心.因此,在锤头受工件打击时,手对锤柄不需附加反力以握住柄,根据作用反作用定律,柄也不会施以附加力于手上,也就不会由于手握处 P

点发生偏离其空间位置而产生震动而把手震伤.如果手握在柄上的其他位置,那么在打击时,就受到柄的强大作用要握住柄以制止震动,就要用大力,这样手就很容易受伤.

要寻找 P 点,可以想办法将锤在 O 点位置悬挂起来,让其摆动,测出周期,然后应用(7.58)式求出 l_0,于是柄上到锤头 O 点的距离等于 l_0 处就是要寻找的 P 点.

在实际使用锤或锄等简单打击工具时,不是靠计算得出 P 点的位置,而是从实践中找到这个握柄的最佳位置的.但是对于大型的打击机械,就需要在设计时明确与打击中心有关的问题,以保证在机械工作时,不致引起支座的剧烈震动,或由于强大的反力使支座受到不必要的磨损.

9. 支承面对滚动物体的摩擦

支承面对于滚动物体的摩擦是比较复杂的,有以下三种.

(1) 滑动摩擦力

当物体在支承面上做有滑动时,支承面对物体施以滑动摩擦力.这个摩擦力的方向与物体和支承面接触点的滑动方向相反.大小为

$$f = \mu N.$$

如图7.33所示,半径为 r 的圆柱体在地面上做有滑滚动.设中心速度为 v_C,绕中心转动角速度为 ω,则圆柱体与地面接触点的速度为

$$v_0 = v_C - \omega r.$$

由于是有滑滚动,$v_C \neq \omega r$,$v_0 \neq 0$.支承面作用于圆柱体上的滑动摩擦力与 v_0 的方向相反.

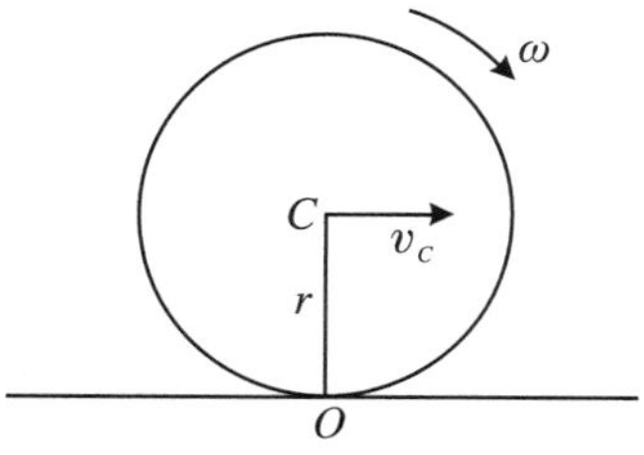

图7.33

当 $v_C > \omega r$ 时,$v_0 > 0$,O 点向前滑动.这便是因转动太慢而发生的向前滑动,如汽车急刹车时,由于制动器阻止主动轮的转动,使角速度急剧减小,于是主动轮向前做既滚且滑的运动,这种情况下滑动摩擦力向后.

当 $v_C < \omega r$ 时,$v_0 < 0$,O 点向后滑动,这是在转动太快而轮心的运动过慢时发生的现象.如汽车在摩擦小的泥地里启动时,主动轮转得快,而汽车前进得很慢.于是主动轮与地接触处向后滑动,地面作用的摩擦力向前.

(2) 静摩擦力

当圆形物体在支承面上做无滑滚动时,支承面对物体施以静摩擦力.静摩擦力的数值不能超过最大静摩擦力(即 $f_m \leqslant \mu_s N$),其方向则视加于物体上的主动力或主动力矩的方向而定,需具体分析.

1) 圆形物体受外力作用而发生滚动的情形.支承面所作用的静摩擦力的方向与

外力的方向以及作用线的位置有关.

如图 7.34 所示,设外力 $\boldsymbol{F}$ 的方向水平向右,作用线与均匀圆形物体质心 C 的距离为 d.我们讨论当圆形物体在支承面上做无滑滚动时,支承面作用于物体的静摩擦力的方向.

大家知道,静摩擦力的方向与物体和支承面接触处(O 点)的相对滑动趋势的方向相反.但是,由于物体做滚动,由主动力 $\boldsymbol{F}$ 而引起的 O 点对支承面的滑动趋势方向就不像物体平动时那样容易判断.其原因是,外力 $\boldsymbol{F}$ 等效于作用于质心 C 的力 $\boldsymbol{F}$ 和一个对质心的力矩 $M = Fd$(如图 7.34(b)).如果无摩擦,前者将使物体随质心以 $a' = \dfrac{F}{m}$ 的加速度平动,这将使 O 点具有向右的滑动趋势;后者使物体绕质心以 $\beta' = \dfrac{Fd}{I_C}$ 的角加速度转动,这将使 O 点具有向左的加速度 $r\beta'$,而使 O 点具有向左的滑动趋势.O 点的滑动趋势的方向决定于这两种趋势哪一种占优势.具体说就是,要比较 a' 和 $r\beta'$,看哪个大.如 $a' > r\beta'$,则 O 点将向前滑动,只是由于支承面的摩擦阻止了这种滑动,故具有向前滑动的趋势;如果 $a' < r\beta'$,则 O 点具有向后滑动的趋势.如此说来,要判断支承面作用的静摩擦力的方向,就得先假定支承面光滑,根据主动力的大小和作用线位置,算出 a' 与 β',并判断 a' 与 $r\beta'$ 哪个大,而后才能确定.显然这样的分析对于说明静摩擦力为什么可能有两种不同的方向,从讲清道理的角度来说是有益的.但是,在实际应用中这样做会太繁,并不可取.

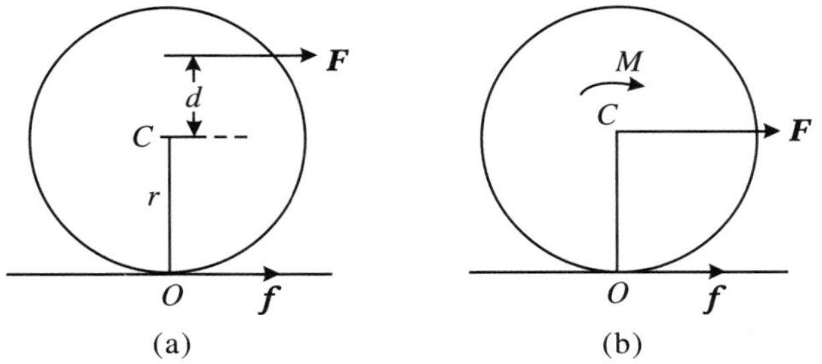

图 7.34

实际上,只要了解了静摩擦力的方向有两种可能,我们就可以采用在第 1 章中讨论过的方法,先假定它沿某一方向,然后用动力学方程求解,最后根据解中的正负号来确定摩擦力的真正方向.如图 7.34(a)所示,假定静摩擦力 f 向右(与外力 F 同向),物体质心加速度为 a_C,绕质心转动的角加速度为 β,则根据质心运动定理和绕质心转动定律可得两个式子:

$$F + f = ma_C, \tag{7.59}$$

$$Fd - fr = I_C\beta. \tag{7.60}$$

由于做无滑滚动,故有

$$a_C = r\beta. \tag{7.61}$$

解上三式可得

$$a_C = \frac{r(r+d)F}{mr^2+I_C}, \tag{7.62}$$

$$f = \left(\frac{mrd - I_C}{mr^2+I_C}\right)F. \tag{7.63}$$

从(7.63)式可见，静摩擦力为两项之差，其正负决定于物体对质心的转动惯量I_C、质量m、半径r以及主动力作用线到质心的距离d.有三种可能：

1° 如$mrd>I_C$，即$d>\frac{I_C}{mr}$，则$f>0$.静摩擦力与外力F的方向相同.

2° 如$mrd<I_C$，即$d<\frac{I_C}{mr}$，则$f<0$.静摩擦力与外力F的方向相反.

3° 如$mrd=I_C$，即$d=\frac{I_C}{mr}$，则$f=0$.表示地面对滚动物体无摩擦力作用.这种情况表明，主动力F使物体随质心运动和绕质心的转动的作用，恰好满足了纯滚动的条件($a'_C=r\beta'$)，故O点对支承面无相对滑动趋势，也就不需要支承面提供静摩擦力来保证O点不滑动.

应当知道，支承面的静摩擦力是保证物体在外力作用下做无滑滚动的条件，它有一极限值，即

$$f \leqslant \mu_s N. \tag{7.64}$$

所以根据(7.63)式算出的f必须满足这个条件(式中N为支承面的正压力).通常把这个条件作为物体能在支承面上做无滑滚动的动力学条件来应用.

例如，设水平支承面对图7.34所示的圆柱体的静摩擦系数为μ_s，那么，从动力学角度看，能保证圆柱体做无滑滚动的条件是

$$\left|\frac{mrd - I_C}{mr^2+I_C}\cdot F\right| \leqslant \mu_s mg,$$

由此得出在做纯滚动时所加水平外力的限度为

$$F \leqslant \mu_s \frac{mg(I_C+mr^2)}{|mrd - I_C|}. \tag{7.65}$$

将上面的讨论具体应用到一个均匀的实心圆柱体上(半径为r、质量为m)，$I_C=\frac{1}{2}mr^2$，$\frac{I_C}{mr}=\frac{1}{2}r$.据以上讨论可知：

当$d>\frac{1}{2}r$时，f与F同向.

当$d<\frac{1}{2}r$时，f与F反向.

当$d=\frac{1}{2}r$时，$f=0$.

如果外力作用线通过质心，则 $d=0$，f 与 F 反方向，要保证柱体做纯滚动，外力必须满足条件

$$F \leqslant \mu_s \frac{mg\left(\frac{1}{2}mr^2 + mr^2\right)}{\frac{1}{2}mr^2},$$

即

$$F \leqslant 3\mu_s mg.$$

这表明通过质心作用的水平外力使圆柱体在水平面上滚动时，只要外力不超过最大静摩擦力的三倍，圆柱体就能在支承面上做无滑滚动.

2）**受到主动力偶矩而引起滚动的情形**.汽车的主动轮的转动，是汽车发动机通过适当的传动机构施加驱动力偶矩 M 于轮上，使轮转动的，如图 7.35 所示.如果圆轮在地面上做无滑滚动，那么地面施以摩擦力 f 在轮上.这摩擦力对质心的矩将对抗驱动力矩，而对于轮心的平动却起到动力的作用.设轮对中心的转动惯量为 I_C，轮的质量应把它所承担的车子那部分质量一起算上并集中于轴处，设为 m.轮心的平动和绕轮心的转动方程为

$$f = ma_C, \tag{7.66}$$

$$M - fr = I_C\beta. \tag{7.67}$$

由于做无滑滚动，有

$$a_C = r\beta. \tag{7.68}$$

联立解上三式得

$$a_C = \frac{M/r}{m + I_C/r^2}, \tag{7.69}$$

$$f = \frac{M/r}{1 + I_C/(mr^2)}. \tag{7.70}$$

另一种情形是已做纯滚动的轮受到与转动方向相反的制动力偶矩 M' 的作用，汽车制动时的情况就是如此，如图 7.36 所示.这时，若保持无滑滚动，则地面对轮缘施以向后的静摩擦力，它对 C 轴的矩与外力矩 M' 的方向相反，它对轮心的平动起阻碍作用.

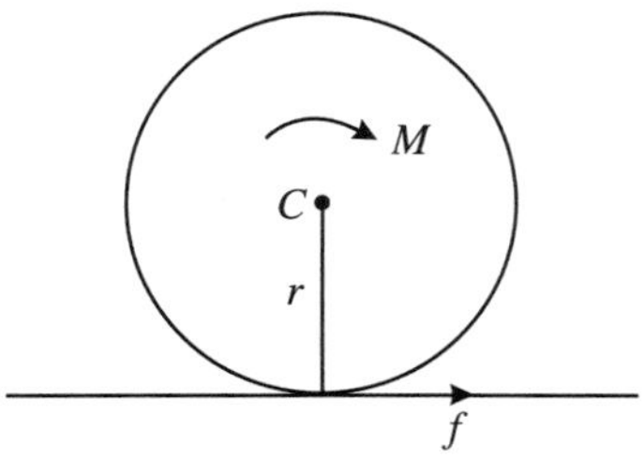

图 7.35

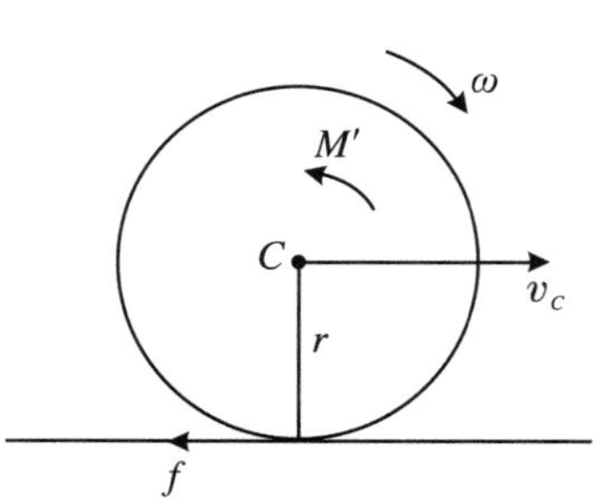

图 7.36

(3) 滚动摩擦力

如果滚动物体和地面都是绝对刚体,那么支承面施加的摩擦就只是滑动摩擦或静摩擦.然而,绝对刚体是没有的,滚动物体与支承面由相互作用而引起的不对称变形,使滚动物体还要受到称作滚动摩擦的作用.

当放在支承面上的圆形物体静止时,物体和支承面的变形是对称的.如图 7.37(a)所示.支承面对物体的支承力的合力通过物体的质心,物体保持平衡.但是,当圆形物体滚动时,变形就不对称了,图 7.37(b)表示出支承面不对称形变的情形.这时支承面作用于滚动物体的支持力的合力 N 的作用线向前移动了 δ,于是构成与转动方向相反的阻力矩

$$M_r = \delta N, \tag{7.71}$$

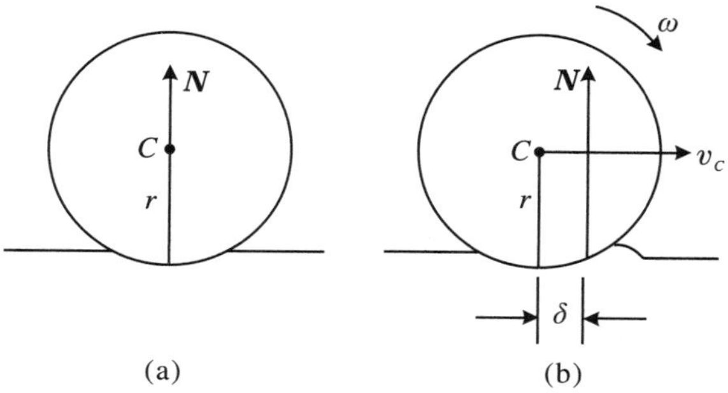

图 7.37

这就是**滚动摩擦力矩**.系数 δ 是一个有长度量纲的量,决定于轮与支承面材料的性质,对于刚性好的材料,δ 很小.

通常推动车辆匀速前进时,通过轴对轮作用的推力 F 与支承面的静摩擦力等大反向,而静摩擦力对轮心的转矩与滚动摩擦力矩平衡(图 7.38),即

$$fr = \delta N. \tag{7.72}$$

所以推力

$$F(=f) = \frac{\delta}{r}N. \tag{7.73}$$

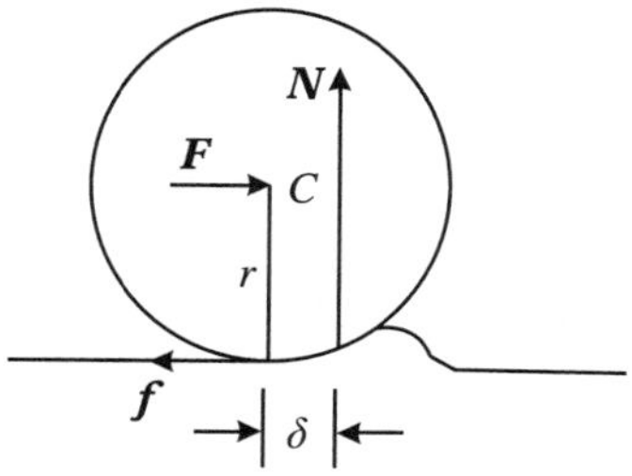

图 7.38

也就是说,要通过轮心处推动轮使之匀速滚动,必须施力 F,以克服滚动阻力.比照滑动摩擦力的情形,通常称 $\frac{\delta}{r}N$ 为滚动摩擦力.

$$f_{滚} = \frac{\delta}{r}N = \mu_r N, \tag{7.74}$$

其中 μ_r 被称为滚动摩擦系数,是一个无量纲的量.通常一些题目中谈到的“滚动摩擦

系数”就是指这个 $\mu_r=\dfrac{\delta}{r}$，它远比滑动摩擦系数小.在如此使用滚动摩擦力一词时，实际上是把滚动简化为“等效的平动”来处理了.

如果要认真地讨论圆形物体的滚动，就不能用(7.74)式所表示的滚动摩擦力这个词，而应该如实地计入由(7.71)式表示的滚动摩擦力矩.

10. 汽车的牵引力是指什么?

在中学物理习题中，常谈到汽车、机车的牵引力，在那里并不过问牵引力是怎样产生的，而只是把汽车或机车当作平动的物体(或当作质点)，所谓牵引力就笼统地指使之前进的动力，以便于对汽车或机车应用牛顿第二定律，具备刚体转动和滚动的基础知识以后，则可以比较具体地理解牵引力的问题.

任何主动行驶的车辆都有主动轮，如自行车的后轮、一般汽车的后轮、机车上的动力轮等.车的发动机通过传动机构加一力偶于主动轮上使之转动.我们把这个力偶的矩称作驱动力矩，记为 M.但是，如果让主动轮离开地面，驱动力矩只能使主动轮加速转动，而车绝不会前进.只有主动轮放在地上，驱动力矩才能使车前进.这表明，加驱动力偶矩于主动轮，主动轮与地面接触发生相互作用，是车轮能够在地面上向前滚动的两个必备条件;也就是说，只有通过与地面的相互作用，驱动力偶矩才能转化为向前的动力，下面做具体分析.

如图 7.39 所示，左边为主动轮.如上一个问题中所述，在加驱动力矩 M 后，地面作用于轮缘上的切向反作用力即静摩擦力 f 指向前进方向.上一个问题(7.70)式表示在不计滚动摩擦时，这个静摩擦力的大小.由于与主动轮所承载的车子的质量 m 相比，轮子本身的质量很小，转动惯量很小，$I_C \ll mr^2$，(7.70)式中的$\dfrac{I_C}{mr^2}$可以忽略不计，故有 $f=\dfrac{M}{r}$.所以不论车加速前进(轮做加速转动)还是匀速前进(轮做匀速转动)，如不计滚动摩擦力矩，可认为这个切向反作用力 f 对轴的矩与驱动力矩平衡，即

$$fr = M, \tag{7.75}$$

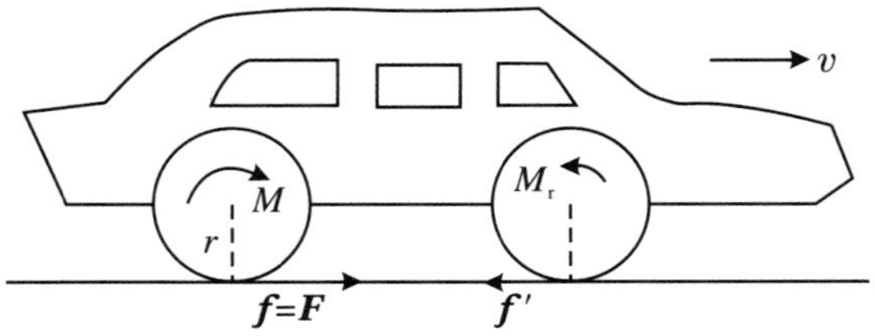

图 7.39

式中 r 为轮的半径.地面作用于车轮边缘的这个切向反作用力即静摩擦力 f，在汽车

理论中称为牵引力，记为 $F_{牵}$：

$$F_{牵} = \frac{M}{r}. \tag{7.76}$$

可以认为，$\frac{M}{r}$是由驱动力矩引起的、在主动轮边缘与地接触处作用于地面的向后的周缘力. 而所谓牵引力，是地面对车轮边缘回报的、指向前进方向的反作用力，其大小等于$\frac{M}{r}$. 但是地面的这个切向反作用力有一最大限度，即为最大静摩擦力 $\mu_s N$. 对于一般干硬路面和好的轮胎，μ_s 为 0.6～0.8. 而在冰雪覆盖的道路上，μ_s 为 0.2～0.3 或更小. 所以主动轮能产生的最大牵引力与车重、轮胎及路面的品质有关.

轮和路面必然有变形，因而产生路面对轮作用的滚动摩擦力矩. 在计入这个滚动阻力矩以后，路面实际作用在主动轮上的、指向前进方向的静摩擦力，与(7.76)式中定义的牵引力是不相同的. 因此，不能简单地说牵引力就是路面对主动轮的静摩擦力. 明确地说，牵引力是指驱动力矩与主动轮半径之比值.

当如实地考虑变形引起的滚动阻力矩 M_r 以后，地面实际作用于车轮缘的静摩擦力 F 对轴的力矩 Fr 与滚动摩擦力矩 $M_r(=\delta N)$之和与驱动力矩 M 平衡(图 7.40)，即

$$Fr + M_r = M.$$

所以地面施加的切向静摩擦力为

$$F = \frac{M}{r} - \frac{M_r}{r}. \tag{7.77}$$

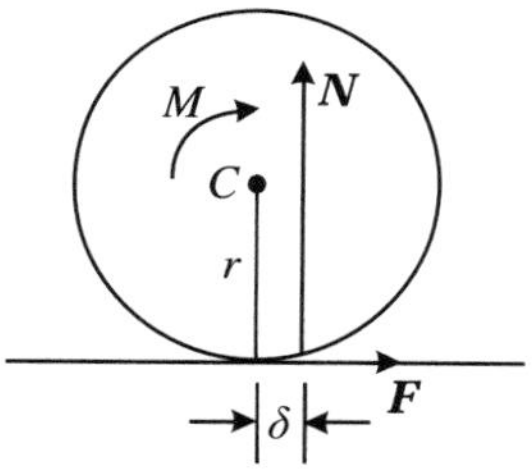

图 7.40

这个静摩擦力称为“自由牵引力”，它等于牵引力与主动轮滚动摩擦力$\frac{M_r}{r}$之差. 它可正可负，亦可以为零. 当 $F>0$ 时，主动轮靠它可以克服其他阻力(如从动轮的摩擦阻力)使车辆前进；当 $F<0$ 时，F 的方向向后，使车辆减速，如在刹车时，驱动力矩变为制动力矩，M 的方向反转；当 $F=0$ 时，主动轮提供的动力使车辆克服额外的阻力而保持匀速前进.

最后谈谈车的导向轮或叫从动轮受地面的作用问题. 如图 7.39 右轮所示，导向轮受地面向后的静摩擦力 f'. 它对轴的矩 $f'r$ 使导向轮克服滚动摩擦力矩 $M'_r = N'\delta'$ 而转动. 在不计轮的转动惯量的情况下，有

$$f'r = M'_r,$$

即

$$f' = \frac{M'_r}{r}. \tag{7.78}$$

这个方向向后的静摩擦力通过轴和车架传递到主动轮轴上，构成主动轮前进的阻力. 如果$\frac{M'_r}{r}$表示车辆的所有导向轮或从动轮受的滚动摩擦力(等于所有导向轮受的向后

的静摩擦力),那么,车辆的动力学方程为

$$F - \frac{M'_r}{r} = ma \tag{7.79}$$

或

$$F_{牵} - \left(\frac{M_r}{r} + \frac{M'_r}{r}\right) = ma. \tag{7.80}$$

(7.79)式表示"自由牵引力"与导向轮滚动阻力之差等于车的质量与加速度之积.(7.80)式表示牵引力$\left(F_{牵} = \frac{M}{r}\right)$与所有滚动阻力之差等于$ma$.通常质点力学中关于汽车的动力学方程是(7.80)式,并用以下形式表示:

$$F_{牵} - F_{阻} = ma.$$

把(7.76)式作为牵引力的定义(而不用地面的实际静摩擦力 F 作为牵引力),与动力对车做功问题是相协调的.我们知道,地面作用于轮上的摩擦力虽能推动车前进,但它是不做功的.真正做功的是发动机,它通过传动机构以驱动力矩的形式对主动轮做的机械功为

$$A = M\Delta\varphi, \tag{7.81}$$

其中 $\Delta\varphi$ 为主动轮的转角(弧度).这个功(对车辆来讲是内力做的功)使车的机械能增加.

根据无滑滚动的条件,有

$$\Delta\varphi = \frac{\Delta s}{r},$$

Δs 为车前进的距离.因此,根据牵引力的定义,这个功可表示为

$$A = \frac{M}{r}\Delta s = F_{牵}\,\Delta s, \tag{7.82}$$

即等于牵引力与车子移动距离之积.故通常把驱动力矩的功说成是牵引力做功.由于地面的切向反作用(静摩擦)实际上不做功,牵引力做功这种表述是形式上的,是取其形式上的简便.所谓牵引力的功,实际是指驱动力矩做的功.

在车辆行进中,所有轮的滚动摩擦力矩都做负功.其大小等于$(M_r + M_j)\Delta\varphi = A_{阻}$.因此,若用 E_k,E_p 分别表示车的动能和重力势能,则车辆运动的功能关系为

$$A - A_{阻} = \Delta(E_k + E_p). \tag{7.83}$$

即牵引力的功减去阻力做功的值等于车辆机械能的增量.

11. 以滚动代替滑动的优点和应注意的问题

由于滚动摩擦远小于滑动摩擦,因此在两接触面有相对移动的场合,都尽可能地在两面之间加上滚动媒介.如滚珠轴承就是这样.在中学物理实验中,也常采用滚动来代替滑动.例如物体沿斜面运动,本来是质点平动的实验,然而为了减少摩擦,常采

用滚动小球沿斜面滚下来代替物体沿斜面滑下．为了更清楚地了解这种代替的优点和应注意的问题，我们从圆形刚体沿斜面滚下的问题谈起．

1．沿斜面的滚动

我们讨论一圆形的均匀刚体从静止开始沿倾角为 θ 的斜面无滑动地滚下，如图 7.41 所示．设刚体的质量为 m，对质心轴的转动惯量为 I_C，半径为 r．并假定不计滚动摩擦．作用于刚体的力有重力，斜面支持力和静摩擦力．刚体质心加速度为 a_C，转动角加速度为 β．根据质心运动定理和绕质心转动定律，可得两个式子

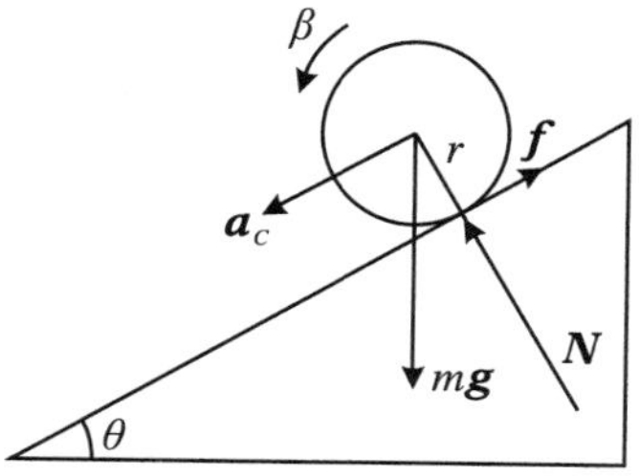

图 7.41

$$mg\sin\theta - f = ma_C, \tag{7.84}$$

$$fr = I_C\beta. \tag{7.85}$$

由于做无滑滚动，故有

$$a_C = r\beta. \tag{7.86}$$

联解以上三式得

$$a_C = \frac{g\sin\theta}{1 + I_C/(mr^2)}, \tag{7.87}$$

$$f = \frac{mg\sin\theta}{1 + mr^2/I_C}. \tag{7.88}$$

对此结果，做以下讨论．

1）滚动的加速度．当斜面倾角一定时，圆形刚体沿斜面无滑滚下的质心加速度大小决定于比值 $I_C/(mr^2)$．对于均匀的刚体而言，$I_C/(mr^2)$是由刚体形状决定的常数，与质量和半径无关．所以，形状相同的圆形刚体沿斜面无滑滚下时，质心加速度是相同的，与质量和半径大小无关．表 7.2 列出了几种常见的均匀圆形刚体沿斜面滚下的质心加速度 a_C 和静摩擦力 f．

表 7.2

刚体形状	I_C	$I_C/(mr^2)$	a_C	f
薄壁圆筒	mr^2	1	$\frac{1}{2}g\sin\theta$	$\frac{1}{2}mg\sin\theta$
实心圆柱体	$\frac{1}{2}mr^2$	$\frac{1}{2}$	$\frac{2}{3}g\sin\theta$	$\frac{1}{3}mg\sin\theta$
实心球	$\frac{2}{5}mr^2$	$\frac{2}{5}$	$\frac{5}{7}g\sin\theta$	$\frac{2}{7}mg\sin\theta$

从表 7.2 中可见，三种不同形状的刚体中，薄壁圆筒的 a_C 最小，而实心球的 a_C 最大．薄壁圆筒的全部质量都分布在距质心轴为 r 的地方，转动惯量大，$I_C/(mr^2)$也

大，所以滚下时质心的加速度小，滚得慢；实心球只有很少部分质量分布在距质心轴为 r 的地方，比较起来质量分布比较靠近中心转轴，转动惯量小，$I_C/(mr^2)$也小，所以滚得快.

2）斜面的静摩擦力和发生滚动时斜面的最大倾角. 与完全不计摩擦时物块的下滑加速度 $a = g\sin\theta$ 相比，所有沿斜面滚下的质心加速度都小些. 这是因为在无滑滚下时，总存在着沿斜面向上的静摩擦力作用. 这个静摩擦力的大小等于重力沿斜面的分量 $mg\sin\theta$ 乘一个因子$\dfrac{1}{1+mr^2/I_C}$，这个因子的大小仍取决于比值 $I_C/(mr^2)$. $I_C/(mr^2)$大，则静摩擦力大；$I_C/(mr^2)$小，则静摩擦力小. 从表 7.2 中可以看到三种不同的圆形刚体滚下时，作用在刚体上的静摩擦力的量值. 实际上，在这种滚动中，静摩擦力一方面作为质点沿斜面加速运动的阻力，另一方面又是使刚体绕中心轴转动的动力. 由此可以理解为什么转动惯量 I_C 与 mr^2 之比值较大的圆形刚体静摩擦力也较大的道理.

静摩擦力是斜面阻止圆形刚体发生滑动的约束力，它有一极限值，即

$$f \leqslant \mu_s N = \mu_s mg\cos\theta. \tag{7.89}$$

故将 f 的表达式(7.88)代入上式，可以得到能保证圆形刚体在斜面上无滑滚下时，斜面倾角 θ 的限制：

$$\tan\theta \leqslant \left(1+\frac{mr^2}{I_C}\right)\mu_s. \tag{7.90}$$

如对实心圆柱体，$I_C=\dfrac{1}{2}mr^2$，$\dfrac{mr^2}{I_C}=2$，故圆柱体能做无滑滚下时斜面倾角最大不得超过

$$\theta_{max} = \arctan(3\mu_s). \tag{7.91}$$

3）等效滑动摩擦系数. 为了了解滚动时静摩擦力对质心运动的影响程度，我们比较以相同加速度 $a=a_C$ 滑下的物体. 以圆柱体滚动为例，$a_C=\dfrac{2}{3}mg\sin\theta$，斜面作用的静摩擦力 $f=\dfrac{1}{3}mg\sin\theta(\theta<\theta_{max})$. 如果有物体从斜面上滑下，且该物下滑的加速度 a 也等于上述 a_C 的值，即 $a=\dfrac{2}{3}g\sin\theta$，那么，该下滑物受斜面的滑动摩擦力也应为 $f=\dfrac{1}{3}mg\sin\theta$，于是斜面与这个物体的滑动摩擦系数为

$$\mu' = \frac{1}{3}\tan\theta.$$

我们把 μ'叫作用实心圆柱体的滚动来代替物体从斜面滑下的**等效摩擦系数**. 例如，设斜面倾角 $\theta=10^\circ$. 如果滑动，则当物体与斜面间的滑动摩擦系数 $\mu<\tan10^\circ=0.18$(很小)时，物体才能从斜面上均匀滑下. 但一般物体的 μ 都大于这个值，物体不可能沿这个斜面滑下. 但若换用圆柱体，它会沿斜面滚下，并且质心沿斜面运动的加

速度为 $a_C=\frac{2}{3}g\sin10^\circ=1.13\ \mathrm{m/s^2}$. 如果假定物体亦能以这个加速度下滑，则等效的滑动摩擦系数为 $\mu'=\frac{1}{3}\tan10^\circ=0.06$. 这个摩擦系数是极小的，即使再考虑滚动摩擦系数(滚动摩擦系数约为 0.01)，总的摩擦系数仍是很小的. 这个例子说明在中学物理实验中，用滚动的圆柱体的质心运动来代替物体沿斜面的运动，可在很大程度上减小摩擦的作用.

(2) 滚动物体动能的分配

滚动刚体的动能等于质心平动的动能与绕质心转动的动能之和，即分为平动动能和转动动能，具体表达式为

$$E_k=\frac{1}{2}mv_C^2+\frac{1}{2}I_C\omega^2. \tag{7.92}$$

假定做无滑滚动，则有

$$v_C=r\omega. \tag{7.93}$$

将(7.93)式代入(7.92)式消去 ω，则得无滑滚动刚体的动能与质心运动速度的关系为

$$E_k=\frac{1}{2}\left(m+\frac{I_C}{r^2}\right)v_C^2=\frac{1}{2}\left(1+\frac{I_C}{mr^2}\right)mv_C^2. \tag{7.94}$$

可见无滑滚动刚体的动能是其质心平动动能的 $1+\frac{I_C}{mr^2}$ 倍，具体倍数又与比值 $\frac{I_C}{mr^2}$ 有关. 对于均匀圆柱体 $\frac{I_C}{mr^2}=\frac{1}{2}$，故 $E_k=\frac{3}{2}\left(\frac{1}{2}mv_C^2\right)$. 这说明均匀圆柱体做纯滚动时，总动能的 $\frac{2}{3}$ 是质心平动的动能 $\left(\frac{1}{2}mv_C^2=\frac{2}{3}E_k\right)$，总动能的 $\frac{1}{3}$ 是绕质心转动的动能.

例如，圆柱体沿一斜面从静止开始无滑滚下，若不计滚动摩擦，由机械能守恒可求出当滚下的高度为 h 时，刚体的总动能为

$$E_k=\frac{3}{2}\left(\frac{1}{2}mv_C^2\right)=mgh, \tag{7.95}$$

质心速度

$$v_C=\sqrt{\frac{4}{3}gh}.$$

我们根据上面讲的质心加速度 $a_C=\frac{2}{3}g\sin\theta$，亦可算出这个结果.

我们要问：既然滚动中静摩擦力不做功，为什么质心的速度比无摩擦耗能的理想情况下滑下的速度($v=\sqrt{2gh}$)小呢？原因就在于，减少的势能中只有 $\frac{2}{3}$ 转换成质心平动的动能，余下的 $\frac{1}{3}$ 部分表现为转动动能，这正是作用在滚动刚体上的静摩擦力所

起的作用，它是使刚体的动能按一定规律分配为平动动能和转动动能的外部条件.

在中学物理中没有讲转动动能，在以滚动代替滑动的时候，把转动动能忽略不计，由此而少算的转动动能相当于由等效滑动摩擦系数 μ' 引起的摩擦损失的能量，这在实验中会引起相当大的误差.用沿斜面滚动代替滑动做机械能守恒的实验中，如果把圆柱体（或球）具有转动动能这一点做出说明并计算进去，那就不应再考虑"等效摩擦系数 μ'"引起的误差，剩下的就只是滚动摩擦以及空气阻力耗散机械能所引起的较小的误差了.

(3) 用滚动的小车代替物体的滑动

我们由以上讨论知道采用滚动可以减少摩擦，但滚动中绕质心转动的动能占有总动能的一定分量，而在中学中又不能讲解，那么，能否采用滚动减少摩擦的优点，而同时又尽可能减少转动动能在总动能中所占的比例呢？

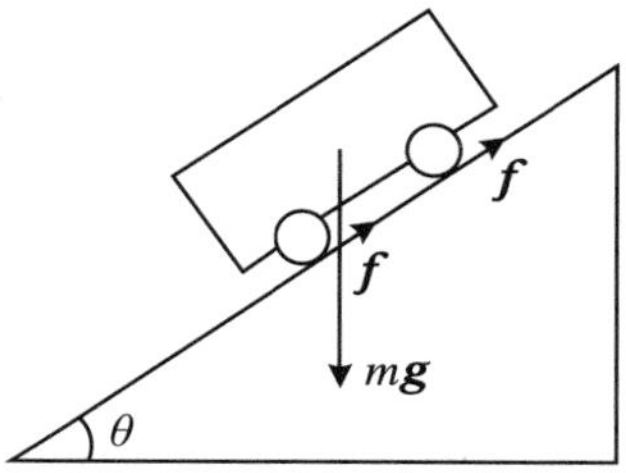

图 7.42

采用具有轻轮的小车就可以达到这个目的.为了说明问题，我们讨论小车沿斜面滚下的例子（图 7.42）.不计入滚动摩擦力矩.

设小车连同四个轮的质量为 m，每个轮绕轴的转动惯量为 I_C，半径为 r.当小车沿斜面无滑滚下时，作用在每个轮上的静摩擦力为 f.小车的平动加速度为 a（也就是四个轮心的加速度）.轮转动的角加速度为 β.平动和转动的动力学方程为

$$mg\sin\theta - 4f = ma, \tag{7.96}$$

$$fR = I_C\beta. \tag{7.97}$$

无滑滚动条件

$$a = r\beta. \tag{7.98}$$

由联解上三式可得

$$a = \frac{g\sin\theta}{1 + \dfrac{4I_C}{mr^2}}, \tag{7.99}$$

$$4f = \frac{mg\sin\theta}{1 + mr^2/(4I_C)}. \tag{7.100}$$

$4f$ 即是作用在四个轮上的静摩擦力的总和.

当车从静止开始滚下高度为 h 时，设小车的平动速度为 v，轮转动的角速度为 $\omega = \dfrac{v}{r}$，则由机械能守恒可得

$$\frac{1}{2}mv^2 + 4\cdot\frac{1}{2}I_C\omega^2 = mgh.$$

利用 $\omega = \dfrac{v}{r}$，将 ω 消去，得

$$\frac{1}{2}\left(1+\frac{4I_C}{mr^2}\right)mv^2 = mgh. \tag{7.101}$$

分析以上结果,可知:

如果 $4I_C \ll mr^2$,则车滚下的加速度

$$a \to g\sin\theta.$$

作用在轮上的静摩擦力,也就是以滚动代替滑动的等效滑动摩擦力

$$4f \to 0.$$

车从静止滚下 h 高时的速度

$$v \to \sqrt{2gh}.$$

这些结果表明,采用质量大而轮子很轻(使 I_C 小)的车,使 mr^2 尽量远大于 $4I_C$,那么,作用到轮子上的静摩擦也就很小,以至可以略去. I_C 很小的小轮就起到既减小摩擦,又分担很少转动动能的作用.小车沿斜面的滚动就可以十分近似地模拟光滑物体沿斜面的滑动.

当然,实际上轴的摩擦和滚动摩擦是要起作用的.但是如果轴采用滚珠轴承,它所损耗的机械能是很小的.由轮在斜面上的滚动摩擦所引起的误差很小,只需适当加以说明就行了.以上讨论说明,在不能使用费用较高的气垫导轨的时候,使用装有轻便轮的重车代替物体的平动做牛顿定律、动量守恒等实验,也可以达到相当的精确度,以满足实验的要求.一些动力学实验设备就是采用在导轨上滚动的小车来进行的.

第 8 章　振　　动

基本内容概述

8.1　简 谐 振 动

8.1.1　简谐振动及其运动规律

如果物体对平衡位置的位移 x 随时间 t 做余弦或正弦的变化，则称这个物体做简谐振动. 采用余弦函数形式的简谐振动表达式为

$$x = A\cos(\omega t + \alpha), \tag{8.1}$$

其中 A,ω,α 为常数.

简谐振动的速度、加速度也是时间的余弦或正弦函数：

$$v = -\omega A\sin(\omega t + \alpha) = \omega A\cos\left(\omega t + \alpha + \frac{\pi}{2}\right), \tag{8.2}$$

$$a = -\omega^2 A\cos(\omega t + \alpha). \tag{8.3}$$

v 和 a 与位移的关系为

$$v = \pm \omega\sqrt{A^2 - x^2}, \tag{8.4}$$

$$a = -\omega^2 x. \tag{8.5}$$

此式表明简谐振动的加速度与物体对平衡位置的位移成正比，而方向与位移的方向相反（总是指向平衡位置）.

8.1.2　简谐振动的周期、振幅和初位相

振动规律表达式中的三个常数 ω, A 和 α，表示简谐振动的特征. 分别称为**角频率**、**振幅**和**初位相**.

1. 周期　振动物体从任一指定的状态(由 x 和 v 表示)算起,到这个状态第一次重复出现,称为物体做一次全振动.做一次全振动所需的时间叫作振动的周期,用 T 表示.在一秒钟内做全振动的次数叫作**频率**,用 f 表示,单位为赫兹.简谐振动的周期、频率与角频率之间的关系为

$$T = \frac{1}{f} = \frac{2\pi}{\omega}. \tag{8.6}$$

角频率也称圆频率:

$$\omega = 2\pi f = \frac{2\pi}{T}. \tag{8.7}$$

圆频率表示 2π 秒内做全振动的次数,单位为 s^{-1}.

简谐振动的周期(频率和角频率)决定于振动物体的惯性和受力特性.通常把振动物体和对它施力的物体(如弹簧振子中的弹簧)一起组成体系,这样简谐振动的频率由简谐体系的力学性质——弹性和惯性——决定.

2. 振幅 A　物体对平衡位置的最大位移称为振幅.它表示振动的空间范围,与振动的能量有关[见(8.13)式],根据(8.1)和(8.2)式,振幅与任一时刻的位移 x 和速度 v 的关系为

$$A = \sqrt{x^2 + \left(\frac{v}{\omega}\right)^2}.$$

初始时刻($t=0$)的位移 x_0 和速度 v_0 称作**初始条件**或运动的**初值**,振幅由振动的初值决定:

$$A = \sqrt{x_0^2 + \left(\frac{v_0}{\omega}\right)^2}. \tag{8.8}$$

3. 位相和初位相　简谐振动的振动状态由表达式中余弦函数的宗量 $\omega t + \alpha$ 决定,称 $\omega t + \alpha$ 为位相,记为 ϕ.

初始时刻($t=0$)的位相 α 称为初位相(简称为初相).初相决定于振动的初始值,其关系式为

$$\begin{cases} x_0 = A\cos\alpha, \\ v_0 = -\omega A\sin\alpha, \end{cases} \tag{8.9}$$

从上两个式子中消去 A 可得

$$\tan\alpha = -\frac{v_0}{\omega x_0}. \tag{8.10}$$

如已知运动初始值 x_0 和 v_0,一般应从以上三式中选择两个式子才能求定初相 α.

8.1.3　简谐振动的几何表示法　振幅矢量

简谐振动 $x = A\cos(\omega t + \alpha)$ 可以几何表示如下:从坐标轴 Ox 的原点 O 起作一矢

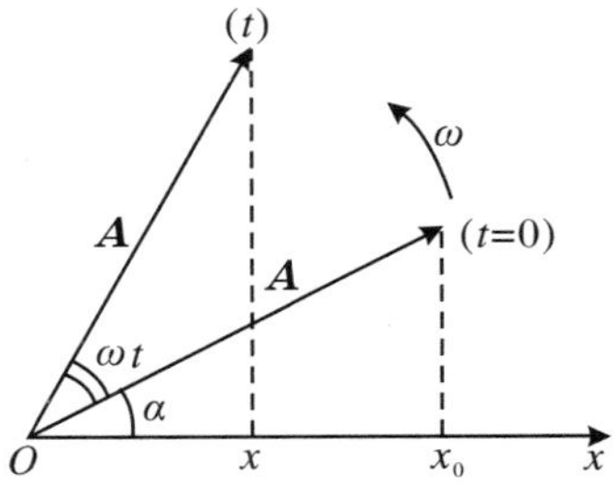

图 8.1

量 $\boldsymbol{A}$，它的大小等于振幅；在 $t=0$ 时刻 $\boldsymbol{A}$ 与 x 轴间的夹角等于振动的初位相；矢量 $\boldsymbol{A}$ 以角频率 $\boldsymbol{\omega}$ 为角速度沿逆时针方向绕 O 点旋转(图 8.1). 这个旋转矢量在 x 轴上的投影随时间变化的规律就是给定的简谐振动规律. 这个旋转矢量称为**振幅矢量**. 任一给定的简谐振动，都可由相应的振幅矢量来表示.

高中的物理中讲在参考圆上以角速度 ω 绕逆时针方向运动的点在圆的直径上的投影点的运动规律是简谐振动，参考圆上的这个点就可以看作振幅矢量的端点. 但振幅矢量 $\boldsymbol{A}$ 更完整地表示了简谐振动的特征(A,ω,α)，而且在研究同方向振动的合成时，用相应的振幅矢量合成，可以求出合振幅矢量，从而能得到合成振动的规律.

8.1.4　简谐振动的动力学特征

受力规律　简谐振动是在线性回复力作用下的运动. 线性回复力又叫作弹性力，它的大小与受力物体对平衡位置的位移成正比，方向总是指向平衡位置，表示为

$$F=-kx. \tag{8.11}$$

其中 k 称为力常数，或劲度系数.

运动微分方程　根据受力规律和牛顿运动定律，做简谐振动的物体对平衡位置的位移与时间的关系，满足微分方程：

$$\frac{\mathrm{d}^2x}{\mathrm{d}t^2}+\omega^2x=0. \tag{8.12}$$

称这个方程为**简谐振动的微分方程**，其中 $\omega=\sqrt{\dfrac{k}{m}}$ 是一个实数，就是简谐振动的角频率.

简谐振动表达式(8.1)就是微分方程(8.12)的通解.

振动的能量　线性回复力(弹性力)是保守力，因此简谐振动物体具有的势能

$$E_\mathrm{p}=\frac{1}{2}kx^2=\frac{1}{2}kA^2\cos^2(\omega t+\alpha).$$

动能为

$$E_\mathrm{k}=\frac{1}{2}mv^2=\frac{1}{2}m\omega^2A^2\sin^2(\omega t+\alpha).$$

机械能为一恒量

$$E=E_\mathrm{k}+E_\mathrm{p}=\frac{1}{2}kA^2=\frac{1}{2}m\omega^2A^2. \tag{8.13}$$

可见振动系统一定时，简谐振动的机械能与振幅的平方成正比.

8.2 同方向简谐振动的合成 振动的分解

8.2.1 同方向同频率的两个简谐振动的合成

设物体参与的同方向同频率的两个分振动为

$$x_1 = A_1\cos(\omega t + \alpha_1), \tag{8.14}$$

$$x_2 = A_2\cos(\omega t + \alpha_2), \tag{8.15}$$

则物体的合振动仍是相同频率的简谐振动：

$$x = x_1 + x_2 = A\cos(\omega t + \alpha). \tag{8.16}$$

合振动的振幅矢量与两个分振动的振幅矢量如图 8.2 所示.合振动的振幅和初相由两个分振动的振幅和初相决定：

$$A = \sqrt{A_1^2 + A_2^2 + 2A_1A_2\cos(\alpha_2 - \alpha_1)}, \tag{8.17}$$

$$\alpha = \frac{A_1\sin\alpha_1 + A_2\sin\alpha_2}{A_1\cos\alpha_1 + A_2\cos\alpha_2}. \tag{8.18}$$

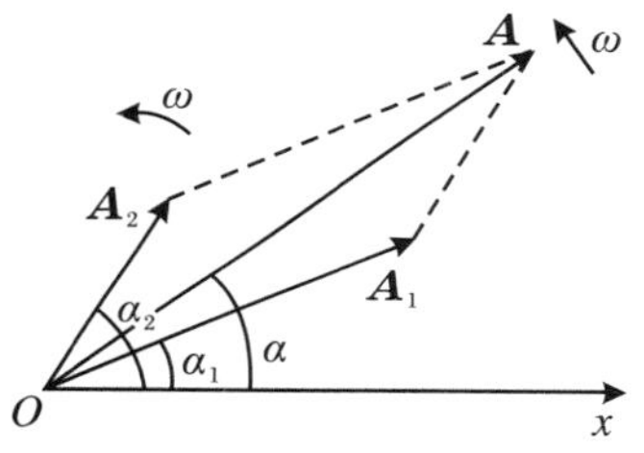

图 8.2

8.2.2 拍

相同方向、频率差异较小的两个振动的合成形成拍.设两个同方向的简谐振动的频率分别为 f_1 和 f_2，且 $|f_1 - f_2| \ll f_1$（或 f_2），那么这两个振动合成的结果为振幅周期性变化的振动，如图 8.3 所示，这种现象称为**拍**.振幅变化的周期和频率称为拍的周期和频率.拍频等于两个分振动频率之差：

$$f_{拍} = |f_2 - f_1|. \tag{8.19}$$

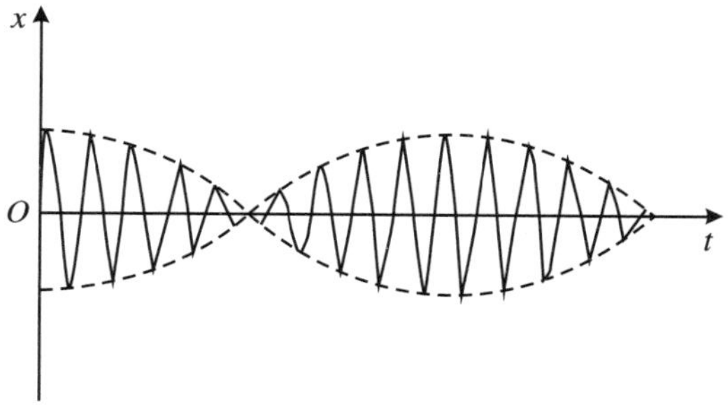

图 8.3

8.3 相互正交的两个振动的合成

8.3.1 频率相同的情况

设两分振动的角频率同为 ω，它们分别沿 x 轴和 y 轴做简谐振动，表达式为

$$\begin{cases} x = A_1\cos(\omega t + \alpha_1), \\ y = A_2\cos(\omega t + \alpha_2). \end{cases} \tag{8.20}$$

一般情况下合成运动的轨迹为 $x-y$ 平面上的一个椭圆，轨迹方程为

$$\frac{x^2}{A_1^2} + \frac{y^2}{A_2^2} - \frac{2xy}{A_1A_2}\cos(\alpha_2 - \alpha_1) = \sin^2(\alpha_2 - \alpha_1). \tag{8.21}$$

合成运动的轨迹形状和沿闭合轨道运动的方向随两个分振动的位相差不同而异，图 8.4 中画出位相差等于若干特殊值时的轨道形状，并表示出沿轨道的运动方向.

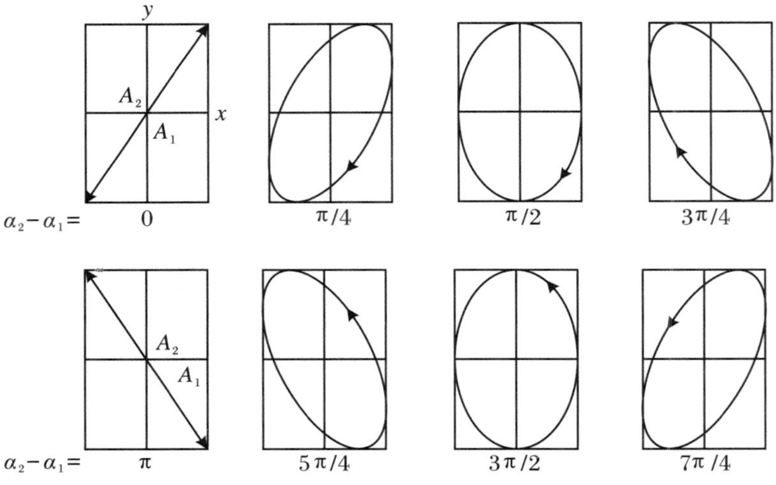

图 8.4

8.3.2 李萨如图形

频率之比等于整数比的两个相互正交的简谐振动，其合成运动的轨迹是在两个分振动方向所确定的平面内的稳定闭合曲线，称为李萨如图形. 频率比为不同整数比的李萨如图形有明显的区别，所以，在无线电技术中可以应用李萨如图形来准确测定

未知频率.图 8.5 为频率比$\frac{\omega_x}{\omega_y}=\frac{3}{2}$的一种李萨如图形.

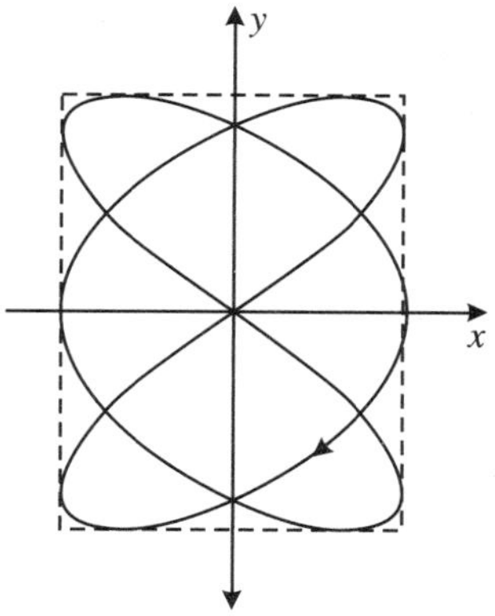

图 8.5

8.4 阻 尼 振 动

受线性回复力($F=-kx$)的物体,如果在振动中同时受到介质阻力作用,这时物体的振动为阻尼振动.在振动速度不大的情形下,阻力大小与速度成正比,表为

$$f_{阻}=-\gamma v. \tag{8.22}$$

应用牛顿定律,可得阻尼振动的微分方程

$$\frac{d^2x}{dt^2}+2\beta\frac{dx}{dt}+\omega_0^2x=0. \tag{8.23}$$

其中,$\beta=\frac{\gamma}{2m}$称为**阻尼因数**.$\omega_0=\sqrt{\frac{k}{m}}$为振动系统的固有角频率.

在小阻尼的情形下,$\beta^2<\omega_0^2$,(8.23)式的解,即振动规律为

$$x=A_0e^{-\beta t}\cos(\omega t+\alpha). \tag{8.24}$$

其中

$$\omega=\sqrt{\omega_0^2-\beta^2}, \tag{8.25}$$

为阻尼振动的角频率.

由(8.24)式可见,由于出现非周期性因子 $e^{-\beta t}$,阻尼振动不是周期运动.在 $\beta^2<\omega_0^2$ 的情况下,由于解中有周期性因子 $\cos(\omega t+\alpha)$,故可将它看作振幅 A 随时间而指数减小的振动,振幅

$$A=A_0e^{-\beta t}. \tag{8.26}$$

振动图线如图 8.6 所示.

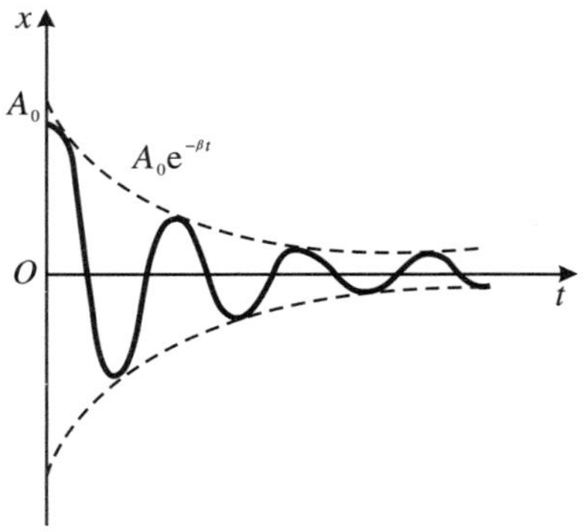

图 8.6

可从以下两方面认识介质阻力的作用：

1）与无阻尼情况下的振动相比周期变长. 阻尼振动的周期为

$$T = \frac{2\pi}{\sqrt{\omega_0^2 - \beta^2}} > \frac{2\pi}{\omega_0}.$$

2）振幅衰减，由(8.26)式表示. 常引入对数衰减来定量地描述振幅衰减的快慢. 相隔一个周期的两个振幅之比的自然对数值

$$\lambda = \ln\frac{A_0e^{-\beta t}}{A_0e^{-\beta(t+T)}} = \beta T, \qquad (8.27)$$

称为**对数衰减**（或**对数减缩**）. 很容易用实验测算出 λ 和 T，从而可以算出阻尼因数 β.

振幅的衰减表明介质阻力做负功而耗散机械能，因而又可以从能量方面去描述介质阻力的作用. 为此引入品质因数 Q，其定义为

$$Q = 2\pi\frac{\text{振动系统在一周期的平均机械能}}{\text{一个周期内损失的机械能}} = 2\pi\frac{\overline{E}}{|\Delta E_{(T)}|}. \qquad (8.28)$$

在弱阻尼振动情况下，容易算出

$$Q = \frac{\omega}{2\beta} \approx \frac{\omega_0}{2\beta}. \qquad (8.29)$$

品质因数越大，衰减越慢. 品质因数和对数减缩两个量从不同侧面描绘阻尼衰减的情况，它们之间的关系是

$$Q = \frac{\pi}{\lambda}. \qquad (8.30)$$

8.5 受 迫 振 动

由振动系统自身的弹性和惯性以及介质的阻尼性质决定的振动为**自由振动**，如简谐振动和阻尼振动都是自由振动. 体系在周期性外力作用下的振动称为**受迫振动**. 周期性外力称为**强迫力**或**策动力**. 最简单而典型的强迫力是谐变式的强迫力.

$$F = F_0\cos\omega_f t, \qquad (8.31)$$

式中 ω_f 为强迫力变化的角频率，故力变化的周期为 $T = \frac{2\pi}{\omega_f}$；$F_0$ 是力的最大值，称为力幅. 在这种强迫力作用下，受迫振动的微分方程为

$$\frac{d^2x}{dt^2} + 2\beta\frac{dx}{dt} + \omega_0^2 x = f_0\cos\omega_f t. \qquad (8.32)$$

式中 β 为阻尼因数，ω_0 为固有角频率，$f_0=\dfrac{F_0}{m}$ 为作用于单位质量物体上的强迫力的力幅. 这个方程的稳定解，即稳定受迫振动的规律为

$$x = A\cos(\omega_f t - \alpha), \tag{8.33}$$

$$A = f_0/\sqrt{(\omega_0^2 - \omega_f^2)^2 + 4\beta^2\omega_f^2}. \tag{8.34}$$

其中 A 表示振幅，α 表示稳定受迫振动比强迫力落后的位相，其大小由下式决定：

$$\sin\alpha = \frac{2\beta A\omega_f}{f_0} = \frac{\gamma A\omega_f}{F_0} = 2\beta\omega_f/\sqrt{(\omega_0^2 - \omega_f^2)^2 + 4\beta^2\omega_f^2}. \tag{8.35}$$

γ 为阻力系数，$A\omega_f = v_m$ 为稳定受迫振动的最大速度，故 $\gamma A\omega_f = \gamma v_m$ 为阻力的最大值(幅值). 由上式第二个等式可见：稳定受迫振动较强迫力落后的位相 α，决定于阻力的幅值与强迫力的幅值之比.

从(8.33)～(8.35)式可见：稳定受迫振动的运动规律在形式上虽然与简谐振动相似，但由于它不是在线性回复力作用下的运动，所以它不是简谐振动. 受迫振动的频率等于强迫力的频率，而不是固有频率 ω_0；振幅决定于强迫力的力幅与质量之比 $\left(f_0=\dfrac{F_0}{m}\right)$ 以及 ω_0，ω_f，β 等因素，而不再是决定于初始条件；初位相($-\alpha$)也不再表示初始振动状态，而表示与强迫力之间的相位差.

对于确定的系统，在不同阻尼介质的情况下，振幅随强迫力角频率变化的情况如图8.7所示.

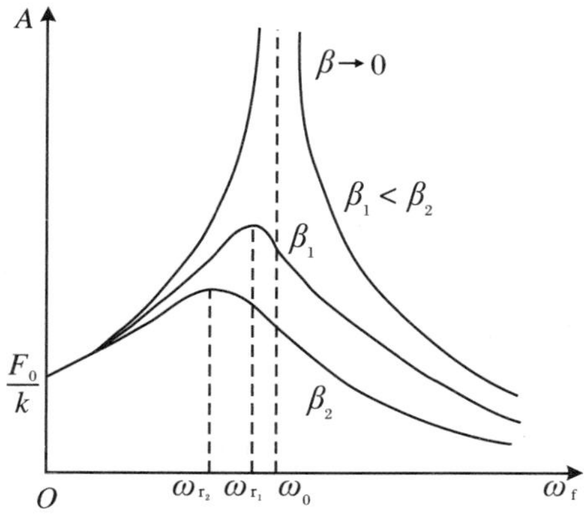

图 8.7

从图上可见，对于确定的 β，$A-\omega_f$ 图线有一最大值，表示当强迫力的角频率等于某一值 ω_r 时，受迫振动的振幅最大，这种现象叫作**共振**(确切地说是**振幅共振**或**位移共振**). 发生共振时对应的角频率 ω_r 称为共振角频率，由理论计算可得

$$\omega_r = \sqrt{\omega_0^2 - 2\beta^2}, \tag{8.36}$$

共振振幅为

$$A_r = \frac{f_0}{2\beta\sqrt{\omega_0^2 - \beta^2}}. \tag{8.37}$$

对于很小阻尼的情况($\beta \ll \omega_0$)，共振角频率接近振动系统的固有角频率时，共振的振幅很大. 在共振频率附近，$A-\omega_f$ 图线变得很尖锐，一旦强迫力频率与共振频率稍有偏离，共振的振幅就极明显地减小，称这种共振为**锐共振**.

问题讨论

1. 关于简谐振动的定义

在常见的教科书中往往从不同的角度定义简谐振动，概括起来有以下三种：

a）采用运动学的特征来定义：物体对平衡位置的位移随时间做余弦（或正弦）变化的运动，称为简谐振动，即

$$x = A\cos(\omega t + \alpha). \tag{8.38}$$

b）采用力的特征来定义：物体在线性回复力作用下的运动是简谐振动，线性回复力为

$$F = -kx. \tag{8.39}$$

c）采用运动微分方程来定义：凡遵从微分方程

$$\frac{d^2x}{dt^2} + \omega^2 x = 0 \tag{8.40}$$

的运动称为简谐振动.

对于这三种定义，做如下讨论.

1）定义以 a）着眼于运动特征，但是，在随时间做余弦变化的强迫力作用下的稳定受迫振动规律[（8.33）式]也同样是"位移 x 随时间做余弦变化"的，然而它不属于简谐振动. 这如何解释？

这个问题正好暴露出定义 a）的缺陷. 原来余弦或正弦函数都是谐和函数，凡是按余弦或正弦规律变化的运动，我们都称为谐和运动. 然而，作为一种典型的运动形式或一种有特定意义的运动模型，"简谐振动"又以它的特殊性质区别于一般的谐和运动，这就是：它的变化周期由振动系统的固有性质决定，它的振幅 A 和初相 α 则由振动的初始条件决定. 如果不考虑到上述特征，只从表达式（8.38）就不可能把简谐振动从一般的谐和运动中区别出来.

2）定义 b）和 c）在力学范围内是完全等价的. 它们确切地定义了"简谐运动"这种独特的运动. 由（8.39）式和牛顿定律可得（8.40）式，积分（8.40）式即可得（8.38）式，而且其中的 ω，A，α 正好具有简谐振动才有的特性.

但是，当把"简谐振动"这一运动模型推广应用到力学以外的其他领域时，定义 c）就显示了它具有的优点. 任何一个物理量 x，只要满足形如（8.40）式的微分方程，那么这个量就随时间在某一值附近做简谐振动. 如电磁学中纯电感-电容（$L-C$）电路中发生电磁振荡. 电流 i 满足的微分方程为

$$\frac{\mathrm{d}^2 i}{\mathrm{d}t^2} + \frac{i}{LC} = 0. \tag{8.41}$$

于是电流随时间做余弦变化：

$$i = i_0\cos(\omega t + \alpha),$$

而其中 $\omega = \sqrt{\frac{1}{LC}}$，由 $L-C$ 电路的固有电学性质决定，振幅 i_0 和 α 同样决定于引起振荡的初始条件. 所以，在 $L-C$ 电路中的电流做简谐振动. 在这种场合就不好用线性回复力(8.39)式来定义简谐振动了.

综合以上两点，定义 c)十分确切且便于推广. 但是，对于不熟悉微积分的学生则显得抽象. 在力学范围内采用定义 b)既确切，又强调了力学中的受力分析方法，是可取的. 在中学物理教学中为了便于接受，常采用定义 a)或它的变形，这是可以的. 但是为了避免混淆，应该在适当时候联系简谐振动的三个特征量——A，ω 和 α 的确定方式，和(8.38)式一起作为简谐振动的完整定义.

2. 怎样认识“位相”这个概念？

(1) “位相”是描述振动状态的物理量

根据简谐振动的位移和速度表达式，得

$$\cos\phi = \frac{x}{A}, \tag{8.42}$$

$$\sin\phi = -\frac{v}{\omega A} = -\frac{v}{v_m}. \tag{8.43}$$

式中 $v_m = \omega A$ 为简谐振动速度的幅值. 可见，位相 ϕ 所确定的是位移与振幅之比 $\frac{x}{A}$，以及速度与速度幅值之比值 $\frac{v}{v_m}$.

对于频率和振幅不同的简谐振动，当位相相同时，位移 x 和速度 v 并不相同，但是，比值 $\frac{x}{A}$ 和 $\frac{v}{v_m}$ 却是完全相同的. 这两个比值更能反映简谐振动的振动状态的特点. 如当物体处于正的最大位移这一振动状态时，比值 $\frac{x}{A}$ 都等于 1，$\frac{v}{v_m}$ 都等于 0，对应的位相是 $\phi = 2n\pi(n=0,1,2,\cdots)$；当物体处于通过平衡位置向负方向运动这一振动状态时，比值 $\frac{x}{A}=0$，$\frac{v}{v_m}=-1$，所对应的位相为 $\phi = \frac{\pi}{2}+2n\pi(n=0,1,2,\cdots)$；如此等等.

所以比值 $\frac{x}{A}$ 和 $\frac{v}{v_m}$ 与一般表示运动状态的位移 x 和速度 v 相比，能更确切地描绘物体的振动状态. 通常说位相是描述运动状态的量，确切地说，位相所描述的是由

$\frac{x}{A}$和$\frac{v}{v_m}$所表示的振动状态.这样,对振幅和周期不同的两个简谐振动,比较它们在某时刻的位相的同异,就可以了解它们的振动状态的同异.

(2) 位相和时间

根据定义,位相是时间的线性函数:

$$\phi = \omega t + \alpha. \tag{8.44}$$

位相随时间的增加而单调地增大.联系振动表达式来看似乎由时间这一自变量就可以描绘简谐振动的变化规律,引入位相这一概念的优点何在呢?优点在于:随着位相的单调增加,振动状态做周期性的变化;重要的是,不管简谐振动周期的长短如何不同,相同的位相表示相同的振动状态,而且位相每增加 2π,振动状态就重复一次.因此,使用位相这一概念,更能够统一地表述简谐振动状态和振动的周期性.

另一方面,由(8.44)式可见,位相随时间变化的快慢决定于角频率,或者说,角频率是位相变化的速率.位相的变化与时间间隔之间的关系为

$$\Delta\phi = \omega\Delta t. \tag{8.45}$$

因此,只要已知 ω,就可以通过位相的变化确定所经历的时间;或者知道时间,就可求出位相的变化.

(3) 两个振动的位相不同,反映振动的步调不一致

例如两个相同频率的简谐振动,它们的位相差等于其初位相差:

$$\Delta\phi = \phi_2 - \phi_1 = \alpha_2 - \alpha_1. \tag{8.46}$$

如果 $\Delta\phi = 0, 2\pi, \cdots = 2n\pi$,则由(8.42)和(8.43)式可知,两个振动在任何时刻有相同的振动状态,$\frac{x_1}{A_1} = \frac{x_2}{A_2}, \frac{v_1}{v_{m1}} = \frac{v_2}{v_{m2}}$,即同时到达正的最大位移处,同时经过平衡位置向负方向运动,又同时到达负的最大位移处等.称这两个振动的位相相同,简称**同相**.

如果 $\Delta\phi = \pi, 3\pi, 5\pi, \cdots = (2n+1)\pi$,则在任何时刻有$\frac{x_1}{A_1} = -\frac{x_2}{A_2}, \frac{v_1}{v_{m1}} = -\frac{v_2}{v_{m2}}$,即当第一个振动到达正最大位移处时,第二振动到达负的最大位移处;当第一个振动处于通过平衡位置向负方向运动时,第二个振动则处于通过平衡位置向正方向运动的状态……称这种情况为两个振动位相相反,简称**反相**.

两个振动的位相差 $\Delta\phi = \alpha_2 - \alpha$ 为任意值时,两个振动步调不一致可从以下两方面来认识.

一方面,对于相同时刻,两个振动的振动状态不同,如图 8.8 中,当 $t = \frac{T}{2}$时,第一个振动 x_1 处于通过平衡位置向负方向运动的状态,而第二个振动 x_2 正好到达负的最大位移处.

另一方面,对于一个确定的振动状态,不同位相的两个振动到达这个状态的时间

先后不同.设第二个振动比第一个振动位相超前 θ,即

$$\Delta\phi = \alpha_2 - \alpha_1 = \theta, \tag{8.47}$$

那么,对于任一给定的振动状态$\left(由比值\frac{x}{A},\frac{v}{v_m}表示\right)$,第二个振动超前到达的时间为

$$\Delta t = \frac{\Delta\phi}{\omega} = \frac{\theta}{\omega}. \tag{8.48}$$

例如,给定的振动状态为$\frac{x}{A}=1$,即到达正的最大位移处,并设 $\Delta\phi = \alpha_2 - \alpha_1 = \frac{\pi}{2}$,则第二个振动到达这一振动状态的时间比第一个振动早 $\Delta t = \frac{\pi/2}{\omega} = \frac{\pi}{2\omega} = \frac{T}{4}$,即超前 1/4 周期.如图 8.8 所示,在 $t=0$ 时刻,第二个振动已到达正的最大位移处$\left(\frac{x_2}{A_2}=1\right)$,而第一个振动要在 $t=\frac{T}{4}$时刻才处于这个振动状态$\left(当\ t=\frac{T}{4}时,\frac{x_1}{A_1}=1\right)$.

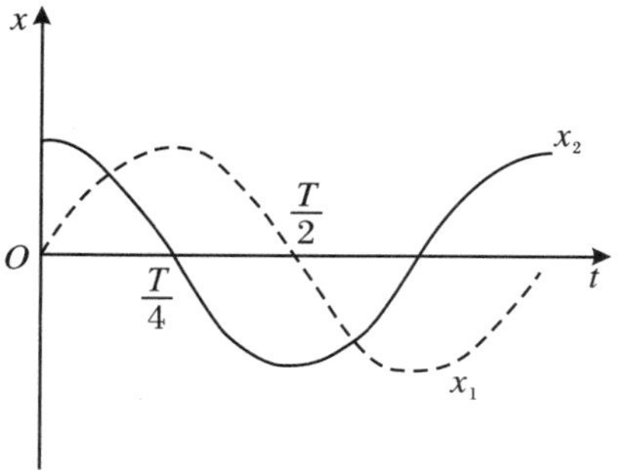

图 8.8

3. 为什么说单摆的周期公式只适用于"小角摆动"的情形?

(1) 非线性摆的振动周期

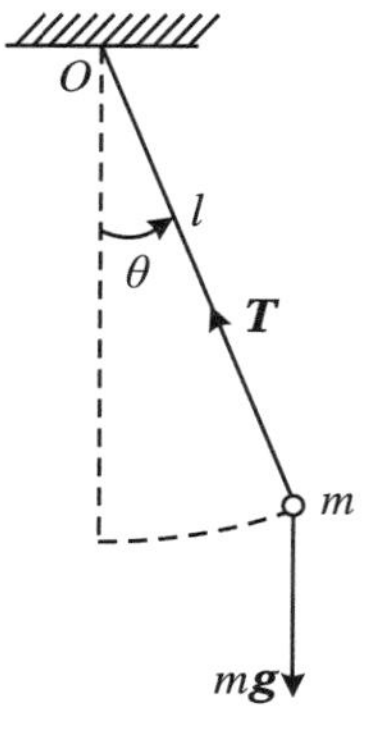

图 8.9

一根不可伸长、不计质量的绳 l,一端固定于 O 点,另一端系质量为 m 的小球(可视作质点),我们暂且把这个系统称作"单摆".通过 O 点的竖直线为单摆的平衡位置.为了认识摆动的一般规律,我们把单摆看作绕 O 点(轴)转动的刚体,研究单摆运动的动力学规律.单摆对 O 轴的转动惯量为 $I=ml^2$.当角位移为 θ 时,作用于小球的重力(外力)对 O 点的力矩 $M=-mgl\sin\theta$,其中负号表示力矩的方向与角位移 θ 的方向相反.根据定轴转动定律,$I\beta=M$,有

$$ml^2\frac{d^2\theta}{dt^2} = -mgl\sin\theta.$$

整理得

$$\frac{d^2\theta}{dt^2} + \frac{g}{l}\sin\theta = 0. \tag{8.49}$$

这是一个非线性的微分方程,它与简谐振动的微分方程式(8.12)不同.因此,在一般情况下,"单摆"的角位移对时间的变化规律不是余弦式(或正弦式),也就是说不是简

谐振动，(8.49)式表示的是一种非线性振动，为了与通常所说的单摆相区别，我们把这种摆叫作非线性摆.

设非线性摆的最大摆角为 θ_0，根据微分方程式(8.49)，并应用椭圆积分理论可求出这种摆的周期表达式的级数形式：

$$T' = T\left[1 + \frac{1}{4}\sin^2\left(\frac{\theta_0}{2}\right) + \frac{9}{64}\sin^4\left(\frac{\theta_0}{2}\right) + \cdots\right], \tag{8.50}$$

其中

$$T = \frac{2\pi}{\omega} = 2\pi\sqrt{\frac{l}{g}}. \tag{8.51}$$

可见，非线性摆的周期 T' 是随摆幅(由 θ_0 表示)的变化而变化的，它不是等时摆.

(2) 单摆和它的周期

从(8.49)式可知，如果在摆动过程中的所有时刻摆线对平衡位置的角位移 θ 的绝对值都很小，以致 θ 角的正弦值与它的弧度数近似相等，即

$$\sin\theta \approx \theta, \tag{8.52}$$

那么，微分方程(8.49)近似为

$$\frac{d^2\theta}{dt^2} + \omega^2\theta = 0. \tag{8.53}$$

与(8.12)式比较，它是简谐振动的微分方程，其解为

$$\theta = \theta_0\cos(\omega t + \alpha), \tag{8.54}$$

其中 θ_0 为最大摆角，称为角振幅. 其周期为

$$T = 2\pi\sqrt{\frac{l}{g}}, \tag{8.55}$$

这就是单摆的周期公式.

所以，通常所说的单摆是指一般的非线性摆在摆动角振幅很小时的情形. 它是一种等时摆，即周期与振幅的大小无关. 如条件(8.52)式所表明的，单摆只是一种理想的模型. 严格说来，单摆是实际的非线性摆在摆幅 θ_0 趋于零时的极限情况. 但是，在实际应用中，只要“摆角足够小”，在一定的精度内就可以使用单摆这一模型并应用周期公式(8.55)进行计算.

(3) 怎样认识单摆的“摆角很小”这个条件

怎样认识“摆角很小”这个条件呢？(8.52)式固然在原则上表明这个条件，然而从一般非线性摆的周期公式(8.50)和单摆公式(8.55)的比较中，更可以定量地了解对于给定角振幅 θ_0，使用单摆周期公式(8.55)能达到的精确度.

设摆动的角振幅为 θ_0，用单摆周期公式(8.55)计算周期所产生的误差近似为

$$\eta = \frac{T' - T}{T} = \frac{1}{4}\sin^2\frac{\theta_0}{2}. \tag{8.56}$$

由于单摆周期是当角振幅趋于零时的摆动周期，所以这个误差实际上也就是最大摆角从 θ_0 变到零时摆动周期的误差．为了有一个定量的概念，我们计算不同的角振幅情况下的误差如表 8.1 所示．

表 8.1

θ_0	60°	30°	15°	10°	5°
η	0.062 5	0.016 7	0.004 26	1.90×10^{-3}	4.76×10^{-4}

从上表可见：当最大摆角在 15° 以内时，误差在千分之五以内，而当最大摆角控制在 5° 以内时，误差则小于万分之五．

实际上，实验中还不可避免地有其他因素带来的误差．如摆长测量的误差，计时的误差，还有空气阻力的影响等．应用公式(8.55)时控制最大摆角在什么范围内才能保证必要的精确度，应当与实验中其他方面能达到的精确度相适应(单一追求一个因素的“绝对”精确，既不可能，又不必要)．对于一般的物理实验来说，千分之几的误差已经可以满足要求了．所以，可以认为：$\theta_0<15^\circ$，就算满足了应用单摆周期公式的“小角条件”．如果要求精度更高的实验，比如只允许有万分之几的误差时，最大摆角应控制在 5° 以内．

为了说明上述误差的意义，举例如下：设置两个完全相同的摆，摆线长为 9 m，每个摆的周期约为 6 s，如果使一个摆的振幅为 1.5 m(角振幅为 9.6°)，而另一个摆与前一个摆同位相开始摆动，但振幅为几厘米(角振幅极小，刚好能觉察出它的摆动)．这两个摆的周期的相对误差就是(8.56)式中的 η，计算值为 1.75×10^{-3}．事实上，我们观察上百次的摆动也难以看出它们的不同步变化，也就是几乎观察不出它们周期的差异．

4．在非惯性系中的单摆

单摆周期公式

$$T = 2\pi\sqrt{\frac{l}{g}} \tag{8.57}$$

是在固定于地面上的惯性系中得到的．在加速升降机中的单摆，当升降机以加速度 a 向上加速时，周期为

$$T' = 2\pi\sqrt{\frac{l}{g+a}}, \tag{8.58}$$

当升降机以加速度 a 向下加速时，周期为

$$T'' = 2\pi\sqrt{\frac{l}{g-a}}. \tag{8.59}$$

在讲清单摆振动是重力作用(由式中的 g 表出)引起的以后，用超重和失重的概念，定性地说明加速上升或下降的升降机中的单摆周期公式，是可行的．

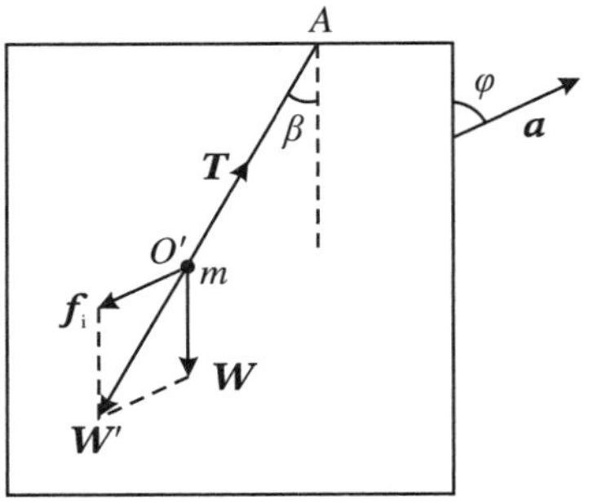

图 8.10

为了提供教师参考,我们在这里一般地讨论在加速平动的非惯性系中的单摆,导出其周期公式.

设某车厢中置一摆长为 l 的单摆,而车厢以加速度 $\boldsymbol{a}$ 相对于地(惯性系)运动,如图 8.10 所示. $\boldsymbol{a}$ 与竖直向上的 y 轴成 φ 角.

显然车厢是一个加速平动的非惯性系.讨论质点 m 相对于车厢的运动,应引入惯性力

$$\boldsymbol{f}_i = -m\boldsymbol{a}. \tag{8.60}$$

因此,质点 m 共受三力:重力 $\boldsymbol{W}(=m\boldsymbol{g})$、摆线的拉力 $\boldsymbol{T}$ 和惯性力 $\boldsymbol{f}_i$.当单摆相对于车厢处于平衡位置时,此三力平衡,有

$$\boldsymbol{T} = -(\boldsymbol{W} + \boldsymbol{f}_i). \tag{8.61}$$

令

$$\boldsymbol{W}' = \boldsymbol{W} + \boldsymbol{f}_i, \tag{8.62}$$

并称为质点在该非惯性系中的**表观重力**(或**视重**).(8.61)式表示小球平衡时,绳的拉力与视重等大而反向.由于 $\boldsymbol{f}_i$ 与 $\boldsymbol{W}$ 的夹角为 φ,故视重的大小为

$$W' = m\sqrt{g^2 + a^2 + 2ag\cos\varphi} = mg', \tag{8.63}$$

其中

$$g' = \sqrt{g^2 + a^2 + 2ag\cos\varphi} \tag{8.64}$$

称为在该非惯性系中的**表观重力加速度**,它是由重力和惯性力共同决定的加速度.

表观重力的方向与重力 W 的方向偏离,设它们之间的夹角为 β,容易求出

$$\beta = \arctan\left(\frac{f_i\sin\varphi}{W + f_i\cos\varphi}\right) = \arctan\left(\frac{a\sin\varphi}{g + a\cos\varphi}\right). \tag{8.65}$$

这个角就是质点相对平衡时(质点的"平衡"位置为 O'),摆线与竖直线的夹角.

为了研究单摆在非惯性系中的摆动,我们把单摆看作绕悬点 A 转动的刚体.设它对"平衡"位置有任一角位移时,分析作用于 m 的力(包括惯性力)对悬点的力矩,再应用转动定律研究其转动规律.当质点偏离平衡位置 O',摆线对平衡位置有角位移 θ 时(规定反时针方向为正),表观重力 W'对悬点 A 的矩的大小为

$$M = W'l\sin\theta.$$

当角 θ 很小时,$\sin\theta\approx\theta$.并注意到力矩的方向与角位移的方向相反,表观重力矩为

$$M = -mg'l\theta. \tag{8.66}$$

这是一个线性恢复力矩.应用转动定律,可得微分方程

$$\frac{\mathrm{d}^2\theta}{\mathrm{d}t^2} + \frac{g'}{l}\theta = 0. \tag{8.67}$$

由(8.66)和(8.67)式可做出判断:在摆角很小的条件下,单摆相对于非惯性系做简谐振动.(8.67)式的解为

$$\theta = \theta_0 \cos(\omega t + \alpha), \tag{8.68}$$

角频率

$$\omega = \sqrt{\frac{g'}{l}}, \tag{8.69}$$

周期

$$T = 2\pi\sqrt{\frac{l}{g'}}. \tag{8.70}$$

可见,在加速平动的非惯性系中单摆的周期公式与固定于地面上的惯性系中单摆的周期公式形式相同,只是重力加速度变换成表观重力加速度 g'.

下面讨论几种特殊情况:

1) 在以加速度 a 竖直向上加速的升降机中,由于 $\varphi=0$,故由(8.64)和(8.65)式求得

$$g' = g + a, \quad \beta = 0.$$

这表明在此升降机中单摆平衡时仍为竖直方向,振动周期为

$$T = 2\pi\sqrt{\frac{l}{g'}} = 2\pi\sqrt{\frac{l}{g+a}}.$$

2) 在以加速度 a 向下加速的升降机中,由于 $\varphi=\pi$,故由(8.64)和(8.65)式,可得到以下三种情形.

1° $a<g$,这时,由(8.65)式算出 $\beta=0$,表明单摆"平衡"时仍为竖直方向,m 在悬点以下,表观重力加速度 $g'=g-a$,振动周期为

$$T = 2\pi\sqrt{\frac{l}{g-a}}.$$

2° $a>g$,这时,$\beta=\pi$,表明表观重力的方向竖直向上,单摆平衡时,质点应在悬点的竖直上方.表观重力加速度竖直向上,大小为 $g'=a-g$,振动周期为

$$T = 2\pi\sqrt{\frac{l}{a-g}}.$$

当升降机以比 g 大的加速度加速向下运动时,固定在地板上的单摆将会竖直倒立起来,让其摆动,其周期即由上式计算.

3° $a=g$,升降机做自由落体运动,这时,由(8.65)式定不出 β,表明质点无特定的平衡位置,而由(8.64)式知表观重力加速度为零,即完全失重.这种情况下"单摆"不会发生振动,无振动周期可言.

3) 悬于车顶的单摆,车沿水平向东方向以加速度 a 运动的情形,车的加速度 a 与竖直向上方向的夹角 $\varphi=\frac{\pi}{2}$,由(8.65)式可求出

$$\beta = \arctan\frac{a\sin\frac{\pi}{2}}{g + a\cos\frac{\pi}{2}} = \arctan\frac{a}{g}.$$

这表示表观重力向西偏离竖直方向，偏角为 β，即质点“平衡”时摆线与竖直方向所成角为 $\beta=\arctan\dfrac{a}{g}$. 由(8.64)式求出

$$g'=\sqrt{g^2+a^2},$$

所以在这个车中的单摆的周期为

$$T=2\pi\sqrt{\frac{l}{(g^2+a^2)^{1/2}}}.$$

5. 有质量的弹簧振子

弹簧振子由一根一端固定的无质量的弹簧和弹簧另一端连接的一个质点(称为振子)组成. 这是一个理想模型，当弹簧的质量远小于振子的质量，如一根轻弹簧连接着一个具有相当质量的小球时，可以使用这个理想模型. 在使用弹簧振子模型时，只看重弹簧对质点施加弹性力的作用，而不计弹簧本身的运动，振子在弹性力作用下的简谐振动周期为

$$T=2\pi\sqrt{\frac{m}{k}}. \tag{8.71}$$

如果弹簧本身的质量不可忽略，我们称之为有质量的弹簧振子. 这时，情况就复杂得多. 有质量的弹簧必须看成有一定质量分布的连续介质. 当弹簧和自由端连接的小球运动起来以后，弹簧中的任一质元的运动规律决定于该质元周围的介质的作用，而这作用又与弹簧的构成材料的弹性模量和在该处的应变有关. 连接物体的受力也与连接处的弹簧的应变有关. 实际在有质量的弹簧内发生的是一个波动过程，要严格求解这种体系的运动，必须应用弹性力学的方法.

常见的有质量的弹簧振子，弹簧本身长度较短(所谓短，是指与在弹簧体系中形成的波的波长相比很短)，质量分布可看作是均匀的. 对于这种情况，在合理的简化假设下，可以证明体系做简谐振动，并求出振动的周期. 下面讨论这种长度较短的均匀弹簧振子的振动.

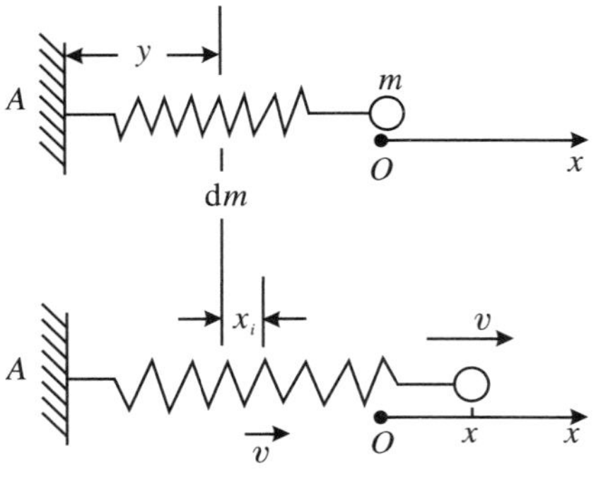

图 8.11

设均匀弹簧的质量为 m_s，劲度系数为 k，长为 L，自由端连接的小球的质量为 m，如图 8.11 所示.

由于弹簧本身较短，如下的假设是合理的：当体系运动起来以后的任一时刻，弹簧中每一质元对自己的平衡位置的位移和速度都与该质元到固定端 A 点的距离成正比.

我们用 x 表示作为振子的小球 m 对平衡位置的位移，用 $v=\dot{x}$ 表示小球的速度；用 y 表

示弹簧中任一质元 dm 到 A 点的距离，用 x_i 和 v_i 表示该质元对自身平衡处的位移和速度. 于是，上面的假设可用式表为

$$\begin{cases} x_i = \dfrac{y}{L}x, \\ v_i = \dfrac{y}{L}v. \end{cases} \tag{8.72}$$

在上述假设下，可进一步求出当小球位移为 x(即弹簧伸长量为 x)时，体系的弹性势能

$$E_\mathrm{p} = \frac{1}{2}kx^2, \tag{8.73}$$

体系的动能

$$E_\mathrm{k} = \frac{1}{2}mv^2 + \text{弹簧的动能}(E_\mathrm{ks}), \tag{8.74}$$

而

$$E_\mathrm{ks} = \int_{m_\mathrm{s}} \frac{1}{2}\mathrm{d}mv_i^2.$$

设单位长弹簧的质量为 $\rho = \dfrac{m_\mathrm{s}}{L}$，则 $\mathrm{d}m = \rho\mathrm{d}y$，并将(8.72)式一块代入上式，整理后得

$$E_\mathrm{ks} = \frac{\rho v^2}{2L^2}\int_0^L y^2\mathrm{d}y = \frac{1}{2}\left(\frac{1}{3}\rho L\right)v^2 = \frac{1}{2}\left(\frac{1}{3}m_\mathrm{s}\right)v^2. \tag{8.75}$$

由于振动过程中无非保守力做功，体系的机械能守恒，$E_\mathrm{p} + E_\mathrm{k} = E$(常量)，应用(8.73)～(8.75)式，可得

$$\frac{1}{2}kx^2 + \frac{1}{2}mv^2 + \frac{1}{2}\left(\frac{1}{3}m_\mathrm{s}\right)v^2 = E$$

或

$$\frac{1}{2}kx^2 + \frac{1}{2}\left(m + \frac{1}{3}m_\mathrm{s}\right)\left(\frac{\mathrm{d}x}{\mathrm{d}t}\right)^2 = E. \tag{8.76}$$

将上式对 t 求导并注意E 为常数，得

$$\left(m + \frac{1}{3}m_\mathrm{s}\right)\frac{\mathrm{d}^2x}{\mathrm{d}t^2}\frac{\mathrm{d}x}{\mathrm{d}t} + kx\frac{\mathrm{d}x}{\mathrm{d}t} = 0.$$

消去$\dfrac{\mathrm{d}x}{\mathrm{d}t}$，整理后得

$$\frac{\mathrm{d}^2x}{\mathrm{d}t^2} + \omega^2x = 0. \tag{8.77}$$

其中

$$\omega = \sqrt{\frac{k}{m + \frac{1}{3}m_\mathrm{s}}}. \tag{8.78}$$

(8.77)式即为有质量的弹簧振子的运动微分方程. 其中 ω^2 恒为正量，故是简谐

振动的微分方程. 振子做简谐振动,其角频率由(8.78)式表示,周期为

$$T = 2\pi\sqrt{\frac{m + \frac{1}{3}m_s}{k}}. \tag{8.79}$$

根据假设(8.72)式,弹簧中每一质元也做相同频率和位相的简谐振动,只是振幅与该质元到固定端的距离成正比.

由(8.79)式可见,常见的均匀弹簧振子的振动相当于把弹簧质量 m_s 的$\frac{1}{3}$作为质量修正量,附加在振子上,而构成新的不计质量的弹簧振子的振动.

6. 穿通地球的隧洞中物体的运动,近地圆轨道人造卫星和无限摆长的单摆

(1) 穿过地球的隧洞中物体的运动

假定沿地球的任一弦有一光滑隧洞,讨论掉入洞中的物体(质量为 m)的运动. 我们粗略地把地球当作质量均匀分布的球体.

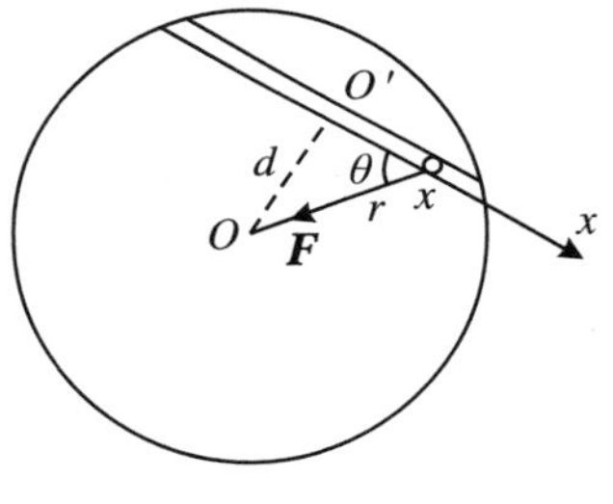

图 8.12

从地心 O 向隧洞作垂线与隧洞交于 O'. $OO' = d$,为隧洞到地心的距离. 当物体 m 位于 O' 点时,引力方向沿 OO',与隧洞垂直. 这引力将被洞的压力平衡,故 O' 是洞中物体的平衡位置. 以这位置为原点,沿隧洞轴向建立坐标系 $O'x$,如图 8.12 所示.

当物体处于洞中坐标为 x 处时,到地心的距离为 r. 由于在地球内部,$r \leqslant R_e$(地球半径),故 m 受地球的引力 F 的大小为[见(6.3)式]

$$F = G\frac{Mm}{R_e^3}r. \tag{8.80}$$

这引力沿 x 轴的分量为

$$F_x = -F\cos\theta = -G\frac{Mm}{R_e^3}r\cos\theta = -\frac{GM}{R_e^3}mx. \tag{8.81}$$

这就是洞中物体沿 x 方向受的力,它与物体到平衡位置的位移 x 成正比,方向与位移方向相反,是一种线性回复力. 物体在这种力作用下将做简谐振动. 应用牛顿第二定律可得物体的运动微分方程:

$$\frac{d^2x}{dt^2} + \frac{GM}{R_e^3}x = 0. \tag{8.82}$$

其中 x 的系数即为振动角频率的平方,即

$$\omega = \sqrt{\frac{GM}{R_e^3}}. \tag{8.83}$$

又由于第一宇宙速度 $v_1=\sqrt{\dfrac{GM}{R_e}}$，所以振动角频率为

$$\omega=\frac{v_1}{R_e}=\frac{7.9\times10^3}{6\,370\times10^3}\ \mathrm{s}^{-1}=1.24\times10^{-3}\ \mathrm{s}^{-1}. \tag{8.84}$$

这正好是近地圆轨道人造卫星绕地心转动的角速度.

振动周期

$$\begin{aligned}T&=\frac{2\pi}{\omega}=\frac{2\pi R_e}{v_1}=5\,066\ \mathrm{s}\\&=1\ \mathrm{h}\ 24\ \mathrm{min}\ 26\ \mathrm{s}.\end{aligned} \tag{8.85}$$

正好等于近地圆轨道人造卫星的环绕周期.

从以上结果中还可看出，物体在穿地隧洞中做简谐振动的角频率(或周期)与该隧洞到地心的距离 d 无关.这表明物体在任何一个穿地隧洞中振动的周期都相同.不管是在通过地心的穿地隧洞中，还是在地表部分与地心距离约等于地球半径的穿地隧洞中，只要不计洞的摩擦，物体在其中振动的周期都相同，都由(8.85)式表示.

如果有一个通过地心的隧洞，我们从洞口(地面处)放进一物体，这物体将以地心为平衡点做简谐振动，经过$\dfrac{T}{4}$即 21 min 6.5 s，到达地心.到达地心的速度为 $v_0=\omega R_e=v_1$，正好等于第一宇宙速度.

(2) 近地圆轨道人造卫星与穿地隧洞中物体振动的联系

穿地隧洞中物体的振动周期与近地圆轨道人造卫星的运转周期相同，这是偶然的巧合吗？下面来讨论此问题.

在第 6 章中知道，物体处于地球内部和地球外部时，地球作用的引力随 r 而变化的规律不同.但是，引力总是随 r 而连续变化的.在地球表面处($r=R_e$)，用地球内和地球外的引力公式应算出相同值，即

$$\left.\frac{GMm}{R_e^3}r\right|_{r=R_e}=\left.\frac{GMm}{r^2}\right|_{r=R_e},$$

如图 6.1 所示.

所以，在地表的圆轨道卫星($r=R_e$)可以认为它受的引力与穿地隧洞中的物体受的引力遵从相同的规律，由(8.80)式表示.也就是说，近地圆轨道卫星处在与到地心距离成正比的引力场的边缘.它的等速率圆周运动是物体在这种引力场中运动的一个特例.它与在穿过地心的隧洞中运动的物体都是在相同变化规律的力的作用下的运动的，只是由初始运动状态的不同而引起运动规律的差异.

如果把近地圆轨道卫星的运动沿轨道的两个正交直径(即地球的两个正交直径)分解，作用于卫星的引力沿直径的分量正好与(8.81)式相同，两个分运动正是简谐振动.其规律恰好就是沿这两个直径穿地隧洞中的物体在一定初始条件下的振动规律.

从另一角度看，圆轨道卫星的运动也可以看成两个相互正交的简谐振动的合成.

这两个简谐振动就是在引力(8.80)式作用下沿两个正交直径的振动，与沿直径的穿地隧洞中的物体在一定初始条件下的振动规律相同.

由此可见，近地圆轨道人造地球卫星的周期与穿地隧洞中的振动周期相同，并非偶然，而是由球内(包括表面)的引力规律(8.80)式所决定的.

(3) 无限摆长的单摆

根据单摆周期公式 $T=2\pi\sqrt{\dfrac{l}{g}}$，周期与摆长的平方根成正比.那么，周期是否无限制地随摆长的增长而增大呢？答案是否定的.理由是单摆振动及其周期公式的推导是基于摆球受恒定的重力(mg)这个前提.当摆长足够长时，对于很小的摆动角振幅，摆球来回运动的范围将是一个十分广阔的地区，这时再把摆球受的引力看成恒定矢量就不恰当了.

为了说明上述问题，我们讨论一个理想的极限情形：悬于相对地心静止的“天顶”的无限长摆而摆球在地表附近的单摆的振动.

由于摆长无限，摆球在地面有限地区内，摆角都趋于零.也就是说，摆线总是保持与“竖直方向”平行，而摆球的轨迹也就是与地面相切的一条直线线段.由于球的极短弦极近似于其切线.这条直线轨迹也可以看作近地表面的地球的一条短弦(距地心距离为 R_e).因此，摆球受的指向地心的引力由(8.80)式表示.它的运动与极近地表的穿地隧道中物体的运动相似.当摆球离开平衡位置有位移 x 时，地球引力沿运动方向的分力由(8.81)式表示.所以，这样的摆球做简谐振动而其周期与穿通地球的隧洞中物体振动的周期相同，为

$$T=\frac{2\pi R_e}{v_1}=5\,066\ \text{s}=1\ \text{h}\ 24\ \text{min}\ 26\ \text{s}.$$

这可以看作单摆振动周期的极限.事实上，按照单摆的周期公式，如果周期等于5 066 s，那么算出的摆长为6 370 km！这与地球的半径相同，当然不可能有如此长的单摆.

实际可能设置的单摆，在摆球运动的范围内，可以十分精确地把引力看成恒定的重力，单摆公式是完全适用的.

上面讨论的都是理想的情形.无限摆长的单摆，穿地隧洞中的物体运动，近地圆轨道人造卫星运动，三者看起来是各不相同的现象，然而，由于受力的规律相同，致使它们的运动具有相同的特征——周期相同.

7. 从功能关系看稳定受迫振动的位相滞后 α 和两种共振

固有频率为 ω_0，介质阻尼因数为 β 的系统，在谐变强迫力($F=F_0\cos\omega_f t$)作用下，达到稳定后的振动规律由(8.33)～(8.35)式表示.前面已经说明，虽然稳定受迫

振动规律是谐变的，但由于它的特征（由周期、振幅、位相表示）与简谐振动不同，它的运动微分方程与简谐振动方程迥异，故不能把它归于简谐振动．下面从功能关系角度讨论受迫振动的特点．

达到稳定以后，受迫振动系统的机械能等于振动动能与系统的弹性势能之和：

$$\begin{aligned}E &= \frac{1}{2}m\dot{x}^2 + \frac{1}{2}kx^2 \\ &= \frac{1}{2}mA^2[\omega_f^2\sin^2(\omega_f t - \alpha) + \omega_0^2\cos^2(\omega_f t - \alpha)].\end{aligned} \tag{8.86}$$

由于强迫力角频率一般不等于系统的固有角频率，故机械能随时间而变化，机械能不守恒．受迫振动系统是一个能量开放系统．

但是，在一个振动周期内求机械能的平均值，这个平均值为一恒量：

$$\langle E\rangle = \frac{1}{T}\int_0^T E\mathrm{d}t = \frac{1}{4}mA^2(\omega_f^2 + \omega_0^2). \tag{8.87}$$

可见，一方面机械能是时时变化的，而另一方面在一周期内的平均值又不变，这显然与外界（强迫力）对系统做功输入能量和介质阻力做功耗散能量有关．输入的功率与耗散的功率不是时时相等，致使系统的机械能随时变化；而一周期内机械能的平均值不变则表明，在一周期中强迫力做功输入的能量恰好等于介质阻力做功消耗的能量．

强迫力的功率或输入功率等于强迫力与速度之积．由于稳定受迫振动的振动速度

$$\begin{aligned}v = \dot{x} &= -A\omega_f\sin(\omega_f t - \alpha) \\ &= v_m\cos\left(\omega_f t - \alpha + \frac{\pi}{2}\right),\end{aligned} \tag{8.88}$$

故输入功率为

$$P_f = Fv = F_0 v_m\cos(\omega_f t)\cdot\cos\left(\omega_f t - \alpha + \frac{\pi}{2}\right). \tag{8.89}$$

其中 $v_m = \omega_f A$ 为稳定受迫振动速度的幅值．从此式可见，输入功率是随时间而变化的，其变化的情况与振动的位相滞后 α 有关．

强迫力在一周期中做的功，即一周期中输入的能量为

$$\begin{aligned}(\Delta E)_f &= \oint F_0\cos(\omega_f t)\mathrm{d}x \\ &= -F_0 A\int_0^{2\pi/\omega_f}\cos(\omega_f t)\sin(\omega_f t - \alpha)\mathrm{d}t \\ &= \pi A F_0\sin\alpha.\end{aligned} \tag{8.90}$$

可见，在一周期中强迫力做的功等于最大强迫力 F_0 在等于振幅 A 的位移中做的功的 $\pi\sin\alpha$ 倍，可见一周内强迫力的功与受迫振动的位相滞后 α 有关．

阻力时时做负功，其瞬时功率为

$$P_\beta = -\gamma v^2 = -\gamma v_m^2 \sin^2(\omega_f t - \alpha). \tag{8.91}$$

在一周期中做的负功的绝对值，即耗散的能量为

$$\begin{aligned}(-\Delta E)_\beta &= \oint \gamma v \mathrm{d}x \\ &= \gamma A^2 \omega_f^2 \int_0^{2\pi/\omega_f} \sin^2(\omega_f t - \alpha)\mathrm{d}t \\ &= \pi \gamma A^2 \omega_f = \pi \gamma v_m A.\end{aligned} \tag{8.92}$$

可见，在一周期中，阻力做的功等于最大阻力(γv_m)在等于振幅的位移中所做的功的 π 倍.

由于振动系统的能量在一周期中的平均值恒定，故应有

$$(\Delta E)_f = (-\Delta E)_\beta.$$

将(8.90)和(8.92)式代入，得

$$\sin\alpha = \frac{\gamma A \omega_f}{F_0} = \frac{\gamma v_m}{F_0} = \frac{2\beta\omega_f A}{f_0}. \tag{8.93}$$

此式表明，受迫振动比强迫力的位相滞后 α 的正弦等于阻力的幅值(γv_m)与强迫力的幅值(F_0)之比. 可见，稳定受迫振动的位相滞后 α，不同于简谐振动中由初始条件决定的常数——初位相. 从形式上看，α 表示了稳定受迫振动与强迫力的步调不一致的情况(这表现出它作为位相的共性)，而深究物理的实质，它是由稳定受迫振动的功能关系决定的，反映了稳定受迫振动系统的能量的供应情形. 下面分别讨论几种情形.

(1) $\alpha = \frac{\pi}{2}$，速度共振

由(8.89)式知，在这种情形下，强迫力的功率

$$P_f = F_0 v_m \cos^2(\omega_f t). \tag{8.94}$$

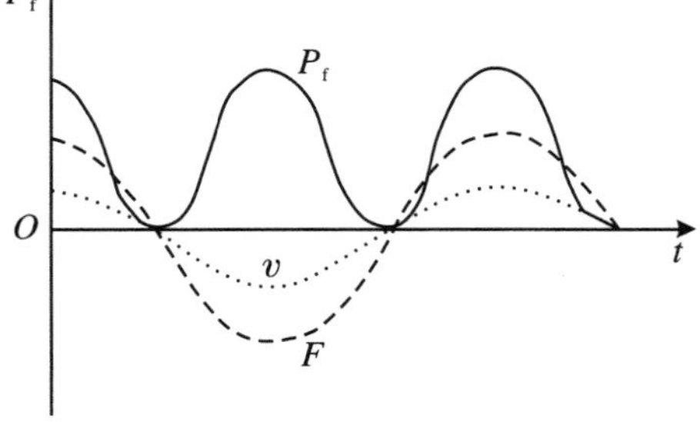

图 8.13

可见，当 $\alpha = \frac{\pi}{2}$ 时，强迫力的功率不会出现负值. 这是由于强迫力与速度同位相，因而力的方向总是与速度方向一致，强迫力总是对系统做正功，如图 8.13 所示. 图中实线表示功率，虚线表示强迫力，点线表示速度.

由于阻力系数 γ 和强迫力的力幅已确定，故由(8.93)式知，当 $\alpha = \frac{\pi}{2}$ 时，受迫振动的速度的幅值 $v_m = \omega_f A$ 取最大值，而且 $\gamma v_m = F_0$，即阻力的幅值等于强迫力的幅值. 人们把稳定受迫振动速度的幅值有最大值的情形称作**速度共振**.

由于这时的振动速度与强迫力同位相，故阻力 $f_{阻} = -\gamma v$ 与强迫力反位相. 由于

振幅相同($\gamma v_m = F_0$)、圆频率(ω_f)相同、位相相反的两个振动的合成为零,故在速度共振时,强迫力时时与阻力平衡,强迫力的功率与阻力的功率总是等值异号.因此,振动系统的机械能 E 不随时间而变化.又从(8.86)式知,E = 恒量的条件是 $\omega_f = \omega_0$.所以,当速度共振时,强迫力的频率等于系统的固有频率.

将上述的一连串因果关系逆过来说就是:当强迫力的频率等于固有频率,即

$$\omega_f = \omega_0 \tag{8.95}$$

时,受迫振动达到速度共振,这时,振动的位相比强迫力的位相落后$\frac{\pi}{2}$.(8.95)式为速度共振条件.

速度共振与位移共振(振幅共振)是不同的两种共振状态.与(8.36)式比较可知,两种共振的条件不同.当阻尼很小($\beta \to 0$)时,两种共振趋于一致.

一般教材中讲的共振是指位移共振——振幅有最大值的情形.在中学教材中讲的共振条件是 $\omega_f = \omega_0$,这严格说是指速度共振条件,当阻尼很小时,也可近似为位移共振条件.

(2) 位移共振时的位相滞后

我们知道,当强迫力角频率 ω_f 为某一特定值

$$\omega_r = \sqrt{\omega_0^2 - 2\beta^2} \tag{8.96}$$

时,受迫振动有最大振幅,称为**位移共振**.这时的振幅由(8.37)式表示:

$$A_r = \frac{f_0}{2\beta\sqrt{\omega_0^2 - \beta^2}}. \tag{8.97}$$

将以上两个式子代入(8.93)式,可得到位移共振时,位相滞后的关系式

$$\sin\alpha_r = \sqrt{\frac{\omega_0^2 - 2\beta^2}{\omega_0^2 - \beta^2}} < 1.$$

可见,位移共振时,振动位相滞后 $\alpha_r < \frac{\pi}{2}$(由于 $\omega_r < \omega_0$,可以证明 α 应为第一象限的角).

由于振幅共振时,位相滞后 $\alpha_r \neq \frac{\pi}{2}$,故强迫力的功率不总是正的,在一周期内,总有强迫力做负功的时候.从(8.90)式知,一周期中输入能量不是最大.

为什么当 $\alpha = \frac{\pi}{2}$,速度共振时,输入能量最大,有最大的速度幅值,振幅却不是最大,而当振幅共振时$\left(\alpha \neq \frac{\pi}{2}\right)$,输入能量并非最大,却可达到最大的振幅呢?定性地如下说明,受迫振动中不仅有强迫力做功,还有阻力做负功(总做负功),并且阻力与速度成正比,阻力的功率与速度的平方成正比.所以,当 $\alpha = \frac{\pi}{2}$时,尽管输入能量最大,但由于 v_m 最大,故损耗的能量也最多,致使振幅(反映系统势能的幅值)不是最

大.而当振幅共振时,$\alpha\neq\frac{\pi}{2}$,尽管强迫力不是总做正功,但由于振动速度幅值较速度共振时小,阻力耗散的能量较小,这就使系统可能达到最大的振幅(势能的幅值最大).

理论计算表明,当 γ 和强迫力的幅值 F_0 保持不变的情况下,速度共振和振幅共振时,系统在一周期中具有相同的平均能量:

$$\langle E\rangle = \frac{mf_0^2}{8\beta^2} = \frac{mF_0^2}{2\gamma^2}. \tag{8.98}$$

但是,两种共振在一周期中由阻力做功耗散的能量或由强迫力做功输入的能量不同.速度共振时,一周期输入的能量为

$$W_{速} = \frac{\pi mf_0^2}{\alpha\beta\omega_0} = \frac{\pi F_0^2}{\gamma\omega_0}, \tag{8.99}$$

位移共振时一周期需要输入的能量为

$$W_{位} = \frac{\pi F_0^2}{\gamma\omega_0}\frac{\sqrt{(\omega_0^2-\beta^2)^2-\beta^4}}{\omega_0^2-\beta^2}. \tag{8.100}$$

比较(8.99)与(8.100)式,有

$$W_{速} > W_{位}.$$

即每周期位移共振所需输入的能量比速度共振所需输入的能量小.

(3) $\alpha=0$ 或 π,振动与强迫力同位相或反位相

这时强迫力的功率

$$P = \mp\frac{1}{2}F_0 v_{\mathrm{m}}\sin(2\omega_{\mathrm{f}}t), \tag{8.101}$$

式中负号对应 $\alpha=0$,正号对应 $\alpha=\pi$ 的情形.在这两种情形下,强迫力的功率是时间的正弦函数.因此,总有一半时间做正功,一半时间做负功,而且正负相抵.在一周期中强迫力做的功为零,正如(8.90)式所表明的.

既然在一周期中强迫力的正功和负功相抵消,只要介质有阻力,总会损耗能量而得不到补充,振动就会衰减而不能达到稳定.所以,位相滞后为 0 或 π 的稳定受迫振动只能在无阻尼的情况下才能发生,或者反过来说,对于理想的无阻尼的稳定受迫振动,要么与强迫力同相,要么反相.否则不可能达到稳定.

对于 $0<\alpha<\pi$ 的一般情形,强迫力的功率时正时负,但由(8.90)式知一周期内强迫力做的功是正值,外界向系统输入能量以补充阻尼的耗散.

由(8.90)式知,如果 $-\pi<\alpha<0$,则一周期内强迫力做的功为负值.不仅不能补偿阻力的耗散,反而增加系统的能量消耗,所以这是不可能的.